纺织前沿技术出版工程

功能性纺织品开发及加工技术

辛斌杰　陈卓明　刘　岩　编著

中国纺织出版社有限公司

内 容 提 要

本书对功能性纺织品的制备技术进行了较为系统的阐述，着重介绍了一些具有良好应用前景的成纤聚合物及其制备方法，包括通过湿法纺丝和静电纺丝制备聚苯胺、聚砜酰胺以及由这些成纤聚合物与功能性材料混合而成的复合材料等。书中介绍的常用功能材料包括碳纳米管、石墨烯、二氧化钛和二氧化硅等。另外，还介绍了通过磁控溅射技术在聚砜酰胺和棉纤维表面沉积金属铝膜、银膜和银/二氧化钛双层膜，以及将磁控溅射技术与原位聚合法或物理浸渍氧化还原法结合制备功能纺织材料。

本书可供纺织、服装、材料专业工程技术人员、科研人员阅读，为其在功能性纺织品领域的进一步研究提供可靠有用的信息，也有助于研究人员发现适合跨学科合作和未来学习的课题。

图书在版编目（CIP）数据

功能性纺织品开发及加工技术/辛斌杰，陈卓明，刘岩编著. --北京：中国纺织出版社有限公司，2021.2

ISBN 978-7-5180-8077-9

Ⅰ. ①功… Ⅱ. ①辛… ②陈… ③刘… Ⅲ. ①功能性纺织品-高等学校-教材 Ⅳ. ①TS1

中国版本图书馆 CIP 数据核字（2020）第 209586 号

策划编辑：沈　靖　孔会云　　责任编辑：沈　靖
责任校对：江思飞　　责任印制：何　建

中国纺织出版社有限公司出版发行
地址：北京市朝阳区百子湾东里 A407 号楼　邮政编码：100124
销售电话：010—67004422　传真：010—87155801
http：//www. c-textilep. com
中国纺织出版社天猫旗舰店
官方微博 http：//weibo. com/2119887771
三河市宏盛印务有限公司印刷　各地新华书店经销
2021 年 2 月第 1 版第 1 次印刷
开本：787×1092　1/16　印张：14. 5
字数：281 千字　定价：58. 00 元

凡购本书，如有缺页、倒页、脱页，由本社图书营销中心调换

前言

功能性纺织品近年来被业界广泛关注，其内涵极大，不仅包含传统衣着类的纺织品，也拓展到更为宽泛的产业用纺织品。严格意义上讲，广义的功能性纺织品涵盖了所有纺织类产品，狭义的功能性纺织品着重于非常规性能的纺织品。在本书的编写过程中，功能性纺织品的内涵仍然具有相对的局限性，但对于功能性纺织品的制备与表征具有一定的示范性，某些方法也具有可拓展性。

纺织品作为一种特殊的纤维集合体，特有的柔性和结构特点使其具有一般固体材料所无法具备的特性。纤维在材料学领域中拥有不可替代的重要地位，其功能性是必须要考虑的关键要素。功能性的获得除了与材料本身的成分有关，也跟界面、结构等有着密不可分的联系，因此，在开发功能性纺织品的过程中，如何从微观的原子、分子、大分子、聚合物、纤维脉络来深刻理解成分与结构的关系，如何从材料的表面结构、界面间相互作用、各成分之间的混杂的维度来拓展材料的功能修饰与复合等，这些思维会持续不断地在功能性纺织品的开发与加工领域中发挥重要的作用。本书尝试把这些思维展示出来，供广大读者和学者参考，从而推动功能性纺织品的创新与进步。

《功能性纺织品开发及加工技术》中的主体内容来自课题组多年的科研和教学积累，所以本书既可以作为本科生和研究生学习功能性纺织品的一本专业参考书，也可以作为纺织领域专业人员的技术参考书。

感谢对本书成文贡献重大的老师和研究生们，特别是陈卓明博士一年多的辛苦付出，此外，于佳、周曦、严庆帅、黄一凡、李安琪、江燕婷、谢翔宇都做了大量的工作，应该说本书的编写把大家凝聚在了一起，同时在此过程中大家对功能性纺织品的认识有了更深层次的提高。

由于编写者水平有限，本书不可避免存在瑕疵或不足，欢迎广大读者和学者批评斧正。

编著者

2020. 12

目录

第一章 概述

第一节 引言

纺织工业是传统的制造业，经过多年的发展，常规的和传统的纺织产品已可满足人们的一般需求。然而，随着生活水平的提高，消费者对纺织品提出了更高的要求，品种单一、功能匮乏的常规纺织产品已越来越无法满足市场的要求。《国家中长期科学和技术发展规划纲要（2006—2020年）》提出[1]："用高新技术改造和提升制造业，大幅度提高产品档次、技术含量和附加值，全面提升制造业整体技术水平。"纺织品的功能化发展在很大程度上提升了纺织品的档次和竞争力，因此，功能性纺织品研究和产业化成为《纺织工业调整和振兴规划》中的主要任务之一[2]。

随着科学技术的发展和人们生活质量的不断提高，人们对纺织品的功能要求有了本质的变化，各种新型纤维材料、新型纺织品不断涌现[3-4]。纺织产品结构也在发生深刻的变化，由过去的"经济实用型"向"功能性、装饰性、保健性"转化。人们不再把纺织品的耐用性能作为消费时首先考虑的因素，而纺织品的装饰效果、保健性和功能性已成为引起消费者购买兴趣和选择纺织品时考虑的主要因素[5]。

功能纺织品本身所具有的高科技含量和高附加值已经成为我国纺织行业一个新的经济增长点，带动了传统纺织行业的新发展，是我国增加出口、加强国际市场竞争的潮流所在。功能性纺织品的设计与开发，不仅可以满足人们日渐提高的生活要求，还可以使人们的生活变得更健康、更舒适、更环保[6]。

和"十一五"相比，"十三五"期间国家更加重视环境、经济的可持续发展，这给功能性纺织品行业带来了更多、更好的机遇，企业在经营、管理、科技等多方面进步较快，产品的"无限替代"作用也不断加强。

到2015年底，功能纺织品行业工业总产值将近万亿元，比2010年增长63%[7-8]；行业出口总额达207.4亿美元，年均增长10.3%；规模以上企业利润率5.8%，比2010年提高1%；行业内已有试点产业集群13家，比2010年新增6家；行业前20强企业的劳动生产率年均增长15%，涌现出一批"专、精、特、优、新"的中小企业[7-8]。如图1-1所示，2015年功能性纤维加工总量为1340万吨，比2009年增长46%，其占纺织行业纤维加工总量的比例达到25.5%，同比增加5.5%。目前，我国纤维加工量占世界总量的50%以上，纺织产业规模位居世界第一。2020年我国的纤维加工量将达到1720万吨，比2015年增长28.2%。

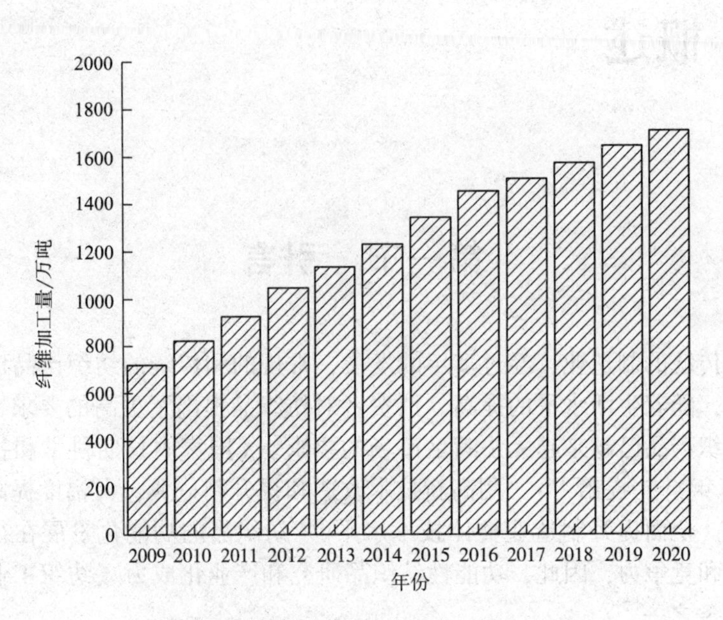

图 1-1　2009—2015 年功能性纤维加工量

第二节　功能性纺织品的定义

所谓功能性，是指产品除具有本身的使用性能外，同时还可为使用者提供比普通产品更多的功效。功能纺织品是指纺织品除具有自身的基本使用性能外，还具有抗菌、除螨、防霉、抗病毒、防蚊虫、防蛀、阻燃、防皱免烫、拒水拒油、防紫外线、防电磁辐射、香味、磁疗、红外线理疗、负离子保健等一种或几种附加性能的织物。这些附加功能使得纺织品能适应其他使用条件或环境，不仅拓宽了纺织品的用途，而且可满足不同层次、不同领域消费者的需求。从远红外、防紫外线、免烫、阻燃、抗菌、防污、防水、防静电，到微磁场、负离子、吸湿速干、吸湿发热等，各类功能纺织品在市场上均已得到较好的市场认可[9]。

第三节　功能性纺织品的分类

通过对现有功能纺织品和功能性产品标准的特点进行分析，可将功能纺织品分为三类。

第一类：舒适美观型。例如，透湿性、透气性、热阻和湿阻、液体芯吸、吸湿速干、自动调温、凉爽、香味、免烫、洗可穿、形状记忆、抗起球、变色、防水、防油和防污等[10]。如图 1-2 所示。

第二类：安全防护型。例如，阻燃、防紫外线、热防护、耐低温、防静电、防电磁波、抗酒精渗透、抗血液渗透、防弹、防刺、核生化防护、遮光、防虫和抗压等[11]。如图 1-3 所示。

第三类：卫生保健型。例如，抗菌、防霉、防螨、防蚊、防臭、医用循环减压、负离子、

吸湿快干面料

自动调温面料

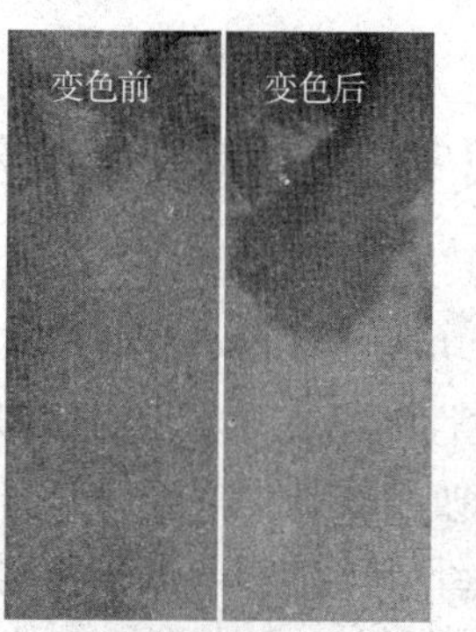

变色面料

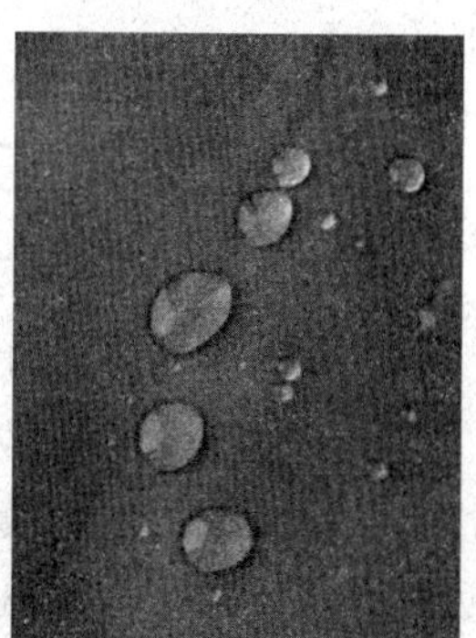
防水面料

图 1–2 舒适美观型功能纺织品

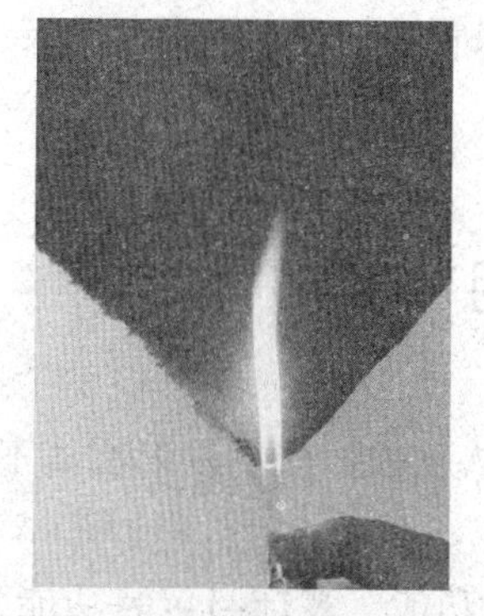
阻燃面料

防弹服

防刺服

核生化防护服

图 1–3 安全防护型功能纺织品

微磁场、远红外和吸甲醛等[10-11]。如图 1–4 所示。

防霉抗菌面料

防蚊面料

负离子面料

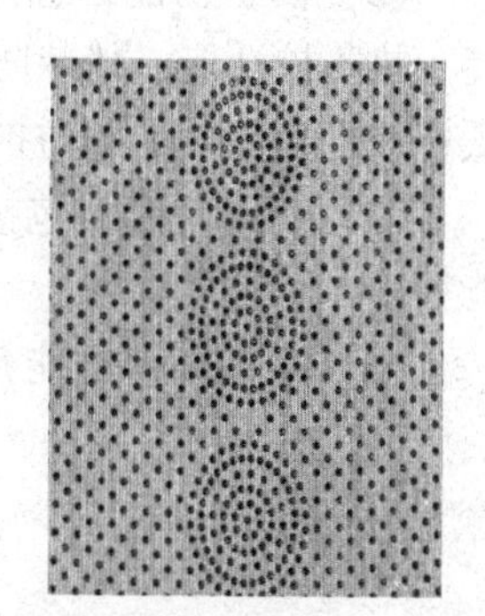
远红外面料

图 1–4 卫生保健型功能纺织品

上述功能纺织品的出现，满足了不同消费群体的需求，提升了纺织品的附加值，也扩大了纺织品的应用范围和适用性，使纺织品和服装更加符合人们对舒适、时尚和安全的期望和要求[12]。

第四节 功能性纺织品的加工技术分类

功能纺织品可通过功能纤维和功能整理两种方式获得。

（1）功能纤维。改性纤维，如在原料阶段改性获得抗起球性、防静电性、亲水性、阻燃性等；在纤维成型阶段改性获得中空纤维、异形复合纤维、超细纤维等；含新型陶瓷微粉的远红外纤维、蓄热保温纤维（能吸收太阳辐射中的可见光与红外线，转化成热能，且可反射人体热辐射）、防紫外线纤维（加陶瓷微粉的涤纶）、抗菌防臭纤维、消臭纤维、发热纤维、磁性纤维等。

（2）功能整理。舒适性整理，体现在透气、透湿、轻盈、滑爽、防静电、亲水、吸湿、快干、自动调温等方面的整理；卫生性整理，体现其抗菌除臭性；防护性整理，体现在阻燃、抗紫外线、防辐射等；保健性整理，体现在美容亲肤、远红外；易保管性整理，体现在抗皱、防蛀的功能整理；环保性整理，体现在对环境无污染[13-14]。

第五节 功能性纺织品的应用

功能纺织品的应用范围非常广泛，从人类每天的衣食住行到载人飞船的成功发射都离不开功能纺织品。其应用主要分为以下几种类别。

（1）纺织品外观功能，包括纺织品的光泽变色功能、弯曲造型功能、装饰与包装功能、抗起毛起球功能等。

（2）纺织品服用功能，包括保暖防寒功能、吸湿透气功能、抗菌防霉功能、抗皱免烫功能、拒水防污功能、防缩防皱功能、清香愉悦功能、柔软舒适功能。

（3）防护功能，包括阻燃防护功能、静电防护功能、紫外线防护功能、电磁辐射防护功能、热防护功能、伪装防护功能、噪声防护功能、防毒功能、防弹功能、防刺防割功能、防低速冲击功能、运动防护功能等。

（4）生产功能，包括过滤功能、传输功能、密闭功能、阻尘功能、遮盖功能、缝纫功能等。

（5）生态环保功能，包括光降解功能、过滤重金属功能、节约能源等[14]。

第六节 功能性纺织品的展望

随着新材料和新技术的发展，我国的纺织品和服装品种日益丰富，功能纺织品的研究和产业化取得了显著成效，功能纺织品的发展在很大程度上提升了纺织品的档次和竞争力，各国业界纷纷意识到了纺织品的功能性对提高产品附加值的重要性，通过许多高新技术来研发各种功能性的新型纺织品[15]。

功能纺织品的研制开发已成为国际潮流和热点，日本是研究功能纺织品较早的国家，功能纺织品在日本受到消费者更多的关注。在日本的纺织企业，各种功能性纤维的开发和生产已占主导地位，并申请了多项专利技术，具有卫生保健功能及舒适性的功能性纤维及产品受到消费者的广泛欢迎。欧洲、美国等发达国家和地区注重纺织品的阻燃、防紫外线、防静电等安全性的功能性研究，这与其法律法规要求相符合，具有安全性和舒适性的功能性纺织品占领了国际高端市场[16]。

我国自 20 世纪 90 年代以来，各种功能纺织品开发呈现持续高涨的态势，后整理方法与纤维方法并举，开发领域主要集中在服用、家用及防护用纺织品方面，产品研发与最终产品的功能性用途相吻合。

参考文献

[1] 孙靓. 纺织工业发展规划（2016—2020 年）[J]. 精细与专用化学品，2016（10）：14-14.
[2] 蔡倩. 产业用纺织品绘制宏伟蓝图 [J]. 纺织服装周刊，2016（20）：36-36.
[3] 罗益锋. 新型功能性纤维及其纺织品的发展 [J]. 纺织导报，2013（3）：53-58.
[4] 章友鹤，赵连英. 新型纺织用纤维的发展及应用 [J]. 纺织导报，2012（9）：51-53.
[5] 姚穆. 纺织产业前景和检测技术发展 [J]. 消费指南，2014（3）：43-44.
[6] 刘理璋，赵莹，廖晓华，等. 功能纺织品 [J]. 染整技术，2013，35（1）：7-11.
[7] 曹学军. 纺织行业的未来规划和发展前景 [J]. 中国棉麻流通经济，2016（4）：14-17.
[8] 张金荣. 浅谈功能纺织品在服装中的应用和发展趋势 [J]. 纺织报告，2014（2）：51-52.
[9] 张玉惕. 产业用纺织品 [M]. 中国纺织出版社，2009：5-8.
[10] 晏雄. 产业用纺织品 [M]. 东华大学出版社，2003：11-15.
[11] 尉霞. 产业用纺织品设计与生产 [M]. 东华大学出版社，2009：7-11.
[12] WEI Q F. Functional nanofibres and their applications [M]. Woodhead Public，2012：53-58.
[13] 田俊莹. 纺织品功能整理 [M]. 中国纺织出版社，2015：22-28.
[14] 姜怀. 功能纺织品开发与应用 [M]. 化学工业出版社，2013：16-23.
[15] 罗益锋. 国外功能纤维近期动向 [J]. 高科技纤维与应用，2011，36（6）：29-34.
[16] LOPES C，SILVA D，DELGADO，et al. Functional textiles for atopic dermatitis：a systematic review and meta-analysis [J]. Pediatric Allergy and Immunology，2013，24（6）：603-613.

第二章　功能性聚砜酰胺复合材料

第一节　引言

聚砜酰胺（PSA）纤维是上海纺织科学研究院和上海合成纤维研究所经过多年研制，创造性地在大分子结构中引入对苯环和砜基结构，最终开发的拥有独立知识产权的有机耐高温新材料，属于芳香族聚酰胺类，聚砜酰胺纤维又名芳砜纶，其商品名为 TANLON，拥有热稳定性和阻燃性等众多优异的性能，但常规的 PSA 纤维存在体积比电阻高、抗紫外线性能差等问题，严重影响其后续加工以及在防护类服装领域的应用。

一、聚砜酰胺纤维的化学组成

聚砜酰胺纤维的分子结构由酰氨基（—NHOC—）、砜基（—SO_2—）和苯环连接而成，其聚合物的一般分子结构式如图 2-1 所示。

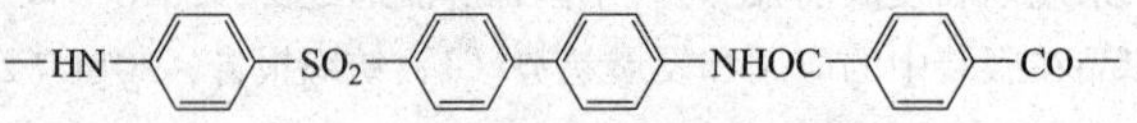

图 2-1　聚砜酰胺的结构式

我国科研人员在研制聚砜酰胺纤维时，改变了国际上采用以间苯二胺为第二单体的传统工艺路线，创造性地在纤维分子链上引入了对苯结构和砜基，使酰氨基和砜基分别连接苯环对位或苯环间位构成线型大分子。由于高分子主链上存在强吸电子的砜基，硫原子又处于最高氧化状态，并且大分子链上的苯环含量较高，沿着大分子链段产生的 π 电子和 ρ 电子的非定域作用使得苯环的双键共轭作用增强，酰氨基上氮原子的电子云密度明显降低，而且聚砜酰胺纤维的分子结构规整、稳定，在高温环境中不易被破坏，因此，比间位芳纶（芳纶 1313）具有更加优异的高温热稳定性，其中又以抗热氧化性能尤为突出[1-3]。然而，与其他聚酰胺纤维相似，聚砜酰胺纤维的耐日光稳定性较差。研究表明，经日晒气候仪暴晒 100h 后，纤维的强力损失达 60%~70%；200h 后，其强力损失约为 90%，这是由于聚砜酰胺大分子链上含有的—NHCO—基团在紫外光的照射下容易发生断裂，进而引起力学性能降低，特别是在氧原子和紫外光照射的共同作用下，其性能受到的影响更大，表现为聚砜酰胺纤维的抗紫外线性能较差[4-5]。

二、聚砜酰胺纤维的基本性能

聚砜酰胺纤维是一种结构特殊、性能优异的高性能合成纤维，属于芳香族聚酰胺类有机耐高温材料，其主要物化性能见表 2-1。

表 2-1 聚砜酰胺纤维的主要物化性能指标

指标名称	数值	指标名称	数值
密度/（g/cm^3）	1.416	分解温度/℃	422
断裂强度/（cN/dtex）	3.1~4.4	初始模量/GPa	7.45
断裂伸长率/%	20~25	体积电阻率/（Ω·cm）	2.6×10^{16}
公定回潮率/%	6.28	表面比电阻率/Ω	2.05×10^{13}
玻璃化温度/℃	257	电压击穿强度/（kV/mm）	22~25
软化温度/℃	367~370	极限氧指数 LOI/%	33

聚砜酰胺纤维由于其特殊的化学结构而具有优异的热稳定性与抗热氧化性能，其阻燃性优于间位芳纶。同时，聚砜酰胺纤维具有良好的高温尺寸稳定性、电绝缘性、染色性、抗辐射性和化学稳定性，是一种性能优异的高性能纤维。

（1）热稳定性。在 250℃和 300℃热空气中处理 100h 后的聚砜酰胺纤维，其强度保持率分别为 90%和 80%，而在相同条件下的芳纶 1313 强度保持率仅为 78%和 60%；在 350℃和 400℃热空气中处理 50h 后，聚砜酰胺纤维仍然分别能保持 55%和 15%的强度，而芳纶 1313 在 350℃的热空气环境下已遭破坏。由此可见，聚砜酰胺纤维的热稳定性优于芳纶 1313，它还可以在 250℃的高温环境下长期使用。

（2）高温尺寸稳定性。由表 2-2 可见，芳纶 1313 的高温尺寸稳定性较差，在沸水和 300℃热空气中的收缩率分别为 3.0%和 8.0%，而在相同条件下，聚砜酰胺纤维的热收缩率仅为 0.5%~1.0%和 2.0%，可见其高温尺寸稳定性优于芳纶 1313。因此，采用间位芳纶制备一些特殊领域的专用服装，如高温工作环境下的消防服以及在国防军事领域的特种军服时，往往需要加入另外一种价格昂贵的低收缩纤维来维持受热时服装的平整度，而使用聚砜酰胺纤维材料则无须添加其他成分。

表 2-2 聚砜酰胺纤维的耐热性能及其与同类产品的比较

项目		聚砜酰胺纤维	芳纶 1313
不同温度下的强度保持率/%	200℃	83	90
	250℃	70	65
	300℃	50	40
	350℃	38	破坏
不同温度热空气处理后的强度保持率/%	250℃热空气处理 100h	90	78
	300℃热空气处理 100h	80	50~60
	350℃热空气处理 50h	55	破坏
	400℃热空气处理 50h	15	破坏
分解温度/℃		422	414
分解温度下的失重率/%		1.0	1.5
400℃下的失重率/%		0.3	0
500℃下的失重率/%		12.4	15.75
可长期使用温度/℃		250	210
在沸水中的热收缩率/%		0.5~1.0	3.0
在 300℃空气中的热收缩率/%		2.0	8.0

（3）阻燃性。聚砜酰胺纤维作为一种耐高温阻燃纤维，具有优良的阻燃性能，在燃烧时不熔融，不收缩或很少收缩，无熔滴现象，离开火焰立刻自熄，极少有阴燃或余燃现象。其极限氧指数值高达33%，与各种其他纤维相比也是较高的，如图2-2所示。聚砜酰胺织物的阴燃和续燃时间、损毁长度等指标，均能满足各种不同热防护服对阻燃性能的要求，见表2-3。

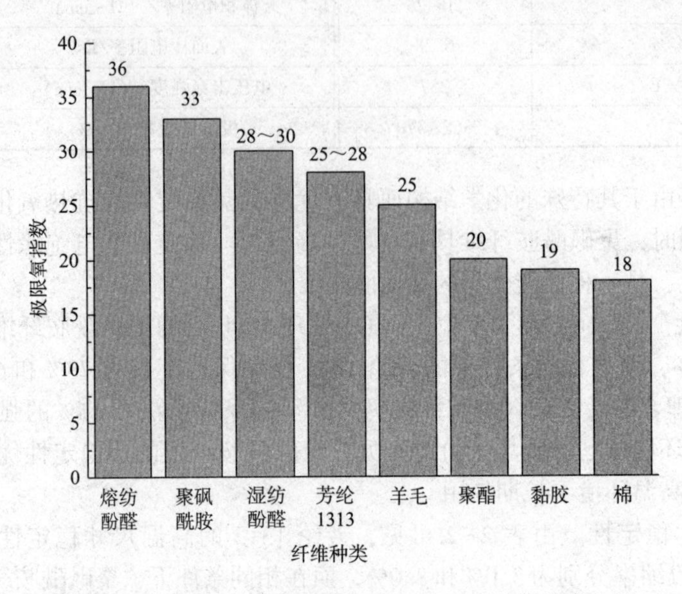

图2-2　聚砜酰胺纤维的极限氧指数值与其他纤维的比较

表2-3　织物的阻燃性能指标[6]

项目	极限氧指数/%	续燃时间/s	阴燃时间/s	损毁长度/mm	定性规定
GB 17591—2006《阻燃织物》	>27	≤5	≤5	≤150	无熔融 无滴落
聚砜酰胺织物	33	0.6	0	19	无熔融 无滴落

（4）电绝缘性。聚砜酰胺纤维拥有优良的电绝缘性能。用40%的短切纤维和60%的浆粕纤维制成的聚砜酰胺纸，其体积电阻率为$2.6\times10^{16}\Omega\cdot cm$，表面比电阻率为$2.05\times10^{13}\Omega$，电压击穿强度为22~25kV/mm，而且防潮性能良好。聚砜酰胺纤维在电绝缘材料方面取得了较多成功的应用试验，可用作电动机绝缘材料、变压器绝缘材料、防电晕绝缘板、绝缘非织造布、绝缘絮片和毡、印刷电路板等。

（5）染色性。与芳纶1313相比，聚砜酰胺纤维具有良好的染色性能。一般情况下，芳纶1313不可染，只有在加入一种有毒载体后才能勉强上色，DuPont公司为此开发了有色纤维，然而这种纤维的色彩种类较少，价格非常昂贵，从而严重制约了其在防护领域的应用。而聚砜酰胺纤维在常用的高温高压条件下即可染色，而且上色率较高，色牢度较好，面料的后整理成本较低，因此，适合于防护服装领域的应用。

（6）抗辐射性。聚砜酰胺纤维具有良好的耐辐射稳定性。在^{60}Co伽马射线照射下，经$5\times10^{6}\sim1\times10^{7}$rad剂量的辐照后，纤维的强力和伸长不会发生明显变化；在1×10^{8}rad时，强力稍有下降；只有经过1×10^{9}rad剂量的照射纤维的强力才显著降低，其色泽也会发生明显变化。

（7）化学稳定性。聚砜酰胺纤维具有较强的耐酸性和耐化学药品腐蚀性。经80℃、30%浓度的硫酸、盐酸处理后，纤维的性能没有发生显著改变；经相同条件下的硝酸处理后，除纤维强力稍有下降外其余均无明显变化。经80℃、20%浓度的NaOH水溶液处理后，纤维强力损失60%以上。在抗有机溶剂方面，除了二甲基乙酰胺（DMAC）、*N*，*N*-二甲基甲酰胺（DMF）、二甲基亚砜（DMSO）、六磷胺、*N*-甲基砒咯烷酮以及浓硫酸等几种强极性有机溶剂以外，聚砜酰胺纤维在常温下对各种化学品均能保持良好的稳定性。

三、聚砜酰胺纤维的应用领域

聚砜酰胺纤维具有特殊而优良的力学性能，密度为1.42g/cm^3，用其面料制成的热防护服轻便舒适；其公定回潮率为6.28%，因此，具有良好的防水透湿和热湿传递功能，利于人体热量散失和汗液蒸发；此外，聚砜酰胺面料的尺寸稳定性好，不会强烈收缩或破裂，具有耐磨损、抗撕裂等综合特性。因此，聚砜酰胺纤维制备的新型防护品可作为特种军服被大量使用，在军事、石化、金属冶金、高温过滤、电绝缘、机械、化工等领域的应用已越来越广，目前主要用作防护制品、高温过滤材料、电绝缘材料等[7-8]。

（1）防护制品。聚砜酰胺纤维是一种有机耐高温的高性能合成纤维，主要用于制作特种军服、飞行员通风服、阻燃高空代偿服等，防火性能好，可以保证飞行安全；穿着舒适且具有透气性能；一定程度上减少了飞行员的体力消耗。随着我国经济的不断发展和军队装备能力的不断提高，对这种高性能阻燃纤维的需求也在不断增加。

由于聚砜酰胺纤维没有熔点，在400℃以上的高温环境下才会发生热分解，不熔融、不收缩或只有轻微收缩，因此，适用于耐高温要求的防火外层布以及成毡后做隔热层，是制作热防护服的理想材料，也可用于制作消防人员的其他用品，如内衣、头盔、鞋靴、手套等，集阻燃、隔热、防水、透气和舒适等多种功能于一身，保障了广大消防战士的生命安全。此外，聚砜酰胺材料还可用于制作电弧防护服、耐高温工作服等。

（2）高温过滤材料。我国是钢铁、热电、水泥和煤炭的工业大国，但也带来了空气污染问题，因此国家相继出台了严格的空气排放标准，要求现代企业在追求经济效益的同时，不能有损环境、生态和社会效益，最终实现低耗、高效、无污染的生产方式。因此，在钢铁、煤炭等工业烟囱排放高温气体时，应该使用耐高温材料来过滤废气，以保护环境。聚砜酰胺纤维不仅具有良好的热稳定性能，而且抗热氧老化性能尤为突出，在250℃下可长期使用，在270℃的高温下依然保持良好的尺寸稳定性，尤其适用于耐高温过滤材料，是制作烟道气除尘过滤袋、稀有金属回收袋、热气体过滤软管的优良材料。

随着经济日益增长，城市垃圾和废弃物的焚烧处理量将在未来几年由目前的1%上升到7%~15%，而烟气中的SO_x、NO_x等腐蚀性化学物质，需要开发符合焚烧炉工厂使用要求的耐高温、耐化学腐蚀滤材。聚砜酰胺纤维的耐化学性能稳定，正适合制作焚烧炉滤尘袋，在耐酸、碱及一般有机溶剂的过滤材料和耐腐蚀材料等方面应用比较广泛。

（3）电绝缘材料。随着电动机和变压器升级换代的速度加快，耐热绝缘材料的需求量将成倍增长。聚砜酰胺纤维因具有良好的电绝缘性和高温尺寸稳定性等优异性能，适用于制造电动机以及电器用F级（155℃）、H级（180℃）长期耐高温电器绝缘纸。聚砜酰胺纤维制成的针刺毡作为F级、H级电动机的衬垫材料，可使电动机达到体积小、重量轻、功率大、效率高的要求，是现代电动机制造的关键材料之一，且需求量不断增长。

（4）其他领域。聚砜酰胺纤维还广泛应用于蜂窝结构材料、摩擦密封材料、复合材料以及造纸毛毯、印染毛毯和熨烫台布等领域，有着非常广阔的潜在市场。

第二节　多功能聚砜酰胺复合材料的制备

本节主要介绍两种纺丝方法制备多功能聚砜酰胺复合材料，一种是湿法纺丝法，另一种是静电纺丝法。虽然纺丝方法不同，但都是利用碳纳米管（CNT）优异的导电性能以及纳米二氧化钛（nano-TiO_2）对紫外线优异的吸收和散射功能而制成的多功能聚砜酰胺纤维。

一、湿法纺丝制备多功能聚砜酰胺复合材料

1. 二元共混复合材料的制备工艺

称取一定量的纳米颗粒 CNT 和 nano-TiO_2 分别加入两个装有适量 DMAC 的烧杯内，磁力搅拌 15min 使纳米颗粒均匀分散到 DMAC 中，然后将其倒入装有相应量 PSA 原液的烧杯内，采用高速剪切机搅拌 60min 后再进行 60min 的超声共混，分别配制得到不同质量分数的 PSA/CNT 和 PSA/nano-TiO_2 二元纳米复合材料纺丝液。实验数据见表 2-4。

表 2-4　制备 PSA/CNT 和 PSA/nano-TiO_2 复合材料的实验数据

纳米颗粒的质量分数/%	PSA/g	（CNT，nano-TiO_2）/g	DMAC/mL
0	100	0	0
1	100	0.1212	1
3	100	0.3711	3
5	100	0.6316	5
7	100	0.9032	7

2. 三元共混复合材料的制备工艺

称取等量的纳米颗粒 CNT 和 nano-TiO_2 共同加入装有适量 DMAC 的烧杯内，超声处理 60min 使纳米颗粒均匀分散到 DMAC 中，然后将其倒入装有相应量 PSA 原液的烧杯内，采用高速剪切机搅拌 30min 后再进行 90min 的超声共混，配制得到不同质量分数的 PSA/CNT/nano-TiO_2 三元纳米复合材料纺丝液。实验数据见表 2-5。

表 2-5　制备 PSA/CNT/nano-TiO_2 复合材料的实验数据

CNT/nano-TiO_2 的质量分数/%	PSA/g	CNT/g	nano-TiO_2/g	DMAC/mL
0	100	0	0	0
1	100	0.061	0.061	1
3	100	0.186	0.186	3
5	100	0.316	0.316	5
7	100	0.452	0.452	7

3. 复合纤维的制备工艺

利用自制的单孔小型湿法纺丝装置（图 2-3）进行 PSA 及其复合纤维的制备。

将超声共混后的纺丝液倒入纺丝料筒内，然后经弯管和过滤装置进入孔径为（0.18±0.03）mm 的单眼喷丝头。在湿法纺丝中，由气压指示表来控制氮气的输出压强并保证纺丝压强在 50.7kPa（0.5 个大气压）下，以保持纺丝过程中压强对纤维粗细的影响，并在接收距离为 1.2m，喷丝速度为 15~30m/min，卷绕速度为 30~60m/min 的条件下对含有不同质量分数的纳米颗粒的 PSA 纺丝液进行湿法纺丝。

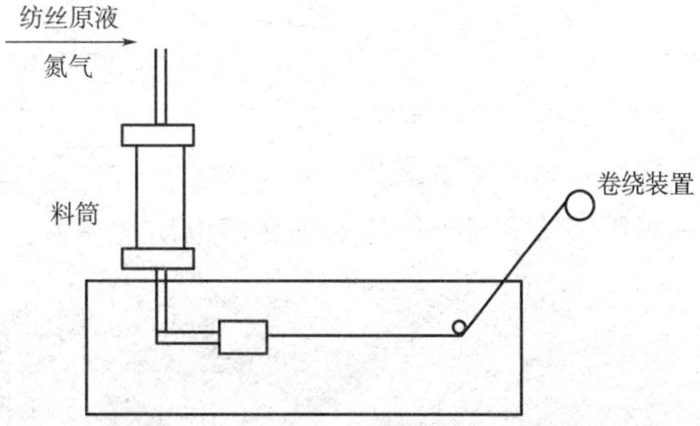

图 2-3　PSA 纳米复合纤维的湿法纺丝装置示意图

由图 2-3 可见，在氮气压强下，纺丝细流经喷丝孔中压出并进入以水溶液为凝固浴的水槽中，纺丝细流中的溶剂向凝固浴扩散，凝固剂向细流渗透，从而使纺丝细流达到临界浓度，在凝固浴中析出形成纤维，并在步进电动机的驱动下，卷绕到纱管上，此时调整步进电动机的转动速度，可对初生纤维做进一步的牵伸。从凝固浴中出来的纤维仍含有一定量的溶剂，因此，对卷绕满管后的纤维及时进行反复水洗和退绕。接着将初生纤维放入电热鼓风烘箱中进行紧张热定型，并进一步去除初生纤维内残留的溶剂，热定型温度为 100℃，时间为 120min，最后得到质量分数分别为 0、1%、3%、5%、7%的 PSA/CNT、PSA/nano-TiO_2 和 PSA/CNT/nano-TiO_2 纳米复合纤维。

4. 复合材料薄膜的制备工艺

采用 SJT-B 型台式数显匀胶台制备 PSA 纳米复合薄膜。取适量的上述复合纺丝液静置脱泡后放入匀胶台中的基片上，先以 2000r/min 的低速运转 5s，使纺丝液摊开，到设定的时间后，自动转换到 4000r/min 的高速运转 20s，使纺丝液在基片上形成厚度均匀的溶液。接着将基片在空气中静止放置 30min 使 DMAC 溶剂挥发，然后将其浸泡在水中一段时间萃取出溶剂，然后置于电热鼓风烘箱 100℃处理 120min，进一步除去残余的 DMAC 溶剂，烘干后得到质量分数分别为 0、1%、3%、5%、7%的 PSA/CNT、PSA/nano-TiO_2 和 PSA/CNT/nano-TiO_2 纳米复合薄膜。

二、静电纺丝制备多功能聚砜酰胺复合材料

1. 三元共混复合纺丝液的制备工艺

取适量 CNT 和 nano-TiO_2 粉体置于 DMAC 溶液中，让 CNT 和 nano-TiO_2 两种纳米颗粒在溶液中质量分数相同，超声 0.5h，然后将其加入 50g PSA 原液中，用升温磁力搅拌器充分搅拌 0.5h，再将其置于超声波清洗器中超声振荡 1.5h。具体的三元共混复合纺丝液参数见表 2-6。

表 2-6　三元共混复合纺丝液参数

CNT，nano-TiO_2/g 的质量分数/%	PSA/g	CNT，nano-TiO_2/g	DMAC/mL
0	50	0	0
1	50	0.030	1

续表

CNT，nano-TiO_2/g 的质量分数/%	PSA/g	CNT，nano-TiO_2/g	DMAC/mL
3	50	0.093	3
5	50	0.158	5
7	50	0.228	7

2. 纤维网的制备工艺

采用实验室自行组装的高压静电纺丝装置，如图 2-4 所示。

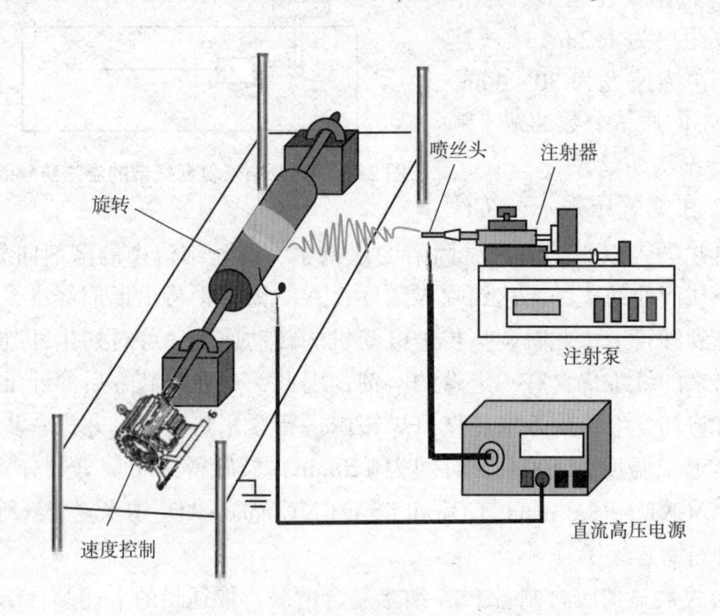

图 2-4 静电纺丝装置图

将盛有纺丝液的注射器安放在推进泵上，再将锡纸包覆在旋转滚筒上，接高压电压负极作为接收装置，不锈钢点胶针头与旋转滚筒垂直，同时与直流高压静电发生器正极相连。静电纺丝条件为：纺丝电压为 28kV，纺丝距离为 15cm，接收装置转速为 42r/min。最后制备纳米颗粒质量分数为 1%、3%、5%、7% 的 PSA/CNT/nano-TiO_2 的三元共混复合静电纺纳米纤维。

第三节 湿法纺丝聚砜酰胺复合材料的表征

一、纳米颗粒的分散情况

1. 纳米颗粒在复合纤维中的分散情况

如图 2-5 所示，质量分数为 1%的纳米粒子基本呈颗粒状均匀分散于 PSA 基体中，颗粒粒径为 50~60nm；当纳米颗粒质量分数增加到 3%时，少量的颗粒均匀分散在基体中，部分颗粒开始出现团聚现象，其团聚粒径为 100~150nm；当颗粒质量分数增加到 5%时，纳米颗粒的团聚现象较为严重，其团聚粒径已经达到 300nm 左右；继续增加纳米颗粒的质量分数到 7%时，较强的表面极性使其出现更为严重的团聚现象。

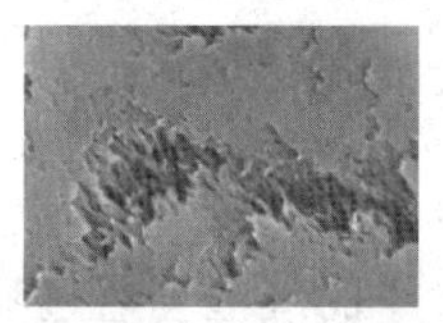

(a) PSA

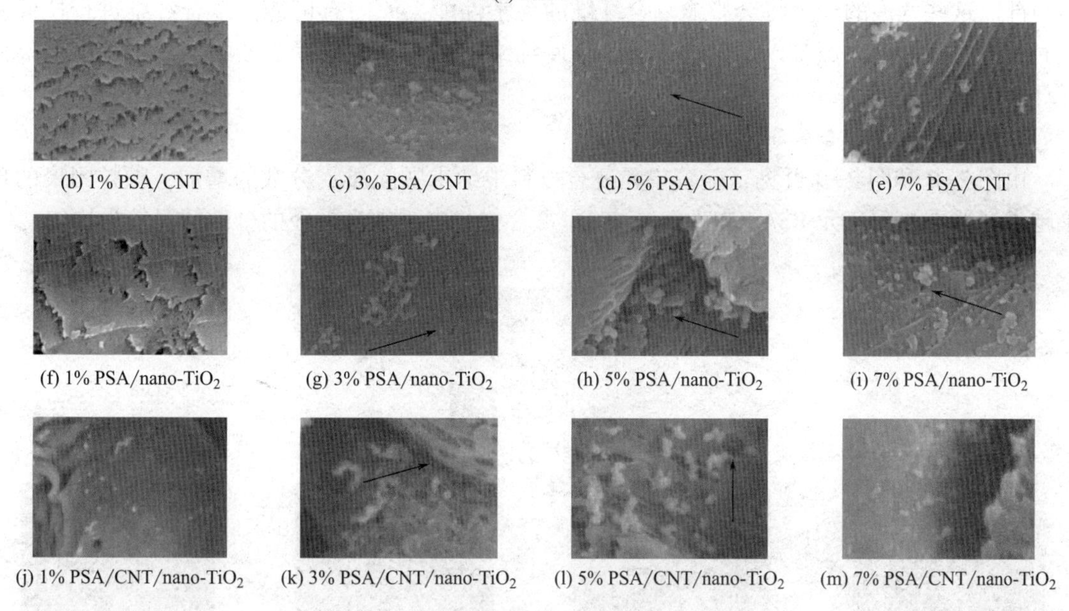

(b) 1% PSA/CNT　(c) 3% PSA/CNT　(d) 5% PSA/CNT　(e) 7% PSA/CNT

(f) 1% PSA/nano-TiO_2　(g) 3% PSA/nano-TiO_2　(h) 5% PSA/nano-TiO_2　(i) 7% PSA/nano-TiO_2

(j) 1% PSA/CNT/nano-TiO_2　(k) 3% PSA/CNT/nano-TiO_2　(l) 5% PSA/CNT/nano-TiO_2　(m) 7% PSA/CNT/nano-TiO_2

图 2-5　PSA 复合纤维的 SEM 图

由此可见，随着聚合物基体中纳米颗粒质量分数的增加，颗粒团聚的现象越来越严重。图中箭头处的黑色斑点主要是纤维内部存在的气泡，这些气泡产生的主要原因如下。

（1）纳米颗粒与 PSA 共混时，共混体系的表面层与空气接触，在机械搅拌的作用下会混入部分空气，由于纺丝液黏度较大，气泡较多，超声处理 60min 难以完全排除这些气体，当超声处理的时间增至 90min 时，气泡的消除效果较好，如图 2-6 所示。

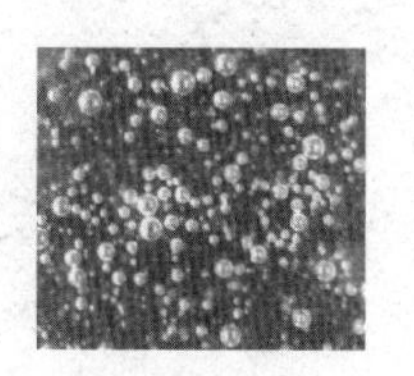

(a) 机械搅拌30min

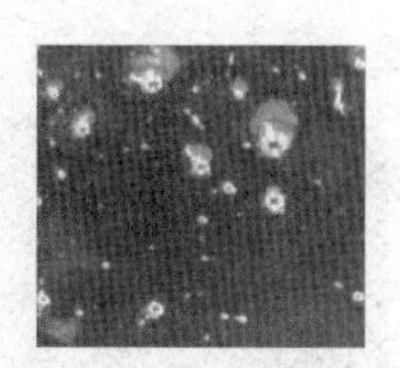

(b) 超声共混60min

(c) 超声共混90min

图 2-6　1% PSA/CNT 纺丝溶液中存在的气泡

（2）进行超声处理后的纺丝液倒入料筒过程中会重新裹入部分空气，形成大量气泡，因此，当纺丝溶液倒入料筒后有必要进行二次超声，如图 2-7 所示。

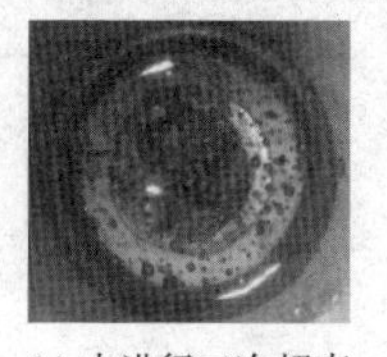

(a) 未进行二次超声

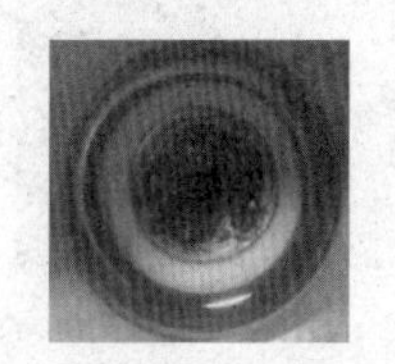

(b) 进行90min的二次超声

图 2-7　纯 PSA 纺丝液倒入料筒后的现象

（3）纺丝溶液中含有大量的 DMAC 溶剂，在湿法纺丝初生纤维成形过程中发生双扩散过程，且在凝固过程中丝条的皮层硫硬，聚合物粒子的合并使内部收缩时，皮层不能按比例发生形变，最终导致纤维内部形成孔隙。

（1）、（2）中较大的气泡在进一步纺丝时会通过喷丝孔造成纺丝中断，产生毛丝或者形成浆块阻塞喷丝孔，造成纺丝失败；较小的气泡会通过喷丝孔随纺丝液一同排出，残留在纤维内部。这些气泡的产生将会影响复合纤维的力学性能，原因有可能是复合纤维进行拉伸测试时，应力在纤维内部难以均匀地传递，致使纤维大多在气泡处发生断裂，一定程度上降低了纤维的断裂强度。

2. 纳米颗粒在复合薄膜中的分散情况

由图 2-8 和图 2-9 可见，随着二元复合材料中纳米颗粒质量分数的增加，颗粒团聚的现象越来越严重，而三元 PSA/CNT/nano-TiO_2 复合材料中，纳米颗粒的分散情况较为均匀。

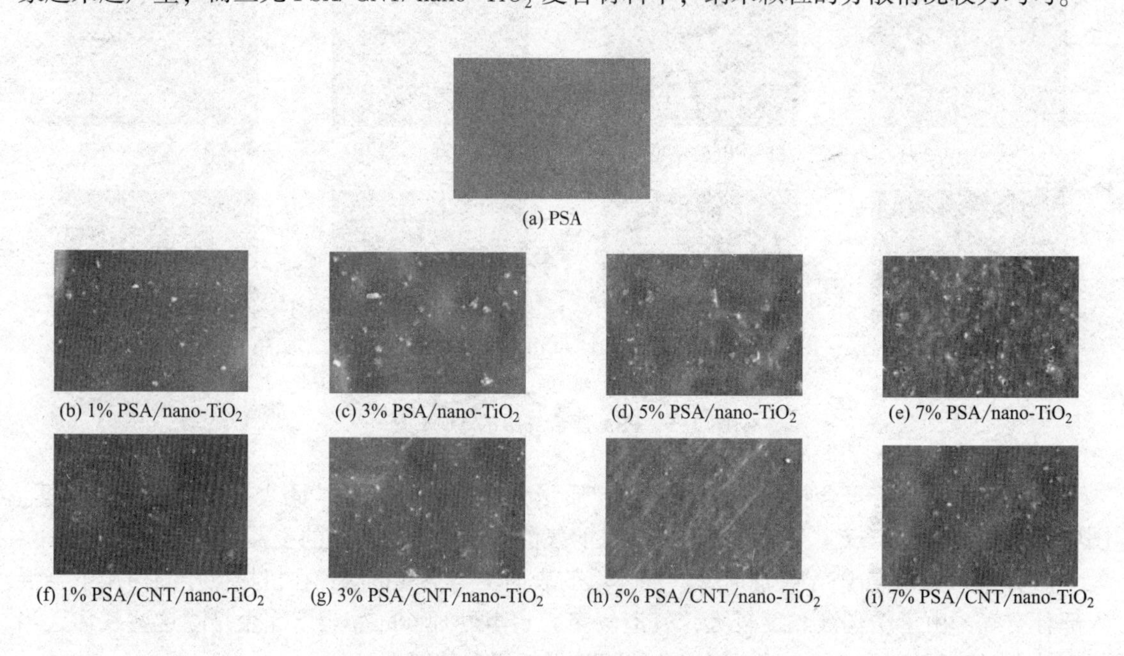

(a) PSA

(b) 1% PSA/nano-TiO_2　(c) 3% PSA/nano-TiO_2　(d) 5% PSA/nano-TiO_2　(e) 7% PSA/nano-TiO_2

(f) 1% PSA/CNT/nano-TiO_2　(g) 3% PSA/CNT/nano-TiO_2　(h) 5% PSA/CNT/nano-TiO_2　(i) 7% PSA/CNT/nano-TiO_2

图 2-8　PSA 复合薄膜的 SEM 图

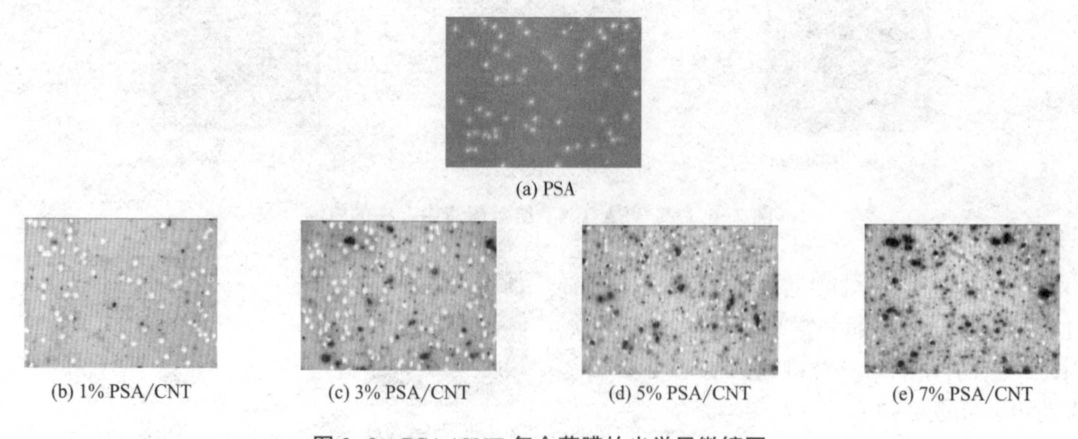

(a) PSA

(b) 1% PSA/CNT　(c) 3% PSA/CNT　(d) 5% PSA/CNT　(e) 7% PSA/CNT

图 2-9　PSA/CNT 复合薄膜的光学显微镜图

图 2-8 中的白色小光点主要是在制膜和表征过程的客观条件所致。其中造成纳米颗粒分散不匀的主要原因如下。

（1）纳米颗粒的粒径小且比表面自由能高，使颗粒自身容易发生团聚，将其添加至 DMAC 溶剂中，采用磁力搅拌难以使颗粒均匀分散，使其在 PSA 基体中的团聚现象更加严重。

（2）纳米颗粒与 PSA 物理共混时，由于纺丝液黏度较大，机械搅拌和超声处理技术不足以使纳米颗粒良好地分散。

（3）在纺丝液静止过程中，分散后的纳米颗粒由于极性作用可能重新发生团聚。

二、微观形貌

图 2-10 所示为不同质量分数的 PSA 纳米复合纤维横截面的微观形貌。

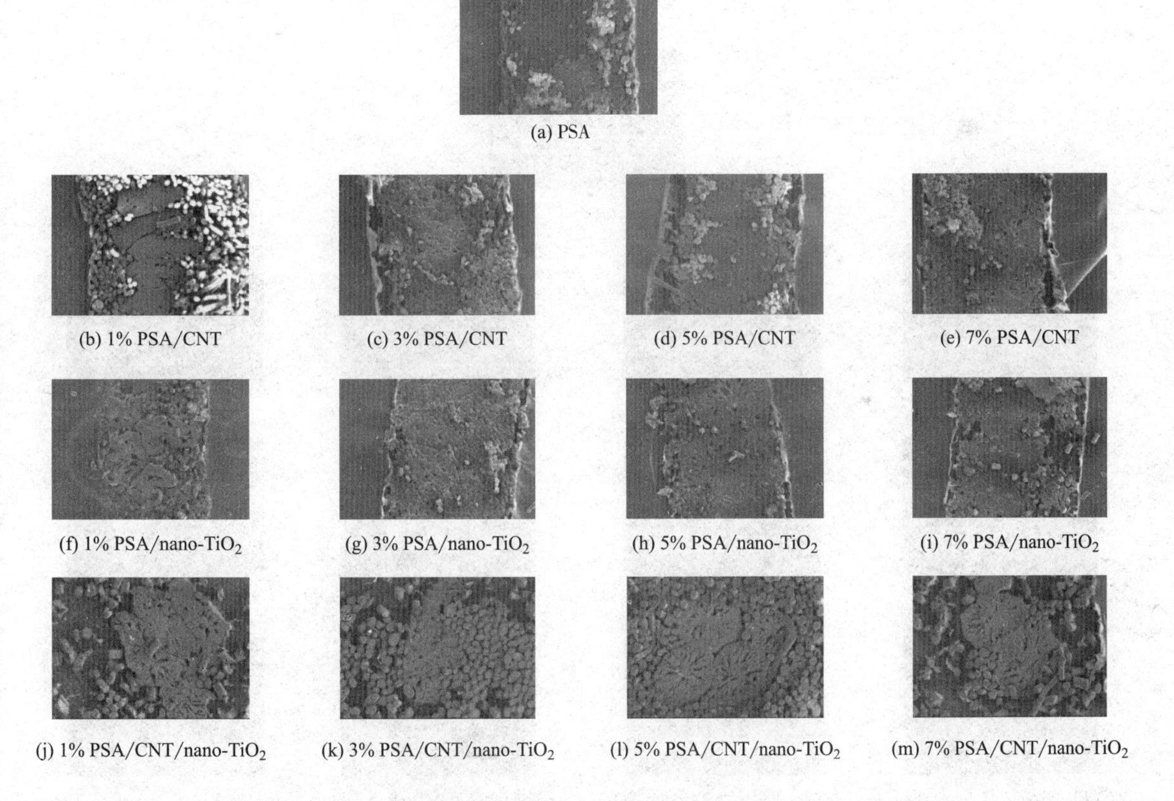

图 2-10　不同质量分数 PSA 纳米复合纤维横截面的 SEM 图

如图 2-10 所示，图中明显观察到纤维出现了外层紧密均一、内层疏松多孔的皮芯层结构。纤维内部小的毛细孔尺寸约为 10μm，最大为几十微米，造成此现象的主要原因如下。

（1）表面形成较硬的皮层，然后聚合物粒子的合并使内部体系收缩，内部形成孔隙。

（2）初生纤维在成形过程中发生双扩散过程，纺丝溶液发生相分离，使初生纤维的结构为孔隙分隔、相互连接的聚合物冻胶网络。

（3）丝条的外层首先被凝固，限制了内层溶剂的析出，使得丝条表里两层收缩不一致，造成内应力不均匀；而且丝条内部残余大量的 DMAC 溶剂，在初生纤维进一步水洗和干燥过程中，溶剂缓慢地析出或挥发，最终导致孔洞的形成。

（4）初生纤维没有经过必要的后处理工序，如热牵伸和致密化等，因此，难以消除纤维内应力和丝条在凝固过程中由于溶剂相互扩散引起的结构不均匀。

图 2-11 为不同质量分数的 PSA 纳米复合纤维纵向表面的微观形貌。

由图 2-11 可见，湿法纺丝制备的 PSA 纤维及其大部分复合纤维的纵向表面明显存在微小沟槽，反映出纤维表面存在缺陷，主要是在纺丝过程中采用了水溶液作为凝固浴，纺丝细流进入凝固浴后丝条表层的凝固过于激烈，纤维在凝固浴中固化收缩不均匀而形成凹陷和微小裂纹，这种沟槽对纤维侧向的受力或弯曲影响较大。此外，纤维表面出现了大小不等的不规则硬块，可能是共混体系中严重的团聚纳米颗粒，也可能是纤维表面存在的少量杂质所致。PSA 纤维及其复合纤维表面的不光滑和一些细微的突兀变化会改变其对光的吸收、反射、折射和散射，从而影响纤维的抗紫外线性能，同时对纤维的光泽和刚度也有重要影响。

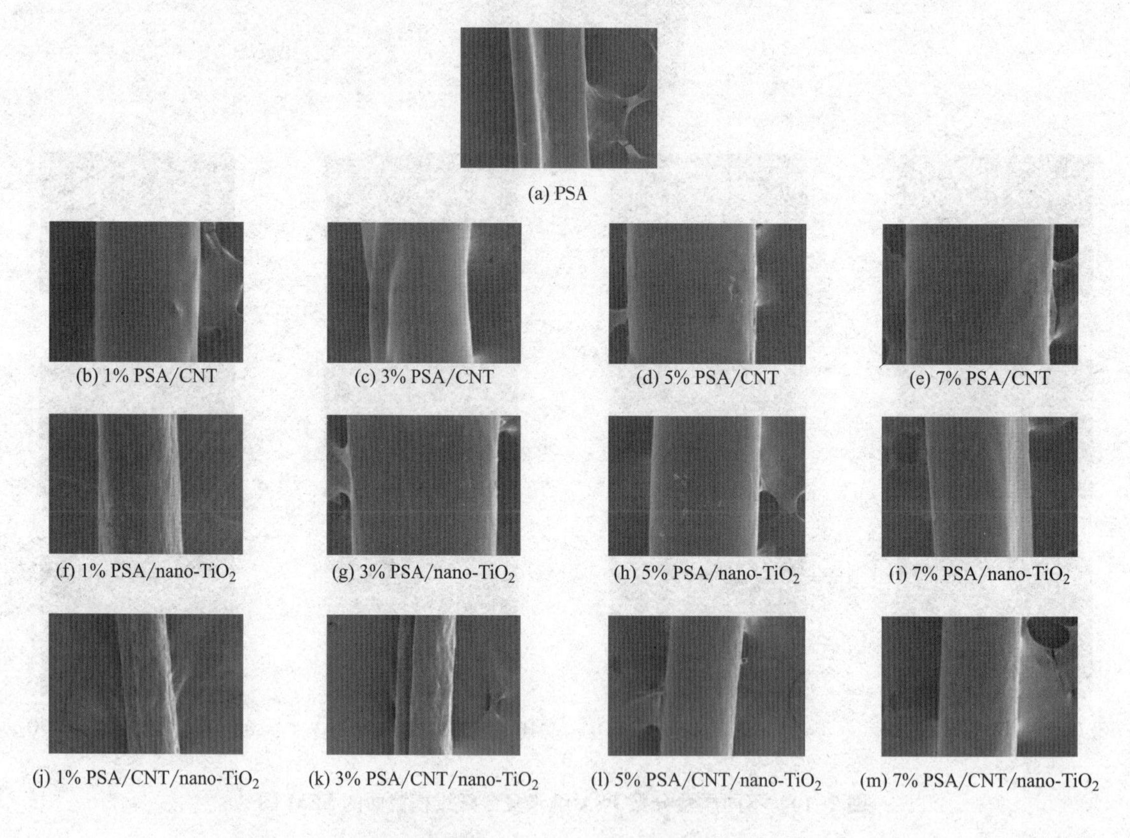

图 2-11　不同质量分数 PSA 纳米复合纤维纵向表面的 SEM 图

三、红外光谱图

图 2-12 所示是 PSA 纳米复合纤维的红外光谱（FTIR）图。

从图 2-12 中可以看出，除了 PSA 三元复合纤维的 FTIR 曲线上特征峰形稍有变化外，其余的二元复合纤维与纯 PSA 的 FTIR 曲线比较相似，说明纳米颗粒的加入没有明显改变 PSA

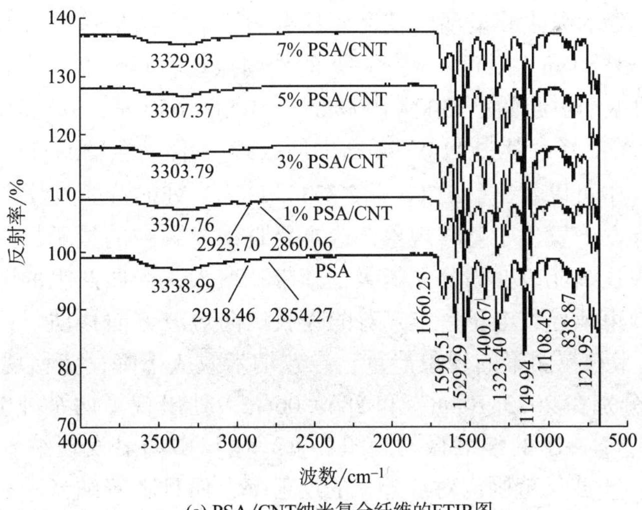

(a) PSA/CNT纳米复合纤维的FTIR图

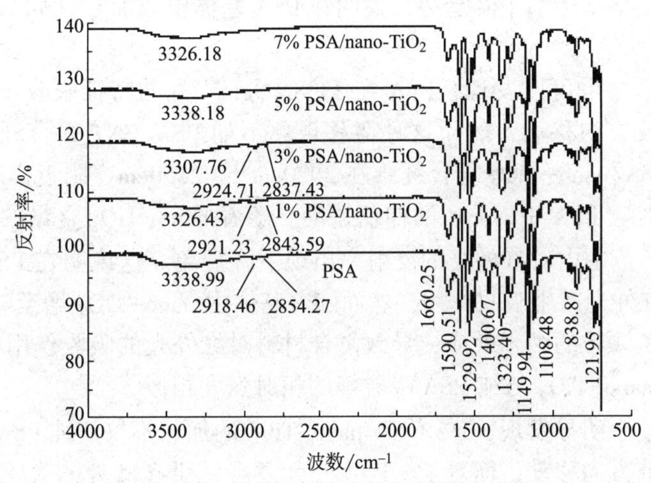

(b) PSA/nano-TiO_2纳米复合纤维的FTIR图

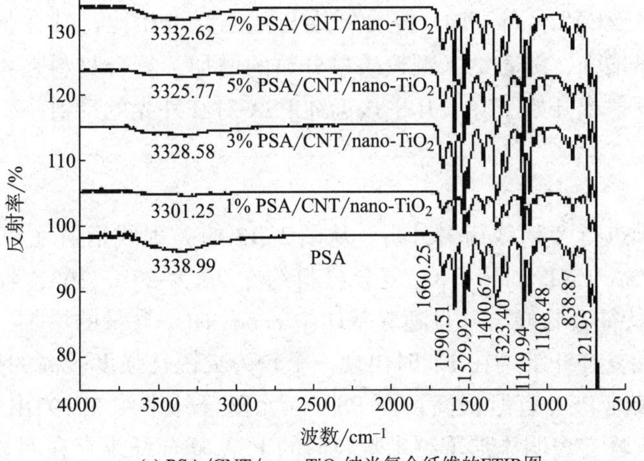

(c) PSA/CNT/nano-TiO_2纳米复合纤维的FTIR图

图 2-12　PSA 纳米复合纤维的 FTIR 图

特征吸收峰的位置和形状。在 3300cm^{-1} 附近的吸收峰对应 PSA 中酰胺键 N—H 的伸缩振动；由于在 1660.25cm^{-1} 处的吸收峰呈现出较窄而且尖的峰形，判断是 PSA 中 C═C 双键的伸缩振动产生的吸收峰；1550cm^{-1} 附近对应 C—N 的伸缩振动；1500～1300cm^{-1} 处的吸收峰主要是由 C—H 面内弯曲振动引起的；1300～1000cm^{-1}、1000～650cm^{-1} 分别对应 C—C 骨架振动和 C—H 面外弯曲振动特征峰，其中 1149.94cm^{-1} 是—SO_2—伸缩振动的特征吸收峰。

从图 2-12（a）中可以看出，纯 PSA 在 3338.99cm^{-1} 处的特征吸收峰随着 CNT 含量的增加逐渐往短波方向移动，发生了蓝移现象，这主要是纳米颗粒的量子尺寸效应使颗粒费米能级附近的电子能级由连续能级变为分立能级，禁带宽变大，光照产生的电子和空穴存在着库仑作用，空间的强烈束缚导致电子—空穴对的吸收峰向短波方向移动[9]；随着基体内部 CNT 的含量增至 7%，纳米颗粒团聚的现象严重，导致纳米效应下降，蓝移现象减弱。其中，1% PSA/CNT 复合纤维分别在 2923.70cm^{-1} 和 2860.06cm^{-1} 处出现了两个纯 PSA 明显的吸收峰，主要还是对应 PSA 中 N—H 的伸缩振动。图 2-12（a）中明显发现纳米颗粒的加入降低了 PSA 在 4000～1750cm^{-1} 波长范围内对红外光的反射率，而且随着纳米颗粒含量的增加，复合材料对红外光的反射率呈逐渐下降趋势，说明在 PSA 基体中添加 CNT 可以增强复合材料对红外光的吸收作用。

从图 2-12（b）中也可以发现，PSA 在 3338.99cm^{-1} 处的特征吸收峰随着 nano-TiO_2 含量的增加逐渐往短波方向移动，然而这种蓝移现象不如 PSA/CNT 复合纤维明显。1% PSA/nano-TiO_2 和 3% PSA/nano-TiO_2 复合纤维在 2920cm^{-1}、2850cm^{-1} 附近出现了两个纯 PSA 明显的吸收峰，也是对应 PSA 中 N—H 的伸缩振动。随着 nano-TiO_2 含量的增加，复合材料在 4000～1750cm^{-1} 波长范围内对红外光的反射率出现下降现象。这说明在 PSA 基体中添加少量的 nano-TiO_2 可对红外光产生吸收作用，然而随着基体中 nano-TiO_2 增至 7%时，纳米颗粒出现的严重团聚降低了颗粒的纳米效应，导致复合材料对红外光的吸收作用减弱，因此在 FTIR 图上可见 7% PSA/nano-TiO_2 与纯 PSA 吸收峰的相对强度相似。

从图 2-12（c）中明显发现，1% CNT/nano-TiO_2 的加入不仅使纯 PSA 在 3338.99cm^{-1} 处的特征吸收峰往短波方向移动，而且 1% PSA 三元复合纤维在此处的吸收峰形被平化的现象显著，此后随着纳米颗粒含量的增加，这种蓝移现象和平化现象逐渐消失。从图 2-12（c）中可以看出，1% PSA/CNT/nano-TiO_2 复合纤维与其他纤维相比，其在整个波长范围内对红外光的反射作用明显增强，随着纳米颗粒质量分数的增加，复合材料在 4000～1750cm^{-1} 波长范围内对红外光的反射率开始下降，几乎接近纯 PSA 对红外光的反射率。

四、结晶性能

对各种复合纤维进行 X 射线衍射分析，从图 2-13 的 X 射线衍射（XRD）曲线可以看到，PSA/nano-TiO_2 和 PSA/CNT/nano-TiO_2 复合材料约在 2θ 为 27°、36°、41°以及 54°等处出现了金红石型 TiO_2 的特征吸收峰，并且随着基体中 nano-TiO_2 含量的增加，此处的吸收峰强度逐渐加强。PSA 二元复合纤维约在 12°时出现一个较为尖锐且强度较高的衍射吸收峰，在 21°时的吸收峰强度也较纯 PSA 有所提高；而 PSA 三元复合纤维约在 19°出现了一个较为平缓、强度较高的衍射吸收峰，表明添加了纳米颗粒后的 PSA 复合纤维存在明显的结晶结构。这可能是纳米颗粒的异相成核作用所致，在其均匀分散在 PSA 基体的情况下，其添加可提高聚合物基体的晶核密度，从而提高 PSA 的结晶度。结合图 2-13（a）和（b）可知，纳米颗粒在

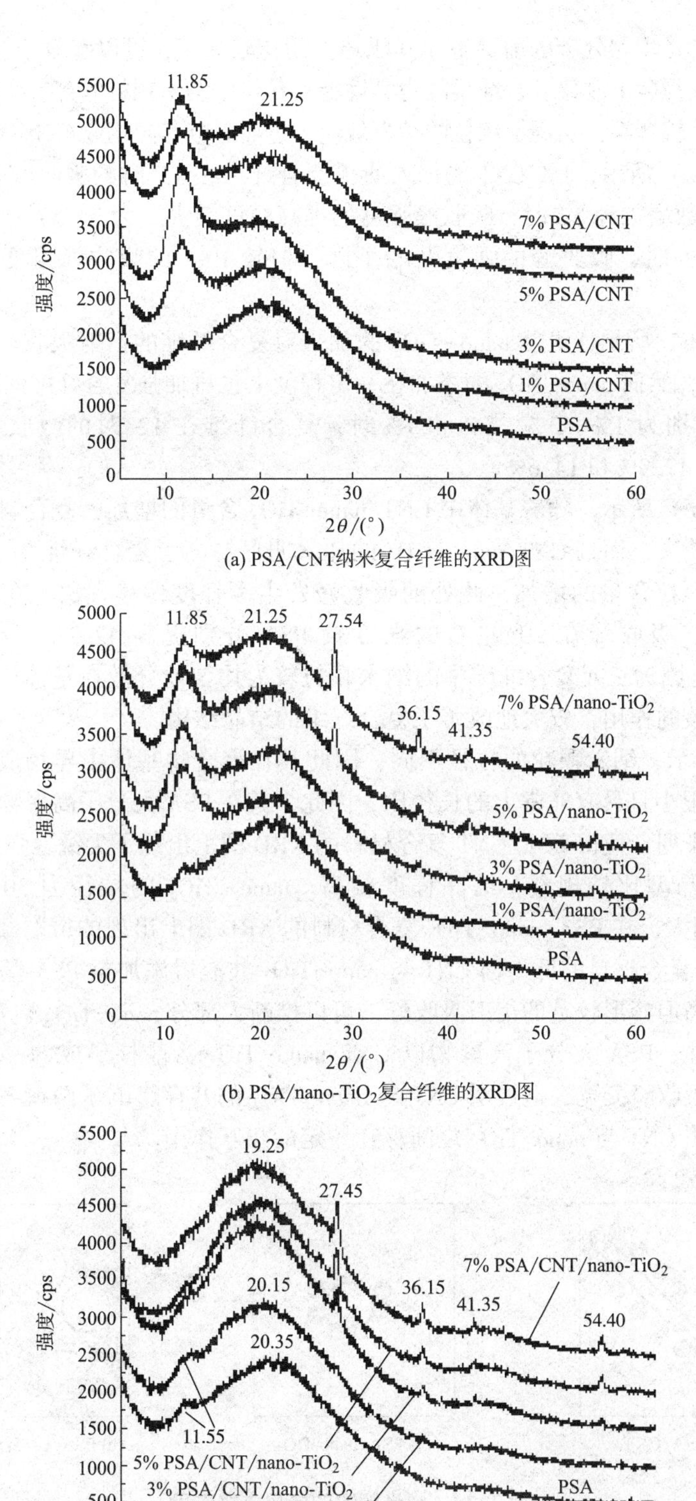

(a) PSA/CNT纳米复合纤维的XRD图

(b) PSA/nano-TiO_2复合纤维的XRD图

(c) PSA/CNT/nano-TiO_2纳米复合纤维的XRD图

图 2-13　PSA 复合纤维的 XRD 物相分析图

基体中的含量较少且均匀分散的前提下，其成核作用比较显著，可以有效地提高复合材料的结晶度，进而在一定程度上改善复合纤维的力学性能；基体中纳米颗粒的含量增加到5%和7%时，颗粒团聚的现象比较严重，削弱了颗粒的纳米效应，进而影响其异相成核作用的发挥。

如图2-13（a）所示，1% CNT的加入使得复合纤维在12°时的吸收峰强度提高47.4%；当CNT的质量分数增加到3%时，吸收峰强度的提高幅度最大，为74.5%；当CNT的质量分数增加至5%和7%时，吸收峰的强度开始下降，但较PSA的吸收峰强度分别提高31.8%和36.5%。

如图2-13（b）所示，虽然nano-TiO_2的加入对复合纤维的衍射吸收峰强度的提高程度不如CNT的明显，然而nano-TiO_2的添加在一定程度上也可加强复合纤维的结晶结构，nano-TiO_2质量分数分别为1%、3%、5%和7%时，复合纤维在12°时的吸收峰强度分别提高33.9%、37.0%、47.9%和14.6%。

如图2-13（c）所示，随着基体中CNT/nano-TiO_2含量的增加，复合材料在11.85°处的吸收峰开始逐渐消失，而且CNT/nano-TiO_2的加入明显提高了复合纤维在20°左右的衍射吸收峰强度，随着颗粒含量的增加，此处的吸收峰发生了轻度偏移现象。在颗粒含量为1%、3%、5%、7%时，吸收峰在20°左右的强度较PSA分别提高42.2%、71.9%、56.3%和66.7%，这主要是因为三元复合纤维中的纳米颗粒较为均匀地分散在基体中，较好地发挥了纳米颗粒异相成核的作用，较大地改善了复合纤维的结晶结构。

如图2-14所示，纳米颗粒的粒径不同，因此其在聚合物基体中异相成核的作用有所差异。CNT的粒径很小且具有非常大的长径比，因此，其在PSA大分子高聚物沿着CNT的轴向方向规整有序地排列，使得PSA/CNT复合材料的XRD图上出现了尖锐且强度较高的衍射峰，说明复合材料的晶型比较规整，结晶程度较高。nano-TiO_2的粒径为30~50nm，比CNT（10~20nm）的稍大，在PSA/nano-TiO_2复合材料的XRD图上出现的衍射峰的尖锐程度以及强度较PSA/CNT复合材料的低。当CNT与nano-TiO_2共混后添加至PSA基体中时，XRD图上出现了强度较高但峰形较宽的衍射吸收峰，可以推断大部分nano-TiO_2包覆在CNT管壁上，增大了晶核的尺寸，PSA大分子高聚物以CNT/nano-TiO_2为晶核形成的晶体尺寸也随之变大。此外，衍射吸收峰变宽，这说明CNT与nano-TiO_2的共存影响了两者各自的晶型以及高聚物的晶型，表明CNT与nano-TiO_2之间存在一定的相互作用。

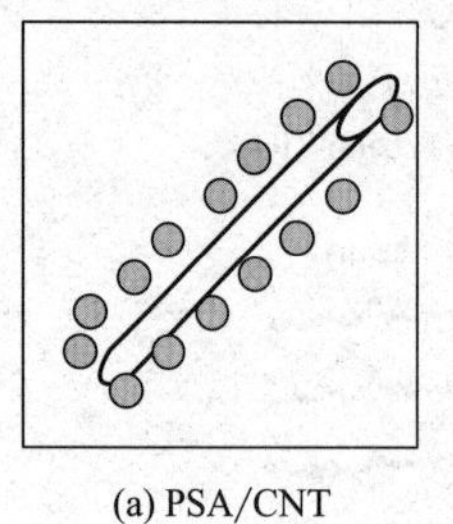

(a) PSA/CNT

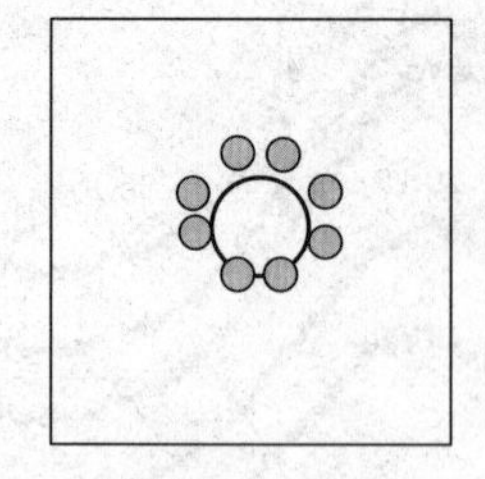

(b) PSA/nano-TiO_2

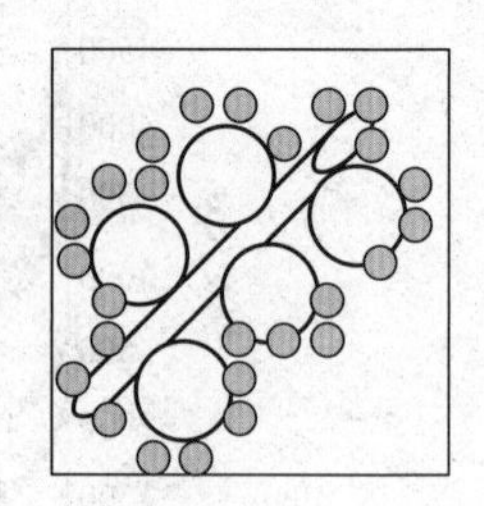

(c) PSA/CNT/nano-TiO_2

图2-14　纳米颗粒的异相成核作用

综上所述，纳米颗粒的加入对PSA具有异相结晶成核的作用，一定程度上改变了PSA特征衍射峰的峰形，提高了衍射峰的强度，因此，对PSA复合纤维的力学性能有一定的改善作用。

五、力学性能

1. PSA 基纳米复合纤维的力学性能

表 2-7 给出了不同质量分数的 CNT、nano-TiO_2 和 CNT/nano-TiO_2 加入后，PSA 纳米复合纤维力学性能的各项物理参数。

表 2-7　PSA 复合纤维力学性能参数

试样	断裂强度/（cN/dtex）	断裂伸长率/%	初始模量/（cN/dtex）
PSA	0. 411	29. 70	0. 098
1% PSA/CNT	0. 606	22. 39	0. 142
3% PSA/CNT	0. 531	15. 10	0. 162
5% PSA/CNT	0. 517	13. 05	0. 184
7% PSA/CNT	0. 310	16. 42	0. 060
1% PSA/nano-TiO_2	0. 594	21. 74	0. 204
3% PSA/nano-TiO_2	0. 470	21. 76	0. 166
5% PSA/nano-TiO_2	0. 420	13. 85	0. 161
7% PSA/nano-TiO_2	0. 268	15. 96	0. 063
1% PSA/CNT/nano-TiO_2	0. 498	22. 90	0. 185
3% PSA/CNT/nano-TiO_2	0. 411	16. 70	0. 137
5% PSA/CNT/nano-TiO_2	0. 324	9. 40	0. 115
7% PSA/CNT/nano-TiO_2	0. 290	8. 50	0. 097

图 2-15 反映了加入不同质量分数的各种纳米颗粒对复合纤维断裂强度的影响。从图中各曲线可以看出，少量纳米颗粒的加入一定程度上提高了复合纤维的断裂强度，随着颗粒含量的增加，复合纤维断裂强度的改善幅度开始逐渐下降，当纳米颗粒含量较大时，复合纤维的断裂强度低于纯 PSA。其中，CNT 的加入对 PSA 断裂强度的提高程度最为显著，依次是 nano-TiO_2 和 CNT/nano-TiO_2。

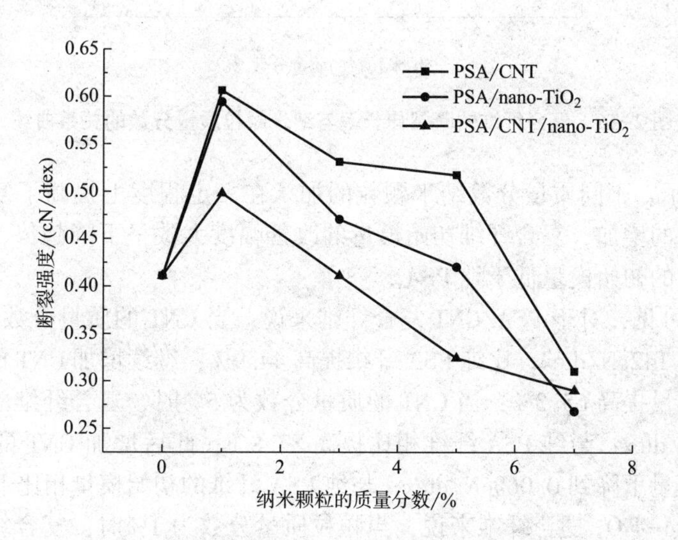

图 2-15　复合纤维的断裂强度与纳米颗粒质量分数的关系曲线

在纳米颗粒含量为1%时，PSA/CNT复合纤维的断裂强度提升到最大值，为0.606cN/dtex，比纯PSA提高47.4%，而1% PSA/nano-TiO_2和1% PSA/CNT/nano-TiO_2复合纤维的断裂强度分别提高44.5%和21.2%；继续增加纳米颗粒的含量至3%时，复合纤维断裂强度的提升幅度开始缓慢下降，PSA/CNT/nano-TiO_2复合纤维的断裂强度下降至与纯PSA相等，为0.411cN/dtex；当颗粒的含量增加到7%时，各类复合纤维的断裂强度均下降到较低值。

这主要是因为CNT和nano-TiO_2拥有优良的力学性能，属于理想的纳米增强材料，在纳米颗粒含量较低时（颗粒质量分数为1%或3%），其不仅可以更加均匀地分散在PSA基体内，而且能与基体形成良好的相界面，对复合材料有一定的增强作用；当纳米颗粒含量较大时（质量分数为5%或7%），颗粒在基体中团聚的现象更加显著，很难以纳米尺寸存在，团聚颗粒的增加不仅削弱了纳米颗粒的增强作用，并且在复合纤维受到外界作用力时，团聚颗粒造成的应力缺陷一定程度上降低了纤维的力学性能，使得PSA纳米复合纤维的断裂强度出现下降趋势。

将纳米颗粒添加至PSA基体中，除了影响复合纤维的断裂强度外，还会对其断裂伸长率造成一定的影响，如图2-16所示，纳米颗粒的加入使得复合纤维的断裂伸长率较纯PSA有所降低。这是由于CNT具有高强高模的特点，且nano-TiO_2属于良好的刚性纳米增强材料，将其添加在PSA基体中，将会对复合纤维的弹性产生一定的影响。

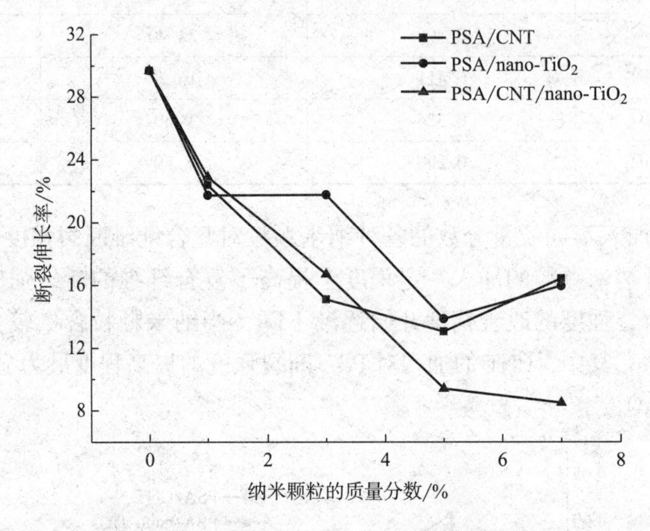

图2-16　复合纤维的断裂伸长率与纳米颗粒质量分数的关系曲线

如图2-17所示，不同质量分数纳米颗粒的加入在一定程度上提高了复合纤维的初始模量，随着颗粒含量的增加，复合纤维初始模量的改善幅度大致呈下降趋势，当纳米颗粒含量较大时，复合纤维的初始模量低于纯PSA。

从图2-17中可见，对于PSA/CNT复合纤维来说，当CNT的质量分数为1%时，复合纤维的初始模量为0.142cN/dtex，比纯PSA纤维提高44.9%；继续增加CNT的质量分数至3%，复合纤维的初始模量提高65.3%；当CNT的质量分数为5%时，复合纤维的初始模量达到最大值，为0.184cN/dtex，与纯PSA纤维相比提高87.8%；此后增加CNT的质量分数至7%，复合纤维的初始模量下降到0.060cN/dtex，与纯PSA纤维的初始模量相比下降约38.8%。

对于PSA/nano-TiO_2复合纤维来说，当颗粒质量分数为1%时，复合纤维初始模量的提高幅度较其他纤维的大，此时已经达到最大值为0.204cN/dtex，比纯PSA纤维提高108.2%；

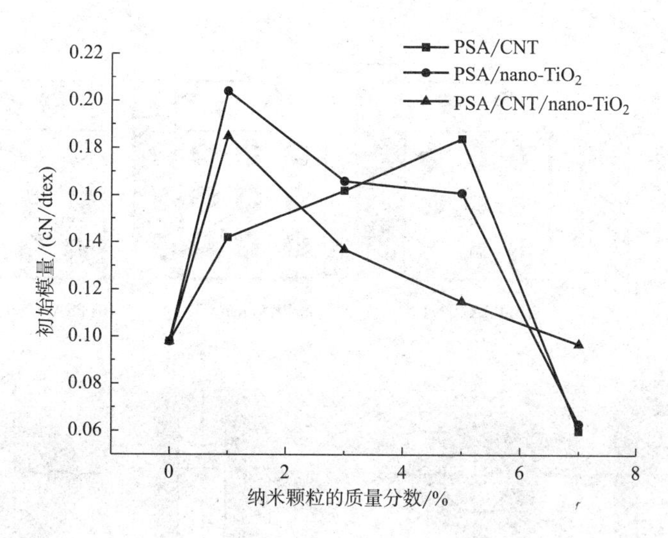

图 2-17　复合纤维的初始模量与纳米颗粒质量分数的关系曲线

随后继续增加纳米颗粒的质量分数，复合纤维的初始模量开始逐渐下降；当 nano-TiO_2 的质量分数为 7%时，复合纤维的初始模量已经下降到低于纯 PSA 的初始模量，为 0.063cN/dtex。

对 PSA/CNT/nano-TiO_2 复合纤维而言，在 PSA 基体中添加 1%的 CNT/nano-TiO_2，其对复合纤维初始模量的提高幅度介于 1%的 CNT 和 1%的 nano-TiO_2 之间，此时，1% PSA/CNT/nano-TiO_2 复合纤维的初始模量为 0.185cN/dtex，与纯 PSA 相比提高 88.8%；此后继续增加纳米颗粒的含量，复合纤维初始模量的提高程度逐渐呈下降趋势，到颗粒的质量分数为 7%时，复合纤维的初始模量下降至与纯 PSA 接近，为 0.097cN/dtex。

综合图 2-15~图 2-17 可知，当添加少量（质量分数为 1%或 3%）的纳米颗粒时，对 PSA 基体力学性能的改善程度较为理想。其中，1% CNT、nano-TiO_2 和 CNT/nano-TiO_2 的加入均使得复合纤维断裂强度的改善程度达到较大值，此后继续增加纳米颗粒的含量，复合纤维断裂强度的提升幅度逐渐呈下降趋势。虽然纳米颗粒的添加在一定程度上降低了复合纤维的断裂伸长率，但其下降量与同类复合纤维相比较低。总体来说，质量分数为 1%的纳米颗粒的加入提高了复合纤维的初始模量，并且 PSA/nano-TiO_2 和 PSA/CNT/nano-TiO_2 复合纤维的初始模量在纳米颗粒质量分数为 1%时均达到较大值，分别为 0.204cN/dtex 和 0.185cN/dtex。

2. 力学性能物理模型的建立与分析

图 2-18 为 PSA 纳米复合纤维的物理模型。

由于 CNT 和 nano-TiO_2 拥有高强高模的力学性能，将其添加到 PSA 中会占据复合材料的一部分体积，当共混体系受到外力作用时，相界面可以通过力的传递效应，把作用于连续相的外力通过界面层传递给分散相［图 2-18（e）］，若分散相变形后又通过界面将力传递给连续相［图 2-18（f）］，从而提高复合体系的力学性能。此外，随着纳米颗粒粒径的变小和比表面积的增大，颗粒与基体间的界面层变大，复合体系受到外力时，应力传递将会吸收更多的能量并产生更多的微裂纹和更大的变形，复合材料的力学性能也将得到更大幅度的改善。当复合材料受到更大的拉伸力时，聚合物基体和纳米颗粒开始发生界面脱黏并形成空穴，此时应力集中产生的屈服以及界面脱黏需要消耗大量的能量，从而提高复合材料的力学性能。然而，当颗粒添加量较大时，颗粒与 PSA 共混易聚集成团，较强的表面极性又使其难以均匀分散在基体中，导致共混聚合物的界面相容性较差，在复合材料受到外力时，应力在界面处难以有效地传

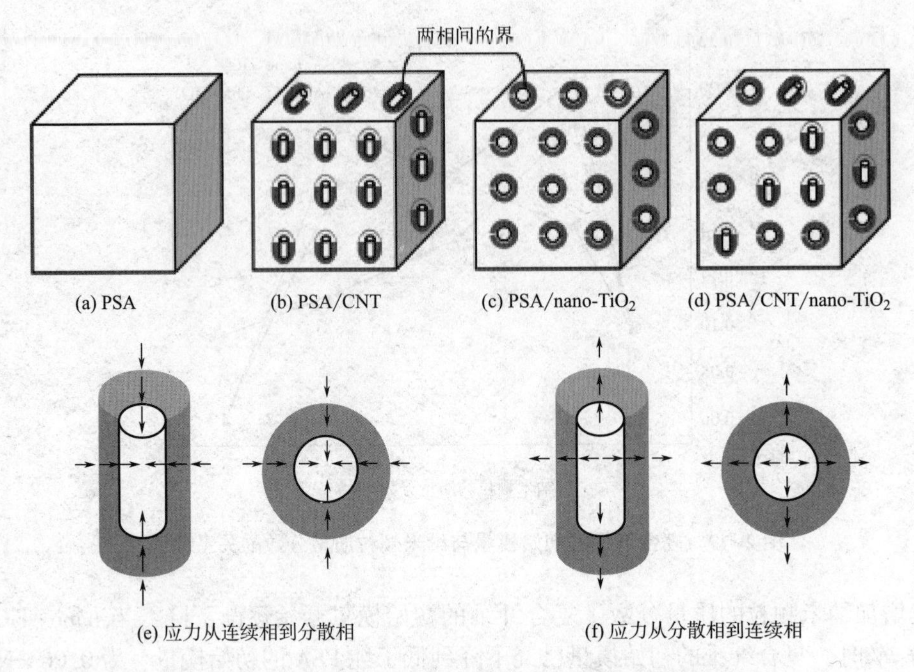

图 2-18 PSA 纳米复合纤维的力学性能物理模型

递，且严重团聚的纳米颗粒难以发挥其优良性能，最终使复合材料的力学性能下降。

前文中对复合纤维力学性能测试的实验表明，CNT、nano-TiO_2 和 CNT/nano-TiO_2 的加入对 PSA 的力学性能有一定的改善效果，然而提高幅度不算理想，纳米颗粒的添加一定程度上降低了复合纤维的断裂伸长率，造成这种现象的主要原因可能如下。

（1）CNT、nano-TiO_2 和 CNT/nano-TiO_2 在复合材料中起到物理交联点的作用，在共混体系中以纳米颗粒为结点形成网状结构，使大分子链段连接更加紧密，虽然提高了断裂强度，但形成的网络支链改变了原来高聚物的直链形态，而且随着颗粒含量的增加，影响了 PSA 的连续性和分散均匀性，最终导致复合材料的断裂强度提高幅度不太理想，复合纤维的断裂伸长率出现下降趋势[10]。

（2）表面极性较强的纳米颗粒在与聚合物基体共混时容易发生团聚现象，超声处理技术难以使纳米颗粒均匀分散于黏度较大的 PSA 基体中，使得两相间的界面结合力较差，团聚的纳米颗粒成为复合材料受到外力时的薄弱环节，应力在界面层难以有效地传递，一定程度上影响了复合材料的力学性能[11]。

（3）经湿法纺丝的初生纤维其溶胀现象严重，丝条凝固不充分，使得纤维在拉伸过程中容易断裂。

（4）纤维内部存在的孔洞是纤维的薄弱环节，纤维进行拉伸时的断裂处往往发生在气泡产生处。

六、热稳定性能

1. 对实验数据的相关分析

图 2-19 给出了不同种类以及不同质量分数的 PSA 复合材料的热重分析（TG）曲线和微商热重分析（DTG）曲线。

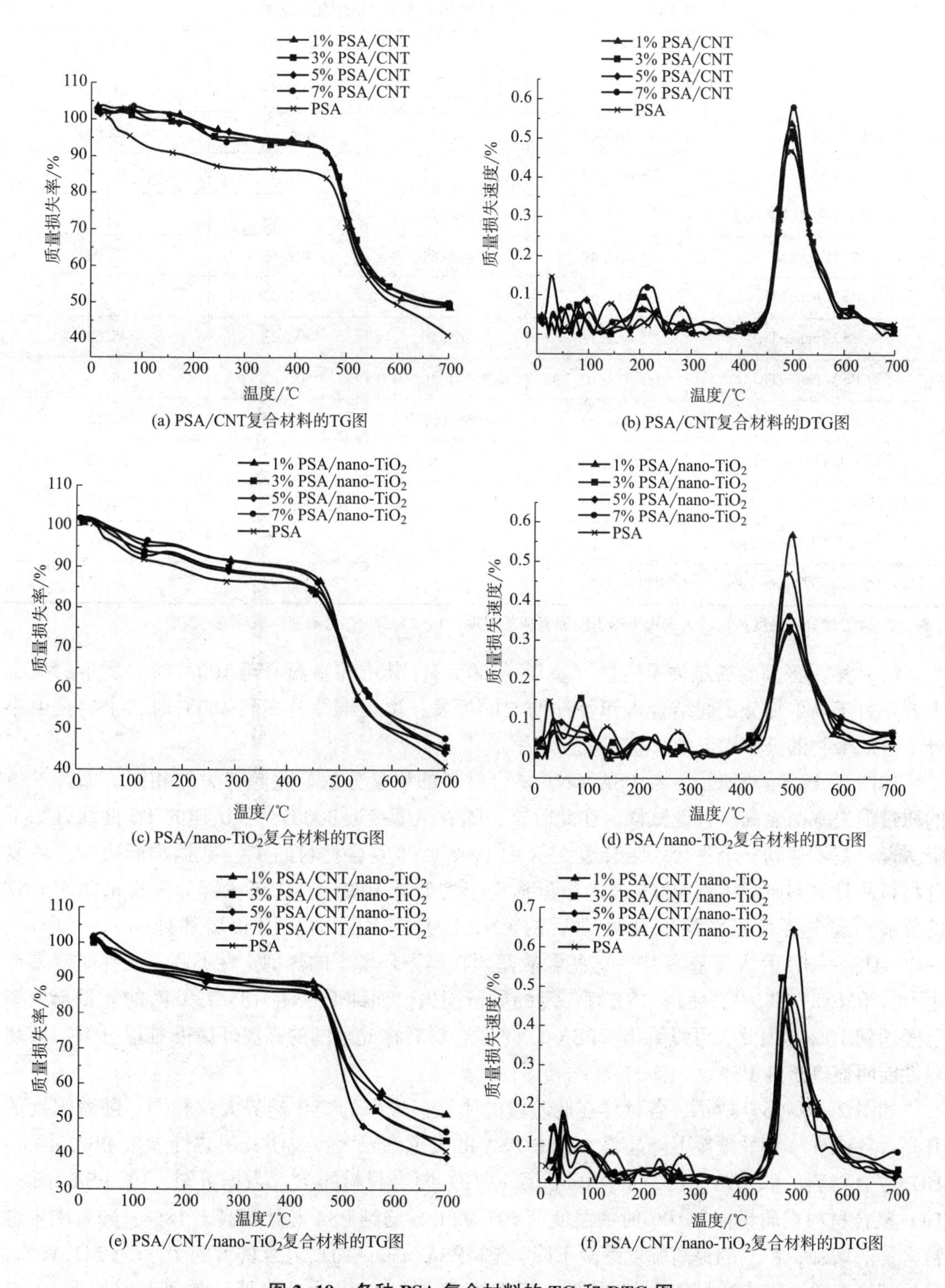

(a) PSA/CNT复合材料的TG图

(b) PSA/CNT复合材料的DTG图

(c) PSA/nano-TiO_2复合材料的TG图

(d) PSA/nano-TiO_2复合材料的DTG图

(e) PSA/CNT/nano-TiO_2复合材料的TG图

(f) PSA/CNT/nano-TiO_2复合材料的DTG图

图 2-19　各种 PSA 复合材料的 TG 和 DTG 图

由图 2-19 可见，所有样品的热分解行为都表现为一个失重阶段的分解过程，此过程大概可分为 3 个区间。表 2-8 是各 TG 曲线对应的各种物理参数。

表 2-8　不同 PSA 复合材料热分解过程的物理参数

试样	T_o/℃	T_{10wt}/℃	T_{max}/℃	700℃时的残留率/%
PSA	460.90	186.73	495.41	41.10
1% PSA/CNT	467.06	464.44	496.42	48.93
3% PSA/CNT	467.79	467.17	498.81	49.38
5% PSA/CNT	469.93	466.47	497.74	49.58
7% PSA/CNT	468.47	468.81	499.75	50.02
1% PSA/nano-TiO_2	472.55	407.92	501.42	45.68
3% PSA/nano-TiO_2	462.52	262.10	498.23	45.33
5% PSA/nano-TiO_2	458.10	241.16	501.82	44.36
7% PSA/nano-TiO_2	460.05	384.52	497.28	47.85
1%PSA/CNT/nano-TiO_2	470.56	279.63	481.46	51.32
3% PSA/CNT/nano-TiO_2	460.76	241.23	476.08	43.81
5% PSA/CNT/nano-TiO_2	466.37	214.86	497.62	39.16
7% PSA/CNT/nano-TiO_2	462.38	298.93	488.89	46.18

注　T_o 为起始分解温度；T_{10wt} 为失重率为 10%所对应的温度；T_{max} 为最大热分解速率所对应的温度。

（1）第一区间为微量失重阶段（室温~400℃）。其中在室温升至 100℃时，质量的减少主要是由于高聚物分子间结合水和各种助剂的挥发；温度继续升高到 400℃时，主要是由小分子量低聚物的分解引起的失重。

如图 2-19（a）所示，各 PSA/CNT 复合材料的质量分数变化趋势大致相同，而纯 PSA 的质量损失率明显高于其他试样。在此阶段，随着温度接近 300℃，各试样的 TG 曲线开始下降缓慢，基本达到一个平台。结合表 2-8 中 PSA/CNT 复合材料的 T_{10wt} 数据推断可知，各复合材料从升温起始温度到 400℃时的质量损失率均低于 10%，其中极少部分失重来源于 CNT 的分解，这主要是经浓酸氧化处理后的 CNT 容易在其管体表面和端部处引入—COOH、—C═O、—OH 等含氧基团[12]，这些含氧基团在高温环境下的热稳定性不高，受热时容易产生 CO_2 和 CO 气体[13]，使得 CNT 有一定的质量损失。而纯 PSA 在 186.73℃时的质量损失率已经达到 10%，因此，可以看出，PSA/CNT 复合材料在此范围的高温环境下难以分解，其耐热性能明显高于纯 PSA。

如图 2-19（b）所示，各试样在此阶段的质量损失率的变化趋势大致相同。随着温度的升高，各试样一直呈缓慢下降趋势，其中 PSA 的失重率较大，说明其耐热性能较 PSA/nano-TiO_2 复合材料的低。结合表 2-8 中 PSA/nano-TiO_2 复合材料的 T_{10wt} 数据可知，1% PSA/nano-TiO_2 复合材料在质量损失 10%时的温度为 407.92℃，与纯 PSA 相比提高 1.18%；随着纳米颗粒含量的增加，T_{10wt} 的提高幅度逐渐下降，5% PSA/nano-TiO_2 复合材料的 T_{10wt} 为 241.16℃，虽然其提高幅度较其等大同类材料的低，但仍然高于纯 PSA。由此可见，在 PSA 中加入 nano-TiO_2 可有效提高 PSA 的耐热性能。

与 PSA/nano-TiO_2 复合材料相似，PSA/CNT/nano-TiO_2 复合材料在微量失重阶段的失重率的变化趋势大致相同，如图 2-19（c）所示，随着温度的升高，各试样基本呈缓慢下降趋势，其中 PSA 的质量损失率较大，说明其耐热性能较 PSA/CNT/nano-TiO_2 复合材料的低。结合表 2-8 中 PSA/CNT/nano-TiO_2 复合材料的 T_{10wt} 数据可知，CNT/nano-TiO_2 的加入提高了复合材料的 T_{10wt} 值，随着纳米颗粒的质量分数由 1%增加至 5%时，复合材料质量损失 10%的温度的提高幅度逐渐呈下降趋势，5% PSA/CNT/nano-TiO_2 复合材料的 T_{10wt} 值较低，为 214.86℃，但仍然高于 PSA 的 15.06%；继续增加纳米颗粒的质量分数到 7%，复合材料的 T_{10wt} 值提高到最大，为 298.93℃，与 PSA 相比提高 60.09%。由此可见，CNT/nano-TiO_2 的加入在一定范围内可提高复合材料的耐热性能。

综上所述，PSA 是一种有机耐高温材料，拥有优异的热稳定性能，其在近 200℃高温环境下的质量损失率仅在 10%左右。而纳米颗粒的加入进一步提高了 PSA 在微量失重阶段的热稳定性能，其中，CNT 的加入对 PSA 热性能的提高幅度最大，其次是 nano-TiO_2，提高最小的是 CNT/nano-TiO_2。

（2）第二区间为热分解阶段（400~600℃）。在热重分析中，高温阶段的质量损失原因可能是高聚物大分子链的运动速率逐渐增加并越来越剧烈直至断裂，伴随着小分子物质以气体的形式释放出来从而造成失重。在氮气环境下，处于 500~600℃的 PSA，分解主要发生在酰氨基的 C—N 部位[14-15]，并且根据键能分析[16]以及 PSA 结构式推断，此阶段的质量损失可能是由于 SO_2、NH_3 或 CO_2 气体的产生，随着释放气体量的逐渐增加引起试样质量的损失率也不断增加。

可确定 TG 曲线开始偏离基准线的温度为试样的起始分解温度 T_o，为了增强此处温度的重复性，可采用曲线下降段切线与基线延长线的交点来表示 T_o。由表 2-8 可知，PSA 拥有较高的起始分解温度，约在 460℃，可见其具有较高的耐热性能。根据表中的 T_o 数据，对于 PSA/CNT 复合材料，CNT 的加入在一定范围内提高了 PSA 的起始分解温度，并且随着 CNT 含量的增加，复合材料的 T_o 大致呈上升趋势，说明在此阶段，PSA/CNT 复合材料的耐热性能较纯 PSA 有所提高。对于 PSA/nano-TiO_2 复合材料，当纳米颗粒的质量分数为 1%时，复合材料的起始分解温度为 472.55℃，其提高幅度最大；当颗粒的质量分数增加到 3%时，复合材料的起始分解温度为 462.52℃，与纯 PSA 相近，可见 T_o 的提升程度开始下降；继续增加纳米颗粒的含量，复合材料的 T_o 较纯 PSA 有所下降。与 PSA/nano-TiO_2 复合材料相似，当 PSA/CNT/nano-TiO_2 中颗粒的质量分数为 1%时，复合材料起始分解温度的提高幅度最大；当颗粒的质量分数增加到 3%时，复合材料的起始分解温度开始下降，并与纯 PSA 相近，为 460.76℃；继续增加纳米颗粒的含量，复合材料的 T_o 较纯 PSA 有所上升。综上所述，少量纳米颗粒的加入可提高 PSA 的起始分解温度，复合材料的热稳定性能得到进一步的提高。

由图 2-19 可见，在热分解阶段，随着温度不断升高，各试样的失重速率开始加快，TG 曲线都表现为一个较为迅速的分解过程，对应于 DTG 曲线上各有一个失重峰，根据曲线的最高峰值可确定试样的 T_{max}。根据表 2-8，随着 CNT 在复合材料中质量分数的增加，其达到最大热分解速率所对应的温度大致呈上升趋势，一定程度上提高了复合材料的耐热性能。Nano-TiO_2 的添加也使得复合材料的 T_{max} 有所提高，而 PSA/CNT/nano-TiO_2 的加入使得复合材料的 T_{max} 略有下降。

由于纳米颗粒尤其是 CNT 拥有优异的热稳定性能，是一种良好的热导体，将其添加在 PSA 基体中，其比表面积大、表面自由能高且表面原子数多，使其容易与高聚物大分子链结合形成较强的作用力，限制了分子链段的运动，而且两者之间发生物理化学结合的机会也较大，纳米颗粒的加入一定程度上减少了聚合物中存在的缺陷，因此，可以提高复合材料的热稳定性。然而，如图2-19（a）所示，各PSA/CNT复合材料的最大热分解速率的高低顺序为：7% PSA/CNT>1% PSA/CNT>3% PSA/CNT>5% PSA/CNT>PSA。这可能是当CNT的质量分数为1%时，复合材料中含有的纳米颗粒含量较少且存在部分颗粒团聚的现象，使CNT在基体中难以达到完全分散，因此，纳米颗粒的传热点被切断，获得的热量较难均匀地分散于整个复合材料中。此时1% PSA/CNT复合材料的分解主要来源于两部分：一部分是没有颗粒存在的聚合物材料的分解；另一部分是团聚的纳米颗粒仍然具有良好的导热性能，容易获得热量并储存起来，能够使复合材料中的小分子量低聚物更快地获得热分解所需要的热量，表现为在较窄的温度范围内，1% PSA/CNT复合材料的热分解速率较高。随着纳米颗粒含量的升高，复合材料中依然存在颗粒团聚的现象，然而颗粒在复合体系中逐渐形成连续的导热网络，能够把获得的热量均匀地传导到复合材料中，相对延缓了复合材料的分解速度，但与纯PSA相比，PSA/CNT复合材料中的小分子量低聚物能够较快地获得其分解的热量，表现为3%和5% PSA/CNT复合材料在较窄的温度范围内，其最大的热分解速率大于PSA。继续增加CNT的质量分数到7%，纳米颗粒在复合材料中的分散变得更加困难，此时严重团聚的颗粒可视为储存热量的单体，与颗粒质量分数为1%的复合材料相似，7% PSA/CNT复合材料中的小分子量低聚物更能快速地获得热分解所需要的热量。

如图2-19（b）所示，各PSA/nano-TiO_2复合材料的最大热分解速率的高低顺序为：1% PSA/nano-TiO_2>PSA>7% PSA/nano-TiO_2>3% PSA/nano-TiO_2>5% PSA/nano-TiO_2。这可能是由于nano-TiO_2与长径比较大的CNT相比，更容易均匀分散于PSA中，然而当颗粒的质量分数为1%时，含量较少的纳米颗粒仍然难以形成连续的导热网络，相对切断了复合体系中的传热点，因此，加快了复合材料的热分解速率。随着颗粒含量的增加，复合体系中的导热网络开始逐渐形成，因此，相对延缓了复合材料的热分解。

由于在制备PSA三元复合材料时，采用了超声技术分散纳米颗粒/DMAC溶液，因此，CNT/nano-TiO_2的分散效果较PSA二元复合材料中的CNT或nano-TiO_2的好。如图2-19（c）所示，各PSA/CNT/nano-TiO_2复合材料的最大热分解速率的高低顺序为：5% PSA/CNT/nano-TiO_2>3% PSA/CNT/nano-TiO_2>PSA>7% PSA/CNT/nano-TiO_2>1% PSA/CNT/nano-TiO_2。这可能是由于，当CNT/nano-TiO_2的质量分数为1%时，纳米颗粒的分散效果比较理想，相对减少了切断复合体系中传热点的概率，而且分散较好的纳米颗粒容易与PSA大分子链结合形成较强的作用力，能够限制大分子链段的运动，一定程度上提高了复合材料的热稳定性能。继续增加纳米颗粒的含量，颗粒开始发生团聚现象，破坏了PSA大分子链段的连续性和分散均匀性，且含量较多的纳米颗粒容易获得小分子量低聚物热分解所需要的热量，故颗粒质量分数为5%的复合材料的热分解速率较3%的大。当纳米颗粒的质量分数增至7%时，虽然存在比较严重的团聚颗粒，但这种团聚块仍可视为储存热量的单体，且由于团聚的数量一定程度上多于3%、5%复合材料所具有的，有可能形成以团聚块为单元的导热网络，因此，相对延缓了复合材料的热分解速率。

（3）第三区间为成炭稳定阶段（600~700℃）。由图2-19可见，在此阶段，聚合物材料大部分已被炭化，温度的升高对残余物的失重影响较小，各复合材料基本趋于平稳状态，而PSA的质量损失率一直呈下降趋势。

结合表 2-8 可知，到了终止温度 700℃，PSA/CNT 复合材料中最低质量残留率（其中包含 CNT 的质量）仍有 48.93%，各复合材料残余量的高低顺序为：7% PSA/CNT>5% PSA/CNT>3% PSA/CNT>1% PSA/CNT>PSA。这是由于 CNT 的存在使复合材料中的热量由外及里逐层呈阶梯状地均匀传递，并能起到蓄热作用，且在 PSA 高分子主链上存在着强吸电子的砜基，通过苯环的双键共轭作用使其键能增加而不易裂解，结构稳定的苯环在高温下难以分解，因此，相对延缓了复合材料在 600~700℃高温环境下的热分解。虽然 CNT 优异的导热性能加快了复合材料小分子量低聚物在热分解阶段的分解速率，然而其质量损失率较低，且 CNT 在 700℃高温中仍十分稳定，从而残留下来，因此，在 PSA 基体中添加 CNT 可以提高复合材料的热稳定性能。

由于 nano-TiO_2 也拥有良好的热性能，到终止温度 700℃，PSA/nano-TiO_2 复合材料中最低质量残留率（其中包含 nano-TiO_2 的重量）仍有 44.36%，各复合材料残余量的高低顺序为：7% PSA/nano-TiO_2>1% PSA/nano-TiO_2>3% PSA/nano-TiO_2>5% PSA/nano-TiO_2>PSA。而 PSA/CNT/nano-TiO_2 复合材料中最低质量残留率（其中包含 CNT/nano-TiO_2 的重量）仅有 39.16%，低于纯 PSA 的 4.7%，各复合材料残余量的高低顺序为：1% PSA/CNT/nano-TiO_2>7% PSA/CNT/nano-TiO_2>3% PSA/CNT/nano-TiO_2>PSA> 5% PSA/CNT/nano-TiO_2。由此可见，CNT/nano-TiO_2 质量分数为 5%的复合材料在高温环境下更加容易发生分解，这与热分解阶段该材料的最大热分解速率的实验结果相一致，说明了 5% CNT/nano-TiO_2 在复合材料中发生了较为严重的团聚，从而影响了纳米颗粒良好的耐热性能的发挥，且团聚的纳米颗粒破坏了高聚物的连续性和分散均匀性，因此，使其热稳定性能较纯 PSA 的低。

综上所述，由于纳米颗粒的独特结构使其拥有良好的耐热性能，尤其是 CNT，虽然具有非常大的长径比而使其在基体中更容易发生团聚，然而 CNT 沿轴向的热交换性能较高且热传导性能更好，故当其均匀并沿轴向分散于高聚物基中，能很好地提高复合材料的热稳定性能。由图 2-19 可见，各试样的热分解行为都表现为一个失重阶段的分解过程，在微量失重阶段，各复合材料的质量分数变化趋势大致相同，而纯 PSA 的失重率明显高于其他试样；在热分解阶段，纳米颗粒的含量、其在基体中的分散均匀性及其导热性能严重地影响复合材料的热分解行为；在成炭稳定阶段，纳米颗粒的添加一定程度上提高了复合材料在高温环境下的质量残留率，因此，提高了复合材料的热稳定性能。

2. 共混体系的导热系数

PSA 复合材料的热分解速率受到共混体系的热阻 R 和导热系数 λ（即热导率）的影响。复合材料的热阻和导热系数是由 PSA 和纳米颗粒的综合作用决定的。热阻的定义为试样两面温差与垂直通过试样单位面积的热流量之比，反映了阻止热量传递的能力，是衡量材料热学性能的指标之一。导热系数的意义则与之相反，是指在稳定的传热条件下，单位截面、厚度的材料在单位温差和单位时间内直接传导的热量。假设纳米颗粒在 PSA 基体中均匀分布，可将整个复合材料看成由无数个包裹着纳米颗粒的导热单元构成。

根据傅里叶定律可知，热量在复合材料中的传递路径主要为：聚合物→聚合物/纳米颗粒的两相界面→相邻纳米颗粒之间的界面→聚合物/纳米颗粒的两相界面→聚合物。根据最小热阻力法则[17] 和比等效导热系数法则，在复合材料的导热单元与总体的比等效热阻相等的情况下，不管导热单元的尺寸大小，在只考虑热传导时，这种导热单元与总体的等效传热系数相等[18]。因此，引用梁基照等人[78]建立的颗粒填充聚合物基复合材料的串联与并联模型(图2-20)，并运用相应的导热公式［式（2-1）~式(2-3)］计算PSA复合材料的导热系数以及理论热阻值［式（2-4)］，并进行理论分析。

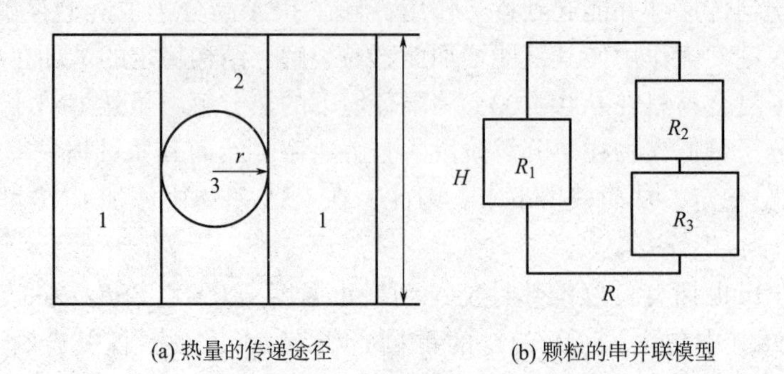

图2-20　复合材料的传热简化模型

1—高聚物　2—两相界面　3—纳米颗粒

r—纳米颗粒的半径　*H*—正方体边长　*R*—热阻

$$\lambda_c = \lambda_m\left[1 - \pi\left(\frac{3\varphi_f}{4\pi}\right)^{\frac{2}{3}}\right] + \frac{\pi\lambda_f\lambda_m}{\lambda_f\left[\left(\frac{3\varphi_f}{4\pi}\right)^{-\frac{2}{3}} - 2\left(\frac{3\varphi_f}{4\pi}\right)^{-\frac{1}{3}}\right] + 3\lambda_m\left(\frac{3\varphi_f}{4\pi}\right)^{-\frac{1}{3}}} \tag{2-1}$$

其中，纳米颗粒的体积分数 φ_f 与其质量分数 ω_f 之间的关系可由下式得出：

$$\varphi_f = \frac{\omega_f}{\omega_f(1-\chi)+\chi} \tag{2-2}$$

$$\chi = \frac{\rho_f}{\rho_m} \tag{2-3}$$

式中：λ_c 为复合材料的热导率；λ_m 为聚合物基体的热导率；λ_f 为纳米颗粒的热导率；φ_f 为纳米颗粒的体积分数；ρ_f 为纳米颗粒的密度；ρ_m 为聚合物基体的密度。

热阻值与材料的厚度 d 和导热系数 λ 有关，热阻值越低说明材料的传热性能越好，材料的热分解速率就越快；反之，热分解就越慢：

$$R = \frac{d}{\lambda} \tag{2-4}$$

在复合材料薄膜厚度相同的情况下（d=0.001m），根据表2-9给出的各种实验材料的参数，可以计算得到PSA/CNT、PSA/nano-TiO_2 和PSA/CNT/nano-TiO_2 复合材料的理论导热系数以及理论热阻值，见表2-10。

表2-9　各种实验材料的参数

实验材料	热导系数/［W/（m·K）］	密度/（g/cm³）
PSA	0.084	1.42
CNT	6000.000	1.40
nano-TiO_2	1.700	3.90

表 2-10　PSA 复合材料的导热系数和热阻值

试样	热导系数/［W/（m·K）］	热阻/［（m^2·K）/W］
PSA	0.0840	0.0119
1% PSA/CNT	0.0850	0.0117
3% PSA/CNT	0.0900	0.0111
5% PSA/CNT	0.0960	0.0104
7% PSA/CNT	0.1020	0.0098
1% PSA/nano-TiO_2	0.0845	0.0118
3% PSA/nano-TiO_2	0.0858	0.0117
5% PSA/nano-TiO_2	0.0872	0.0115
7% PSA/nano-TiO_2	0.0888	0.0113
1% PSA/CNT/nano-TiO_2	0.0848	0.0118
3% PSA/CNT/nano-TiO_2	0.0879	0.0114
5% PSA/CNT/nano-TiO_2	0.0916	0.0109
7% PSA/CNT/nano-TiO_2	0.0954	0.0105

由于 CNT 和 nano-TiO_2 是以相同质量分数添加于 PSA 基体中，假设纳米颗粒在基体中均匀分散，将 PSA/CNT 和 PSA/nano-TiO_2 热导率的平均值作为 PSA 三元共混复合材料的热导率。

如图 2-21（a）所示，纳米颗粒的加入均提高了 PSA 复合材料的导热系数，其中，以 CNT 对复合材料导热系数的提升幅度尤为显著。

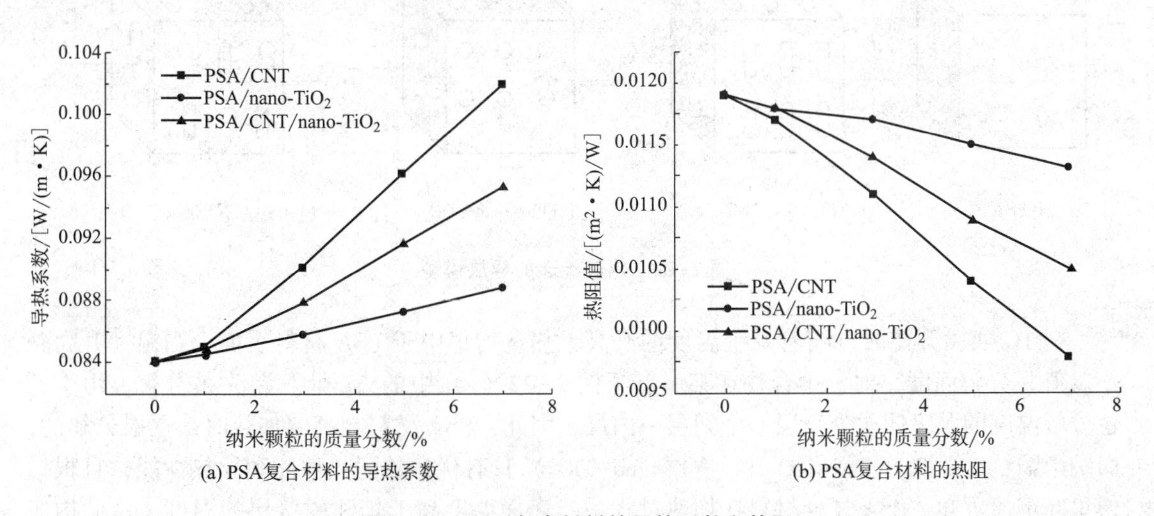

图 2-21　PSA 复合材料的导热系数和热阻

由于 CNT 的添加使复合材料的导热系数提高最为明显，在 TG 实验时，随着系统温度的升高，热量首先从 PSA 通过 PSA/CNT 的两相界面不断向 CNT 方向聚集，而 CNT 拥有优异的热性能，在高温环境中难以被分解，因此，其添加相对延缓了 PSA 的热分解行为，使得 PSA/CNT 复合材料从升温起始温度到 400℃ 高温时的失重率均低于 10%，而大部分试样在 200~250℃ 的质量损失率已经达到 10%。此外，CNT 的存在提高了复合材料在终止温度的质量残余率，使复合材料在700℃高温时不至于完全被破坏，可见CNT的添加提高了复合材料的热稳定性能，这与前文中TG实验的结论相一致。

CNT/nano-TiO_2的添加同样使复合材料的导热系数有了较大的提高，然而计算得到的PSA/CNT/nano-TiO_2复合材料的理论导热系数与前文中TG实验结论存在差异，虽然其添加在一定程度上提高了复合材料的起始分解温度和失重率为10%时所对应的温度，PSA/CNT/nano-TiO_2复合材料在700℃高温时的残余量也有所提高，但其提高的幅度较低。推测其原因是：经过混酸处理的CNT与nano-TiO_2共混可能削弱了两者优异的纳米级性能，从而影响了CNT/nano-TiO_2耐热性能。

与CNT相似，nano-TiO_2的添加提高了复合材料的热稳定性能。由于两者性能的差异使得nano-TiO_2对复合材料热性能的提高幅度略低于CNT，这也与前文中TG实验的结论相一致。

图2-21（b）中给出了各种纳米颗粒的加入对PSA复合材料热阻值的影响。图中可见，随着聚合物基中纳米颗粒含量的增加，复合材料的热阻值呈逐渐减少趋势，由于材料的热阻与导热系数成反比例关系，综合上述结论可知，纳米颗粒的加入提高了复合材料的热稳定性能。

3. 导热模型分析PSA复合材料的热性能

假设纳米颗粒均匀分散于PSA基体中，建立PSA和各PSA复合材料的导热模型（如图2-22所示，模型的几何形状为正方体），并分析其热分解行为。

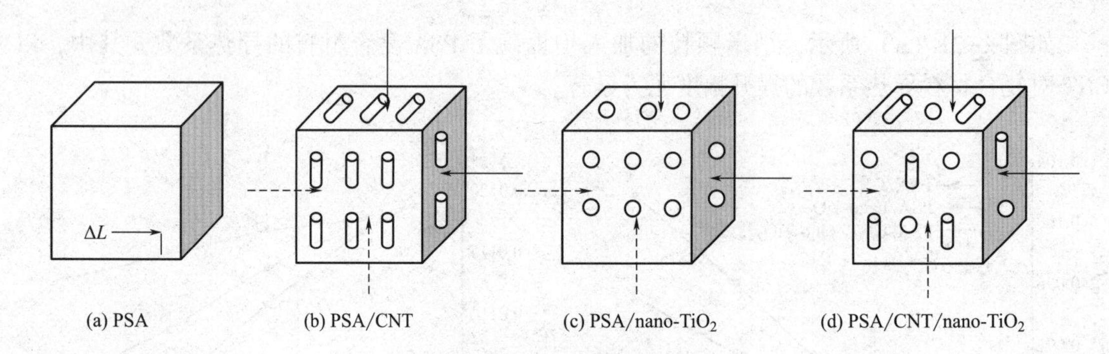

图2-22 热量传递的导热模型

在TG实验开始时，随着系统温度的升高，热量均集中于PSA材料表面，当温度升高到一定值（分解温度）时，聚合物在某一点［图2-22（a）中的ΔL处］首先被分解。由于到达分解温度的顺序依次为表层→中间层→内层，因此，PSA材料在高温加热时是逐层分解的。而纳米颗粒（CNT、nano-TiO_2和CNT/nano-TiO_2）具有优良的耐热性能和导热性能，且根据傅里叶定律可知，PSA复合材料在加热过程中，表面温度高于相邻内接层的温度，由此构成温度梯度场，使得外部能量逐层向内并呈阶梯状地均匀传递（如图中黑色箭头方向所示）。

图2-22（b）、（c）和（d）分别是将CNT、nano-TiO_2和CNT/nano-TiO_2添加到PSA中的物理模型。其中均匀分散的CNT的两端和管体四周以及nano-TiO_2的四周均在聚合物基体中起到了物理交联点的作用，在热重分析实验时，热量可以通过这些物理交联点向共混体系内部传递。由于纳米颗粒具有优异的热稳定性，是一种良好的热导体；PSA则是良好的热绝缘体，热导率较小。随着温度升高，热量将首先向纳米颗粒聚集区域传递，当到达一定的温

度范围时，热量再通过纳米颗粒，把聚合物热分解所需要的热量 Q 传递给与之相邻的 PSA 区域，而且纳米颗粒的比表面积大，粒径小，表面原子数多，粒子与 PSA 发生物理结合的机会也会增大，从而增加了纳米颗粒与聚合物分子链之间的传热点。因此，在相同实验条件下，随着温度的升高，纯 PSA 的热分解速率逐渐加快且在高温环境下的失重率也随之升高，而纳米颗粒的加入相对延缓了 PSA 复合材料的热分解行为，从而提高了复合材料的热稳定性能。

七、导电性能

1. 导电网络的建立与分析

纳米颗粒的粒径、导电率及其在基体中的含量与分散情况是影响复合材料导电性能的重要参数。由于 nano-TiO_2 具有半导体性质，而 CNT 的粒径尺寸非常小且具有较高的电导率，管体内部有自由移动的电子，随着 CNT 在基体中含量的增加，其自由电荷的密度逐渐增大，电子隧道效应逐渐增强，因此，复合材料的导电性能也将得到明显提高。

图 2-23、图 2-24 分别是模拟导电颗粒 CNT 和 CNT/nano-TiO_2 在 PSA 复合材料中逐渐形成导电网络通路的示意图[19]。当颗粒含量较低时［质量分数为 1%，图 2-23（a）］，纳米颗粒在基体中较难达到完全均匀分布，虽然部分颗粒开始有了局部接触，但整体上难以形成完整的导电通路；继续增加纳米颗粒的含量［质量分数为 3%，图 2-23（b）］，虽然基体内部的颗粒之间仍没有完全接触，但部分颗粒之间的距离已经达到足够小，当颗粒在基体中的最大间距小于 10nm 时，隧道导电效应开始发挥作用，复合体系内的局部导电网络基本形成，复合材料的电阻率开始急剧下降，导电性能得到显著提高；进一步增加纳米颗粒的含量，直接接触的导电颗粒逐渐增多，基体内部的纳米颗粒逐步呈现越来越紧密的导电网络状态，形成的网络结构也将越来越发达［质量分数为 5%，图 2-23（c）］，此时的复合材料具有较高的导电性；随后继续增加导电颗粒的含量（质量分数为 7%），主要是对原有导电网络的加固，因此，复合材料的导电性能改善幅度不大。

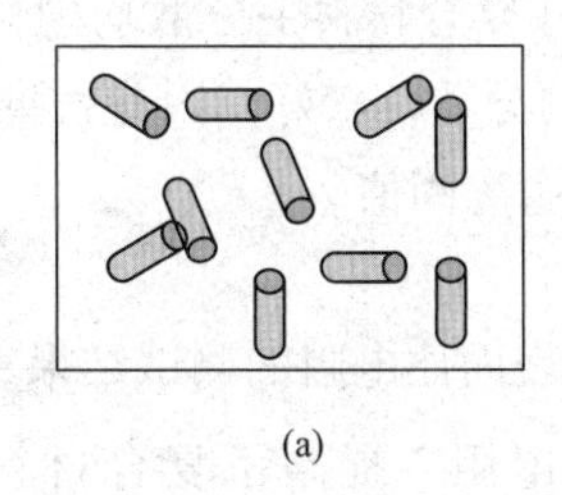

(a)

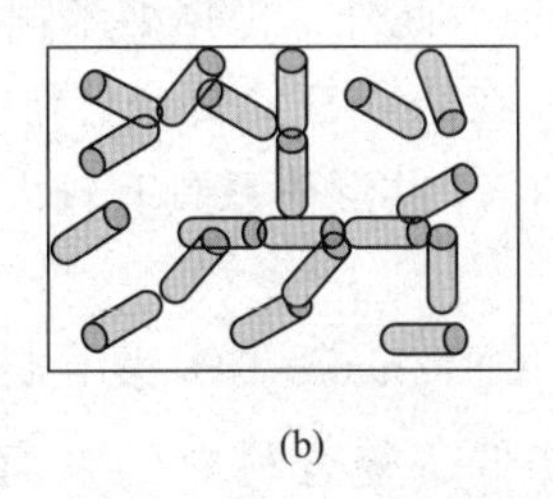

(b)

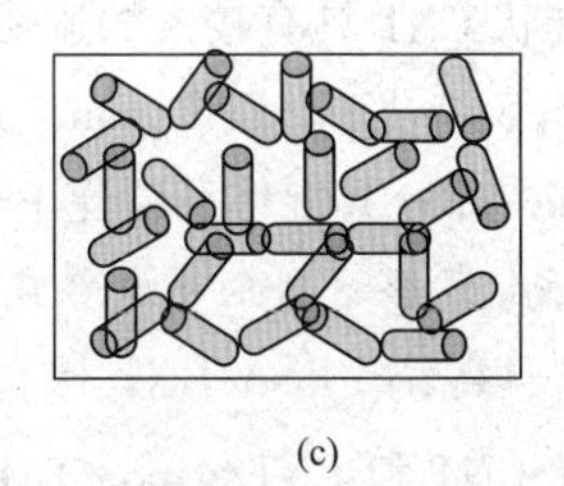

(c)

图 2-23　PSA/CNT 复合材料导电网络形成的简单示意图

在本实验中，nano-TiO_2 的颗粒粒径（30～50nm）比 CNT（10～20nm）的稍大，将其与 CNT 共混后添加至 PSA 基体中，nano-TiO_2 的加入将会增大 CNT 之间的距离，而且从 PSA/CNT/nano-TiO_2 复合薄膜的 SEM 图（图 2-8）可知，纳米颗粒在聚合物基中的分散情况较好，因此，阻碍了复合体系中 CNT—CNT 导电网络的形成，一定程度上影响了 CNT 优异导电性能的发挥。由于 nano-TiO_2 拥有良好的半导体性质，因此，可以与 CNT 构成 CNT—nano-TiO_2 的导电网络，虽然其导电性能低于 CNT—CNT 导电网络，但仍对 PSA 复合材料具有良好的导电改性作用。如图 2-24（a）所示，当颗粒的质量分数为 1%时，纳米颗粒基本呈颗粒状均匀分散于PSA基体中，但较难达到完全均匀分布，虽然部分颗粒开始出现局部接触，但整体上难以形成完整的导电通路；当纳米颗粒的质量分数为3%时［图2-24（b）］，基体内部颗粒的分散性较为均匀且颗粒之间仍没有完全接触，共混体系中还难以构成完整的导电网络，因此，对复合材料导电性能的提高幅度较低；当纳米颗粒的质量分数为5%时［图2-24（c）］，直接接触的导电颗粒逐渐增多，纳米颗粒之间尤其是CNT—CNT之间的距离逐渐减小，且由于部分颗粒之间的距离已经达到足够小，当颗粒在基体中的最大间距小于10nm时，隧道导电效应开始发挥作用，共混体系内的局部导电网络基本形成，复合材料的电阻率开始急剧下降，导电性能得到显著提高；当复合体系中纳米颗粒的质量分数为7%时［图2-24（d）］，直接接触的导电颗粒越来越多，基体内部的纳米颗粒也逐步呈现越来越紧密的导电网络状态，形成的网络结构也将越来越发达，此时的复合材料具有较高的导电性；随后继续增加导电颗粒的含量，主要是对原有导电网络的加固，因此，复合材料的导电性能改善幅度不大。

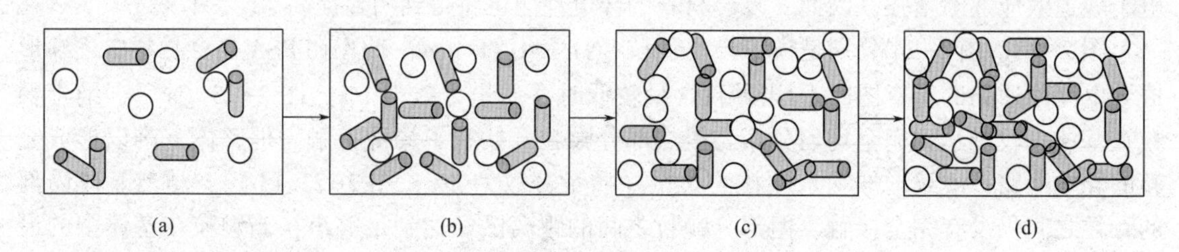

图2-24 PSA/CNT/nano-TiO_2 复合材料导电网络形成的简单示意图

由此可见，纳米颗粒的形状、尺寸、导电性能、含量、分散状况等影响着复合材料的渗透阈值。纳米颗粒的粒径越小，比表面积越大，长径比越大，颗粒在复合体系中就越容易搭接，形成导电网络的机会就越高。与具有非常大的长径比的CNT相比，球状粒子的nano-TiO_2只有在其质量分数较大的情况下才能在聚合物基体中形成导电网络，比拥有优异导电性能的纤维状CNT具有较大的逾渗阈值。此外，根据纳米颗粒在复合材料中分散均匀性的SEM图（图2-8）可知，CNT/nano-TiO_2在PSA三元复合材料中的分散性较好，因此，推测PSA/CNT/nano-TiO_2共混体系要比PSA/CNT共混体系具有较大的逾渗阈值。

2. PSA复合材料的导电性能

表2-11给出PSA/CNT和PSA/CNT/nano-TiO_2复合材料表面比电阻的测试结果，可以看到，增加CNT和CNT/nano-TiO_2降低了复合材料的表面比电阻，提高了复合材料的导电性能。

表2-11 PSA纳米复合材料的导电性能参数

试样	表面比电阻/Ω	表面比电阻率/Ω
PSA	3.10×10^{12}	4.87×10^{15}
1% PSA/CNT	1.13×10^{11}	1.78×10^{14}
3% PSA/CNT	5.96×10^{6}	9.36×10^{9}
5% PSA/CNT	4.70×10^{5}	7.38×10^{8}
7% PSA/CNT	2.10×10^{4}	3.30×10^{7}

续表

试样	表面比电阻/Ω	表面比电阻率/Ω
1% $PSA/CNT/nano-TiO_2$	8.38×10^{11}	1.32×10^{15}
3% $PSA/CNT/nano-TiO_2$	1.84×10^{10}	2.89×10^{13}
5% $PSA/CNT/nano-TiO_2$	3.78×10^{6}	5.94×10^{9}
7% $PSA/CNT/nano-TiO_2$	5.98×10^{5}	9.39×10^{8}

根据下式，由 PSA 复合材料测试的表面比电阻值可以求出其表面比电阻率，见表 2-11。

$$\rho_s = R_s \times \frac{P}{g} \tag{2-5}$$

$$P = \pi \times d \tag{2-6}$$

式中：R_s 为表面比电阻值（Ω）；ρ_s 为表面比电阻率（Ω）；P 为被保护电极的有效周长（cm）；g 为两电极之间的距离（cm），复合薄膜的厚度为 0.01cm；d 为测量电极直径（cm），本电极为 5cm。

图 2-25 是 CNT 和 $CNT/nano-TiO_2$ 的含量对 PSA 复合材料表面比电阻率的影响曲线图。如图 2-25 所示，复合材料的表面比电阻率随着纳米颗粒含量的增加均呈现逐渐下降的趋势，说明复合材料的导电性能得到了明显的提高。此外，在纳米颗粒具有相同含量的条件下，各 PSA/CNT 复合材料表面比电阻率的下降幅度明显大于 $PSA/CNT/nano-TiO_2$，表明了纯 CNT 的添加对 PSA 复合材料导电性能的提高程度较添加 $CNT/nano-TiO_2$ 显著。

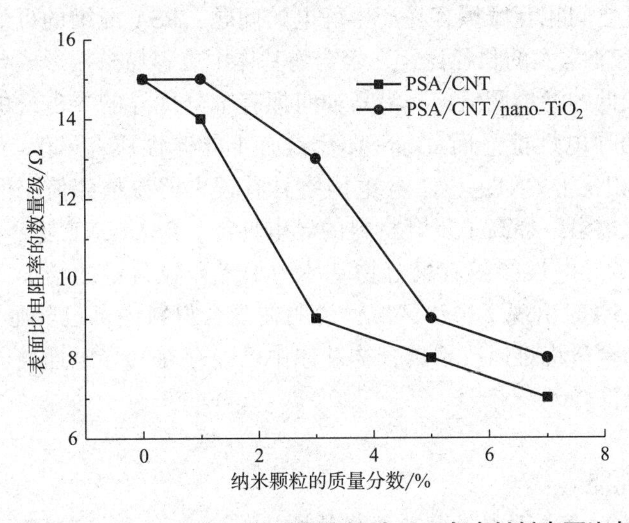

图 2-25　CNT 和 $CNT/nano-TiO_2$ 的质量分数对 PSA 复合材料表面比电阻率的影响

当 CNT 的质量分数为 1%时，复合材料的表面比电阻率为 1.78×10^{14}Ω，与纯 PSA 相比下降 1 个数量级，可见添加少量 CNT 的复合材料其表面比电阻率的变化并不显著，这主要是因为 CNT 的含量较低，难以在共混体系中搭接形成导电网络通路；当 CNT 的质量分数为 3%时，颗粒之间的距离开始缩小，部分粒子有了直接接触，共混体系内的局部网络逐渐形成，由图 2-25 可见，复合材料的表面比电阻急剧下降，形成了一个突变区，称为逾渗区，此时 CNT 的质量分数为该区域的临界值，称为渗透阈值，是导电通路的转折点，复合材料表面比电阻的下降幅度较大，其导电性能的改善程度尤为显著；进一步增加 CNT 的质量分数为 5%时，复合材料导电性能的提高幅度开始逐渐降低，其表面比电阻率为 $7.38\times10^{8}\Omega$，从图中可以看到，试样的导电性能基本到达稳定状态，聚合物基体内部可视为逐渐形成了完整的导电网络通路；当纳米颗粒的质量分数为7%时，复合材料的表面比电阻率为 $3.30\times10^{7}\Omega$，此时纳米颗粒的增加主要是对原有导电网络的加固，对复合材料导电性能的改善幅度不大。由此可见，在复合材料逾渗区域之后，继续增加 CNT 的含量，试样表面比电阻率的下降开始变得缓慢，说明在复合材料内部的导电网络形成以后，CNT 含量的增加难以改善聚合物基体中已经存在的导电通路，因此，复合材料导电性能的提高幅度较低。

由于 nano-TiO_2 的半导体性质及其相对于 CNT 较大的粒径使得 CNT/nano-TiO_2 的添加对复合材料导电性能的提高幅度较 CNT 低。此外，结合 PSA/CNT/nano-TiO_2 复合薄膜的 SEM 图（图 2-8）可知，纳米颗粒在 PSA 三元复合薄膜中的分散均匀性较好，导致 CNT/nano-TiO_2 在其含量较大的情况下才能形成良好的导电网络通路，因此，PSA/CNT/nano-TiO_2 复合材料具有比 PSA/CNT 复合材料较大的逾渗值。从图 2-25 中可见，PSA/CNT/nano-TiO_2 复合材料在颗粒质量分数为5%时，其表面比电阻率开始急剧下降并形成逾渗区，导电性能明显提高，在逾渗区域之后，纳米颗粒含量的增加对复合材料的导电性能影响较小。其中，纳米颗粒的形状、尺寸、导电性能以及纳米颗粒在聚合物基体中的分散情况等因素都影响着复合材料的渗透阈值。

综上所述，CNT 和 CNT/nano-TiO_2 的添加明显降低了复合材料的表面比电阻值及其表面比电阻率，从而提高了复合材料的导电性能，一定程度上解决了 PSA 在成纱过程中纤维与纤维之间、纤维与器件之间相互摩擦容易产生静电的问题，PSA 纤维的可纺性能也将得到明显改善。由于 CNT 具有非常大的长径比，在聚合物基体中更容易搭接形成导电网络，使 CNT 较其他纳米颗粒具有较低的渗透阈值，且沿其轴向拥有十分优异的导电性能，CNT 的添加能够显著提高复合材料的导电性能。而 nano-TiO_2 具有半导体性质，虽然与 CNT 构成的 CNT—nano-TiO_2 导电网络相比于 CNT—CNT 导电网络具有较大的渗透阈值，但其添加也显著降低了共混体系的表面比电阻，提高了复合材料的导电性能。PSA/CNT 复合材料以及 PSA/CNT/nano-TiO_2 复合材料的导电性能随着聚合物基体中纳米颗粒含量的增加而逐渐增加，并分别在颗粒含量为3%和5%时出现了逾渗区域，说明在复合材料内部已经形成良好的导电网络，此后继续增加颗粒的含量将难以改善聚合物基体中已经存在的导电通路，因此，复合材料导电性能的提高幅度较低。

八、抗紫外线性能

1. PSA/nano-TiO_2 复合材料的抗紫外线性能

如图 2-26 所示，纯 PSA 对波长范围在 390～400nm 的紫外光的透射率明显高于其他 PSA/nano-TiO_2 复合材料，且随着基体中纳米颗粒质量分数的增加，复合材料对紫外线的屏蔽效果逐渐增强，抗紫外线性能明显提高，说明 nano-TiO_2 的添加明显加强了 PSA 复合材料对紫外光的吸收和散射作用，对紫外线的屏蔽范围也显著变宽。当 nano-TiO_2 的质量分数由5%增加到7%时，复合材料抗紫外线性能的改善效果最为明显。这主要是由于 nano-TiO_2 具有较大的折光指数（2.72），对紫外线具有较强的散射作用，且量子尺寸效应使其吸收峰向短波方向偏移，即发生“蓝移”现象；此外，nano-TiO_2 属于半导体性质，在紫外线照射下，电子被激发，由价电子带向传导带跃迁，使得 nano-TiO_2 对紫外线除具有较强的散射功能外还具备优异的吸收作用，并且随着基体中纳米颗粒含量的增加，复合材料的抗紫外线性能显著增强。从图 2-26 中可见，随着纳米颗粒质量分数的增加，复合材料对 400~450nm 范围内可见光的透射率呈逐渐下降趋势，且发生“红移”现象，即吸收光的波长向长波长方向移动，增大了吸收光的谱带范围。由此可见，nano-TiO_2 的添加使 PSA 复合材料在紫外区和可见光区都具有良好的吸收和散射功能，一定程度上增强了 PSA 的抗紫外线性能，从而延缓了复合材料的老化现象。表 2-12 所示为复合材料中 nano-TiO_2 质量分数与抗紫外线效果的关系。

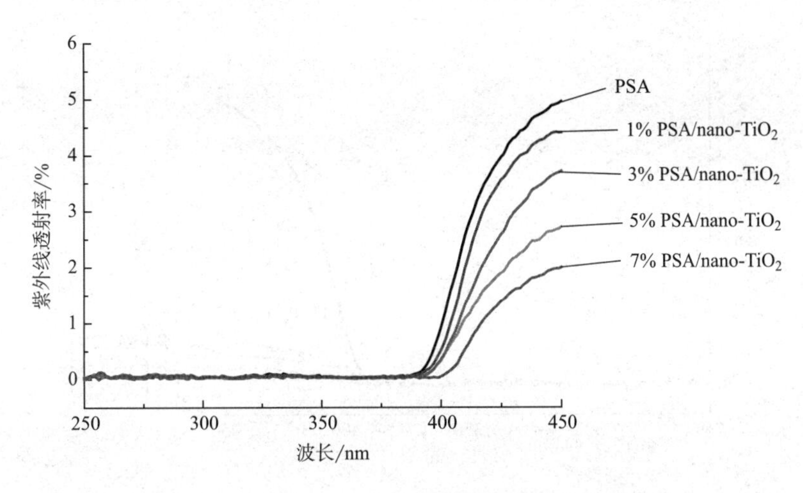

图 2-26　PSA/nano-TiO_2 复合材料的紫外线透射率

表 2-12　nano-TiO_2 的质量分数与抗紫外线效果的关系

试样	UVA 的紫外线透射率/%	UVB 的紫外线透射率/%
PSA	0.914	0.043
1% PSA/nano-TiO_2	0.510	0.041
3% PSA/nano-TiO_2	0.348	0.040
5% PSA/nano-TiO_2	0.329	0.038
7% PSA/nano-TiO_2	0.046	0.013

注　UVA 波段范围为 315~400nm；UVB 波段范围为 280~315nm。

由表 2-12 可知，nano-TiO_2 的加入使得复合材料在 280~400nm 波段范围内对紫外线的透射率比纯 PSA 有显著的下降，且随着纳米颗粒含量的增加，复合材料对紫外线的屏蔽效果逐渐增强。在 UVA 波段范围内，随着纳米颗粒的质量分数逐渐由 1%增加至 7%，各复合材料的紫外线透射率依次比纯 PSA 下降 44.2%、61.9%、64.0%和 95.0%。其中，当 nano-TiO_2 的含量为 7%时，复合材料对紫外线透射率的下降幅度达到最大，抗紫外线性能的改善效果最好，UVB 波段的紫外线透射率仅为 0.013%，说明 PSA 复合材料能有效地吸收或散射紫外线，nano-TiO_2 的加入显著提高了复合材料的抗紫外性能。

2. PSA/CNT 复合材料的抗紫外线性能

如图 2-27 所示，PSA/CNT 复合材料对波长范围在 390~400nm 的紫外光的透射率较低，说明 CNT 的添加明显加强了复合材料对紫外光的吸收和散射作用，显著提高了其抗紫外线性能，且对紫外线的屏蔽范围也显著变宽。这主要是因为 CNT 具有很大的比表面积和独特的管状结构，使其拥有优异的光学性质，对入射光具有很好的反射和吸收作用。且由于制备的 PSA/CNT 复合材料的颜色呈灰黑色，并随着纳米颗粒含量的增加而逐渐加深，进一步提高了复合材料对紫外光的屏蔽作用。图 2-27 中 PSA/CNT 复合材料的曲线显示，随着基体中的 CNT 质量分数的增加，复合材料对波长范围在 390~400nm 的紫外线的屏蔽效果逐渐增强，抗紫外线性能明显得到提高。此外，从图 2-27 可见，随着纳米颗粒含量的增加，复合材料对 400~450nm 范围内的可见光的透射率逐渐下降，且发生“红移”现象，从而增大了吸收光谱的范围。

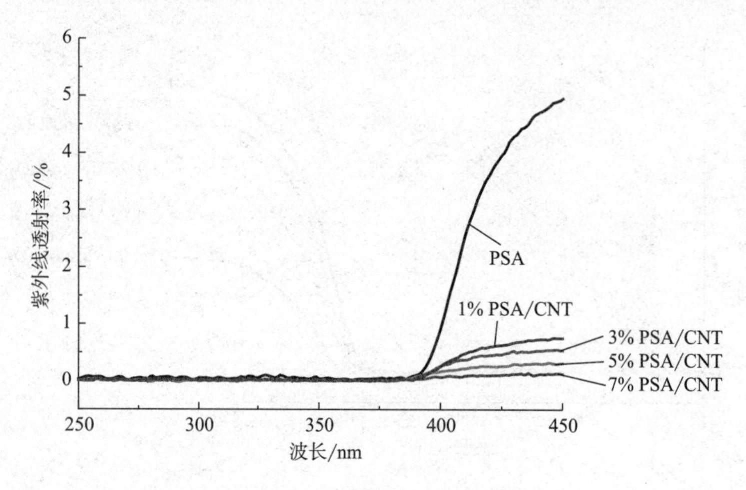

图 2-27 PSA/CNT 复合材料的紫外线透射率

由此可见，CNT 的添加同样可使 PSA 复合材料在紫外区和可见光区具有良好的吸收和散射功能，且优于 nano-TiO_2，明显增强了 PSA 复合材料的抗紫外线性能。表 2-13 所示为复合材料中 CNT 质量分数与抗紫外线效果的关系。

表 2-13 CNT 的含量与抗紫外线效果的关系

试样	UVA 的紫外线透射率/%	UVB 的紫外线透射率/%
PSA	0.914	0.043
1% PSA/CNT	0.257	0.029
3% PSA/CNT	0.248	0.016
5% PSA/CNT	0.167	0.005
7% PSA/CNT	0.067	0.001

从表 2-13 可知，CNT 的加入使复合材料在 280~400nm 波段范围内对紫外线的透射率与纯 PSA 相比有十分显著的下降，且随着纳米颗粒含量的增加，复合材料对紫外线的屏蔽效果逐渐增强。在 UVA 波段内，随着纳米颗粒的质量分数逐渐由 1%增加至 7%，各复合材料的紫外线透射率依次比纯 PSA 下降 71.9%、72.9%、81.7%和 92.7%，其中，当 CNT 的质量分数为 7%时，复合材料对紫外线透射率的下降幅度达到最大，抗紫外线性能的改善效果最好，在 UVB 波段的紫外线透射率仅为 0.001%，说明 CNT 的添加使复合材料的抗紫外线性能显著提高，对紫外光有良好的吸收和散射性能。

3. PSA/CNT/nano-TiO_2 复合材料的抗紫外线性能

如图 2-28 所示，PSA/CNT/nano-TiO_2 复合材料对波长范围在 390~400nm 的紫外光的透射率几乎接近于零，而纯 PSA 对该波段紫外光的透射率却明显较高，说明 CNT/nano-TiO_2 的添加明显加强了复合材料对紫外光的吸收和散射作用，显著提高了其抗紫外线性能，且对紫外线的屏蔽范围也显著变宽。以 PSA 为基体分别添加 CNT 和 nano-TiO_2 均能明显改善复合材料的抗紫外线性能，且由于纳米颗粒优异的光学性能，当 CNT 和 nano-TiO_2 共混后添加至 PSA 中也能显著提高复合材料对紫外线的吸收和散射功能。由于制备的 PSA/CNT/nano-TiO_2 复合材料的颜色呈灰黑色，随着纳米颗粒含量的增大，复合材料的颜色逐渐加深，进一步增强了复合材料对紫外光的屏蔽作用。复合材料颜色的加深，说明 CNT 和 nano-TiO_2 之间有某种相互作用，且由于 CNT 拥有优异的电学性能，其与 nano-TiO_2 共混后添加至 PSA 基体中，可增加 nano-TiO_2 中价带的电子数，使更多的电子在紫外光的照射下发生跃迁，一定程度上增加了 nano-TiO_2 的吸光度，因此，PSA/CNT/nano-TiO_2 复合材料的抗紫外线性能优异。

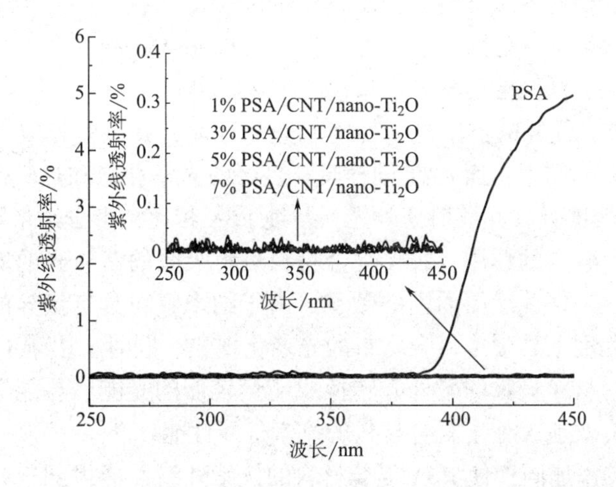

图 2-28 PSA/CNT/nano-TiO_2 复合材料的紫外线透射率

由于 nano-TiO_2 价电子带和传导带之间的带宽较大，使其对光的吸收谱带较窄，而添加 CNT 后可有效降低 nano-TiO_2 的带宽，使其吸收光的波长向可见光的波长方向移动，即发生明显的"红移"现象。PSA/CNT/nano-TiO_2 复合材料对 400~450nm 范围内的可见光的透射率也几乎接近于零，有比较稳定的吸收和散射作用。由此可见，PSA/CNT/nano-TiO_2 复合材料不仅在紫外区有较好的吸收和散射功能，对可见光同样具有很好的吸收和散射功能。表 2-14 所示为复合材料中 CNT/nano-TiO_2 质量分数与抗紫外线效果的关系。

表 2-14 CNT/nano-TiO_2 的含量与抗紫外线效果的关系

试样	UVA 的紫外线透射率/%	UVB 的紫外线透射率/%
PSA	0.914	0.043
1% PSA/CNT/nano-TiO_2	0.014	0.021
3% PSA/CNT/nano-TiO_2	0.005	0.007
5% PSA/CNT/nano-TiO_2	0.002	0.005
7% PSA/CNT/nano-TiO_2	0.002	0.004

由表 2-14 可见，CNT/nano-TiO_2 的加入使复合材料在 280~400nm 波段内对紫外线的透射率与纯 PSA 相比有十分显著的下降且几乎接近于零，且随着纳米颗粒含量的增加，复合材料对紫外线的屏蔽效果逐渐增强。在 UVA 波段内，随着纳米颗粒的质量分数逐渐由 1%增加至7%，各复合材料的紫外线透射率依次比纯 PSA 下降 98.5%、99.5%、99.8%和 99.8%。由此可见，以 PSA 为基体添加 CNT/nano-TiO_2 可以显著提高复合材料的抗紫外线性能，几乎能够完全吸收和散射紫外光。

太阳光中的紫外线波长范围在 200~400nm，是一种波长较可见光短的电磁波，该波段的紫外线能量很高，足以使大部分的高聚物分子链断裂，从而加速高分子材料发生光老化的现象并使其力学性能显著下降。

结合图 2-26~图 2-28 可知，PSA 以及 PSA 复合材料均对 250~390nm 波长范围的紫外光有很好的吸收或散射功能，然而对 PSA 而言，吸收的这部分紫外光的能量足以使其高分子链断裂或发生光氧化现象。研究表明，280~320nm 范围内的紫外光具有很强的能量，PSA 经该波段的紫外光照射后，首先导致纤维大分子链中的酰胺键断裂，随后产生更容易吸收紫外光的羧酸基团，最终导致纤维逐层降解。由此可见，常规 PSA 的抗紫外线性能较差，经紫外光照射后一定程度上降低了纤维的力学性能。

由于 nano-TiO_2 具有优异的抗紫外线性能和热学性能，其抗紫外线性能主要体现在吸收作用上，也有小部分散射作用；而 CNT 同样具有良好的光学性能和热学性能，因此，将其添加到 PSA 基体中可有效地吸收并散射紫外光。与纯 PSA 相比，由于纳米颗粒的存在，在聚合物基体中起到了物理交联点的作用，PSA 复合材料可将吸收的紫外光的能量通过共混体系中物理交联点构成的导热网络传递给周围的颗粒，由于纳米颗粒具有优异的热稳定性，是一种良好的热导体，一定程度上延缓了复合材料的光老化现象。同时，由于 CNT 具有良好的光能转化功能，可以将复合材料吸收的紫外光转换成能量较低的光能、热能等形式释放，从而降低了入射光的能量，有效地改善了复合材料的抗紫外线性能。

CNT/nano-TiO_2 的添加同样使 PSA 复合材料的抗紫外线性能得到很好的改善，在高聚物基体中均匀分散的纳米颗粒可将吸收的紫外光的能量通过导热网络传递至周围的纳米颗粒，从而延缓复合材料的光老化现象。另外，与 PSA/CNT 复合材料相比，PSA/CNT/nano-TiO_2 复合材料对紫外光的屏蔽作用进一步的加强，使得 PSA 复合材料的抗紫外线性能得到更大幅度的提高。

九、小结

（1）对不同种类、不同质量分数的 PSA 复合材料进行 SEM 测试，研究发现，质量分数为 1%的纳米颗粒能够均匀分散在 PSA 基体中；颗粒的质量分数增至 3%时，少量的纳米颗粒能够均匀分散在复合体系中，部分颗粒开始出现团聚现象；继续增加纳米颗粒的质量分数到 5%、7%时，颗粒在复合体系中出现了明显的团聚现象。其中，PSA/CNT/nano-TiO_2 复合材料由于 CNT 与 nano-TiO_2 之间存在一定的相互作用而细化了 nano-TiO_2 的颗粒尺寸，CNT/nano-TiO_2 的分散也更为均匀。从 PSA 复合纤维的 SEM 图和光学显微镜图可以看到，采用湿法纺丝工艺制备的纤维存在溶胀现象和明显的皮芯层结构，纤维外层紧密均一，内层疏松多孔，且由于丝条在水溶液的凝固浴中凝固较为激烈，纤维的纵向表面出现了细小的裂纹，一定程度上影响了纤维的力学性能。

（2）傅里叶变换红外光谱分析发现，纳米颗粒的加入没有明显改变 PSA 特征吸收峰的位置和峰形，说明 PSA 纤维的分子结构和化学组成没有受到显著的影响；少量 CNT/nano-TiO_2 的加入使 PSA 复合材料在 3300cm^{-1} 的特征吸收峰处峰形发生"平化"现象；此外，在 PSA 基体中添加纳米颗粒将会影响复合材料对红外光的反射率。

（3）对各种复合材料的 X 射线衍射研究发现，CNT 的存在对 PSA 有较强的异相成核作用，使复合材料中的 PSA 结晶速度加快，nano-TiO_2 次之，而且在颗粒含量较低时，复合材料在 12°时的衍射吸收峰的尖锐程度较高，说明其晶型比较规整。当 CNT 与 nano-TiO_2 共混后添加至 PSA 基体中，大部分 nano-TiO_2 包覆在 CNT 管壁上，增大了晶核的尺寸，使 PSA 大分子高聚物以 CNT/nano-TiO_2 为晶核形成的晶体尺寸也随之增大，表现在 PSA/CNT/nano-TiO_2 复合材料的 XRD 图上出现了较宽的衍射吸收峰。

（4）对复合纤维进行力学性能测试的研究表明，纳米颗粒的加入降低了复合纤维的断裂伸长率，但显著提高了复合纤维的断裂强度和初始模量，对其力学性能具有一定的改善效果，其中 CNT 对 PSA 复合纤维力学性能的提高程度尤为显著。但纳米颗粒的质量分数为 1%时，复合纤维的断裂强度均达到最大值，继续增加颗粒的含量，对断裂强度的改善幅度逐渐下降，当颗粒的质量分数为 7%时，各复合纤维的断裂强度均低于纯 PSA 的断裂强度。对初始模量而言，随着 CNT 含量的增加，PSA/CNT 的初始模量呈逐渐上升趋势，在颗粒的质量分数为 5%时达到最大值；而当 nano-TiO_2 和 CNT/nano-TiO_2 的质量分数在 1%时，复合纤维的初始模量达到最大值，此后继续增加纳米颗粒的含量，初始模量的提高幅度逐渐下降，当颗粒的质量分数为 7%时，各复合纤维的初始模量均低于纯 PSA 的初始模量。通过建立 PSA 纳米复合纤维的物理模型分析纳米颗粒对复合纤维力学性能的改善机理可知，纳米颗粒与聚合物基体良好的界面结合牢度有助于复合纤维力学性能的提高，而良好的界面结合牢度取决于纳米颗粒在聚合物基中的分散均匀性，分散均匀性好则界面结合牢度高。

（5）通过共混体系导热系数的计算可知，纳米颗粒的加入提高了复合材料的导热系数，降低了其热阻值。对 PSA 复合材料的导热模型研究分析发现，在 TG 实验过程中，随着系统温度的升高，热量首先到达 PSA 表层，再通过纳米颗粒与聚合物基的界面层到达纳米颗粒，相对延缓了 PSA 的热分解行为，颗粒在聚合物中的分散程度越好，热量在复合体系内传递就越均匀，而且纳米颗粒拥有良好的热性能，因此，明显地提高了 PSA 复合材料的起始分解温度以及在终止温度时的质量残余率，从而提高了 PSA 复合材料的热稳定性能。

（6）通过导电网络的建立与研究分析可知，由于 CNT 拥有非常大的长径比，当其含量较低时，就能在聚合物基体中搭接形成良好的导电网络通路，此时复合材料的电阻率开始急剧下降，导电性能得到显著提高，此后继续增加纳米颗粒的含量可对原有网络进行加固，但对复合材料导电性能的提高幅度不太明显。导电性能测试表明，CNT 和 CNT/nano-TiO_2 的添加明显降低了复合材料的表面比电阻，从而提高了其导电性能。PSA/CNT 复合材料以及 PSA/CNT/nano-TiO_2 复合材料的导电性能随着聚合物基中的纳米颗粒含量的增加而逐渐增加，并分别在颗粒含量为 3%和 5%时出现了逾渗区域，说明在复合材料内部已经形成良好的导电网络，此时复合材料导电性能的提高幅度较大。

（7）对 PSA/CNT、PSA/nano-TiO_2 以及 PSA/CNT/nano-TiO_2 复合材料进行抗紫外线性能测试，研究表明，纳米颗粒的加入有效地改善了 PSA 复合材料的抗紫外线性能，且由于纳米颗粒拥有良好的热学和光学性能，当入射的紫外光照射到复合材料上，热量将会通过纳米颗粒与聚合物基的界面层传递给纳米颗粒，因此，相对延缓了 PSA 复合材料的光氧化分解行为，从而提高了 PSA 复合材料的抗紫外线性能。由于 CNT 与 nano-TiO_2 之间存在一定的相互作用，与 PSA/nano-TiO_2、PSA/CNT 复合材料相比，PSA/CNT/nano-TiO_2 复合材料对紫外光的屏蔽作用得到进一步加强，使得 PSA 复合材料的抗紫外线性能得到更大幅度的提高。

第四节　静电纺丝聚砜酰胺复合材料的表征

一、SEM 图

图 2-29 所示是利用静电纺丝法制备的聚砜酰胺复合纳米纤维的 SEM 图及直径分布图。

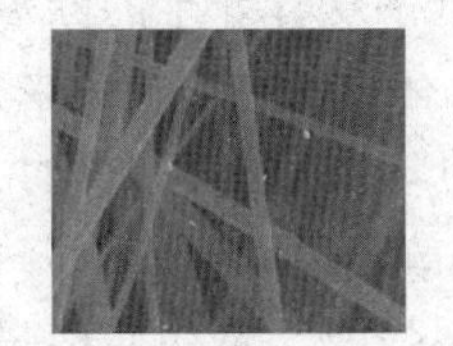

(a) 1% PSA/CNT/nano-TiO_2

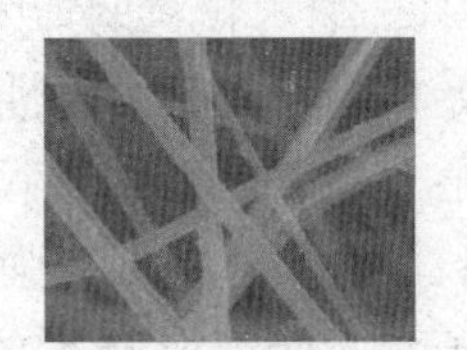

(b) 3% PSA/CNT/nano-TiO_2

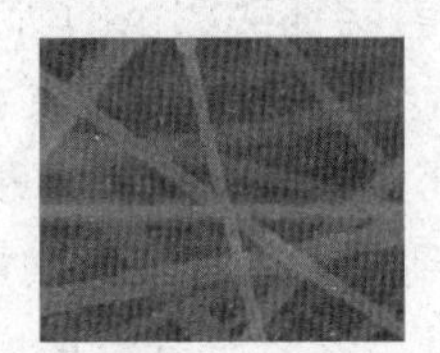

(c) 5% PSA/CNT/nano-TiO_2

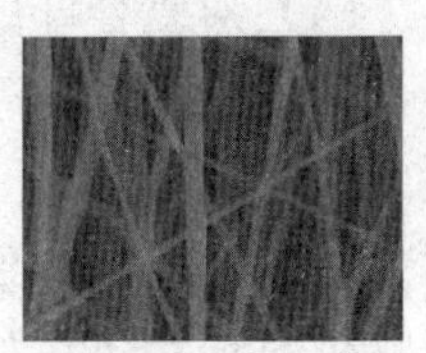

(d) 7% PSA/CNT/nano-TiO_2

图 2-29　静电纺 PSA 纳米复合纤维的 SEM 图

观察图 2-29 发现，随着碳纳米管和纳米二氧化钛含量的增加，所制备的 PSA/CNT/nano-TiO_2 三元复合纳米纤维的直径变细。其原因一方面是，随着碳纳米管含量的增加，碳纳米管团聚现象越来越严重，团聚体的直径增加，CNT 内部自由移动的电子逐渐增多，整个以聚砜酰胺为基体的复合溶液已逐渐形成导电网络状态，网络结构越来越发达，进而复合溶液的整个体系显现出较高的导电率，射流表面的电荷密度增加，此时射流的轴向鞭动效应居于主导地位，因此，纤维直径逐渐降低；另一方面，随着纳米二氧化钛含量的增加，纳米颗粒之间的接触更加频繁，整个复合纺丝液更易形成完整的导电通路，纺丝液电导率更高，射流表面电荷密度大，受到电场力拉伸能力大，因此，纤维较细。根据量子力学原理可知，由于导电纳米颗粒之间存在绝缘层（势垒），当颗粒之间的距离足够小，导电粒子则能穿过绝缘层而实现势垒贯穿，使得导电纳米颗粒所在的体系由于隧道导电效应（贯穿势垒实现导电）而表现出一定的导电性能。因此，虽然部分纳米颗粒未接触，但是由于间距小，仍会表现出一定的电导性。因此，当纳米颗粒含量增加至质量分数为 5%时，PSA/CNT/nano-TiO_2 三元复合纺丝液表现出较好的电导性，所制备的纤维的直径较小。随着纳米颗粒含量的进一步增加，质量分数为 7%时，所制备的纤维的直径略微有增加的趋势，这主要是因为，在纳米颗粒质量分数为 5%的纺丝液中继续增加纳米颗粒含量，只是对其导电网络的加固，即溶液电导率提高幅度不大，但此时复合纺丝液的浓度显著增加，即溶液黏度有较大提升，增加了黏滞阻力，即增加了电场力将射流拉细的阻力。相对于电导率的增加，黏度提升幅度更大，这一因素占主导地位，因此，当纳米颗粒质量分数由 5%增加至 7%过程中，纤维的平均直径有增加的趋势。图 2-30 所示为静电纺 PSA 纳米复合纤维的直径分布图。

在同等纺丝条件下，静电纺纯 PSA 所制备的纤维的平均直径为 133.49nm，且纤维有光滑

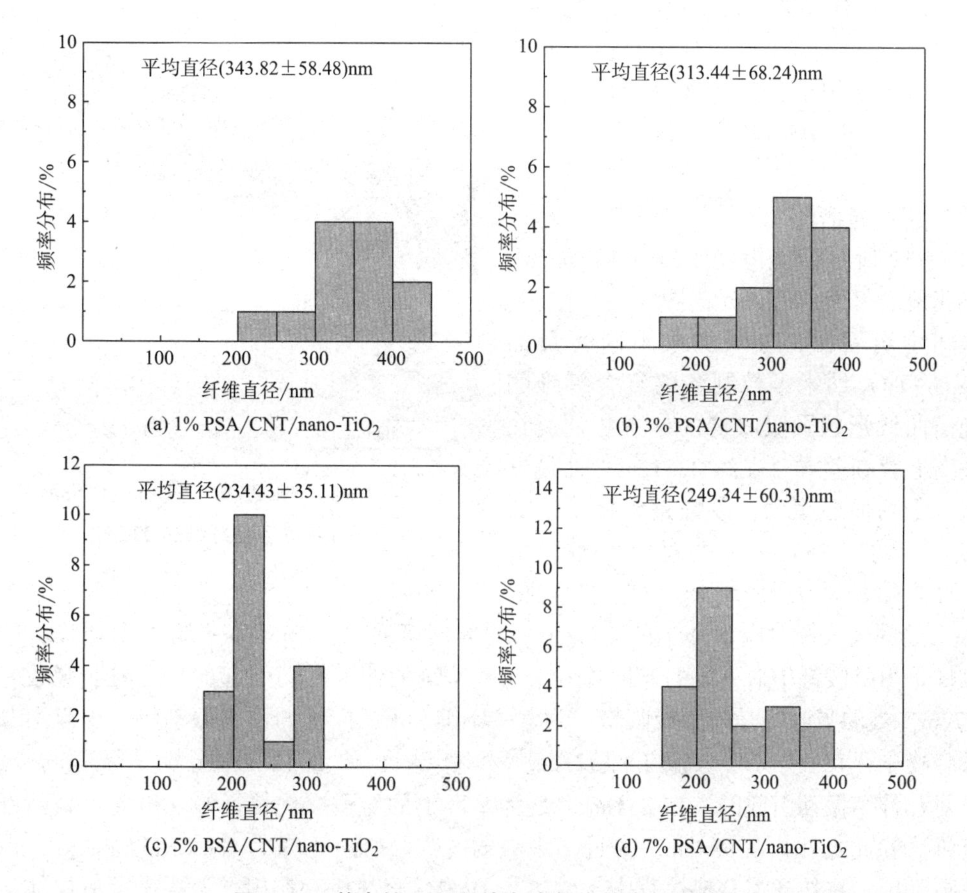

(a) 1% PSA/CNT/nano-TiO_2

(b) 3% PSA/CNT/nano-TiO_2

(c) 5% PSA/CNT/nano-TiO_2

(d) 7% PSA/CNT/nano-TiO_2

图 2-30　静电纺 PSA 纳米复合纤维的直径分布图

的表面。如图 2-30 所示，纳米颗粒的加入不仅增加了纤维的直径，而且使纤维表面变得粗糙。纤维直径的变化可能是由两方面的因素引起，一方面，加入纳米颗粒使得溶液的浓度增加，即黏度增加，增加了黏滞阻力，即增加了将纤维拉细的阻力；另一方面，CNT 和 nano-TiO_2 都是很好的电导体，当将其加入聚合物中时，可提高射流表面的电荷密度，射流受到的电场力拉伸作用增强，有助于纤维直径的降低。Baumgarten[20] 研究指出，射流的半径与溶液电导率的三次方根成正比。纤维直径的提高主要取决于溶液黏度的增加。

二、TEM 图

为了观察纳米颗粒 CNT 和 nano-TiO_2 在静电纺 PSA/CNT/nano-TiO_2 复合纤维中的分散情况，即观察复合纤维的内部形态及结构，对复合纤维进行 TEM 测试。图 2-31 所示是 PSA/CNT/nano-TiO_2 复合纤维的 TEM 图。

从图 2-31 可知，纳米颗粒的添加使得纤维表面较粗糙，且由于纳米颗粒的电子密度高于 PSA 基体，因此，在静电纺复合纳米纤维中，纳米颗粒呈现出颜色较暗的状态。其中 CNT 纳米颗粒沿着纤维轴向排列，且未出现团聚现象，这与 CNT 经过表面修饰，即经过酸处理后表面带有—OH 亲水性基团，使得其很容易与 PSA 分子结构中的—CONH—基团结合，因此，可较好地分散在 PSA 基体中，而不发生团聚；同时，可看出 nano-TiO_2 均匀分散在 PSA 基体中，这与 nano TiO_2 本身的尺寸有较大关系，同 CNT 相比，nano-TiO_2 长径比小，在超声波及机械搅拌作用下，其在含量较低（3%）时可较好地分散在 PSA 基体中。

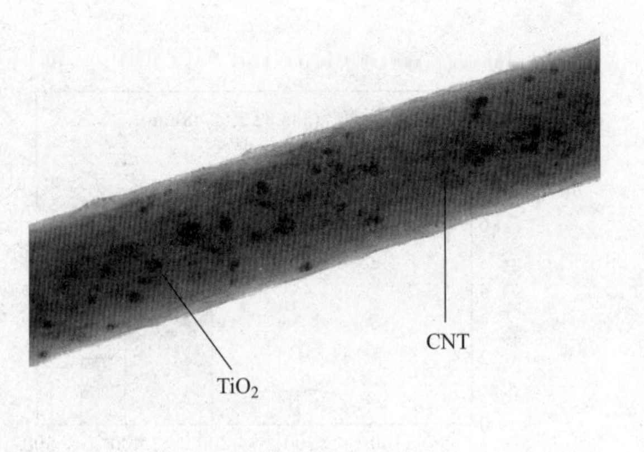

图 2-31　3% PSA/CNT/nano-TiO_2 三元纳米复合纤维的 TEM 图

三、红外光谱图

图 2-32 所示是静电纺 PSA/CNT/nano-TiO_2 纳米复合纤维的红外光谱图。

从图中可看出，分别加入不同含量的 CNT/nano-TiO_2 纳米颗粒制备的复合纤维的红外光谱曲线形状及吸收峰的位置相同，在反射强度上存在差异。在约 3351cm^{-1} 处是酰胺键 N—H 的伸缩运动，该峰是单峰，因此为仲胺基。约在 1645cm^{-1} 处对应着酰胺键 C ═O 的伸缩振动吸收峰，即酰胺吸收带。1589cm^{-1} 处的吸收峰对应苯环上的—C—C—的伸缩振动；在 1550cm^{-1} 附近出现较弱的吸收峰，该峰是由酰胺键中 N—H 的弯曲振动和 C—N 键的伸缩振动引起的，是酰胺吸收带；约在 1257cm^{-1} 处的吸收峰是酰胺吸收带，为 N—H 键和 C—N 键的耦合振动峰。由以上分析可知，聚合物中存在—CONH—结构。1321cm^{-1} 和 1149cm^{-1} 处的吸收峰分别是砜基—SO_2 的对称和反对称伸缩振动引起的。在 831cm^{-1} 处为苯环上的对位取代特征峰，由此可判断纤维为 PSA 纤维。除此之外，在 684cm^{-1} 附近出现较弱的吸收峰，该峰为 C—Cl 的特征峰，该峰的出现主要是因为在纺丝液合成过程中，酰氯与 DMAC 溶剂相互作用，消耗了反应单体从而生成 CH_3Cl 所致。PSA 复合纳米纤维的红外光谱中表现出各吸收峰与静电纺纯 PSA 纤维各吸收峰的位置相同，只是反射强度上存在差异，而没有因为不同颗粒的加入而产生新的吸收峰。但从 TEM 图像中可知，确实成功地在纤维中引入了纳米颗粒。

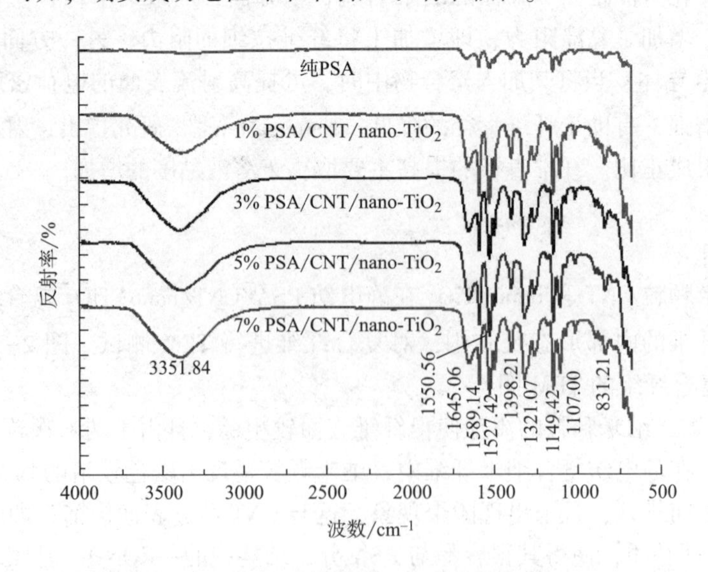

图 2-32　静电纺 PSA/CNT/nano-TiO_2 纳米复合纤维的 FTIR 图

四、结晶性能

图 2-33 所示为静电纺 PSA/CNT/nano-TiO_2 三元复合纳米纤维的 XRD 图。从图 2-33 可看出，未加入纳米颗粒前，PSA 纤维在 $2\theta=22.15°$出现明显的弥散峰，证明静电纺 PSA 纤维中尽管无完整的晶型，但仍存在部分规整排列的大分子。当加入纳米颗粒后，在 $2\theta=22.15°$处的峰消失，弥散峰被平化，即纳米颗粒的加入降低了纤维的结晶度。尽管有文献报道纳米颗粒加入后，可起到成核剂的作用，提高复合材料的结晶度。但一定程度上，纳米颗粒的加入阻碍了基体大分子链的移动，同时起到了阻碍晶体生长的作用。因此，加入纳米颗粒后，纤维的结晶性能明显降低。

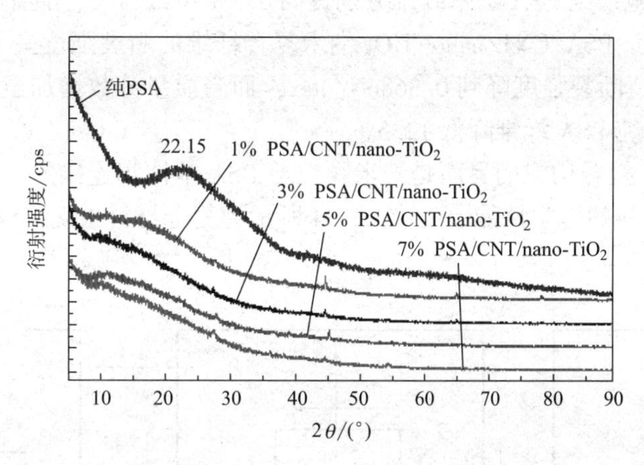

图 2-33　PSA/CNT/nano-TiO_2 三元纳米复合纤维 XRD 图

五、力学性能

表 2-15 给出了不同质量分数的 PSA/CNT/nano-TiO_2 样品的面积、克重和面密度。

表 2-15　所取试样参数

试样	面积/m^2	重量/g	面密度/ (g/m^2)
1% PSA/CNT/nano-TiO_2	0.15×0.005	0.0290	38.67
3% PSA/CNT/nano-TiO_2	0.15×0.005	0.0297	39.6
5% PSA/CNT/nano-TiO_2	0.15×0.005	0.0133	17.73
7% PSA/CNT/nano-TiO_2	0.15×0.005	0.0357	47.6

表 2-16 为不同质量分数 PSA/CNT/nano-TiO_2 纳米复合材料样品的力学性能。

表 2-16　静电纺纳米复合纤维的力学性能

试样	断裂强度/(cN/dtex)	断裂伸长率/%	初始模量/(cN/dtex)
纯 PSA	0.399	28.4	0.086
1% PSA/CNT /nano-TiO_2	0.420	36.48	0.137
3% PSA/CNT /nano-TiO_2	0.487	38.48	0.152

续表

试样	断裂强度/(cN/dtex)	断裂伸长率/%	初始模量/(cN/dtex)
5% PSA/CNT /nano-TiO_2	0.368	31.4	0.146
7% PSA/CNT /nano-TiO_2	0.349	25.74	0.129

从表2-16可知，当添加的碳纳米管和纳米二氧化钛颗粒的质量分数为1%和3%时，相应制备的静电纺PSA/CNT/nano-TiO_2纳米复合纤维的断裂强度分别为达到0.420cN/dtex和0.487cN/dtex，比静电纺纯PSA纳米纤维分别提高5.3%和22.1%。随着碳纳米管和纳米二氧化钛颗粒的继续加入，PSA/CNT/nano-TiO_2纳米复合纤维的断裂强度呈下降趋势，当纳米颗粒质量分数为5%时，断裂强度降到0.368cN/dtex，而当质量分数增加至7%时，断裂强度降到0.349cN/dtex，比纯PSA纤维降低12.5%。

纳米颗粒与PSA接触构成的界面是纳米颗粒与PSA基体相连接的“纽带”，界面的结构与性能影响着复合材料的力学性能[21]。图2-34所示为复合材料微观结构示意图。

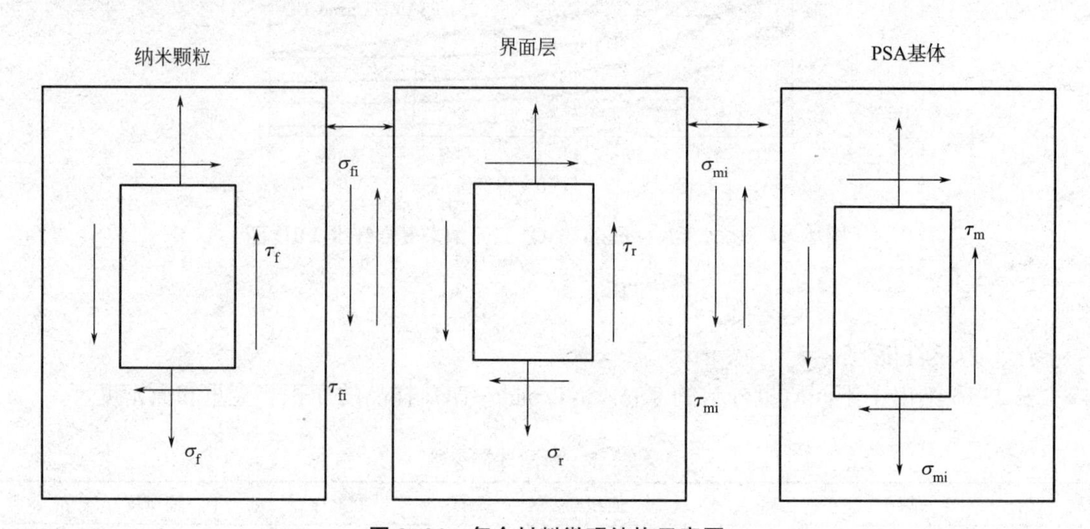

图2-34 复合材料微观结构示意图

σ_m—PSA基体抗拉强度　σ_f—纳米颗粒抗拉强度　σ_r—界面层抗拉强度
σ_{mi}—PSA基体/界面层界面抗拉强度　σ_{fi}—纤维/界面层界面抗拉强度
τ_m—PSA基体抗剪切强度　τ_f—纳米颗粒抗剪切强度　τ_r—界面层抗剪切强度
τ_{mi}—PSA基体/界面层抗剪切强度　τ_{fi}—纳米颗粒/界面层层抗剪切强度

以上是PSA复合材料的10类力学性能，其中界面层抗拉强度σ_r是最重要的界面性能。PSA基体与纳米颗粒的界面结合状态可根据σ_r的大小分为以下几类。

（1）$\sigma_r=0$，呈弱结合状态，界面厚度为0。在界面处，无反应、无溶解，增强体对复合材料性能无影响。

（2）$0<\sigma_r<\sigma_m$，呈较弱结合状态，有少量反应在界面处发生，出现了一定的界面层，但在复合材料受到外力作用时，在界面层产生的裂纹长度较小，裂纹能量可以导致增强体脱落。

（3）$\sigma_m<\sigma_r\leqslant\sigma_f$，呈较强结合状态，较厚的界面层出现，但在复合材料受到外力作用时，在界面层产生的裂纹长度较小，裂纹能量可以导致增强体脱黏，甚至使得增强体拔出。

（4）$\sigma_f < \sigma_r$，呈强结合状态，大量反应在界面处发生，出现厚度较大的界面层，在复合材料受到外力作用时，在界面层产生的裂纹使具有皮芯结构的增强体脱胶，并使具有皮芯结构的纳米颗粒拔出[22]。

当载荷作用在 PSA 复合纳米纤维时，首先是 PSA 基体受到载荷的作用。对于距离纳米颗粒较远的 PSA 基体，由于本身的力学性能不高，且断裂强度较差，此部分的 PSA 基体会开始产生裂纹。当裂纹持续延伸到达纳米颗粒时将在其表面继续扩展，增加了裂纹扩展路程和面积，使得扩展阻力增加。如果要产生更大的裂纹，则需要消耗更多的能量，即需要更大的外界作用力，因此，纳米颗粒的加入使得 PSA 复合材料的强度得到明显提高。当纳米颗粒与 PSA 基体处于较强结合状态时，界面黏结强度和 PSA 基体的内聚强度均大于纳米颗粒本身的层间结合强度，PSA 复合纤维在受到外力作用时，复合体系受到的最大载荷被转移到纳米颗粒上，此时会出现纳米颗粒脱黏破坏的情况，如图 2-35（a）和（b）所示。当纳米颗粒与 PSA 基体处于较弱结合状态时，此时 PSA 基体的内聚强度小于界面黏结强度，则会发生界面处 PSA 基体被破坏的情况，如图 2-35（c）和（d）所示。

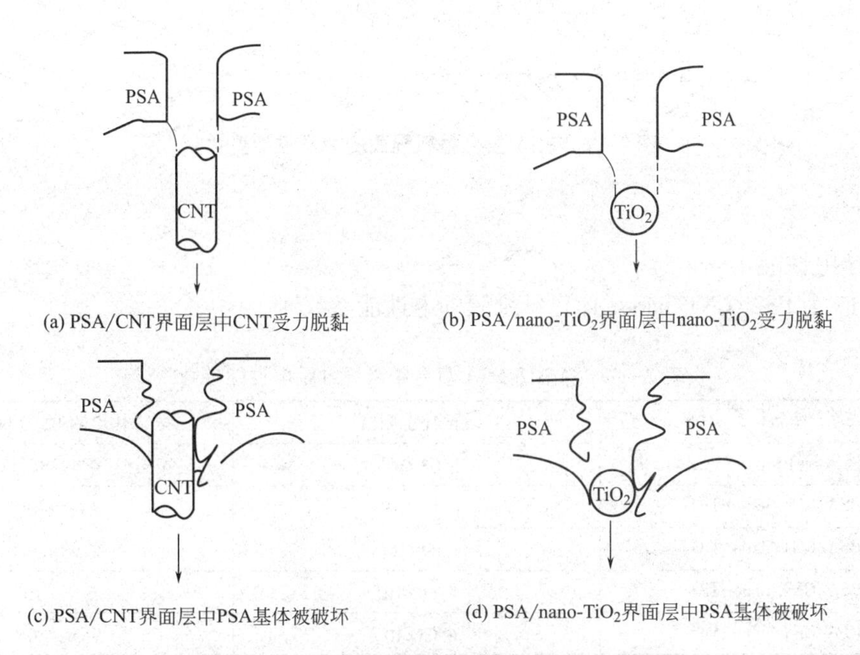

图 2-35　PSA/纳米颗粒复合材料的失效模型

本实验采用超声波清洗机对纳米颗粒进行分散处理。由于超声波可以产生高达 5000K 的局部高温以及 5.1×10^7Pa（500 个大气压）的压强，当纳米颗粒含量较低时（1%和 3%），通过超声分散可使颗粒均匀分散在 PSA 基体中，此时的纳米颗粒与 PSA 基体形成较强的界面结合，表现为 PSA/纳米颗粒复合材料的力学性能优于 PSA 纳米纤维。当纳米颗粒含量由 3%逐渐增加至 7%时，静电纺复合纤维的断裂强度比 PSA 纳米纤维的断裂强度低。这主要是因为纳米颗粒自身比表面能大，容易出现团聚现象，且在超声分散、机械搅拌作用下难以分散在基体中，使纤维单位面积内的纳米颗粒与 PSA 基体的界面结合力较弱，在复合材料受到载荷作用时，较大的团聚颗粒反而成为首先断裂点，从而影响复合纤维的力学性能，因此出现 PSA 复合纤维比 PSA 纳米纤维力学性能低的情况。

纳米颗粒除了影响复合纤维的断裂强度外，对其断裂伸长和初始模量也造成一定的影响。与对断裂强度的影响相似，当纳米颗粒含量较低时（1%和3%），复合纤维的断裂伸长和初始模量得到改善，随着纳米颗粒含量继续增加，断裂强度和初始模量表现出逐渐降低的趋势。图2-36给出了复合材料受到外界作用力时，纳米颗粒、PSA基体与界面层之间的力学性能梯度的变化特征。

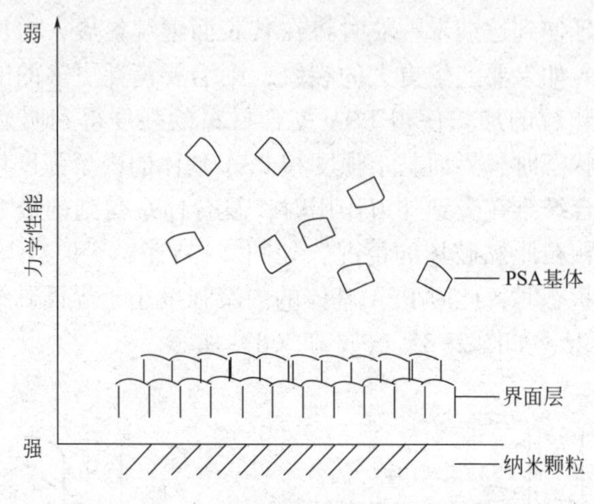

图2-36 PSA复合材料界面的力学性能变化

六、导电性能

表2-17为PSA/CNT/nano-TiO_2纤维膜的电性能参数。

表2-17 静电纺PSA复合纳米纤维膜电性能参数

样品	表面比电阻/Ω	表面比电阻率/（Ω·cm）
纯PSA	3.05×10^{12}	4.79×10^{15}
1% PSA/CNT/nano-TiO_2	8.42×10^{11}	1.32×10^{15}
3% PSA/CNT/nano-TiO_2	1.89×10^{10}	2.98×10^{13}
5% PSA/CNT/nano-TiO_2	3.69×10^{6}	5.79×10^{9}
7% PSA/CNT/nano-TiO_2	6.05×10^{5}	9.50×10^{11}

由表2-17可知，纳米颗粒质量分数在1%~5%时，随着纳米颗粒含量的逐渐增加，纤维表面比电阻率逐渐降低，且降低的幅度逐渐增加，而当纳米颗粒含量继续增加时，纤维膜的表面比电阻率出现回升的现象，造成这种现象的主要原因如下。

（1）当CNT纳米颗粒增多时，体系中出现颗粒大片团聚的现象，团聚的颗粒直径达到6mm以上，严重降低了CNT本身纳米颗粒导电性的发挥[23]。除此之外，颗粒的团聚使得整个体系一部分有纳米颗粒，而另一部分没有纳米颗粒，即整个体系的导电网络断路。图2-37为CNT颗粒含量逐渐增加过程中体系构成的导电网络示意图[24]。

（2）当纳米颗粒含量较低时，颗粒均匀分散在PSA基体中，只有少量的CNT颗粒能相互接触，nano-TiO_2的加入进一步增大了CNT导电颗粒的间距，导致复合纤维的导电性能较低。随着混合纳米颗粒含量增加至5%，直接接触的CNT导电颗粒逐渐增多，复合体系中的

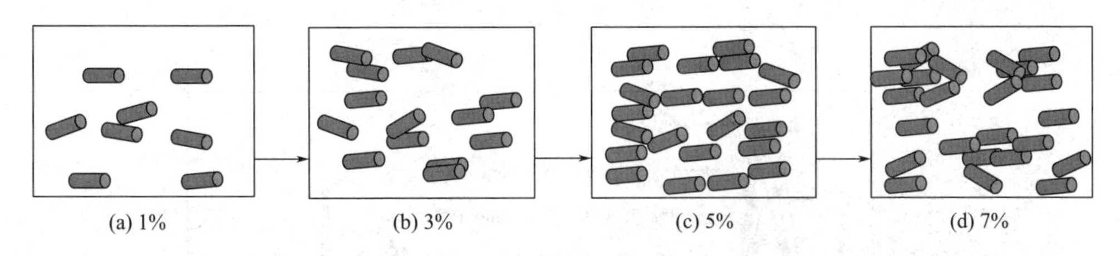

图 2-37　PSA/CNT 复合纳米纤维导电网络形成示意图

导电网络基本建立，呈现出 PSA/CNT/nano-TiO_2 三元复合纳米纤维较低的表面比电阻率，使得复合纤维的导电性能有明显的提高。随着纳米颗粒含量进一步增加至7%，虽然纳米颗粒之间出现团聚现象，此时团聚的 CNT 仍然能成为强导体，表现为 PSA/CNT/nano-TiO_2 复合纤维的导电性能增强。图 2-38 为 CNT/nano-TiO_2 颗粒含量逐渐增加过程中，复合体系构成的导电网络示意图[24]。

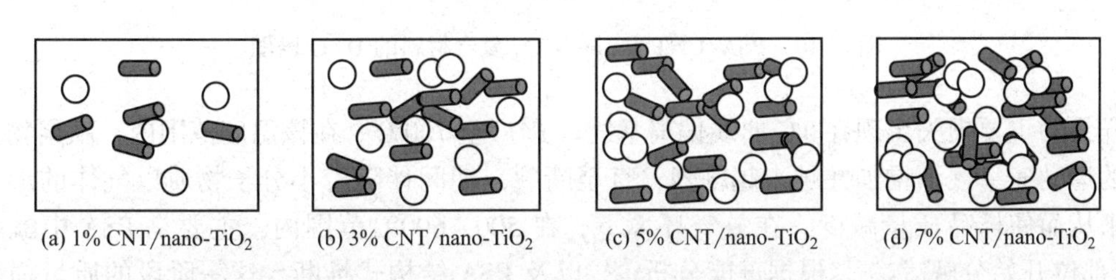

图 2-38　PSA/CNT/nano-TiO_2 复合纳米纤维导电网络形成示意图

七、热稳定性能

由图 2-39 和图 2-40 可知，静电纺 PSA 复合纤维热分解行为表现为失重阶段的分解过程。在 100℃时，样品呈现较高的质量损失速率。这主要是因为在对样品进行热性能测试之前，未对样品进行干燥处理，样品中含有较多的 DMAC 溶剂和水分，这些 DMAC 溶剂和水分的挥发导致样品出现了较高的质量损失速率。温度由 169. 9℃开始至 TG 曲线出现明显下滑温度区间内，曲线逐渐趋于平缓基本达到一个平台。

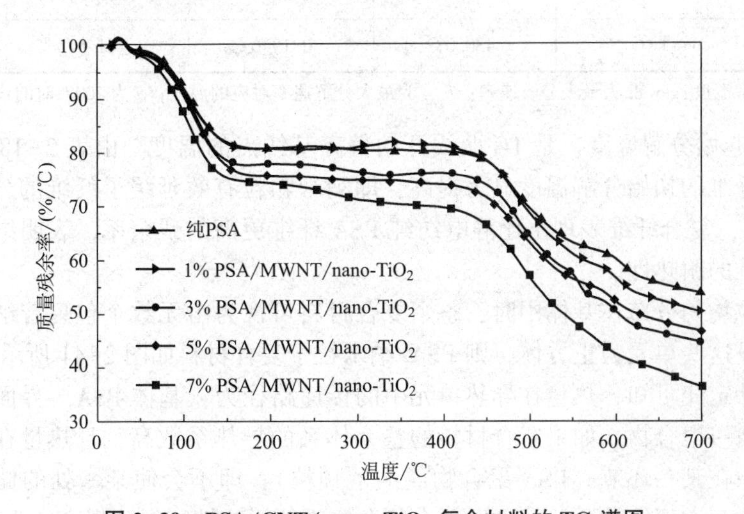

图 2-39　PSA/CNT/nano-TiO_2 复合材料的 TG 谱图

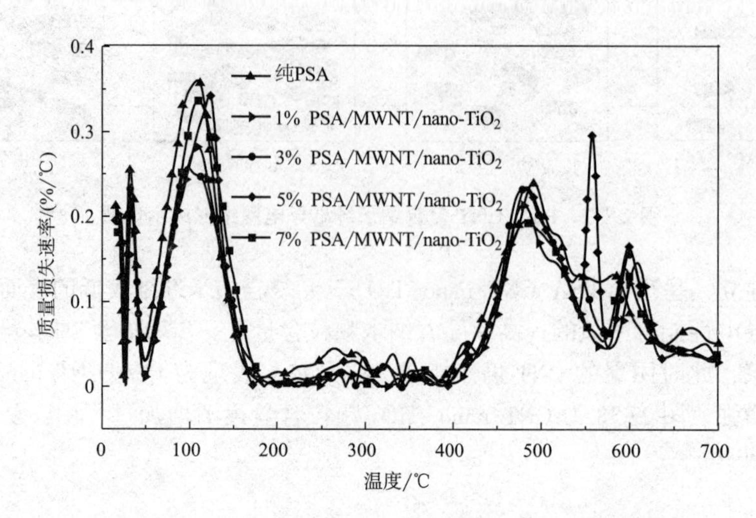

图 2-40 PSA/CNT/nano-TiO_2 复合材料的 DTG 谱图

样品的主要损失出现在 TG 曲线偏离基线（T_0）至 700℃。在该温度范围内，高聚物大分子链的运动速率逐渐增加并越来越剧烈，直至断裂，期间伴随着小分子物质以气体的形式释放出来从而使样品质量减少。在氮气环境下，在 500~600℃ 范围内，主要是 PSA 中酰氨基 C—N 部位开始分解[28-29]。根据键能分析[30] 以及 PSA 结构式推断，这一阶段的质量损失可能是因为 SO_2、NH_3 或 CO_2 气体的产生。在该阶段样品的一些重要的热分解参数见表 2-18。

表 2-18 样品 TG 和 DTG 曲线上的热分解特征参数

样品	T_0/℃	dα/dt	T_{max}/℃	α/%
纯 PSA	392. 57	0. 2401	491. 22	36. 48
1% PSA/CNT/nano-TiO_2	444. 45	0. 2149	479. 73	53. 97
3% PSA/CNT/nano-TiO_2	440. 26	0. 234	480. 34	50. 40
5% PSA/CNT/nano-TiO_2	440. 02	0. 2348	483. 14	44. 76
7% PSA/CNT/nano-TiO_2	430. 08	0. 1946	481. 51	46. 79

注 T_0 为起始分解温度；$d\alpha/dt$ 为最大分解速率；T_{max} 为最大分解速率对应的温度；α 为 700℃时的残留率。

定义 T_0 为起始分解温度，是 TG 曲线开始偏离基线点的温度。由表 2-18 可知，纳米颗粒的加入使得纤维的初始分解温度显著提高，即纳米颗粒有效延缓了纤维的分解时间。当温度升到 700℃时，复合纤维表现出比静电纺纯 PSA 纤维更高的残余率，表明纳米颗粒的加入有助于提高纤维的耐热性。

当纳米颗粒均匀分布在基体中时，整个复合材料可视为由无数个包裹着纳米粒子的导热单元构成，假设这些单元为正方体，则 PSA/纳米粒子复合材料如图 2-41 所示。

根据傅里叶定律可知，热量在导热单元中的传递路径为：基体 PSA→界面→纳米颗粒与聚合物混合界面→聚合物。如果复合材料的整个体系的导热系数高，且热量在该过程中顺利传递，不会集中在某一环节（PSA 聚合物或纳米颗粒），即不会使某一处的储存热量迅速达到某一物质的分解点而使物质分解，则这个复合体系的耐热性能得到提高。为了达到此效果，

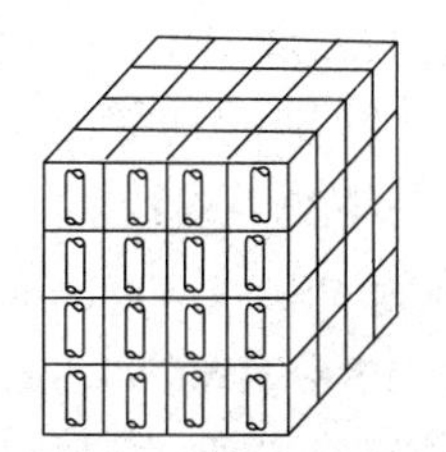
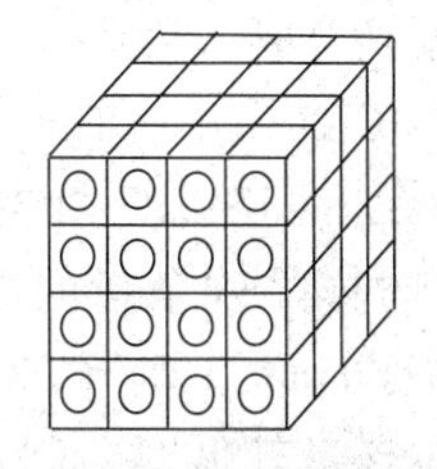
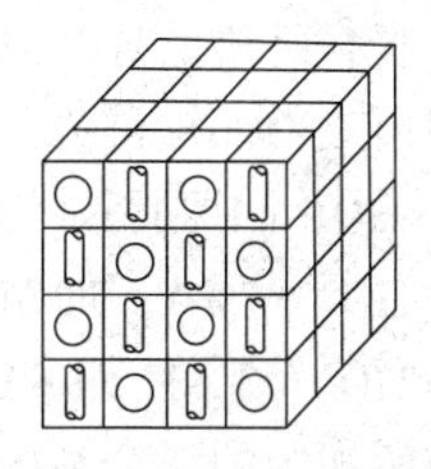

图 2-41　PSA/纳米粒子复合材料示意图

要求体系的导热系数高。导热系数是指在稳定的传热条件下，单位截面、厚度的材料在单位温差和单位时间内直接传导的热量，其大小由聚合物和填料颗粒的综合作用决定（表 2-19）。式（2-7）为复合体系导热系数的计算式。

$$\lambda_c = \lambda_m\left[1 - \pi\left(\frac{3\varphi_f}{4\pi}\right)^{\frac{2}{3}}\right] + \frac{\pi\lambda_f\lambda_m}{\lambda_f\left[\left(\frac{3\varphi_f}{4\pi}\right)^{-\frac{2}{3}} - 2\left(\frac{3\varphi_f}{4\pi}\right)^{-\frac{1}{3}}\right] + 3\lambda_m\left(\frac{3\varphi_f}{4\pi}\right)^{-\frac{1}{3}}} \tag{2-7}$$

式中：φ_f 为纳米颗粒的体积分数，其与质量分数的关系为：

$$\varphi_f = \frac{\omega_f}{\omega_f(1-\chi)+\chi} \tag{2-8}$$

χ 为基体中添加的纳米颗粒的密度与 PSA 聚合物基体密度的比值，即：

$$\chi = \frac{\rho_f}{\rho_m} \tag{2-9}$$

式中：λ_c 为复合材料的导热系数；λ_m 为聚合物基体的导热系数；λ_f 为纳米颗粒的导热系数；φ_f 为纳米颗粒的体积分数；ρ_f 为纳米颗粒的密度；ρ_m 为聚合物基体的密度。

表 2-19　各实验材料的参数

实验材料	导热系数/［W/（m·K）］	密度/（g/cm^3）
PSA	0.084	1.42
CNT	6000.000	1.40
nano-TiO_2	1.700	3.9

将各参数值带入式（2-7），则 PSA 复合材料的热导率 λ_c 见表 2-20。

表 2-20　PSA 复合材料的导热系数

试样	导热系数/［W/（m·K）］
纯 PSA	0.0840
1% PSA/CNT/nano-TiO_2	0.0848
3% PSA/CNT/nano-TiO_2	0.0879
5% PSA/CNT/nano-TiO_2	0.0916
7% PSA/CNT/nano-TiO_2	0.0954

由表2 20可知，PSA复合纤维的导热系数均高于纯PSA纤维试样，且随着纳米颗粒含量的增多，PSA复合纤维的导热系数逐渐升高，因此，理论上表现出PSA复合纤维的耐热性能高于PSA。但由表2-18可知，PSA/CNT/nano-TiO_2复合纤维的初始分解温度的大小为PSA/CNT/nano-TiO_2（1%）>PSA/CNT/nano-TiO_2（3%）>PSA/CNT/nano-TiO_2（5%）>PSA/CNT/nano-TiO_2（7%）；而700℃时样品残余量的大小为PSA/CNT/nano-TiO_2（1%）>PSA/CNT/nano-TiO_2（3%）>PSA/CNT/nano-TiO_2（7%）>PSA/MWCNT/nano-TiO_2（5%）。由此可推断，当所加入的混合纳米颗粒含量较低时，制备的复合纤维的耐热性能较好。这与混合纳米颗粒的相互作用以及分散程度有关。当颗粒含量为5%时，制备的复合纤维的耐热性能最差。

八、抗紫外线性能

图2-42为PSA/CNT/nano-TiO_2三元复合纳米纤维在不同波长下的紫外线透射率曲线。

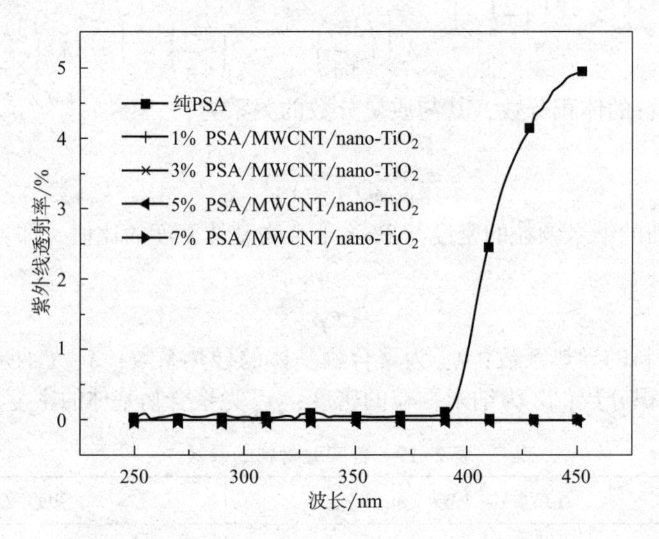

图2-42 静电纺PSA/CNT/nano-TiO_2三元复合纳米纤维的紫外线透射率

由图2-43可知，CNT/nano-TiO_2纳米颗粒的加入降低了样品的紫外线透射率，即提高了PSA纤维的抗紫外性。这主要是因为nano-TiO_2属于n型宽禁带半导体，其电子结构是由传导带构成，无电子的空轨道和充满电子的价电子带形成了该传导带，存在禁带宽。当受到能量大于或等于该禁带宽度的光线照射时，nano-TiO_2可吸收该光子的能量，则价带上的电子受到激发，跃迁至导带。此时价电子带由于缺少电子而形成空穴并形成电子—空穴对，创造了与其他电子或空穴复合的机会，因此使得nano-TiO_2对紫外线具有较好的吸收作用。nano-TiO_2对紫外线的散射主要与其粒径和入射光波长有关。

$$S=[\alpha M^2(\lambda)^{\frac{1}{2}}]\times\left[\frac{\lambda^2}{2d}+n_b^2\pi^2 Md\right] \tag{2-10}$$

$$M=0.4\ (n_p-n_b) \tag{2-11}$$

式中：S为散射系数；α为待定系数，因物质而异；λ为入射光波长（nm）；n_b为分散介质的折射率；n_p为分散物质的折射率；M为折射率系数；d为颗粒直径（nm）。

nano-TiO_2 的折光指数可达 2.72，除此之外还具有一定的高光活性，因此，对紫外线的反射和散射表现出较好的效果，且对紫外线还具有较好的吸收。从对纤维的 SEM 和 TEM 图像分析可知，随着纳米颗粒含量的增加，纳米颗粒在纤维中出现团聚现象，且添加量越多，团聚现象越严重从而使 nano-TiO_2 对 PSA 纤维抗紫外线性能的提高受到负面影响。这主要是因为 nano-TiO_2 的抗紫外线能力与其本身的粒径有关。当 nano-TiO_2 含量较低时，颗粒之间未发生团聚，颗粒粒径较小，此时光线可通过其粒子表面，表现出对紫外线长波区较弱的散射和反射作用，但可对中波有较好的吸收作用。随着颗粒含量的增加，nano-TiO_2 逐渐团聚，粒径逐渐增大，此时表现出对紫外线的长波和中波都有较好的反射和散射。因此，随着颗粒含量的增加，对 PSA 纤维抗紫外线性能的提高并未降低，而是逐渐加强。

除此之外，CNT 本身具有较好的电学性质，当与 nano-TiO_2 混合后，增加了 nano-TiO_2 中价带的电子数，使得更多电子在紫外光的照射下发生跃迁或 CNT 的存在抑制了 nano-TiO_2 中光生电子和光生空穴的复合，一定程度上增加了 nano-TiO_2 的吸光度，因此，复合纳米颗粒的加入对 PSA 纤维抗紫外线性能的提高更显著。

九、小结

（1）纳米颗粒质量分数在 1%~3%时，随着纳米颗粒含量的增加，制备的复合纤维的断裂强度有明显的提高。主要因为纳米颗粒本身具有很好的力学性能，且含量低时与 PSA 基体大分子有较强的结合作用，因此在对其拉伸时会消耗更多的能量。除此之外，纳米颗粒的加入使得体系更加紧密，即起到填料效应，因此，最终纤维的断裂强度提高。然而随着纳米颗粒的继续加入，纤维强度呈下降趋势，主要是由于纳米颗粒出现团聚，降低了与 PSA 基体的结合，导致强度下降。

（2）纳米颗粒的加入对纤维断裂伸长和初始模量的影响同对断裂强度的影响相似，即在含量低时，有助于提高纤维的断裂伸长和初始模量；但随着颗粒的继续加入，则反之。

（3）纳米颗粒质量分数在 1%~5%时，随着纳米颗粒含量的逐渐增加，纤维表面比电阻率逐渐降低，且降低的幅度逐渐增加，而当纳米颗粒含量继续增加时，纤维膜的表面比电阻率出现回升的现象。

（4）静电纺 PSA 复合纤维热分解行为都表现为一个失重阶段的分解过程。样品的主要损失出现在 TG 曲线偏离基线（T_0）至 700℃。此阶段的质量损失可能是由于 SO_2、NH_3 或 CO_2 气体的产生。

（5）纳米颗粒的加入有助于提高纤维的耐热性。

（6）对于 PSA/CNT/nano-TiO_2 三元复合纤维，耐热性能表现为当颗粒质量分数为 5%时，复合纤维的耐热性能最差。

（7）nano-TiO_2 颗粒的添加有助于提高复合材料的抗紫外线性能，且随着颗粒含量的增加，抗紫外线性能逐渐提高。

参考文献

[1] 汪晓峰，张玉华. 芳砜纶的性能及其应用［J］. 纺织导报，2005，01（1）：18-20.
[2] 睦伟民. 阻燃纤维及织物［M］. 北京：纺织工业出版社，1990.

[3] 冯军. 聚砜酰胺纤维的性能与应用 [J]. 上海纺织科技, 1981 (10): 49-52.
[4] GHOSH L, FADHILAN M H, KINOSHITA H, et al. Synergistic effect of hyperthermal atomic oxygen beam and vacuum ultraviolet radiation exposures on the mechanical degradation of high-modulus aramid fibers [J]. Polymer, 2006, 47 (19): 6836-6842.
[5] 何曼君, 陈维孝, 董西侠. 高分子物理 [M]. 上海: 复旦大学出版社, 1990: 396.
[6] 顾枫. 我国纺织品阻燃标准简介 [J]. 中国纤检, 2011 (4): 54-56.
[7] 汪家铭. 芳砜纶纤维发展概况及市场前景 [J]. 精细化工原料及中间体, 2009 (6-7): 18-24.
[8] 任加荣, 汪晓峰, 张玉华. 芳砜纶的市场开发与应用 [J]. 产业用纺织品, 2007, 25 (5): 1-6.
[9] 张立德, 牟季美. 纳米材料和纳米结构 [M]. 北京: 科学出版社, 2001: 420-476.
[10] 刘杰霞, 唐志勇, 张德仁. 聚砜酰胺纳米复合材料及其纤维的制备和表征 [J]. 产业用纺织品, 2007 (2): 14-20.
[11] CAI X L, RIEDL B, AIT-KADI A. Cellulose fiber/poly (ethylene-co-methacrylic acid) composites with ionic interphase [J]. Composites Part A, 2003, 34: 1075-1084.
[12] RAO A M, BANDOW S, EKLUND P C, et al. Diameter-selective Raman scattering from vibrational modes in carbon nanotubes [J]. Science, 1997, 275 (5297): 187-191.
[13] 韩红梅, 邱介山, 周颖, 等. 碳纳米管的制备及其热稳定性和表面性质的研究 [J]. 炭素技术, 2001 (4): 5-9.
[14] BROADBELT L J, DZIENNIK S, KLEIN M T, et al. Thermal stability and degradation of aromatic polyamides. Part 2 Structure-reactivity relationships in the pyrolysis and hydrolysis of benzamides [J]. Polym Degrad Stab, 1994, 45 (1): 57-70.
[15] BROADBELT L J, DZIENNIK S, KLEIN M T, et al. Thermal stability and degradation of aromatic polyamides. Part 1 Pyrolysis and hydrolysis pathways, kinetics and mechanisms of N-phenyl benzamide [J]. Polym Degrad Stab, 1994, 44 (2): 137-144.
[16] 张兴英, 程珏, 赵金波. 高分子化学 [M]. 北京: 中国轻工业出版社, 2000: 285.
[17] 汪雷. 材料与结构的传热性能优化设计 [D]. 西安: 西北工业大学, 2006.
[18] 梁基照, 邱玉琳. 三氧化二铝/硅橡胶复合材料热导率的预测 [J]. 橡胶工业, 2009, 56 (8): 476-479.
[19] 江枫丹. 聚氨酯/碳纳米管纳米复合材料的制备及结构与性能的研究 [D]. 北京: 北京化工大学, 2009.
[20] BAUMGARTEN P K. Electrostatic spinning of acrylic microfibers [J]. Journal of Colloid and Interface Science, 1971, 36 (1): 71-79.
[21] 郑玉涛, 陈就记, 曹德榕. 改性植物纤维、热塑性塑料复合材料界面相容性的技术进展 [J]. 纤维素科学与技术, 2005, 13 (1): 45-55.
[22] 胡福增, 陈国荣, 杜永娟, 等. 材料表界面 [M]. 上海: 华东理工大学出版社, 2001.
[23] 辛菲. 碳纳米管改性及其复合材料 [M]. 北京: 化学工业出版社, 2012: 18-19.
[24] 江枫丹. 聚氨酯/碳纳米管纳米复合材料的制备及结构与性能的研究 [M]. 北京: 化学工业出版社, 2009.
[25] 赵金波, 张兴英, 程珏, 等. 高分子化学 [M]. 北京: 中国轻工业出版社, 2000: 285.
[26] 张美珍, 柳百坚, 谷晓昱, 等. 聚合物研究方法 [M]. 北京: 中国轻工业出版社, 2000: 125.
[27] GIBSON P, SCHREUDER-GIBSON H, RIVIN D. Transport properties of porous membranes based on electrospun nanofibers [J]. Colloids and Surfaces A: Physicochemical and Engineering Aspects, 2001, 187-188: 469-481.
[28] BROADBELT L J, CHU A, KLEINM T, Thermal stability and degradation of aromatic polyamides. Part 2 Structure-reactivity relationships in the pyrolysis and hydrolysis of benzamides [J]. Polym Degrad Stab, 1994, 45 (1): 57-70.

[29] BROADBELT L J, DZIENNIK S, KLEIN M T, Thermal stability and degradation of aromatic polyamides. Part 1 Pyrolysis and hydrolysis pathways, kinetics and mechanisms of *N*-phenyl benzamide [J]. Polym Degrad Stab, 1994, 44 (2): 137-144.

[30] CHEN Y, WU D, LI J, et al. Physicochemical characterization of two polysulfon-amides in dilute solution [J]. Macromolecular symposia, 2010, 298 (1): 116-123.

第三章 聚苯乙烯复合纤维膜

第一节 引言

随着人们生活水平的不断提高，人们的健康意识也逐渐加强，使得更多的人愿意参与到户外运动中来。人们在进行户外运动时，面对雨、雪等特殊环境时，穿着的服装对功能性和舒适性的需求也更加多元化：要阻止雨、雪、霜等液体透过或者浸湿织物，同时，还要让人体散发的汗液、汗气能够以水蒸气形式传递到外界，保持人体皮肤表面干爽。这种服装称为防水透湿服装，在国外也称为“可呼吸织物”[1-3]。

从加工方法来看，防水透湿织物主要分为高密织物、涂层织物和层压织物三种类型[4]。其中，市场上著名的Gore-Tex防水透湿织物是由聚四氟乙烯（PTFE）微孔膜与传统织物层压后制备而成的，具有优异的力学性能、防水效果、透湿性能等。但PTFE微孔膜的制备工艺复杂、成本较高，很难在市场上普及。因此，迫切需要研发一种新型的制膜工艺。

（一）防水透湿膜

1. 防水透湿膜的机理

防水性是指膜能够阻挡外部液态水的渗透[5-6]。液态水渗透到膜内部有两种方式：一种是外界的水与膜接触后，在毛细作用下，通过膜内部的孔隙水进入膜的表面及内侧，使膜被水润湿，这与功能膜的表面能及粗糙程度有关；另一种是液态水在外界压力下透过膜的孔隙进到膜的内部，除了与功能膜的表面能及粗糙程度有关外，很大程度上也取决于外界压力、水滴动能、膜的孔径大小及孔隙率等[7]。因此，功能膜的防水性包括防止功能膜被水润湿、液态水的渗透和透入。

润湿性对膜材料防水性有很大影响的。润湿性是指液体在固体表面不能铺展时，会以一定形状留在固体表面，固体表面和液体边缘切线会形成一个夹角 θ（图3-1），这个夹角就是接触角，它与固体、液体和气体的界面的表面能有关[8]。根据接触角的大小可以将表面分为亲水性表面和疏水性表面。当 $\theta \leqslant 90°$ 时，称为亲水表面［图3-1（a）］，水滴在此表面的润湿过程是自发进行的；而当 $\theta \geqslant 90°$ 时，液体不能润湿固体，称为疏水表面［图3-1（b）］。因此，膜材料要达到防水性，接触角要大于90°。

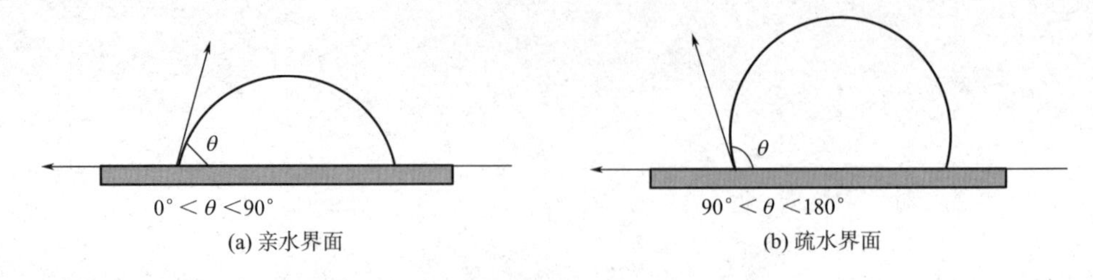

图3-1 液体在固体表面的润湿情况分类[1]

19 世纪初，Young 提出了液滴在固体、液体和气体三相交界点的力学平衡方程（图 3-2），即杨氏方程[9]：

$$\cos\theta=\frac{\gamma_{SG}-\gamma_{SL}}{\gamma_{LG}} \quad (3-1)$$

式中：θ 为接触角；γ_{SG} 为固/气表面能；γ_{SL} 为固/液表面能；γ_{LG} 为液/气表面能（也称为表面张力）。

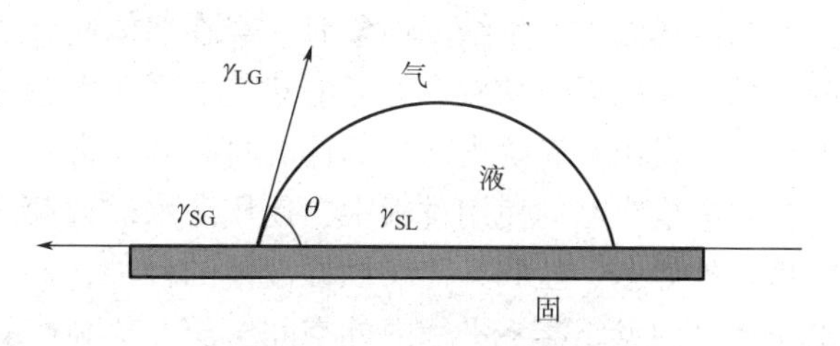

图 3-2　杨氏力学方程式示意图[5]

由式（3-1）可以看出，固体表面能越大，固体表面越容易被润湿；反之，固体表面能越小，固体表面越难被润湿，即固体具有防水性。

防水透湿膜的透湿机理主要有以下两种方式：微孔扩散机理和亲水性基团透湿机理[10]。由表 3-1 可知，一般膜材料的孔径在 0.2～5μm，露雨的直径在 100μm 以内，水蒸气的直径在 0.0003～0.0004μm，由于水滴直径比孔径大而不能透过渗透膜，即具有防水功能；同时，膜的内、外表面在适度的温度差下，水蒸气能透过微孔进入膜的外侧，从而达到透湿的作用。

表 3-1　各种雨雾直径[11]

水的形态	露雨	毛毛雨	普通中雨	雷雨	水蒸气	空气分子
直径/μm	100	500	2000	3000	0.00047	0.00036

2. 防水透湿膜的应用领域

医护人员的防护服装需要具备较高的耐血液渗透性能，能阻隔液体试剂与人体的直接接触，避免可能对人体造成的感染或伤害，同时还要具有一定的透湿性，能将人体的汗液蒸汽扩散到外界，从而保证医护人员穿着的舒适性[12]。

目前使用防水透湿膜作为核心功能层制作的服装已广泛应用于户外服装及户外用品领域，如滑雪服、冲锋衣、手套、功能性跑鞋、帐篷等[13-14]。户外服装面料通常采用防水透湿膜作为中心层，通过层压技术与传统面料复合，根据需要形成两层或者三层结构的功能面料，如图 3-3 所示。由于引入了防水透湿膜，户外服装能够满足在恶劣气候中的防护需要，在满足防水要求的同时兼顾了透湿性和透气性，使汗液能够快速排出，抵御风寒，保证穿着者的舒适性[15]。

(a) 服装　　(b) 鞋

图 3-3　以 Gore-Tex 防水透湿膜作为中间层的服装面料结构及示意图

当冷热温差产生结露现象时，会在墙体或屋顶表面形成水滴，水滴侵入建筑物或保温层，降低保温层的保温功效，并影响建筑的耐久性[16-17]。近年来，由于多起建筑保温火灾事件的发生，开发出具有防火功能的保温材料是非常必要的[18-19]。

在电子产品的使用过程中，使用防水透湿膜对电子产品进行保护。防水透湿膜材料不仅能抵御外界水、盐和其他腐蚀性液体的侵蚀，同时还能允许水汽透过，可以有效散热，防止电子产品内壁结雾，平衡内外空间气压，提高产品的使用寿命[20]。

防水透湿膜除了在医疗卫生、户外服装、建筑材料以及电子产品的应用之外，在包装材料和蒸馏膜上也有广泛的应用，如坡屋顶防水透气膜、香精包装袋、家用洗涤品等[21]。

静电纺纳米防水透湿膜也可以用在蒸馏膜上，蒸馏膜是传统蒸馏工艺与膜分离技术相结合的液体分离技术，是以微孔膜两侧不同温度下溶液蒸汽压力差为推动力的分离过程[22-23]。2008 年，Feng 等[24] 提出将静电纺制得的 PVDF 纳米纤维膜应用于气隙膜蒸馏脱盐。测试结果表明：水通量最大为 11~12kg/（m^2·h），截留效果在 98.7%~99.9%。Lin 等[25] 通过一步静电纺丝法制备了一种新型双重仿生结构的超疏水聚苯乙烯（PS）微/纳米纤维多孔膜，然后对其进行直接接触式膜蒸馏脱盐性能测试，在温差为 500℃ 的直接接触式膜蒸馏运作过程持续 10h，能够保持稳定的脱盐性能（图 3-4）。

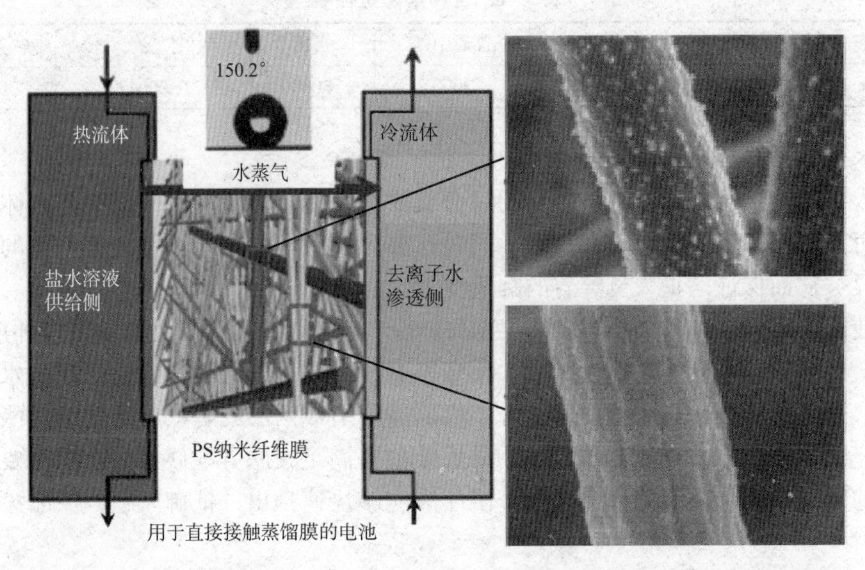

图 3-4 超疏水 PS 静电纺微/纳米纤维多孔膜用于直接接触式膜蒸馏脱盐[25]

（二）防水透湿膜的制备方法

1. 熔融挤出法

熔融挤出法是将聚合物原料加热熔融后，经挤出拉伸形成膜的一种方法，主要包括平膜挤出法和吹塑挤出法[26]。目前市场上的亲水无孔膜主要产品是 Sympatex 防水透湿膜，它是以聚氨酯和聚醚为基本原料，通过熔融挤出法制备得到无孔型亲水性防水透湿薄膜[27-28]。

2. 双向拉伸法

双向拉伸法是将聚合物树脂、超细无机填充物和功能性添加剂等原料在低于其熔点的温度下加热制成薄膜，然后再进行横向和纵向快速拉伸，使其冷却后形成与蜘蛛网形状相似的微细多孔薄膜。目前，市面上突出的防水透湿膜 Gore-Tex PTFE 就是采用双向拉伸法制备的[29]。

3. 相分离法

目前，相分离法是制备高分子微孔膜广泛使用的方法，该方法是将聚合物溶于高沸点、低挥发性溶剂中，形成均相溶液，聚合物在冷却降温过程中发生相分离，从而形成多孔膜[30-31]。图 3-5 是相分离成孔的示意图，当聚合物溶液处于均一稳定的体系时属于稳定相（stable one phase region），如图 3-5（a）所示；当冷却过程中聚合物溶液温度低于某个临界温度时，溶液会突破双节曲线（binodal）进入亚稳区域（meta-stable regions），在这个区域内溶液受到活化或干扰而发生相分离，聚合物分子链和溶剂分子都开始富集［图 3-5（b）］；当溶液穿过旋节曲线（spinodal）时，进入两相非稳区（unstable two regions），此时聚合物溶液进入一个自发连续相分离的过程［图 3-5（c）］；在相分离过程中，由于溶剂相的蒸发减少，溶剂相会产生大量微孔，而聚合物相则形成薄膜，从而形成微孔膜［图 3-5（d）］[32]。

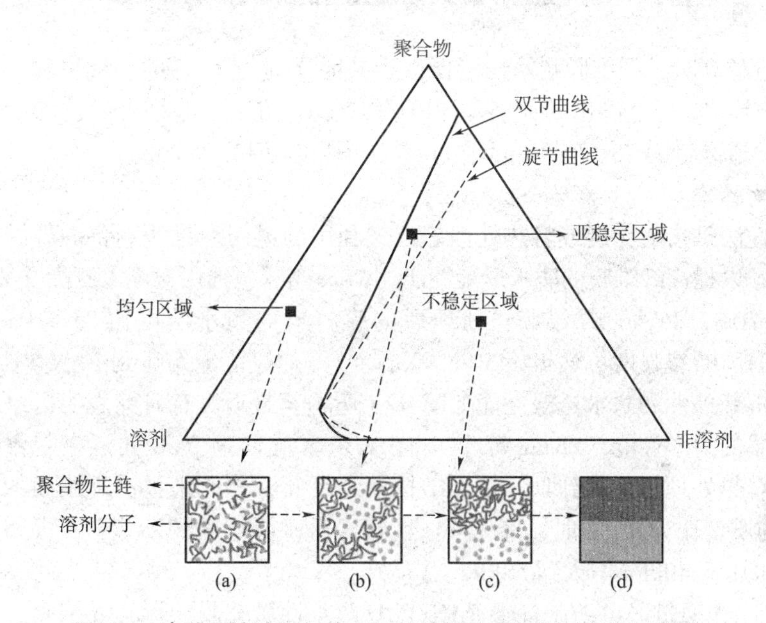

图 3-5　高分子溶液两相体系下热致相分离的相图变化示意图

4. 静电纺丝法

20 世纪初，Formhals 发明了一种利用静电制备聚合物纤维的装置，这是静电纺丝技术的开端[33]。静电纺丝技术是指聚合物溶液（或熔体）在高压静电下形成射流，这些射流经过电场力的高速拉伸、溶剂挥发或熔体冷却而固化，最终沉积在接收装置上，从而形成连续性微/纳米级纤维[34-35]，图 3-6 所示为静电纺丝技术的示意图以及所制备的纳米纤维膜。静电纺丝技术制备的纤维膜具有三维网状结构、孔隙率高、纤维直径小、比表面积大等特点，且纤维间相互堆积形成孔道结构。目前国内外已有很多关于静电纺丝技术制备防水透湿膜的研究，并出现将防水透湿膜与面料和里料层压复合而制得的具有防水透湿功能的面料[36-37]。

（三）静电纺制备防水透湿膜的研究现状

1. 直接纺丝法

直接纺丝法是指仅采用静电纺丝技术而不经过后处理等加工方式，直接制备具有防水透湿功能的纳米纤维。周颖等[40] 通过静电纺制备聚氨酯/聚偏氟乙烯（PU/PVDF）纳米膜，

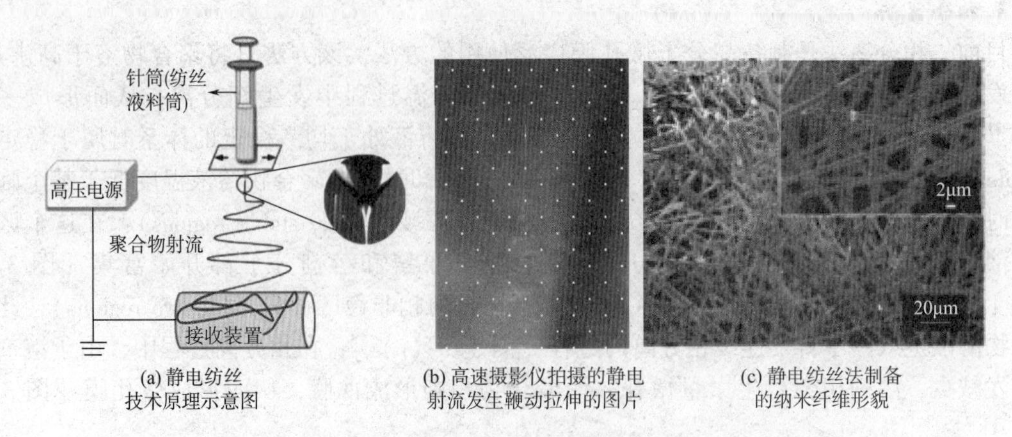

(a) 静电纺丝技术原理示意图　(b) 高速摄影仪拍摄的静电射流发生鞭动拉伸的图片　(c) 静电纺丝法制备的纳米纤维形貌

图 3-6　静电纺丝技术原理示意图及所制备的纳米纤维膜[38]

发现当 PU 含量越高时，纤维膜耐水压越低，当共混比例为 7∶3 时，纤维膜具有较好的防水透湿性。Zhang 等[41] 通过静电纺制备了 FPU/PU/LiCl 防水透湿纤维膜，该纤维膜的耐水压达到 82. 1kPa，透湿量为 10. 9kg/（m^2·d），拉伸强度为 11. 6MPa。

2. 后处理改性法

后处理改性法是指通涂层或者热处理等方式利用静电纺纤维法制备的纤维膜进行表面或内部结构改性，以提高纤维膜的防水透湿性能。Wang 等[42] 选用含氟聚氨酯（WFPU）乳液改性静电纺聚丙烯腈（PAN）纤维膜，处理后的膜材料的耐水压可达 83. 4kPa，透湿量可达 9. 2kg/（m^2·d），断裂强度可达 14. 4MPa。Xu 等[43] 通过静电纺得到 PAN/PU/TiO_2 纤维膜，其中纤维膜的抗紫外性和防水透湿性能如图 3-7 所示。最近，有研究表明可以通过热处理工艺来增强纤维膜的力学性能。Zhang 等[44] 将 PVDF 和交联剂 PVB 共混来制备防水透湿纤维膜，然后再结合热处理工艺得到具有粘连结构的纤维膜，以此来提高纤维膜的力学性能。当 PVDF∶PVB 的质量比为 8∶2 时，经 140℃热处理后，纤维膜的断裂强度从 5. 6MPa 增加到 10. 5MPa，耐水压从 40kPa 增大到 58kPa。

Sheng 等[45] 先通过静电纺制备了 PAN/FPU 疏水性微孔膜，再将纤维膜进行热处理得到具有一定粘连结构的防水透湿膜。进一步地，Sheng 等[46] 先采用低表面能的氨基硅油溶液涂层改性亲水性 PAN 纤维膜，制备得到具有一定粘连结构的疏水型纳米纤维膜，然后采用 SiO_2 纳米颗粒对纤维膜进行刮涂处理，有效地提高了纤维膜的粗糙度和疏水性，如图 3-8 所示。

（四）静电纺制备单向导湿膜的研究现状

单向导湿膜具有定向导水的功能，能够自发将身体产生的汗液排出体外，从而保持皮肤干燥和人体舒适[47]。Shi 等[12] 通过静电纺制备了亲水性聚乙烯醇（PVA）纤维膜，采用戊二醛对 PVA 纤维膜进行交联处理（c-PVA），所得纤维膜的截面形态及其性能如图 3-9 所示。Fashandi 等[48] 通过静电纺制备疏水的聚四氟乙烯纤维膜，再将静电纺亲水性的尼龙 6 纤维膜沉积在聚四氟乙烯纤维膜上，制备了单向导湿的纤维膜，且疏水层厚度对纤维膜单向导湿性能有很大影响。静电纺制备的疏水纤维膜的疏水性极强，当与亲水纤维膜复合后很难在毛细作用下达到单向导水的效果，因此，需要对疏水纤维或者亲水纤维进行亲水改性[49]。

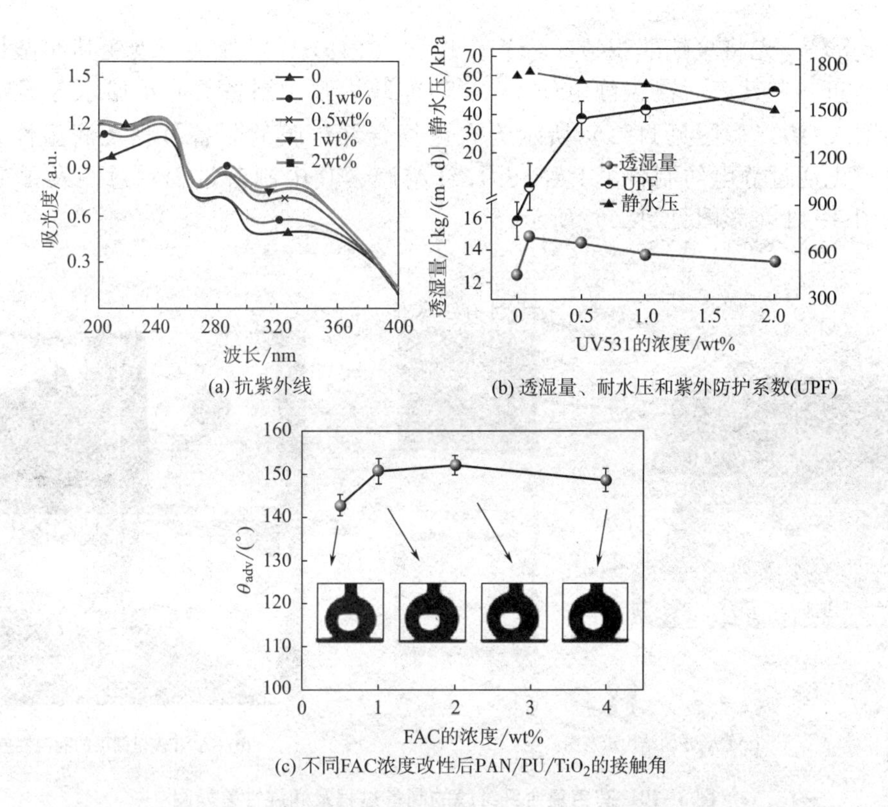

(a) 抗紫外线

(b) 透湿量、耐水压和紫外防护系数(UPF)

(c) 不同FAC浓度改性后PAN/PU/TiO_2的接触角

图 3-7 不同 UV531 浓度改性的 PAN/PU/TiO_2 纳米纤维膜的性能指标[43]

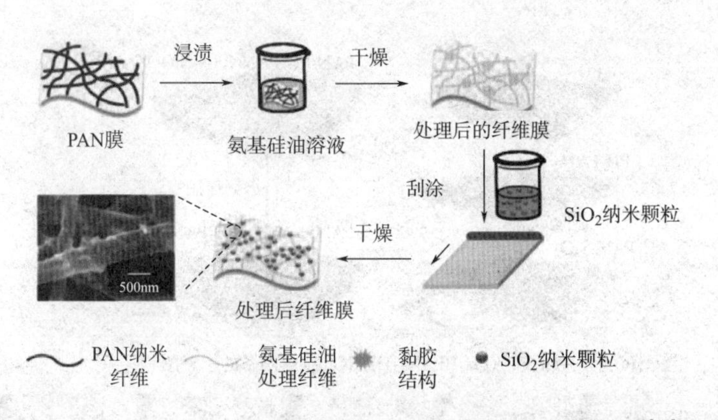

图 3-8 ASO 和 SiO_2 改性聚丙烯腈纳米纤维膜的过程示意图[46]

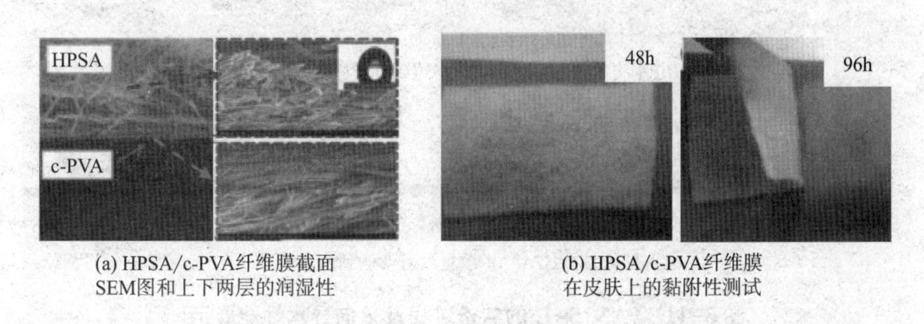

(a) HPSA/c-PVA纤维膜截面SEM图和上下两层的润湿性

(b) HPSA/c-PVA纤维膜在皮肤上的黏附性测试

图 3-9 HPSA/c-PVA 纤维膜截面形态及其性能[12]

Baborr 等[50] 先将聚酯非织造布经聚多巴胺（PDOPA）处理，改变其润湿性，然后作为接收基布，在其表面覆盖静电纺 PAN/SiO_2 纤维膜，制备具有单向水分运输的复合纤维膜，图 3-10（彩图见封二）所示为有色复合纤维膜的制备过程及润湿性差异[51]。Miao 等[52] 先通过静电纺制备了 PAN/SiO_2 纤维膜，其中制备过程示意图及单向导水性能展示如图 3-11（彩图见封二）所示。

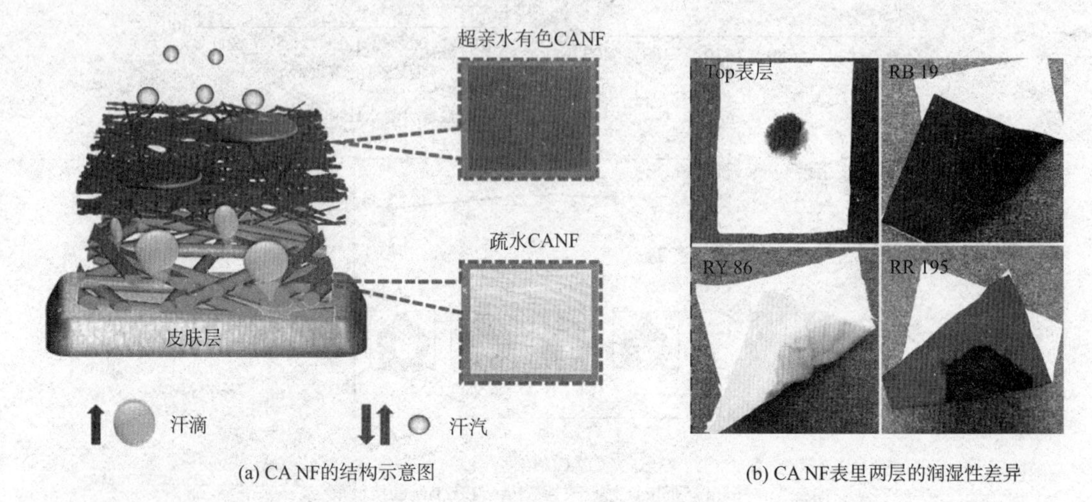

(a) CA NF的结构示意图　　(b) CA NF表里两层的润湿性差异

图 3-10　有色复合纤维膜的制备过程及润湿性差异图

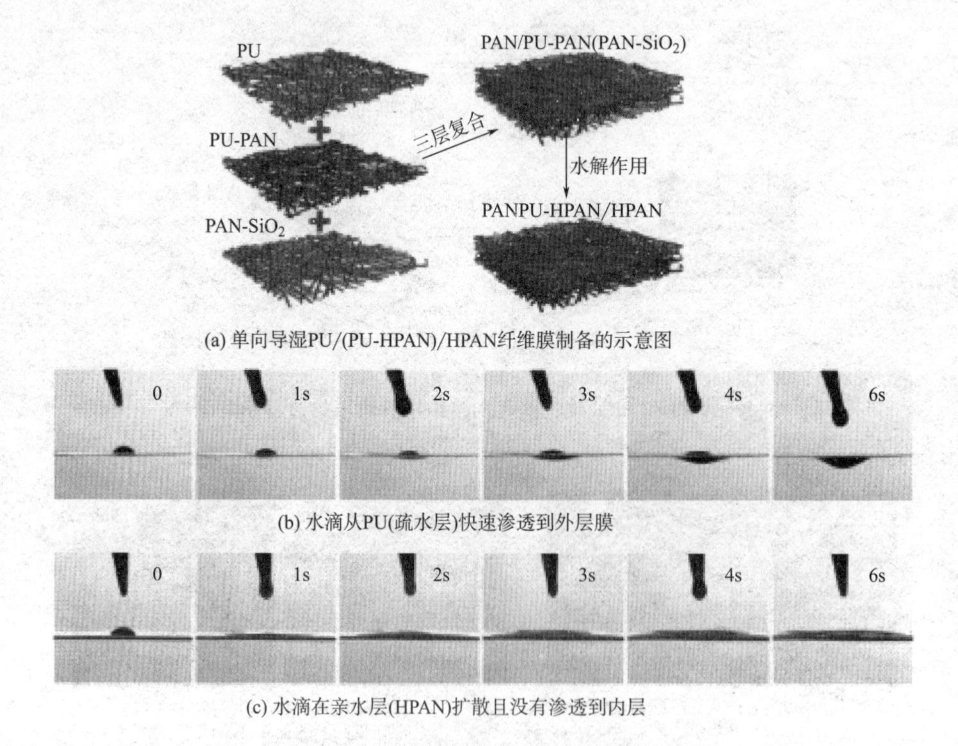

(a) 单向导湿PU/(PU-HPAN)/HPAN纤维膜制备的示意图

(b) 水滴从PU(疏水层)快速渗透到外层膜

(c) 水滴在亲水层(HPAN)扩散且没有渗透到内层

图 3-11　PAN/SiO_2 的制备过程及单向导水性能展示

第二节　PS 基防水透湿纤维膜的制备与表征

一、实验部分

（一）实验材料和仪器

本实验所用材料及仪器见表 3-2 和表 3-3。

表 3-2　实验材料

药品名称	规格	生产厂家
PS	$M_n = 170000$	SIGMA-ALDRICH
PU	$M_n = 120000$	国药集团化学试剂有限公司
PVB	$M_n = 200000$	国药集团化学试剂有限公司
N，*N*-二甲基甲酰胺	分析纯	国药集团化学试剂有限公司
无水氯化钙	分析纯	上海凌峰化学试剂有限公司
正丁醇	分析纯	国药集团化学试剂有限公司

表 3-3　实验仪器

仪器	型号	生产厂家
自制静电纺丝机	RES-001	自制
真空干燥箱	SDZF-6020	南通金石实验仪器有限公司
电子精密天平	LE104E/02	梅特勒—托利多仪器有限公司
织物厚度仪	YG-141N	杭州诺丁科学器材有限公司
计算机式透湿测试仪	YG601	宁波纺织仪器厂
场发射扫描电子显微镜	SU8010	日本日立公司
光学接触角测量仪	DSA30	德国 KRÜSS 有限公司
毛细管孔径分析仪	CFP-1100AI	美国 PMI 公司
全自动透气率仪	YG461E-Ⅱ	温州际高检测仪器公司
织物渗水性测试仪	YG（B）-812G	温州市大荣纺织仪器有限公司
纤维电子强力仪	XS（08）X	上海旭赛仪器有限公司
强力电动搅拌机	JB90-D	上海标本模型厂
超声波清洗器	KQ-700B	昆山市超声仪器有限公司

（二）PS 基复合纳米纤维膜的制备

1. PS/PU 纳米纤维膜的制备

将一定量的 PS 和 PU 粉末倒入装有 DMF 的三口烧瓶中，室温下磁力搅拌 5h，得到均匀透明的纺丝溶液。其中纺丝液浓度为 20%（质量分数），PS：PU 的比例为 10：0、9：1、7：3、5：5、3：7 和 0：10。将上述一系列具有不同比例的 PS/PU 纺丝溶液在相同条件下进行静电纺丝。静电纺丝工艺参数为：推进装置的推进速度为 1.5mL/h，针头与接收器之间的接收距离为 200mm，纺丝电压为 20kV。环境温湿度分别控制在（25±2）℃、（50±2）%。纺丝结束后，取下接收板上的沉积纤维膜，放置在真空干燥箱内抽真空 30min，以去除残留的溶剂。

2. PS/PU 平滑膜的制备

将 PS/PU 纺丝液采用旋涂机涂在光滑的玻璃片上制备平滑膜，然后将平滑膜放置在真空干燥箱内抽真空 30min，以去除残留的溶剂，制备出具有不同比例的 PS/PU 平滑膜。

3. PS/PVB 纳米纤维膜的制备

将一定量的 PS 和 PVB 粉末倒入装有 DMF 的三口烧瓶中，室温下搅拌 5h，得到均匀透明的纺丝溶液。其中，纺丝液浓度为 20%（质量分数），PVB 相对于 PS 的含量分别为 0、10%、20%、30%、40%和 50%。将上述一系列具有不同 PVB 溶度的 PS/PVB 纺丝溶液在相同条件下进行静电纺丝。静电纺丝工艺参数同上。

4. PS/PVB 平滑膜的制备

将 PS/PVB 纺丝液用旋涂机涂在光滑的玻璃片上制备平滑膜，然后将平滑膜放置在真空干燥箱内抽真空 30min，以去除残留的溶剂，制备出具有不同比例的 PS/PVB 平滑膜。

（三）PS 基防水透湿膜的结构表征与性能测试

1. 纤维膜的形貌表征

采用场发射扫描电子显微镜（SEM，SU8010，日本）对不同纤维膜的表面形貌进行观察。

2. 纤维膜的结构表征

采用毛细管孔径分析仪来表征纤维膜的孔径及分布；纤维膜的孔隙率采用正丁醇浸泡法进行测试，将纤维膜样品裁剪为 2cm×2cm 大小的正方形，测量厚度，记为 h（cm），称重，记为 M；然后放入正丁醇中浸泡 5h 后取出，再次称重，记为 W。利用下式计算孔隙率 ρ：

$$\rho = \left(\frac{W - M}{\rho_b \times V_m}\right) \times 100\% \tag{3-2}$$

式中：ρ_b 为正丁醇的密度；V_m 为纤维膜的体积。

3. 纤维膜的表面润湿性测试

采用光学接触角测量仪（KRUSS-DSA30 德国）测试纤维膜的润湿性，液滴体积为 5μL，选取纤维膜 5 个不同的位置进行测试，记录每次的静态接触角，最后算出平均值。

4. 纤维膜的透湿性测试

本实验依据 GB/T 3921—2008 标准对纤维膜进行透湿性测试，采用 YG601 型计算机式透湿测试仪测试纤维膜的透湿性。将试样覆盖在装有无水氯化钙的透湿杯杯口，将透湿杯放入温度为 38℃、湿度为 90%的透湿机内，1h 后取出，根据下式计算纤维膜的透湿量：

$$\mathrm{WVTR} = \frac{24(m_2 - m_1)}{S} \tag{3-3}$$

式中：WVTR 为每平方米每天的透湿量［kg/（m^2·d）］；m_2-m_1 为透湿杯的质量变化（kg）；S 为测试样品面积（m^2）。

5. 纤维膜的防水性测试

本实验根据国际标准 ISO 811：2018 和国家标准 GB/T 4744—2013，采用温州市大荣纺织仪器 YG（B）-812G 测试纤维膜的耐水压。在标准大气压下进行测试，升压速率设置为 6kPa/min。测试开始后，当试样反面渗透出不断增大的水滴时，记录此时的静水压值，每个样品测三次，计算其平均值。

6. 纤维膜的透气性测试

本实验采用 YG461E-Ⅱ全自动透气仪进行测试，在恒定压差、恒定空气流量的条件下测试纤维膜的透气性能。进行测试时所需的温度为（24±2）℃，相对湿度为（55±2）%，测试压差为100Pa，测试面积为20cm²。每个样品随机选取5个不同的区域进行测试，计算其平均值，即为纤维膜的透气率。

7. 纤维膜的力学性能测试

依据ASTM D638—2014测量塑料薄膜和薄膜材料的拉伸性能，先测试纤维膜的厚度，然后将其剪成70mm×10mm（长×宽）的长条，采用XS（08）型纤维电子强力仪（上海旭赛仪器有限公司）进行力学性能测试。在室温下进行测试，预加张力为1cN，拉伸速度为10mm/min，测试后再根据下式计算其断裂强度。

$$P=\frac{F}{S} \tag{3-4}$$

式中：S为纤维膜的横截面积（mm^2）；F为纤维膜的断裂强力（cN）；P为纤维膜的断裂强度（MPa）。

二、结果与讨论

（一）PS/PU共混比例对防水透湿膜的结构与性能的影响

图3-12所示为采用静电纺制备的不同比例的PS/PU复合纤维膜的SEM图和纤维直径分布。由图3-12（a）可知，聚苯乙烯纤维具有光滑的表面，纤维膜的成型结构较好。如图3-12（e）所示，聚氨酯纤维膜的相连纤维之间具有明显的粘连结构，随着聚氨酯的加入，纤维的直径无明显变化。当PS∶PU的比例为5∶5时，纤维膜的形貌结构出现串珠，这可能是由于过多的聚氨酯导致PS和PU的相溶性降低；此外，在静电纺丝过程中，聚合物射流拉伸不充分也会形成串珠[56-57]。

(a) 10:0　(b) 7:3　(c) 5:5

(d) 3:7　(e) 0:10　(f) PS/PU复合纤维膜的纤维直径分布

图3-12　不同混纺比例的PS/PU复合纤维膜的SEM图和纤维直径分布图

当静电纺纤维膜的形貌结构改变时，PS/PU 纤维膜的多孔结构也会随之发生变化。图 3-13（a）所示为 PS/PU 纤维膜的最大孔径 d_{max} 和孔隙率。从图中可以看出，PS 纤维膜的最大孔径为 1.45μm，孔隙率为 84.5%；PU 的最大孔径为 0.48μm，孔隙率为 46%。随着聚氨酯的加入，纤维膜的最大孔径和孔隙率逐渐降低，这主要是因为静电纺 PS 纤维膜为蓬松的三维立体结构，孔径和孔隙率较高，当聚氨酯加入后，纤维膜的堆积密度增加，纤维膜变得密实，导致纤维膜的 d_{max} 和孔隙率下降。图 3-13（b）所示为不同比例的 PS/PU 纤维膜的透湿量和透气性，PS 纤维的透湿量［14.8kg/（m^2·d）］和透气性（34.5mm/s）远高于 PU 纤维膜的透湿量和透气性，而且随着 PU 含量的增加，纤维膜的透湿量和透气性与孔隙率呈现一样的降低趋势。孔隙率降低使得形成的水蒸气或空气的传输通道减少，因此，聚氨酯的加入会导致纤维膜的透湿量和透气性降低。

纤维膜的防水性主要包括水对纤维膜的渗透及润湿两个方面，采用耐水压和接触角进行表征。图 3-13（c）给出了不同比例 PS/PU 纤维膜的接触角，聚苯乙烯纤维膜的接触角为 121.7°，PU 纤维膜表面的接触角约为 106.2°。随着聚氨酯含量的增加，PS/PU 纤维膜的接触角逐渐减小，这是由于聚氨酯分子主链上含有亲水基团。图 3-13（d）显示了不同比例的 PS/PU 纤维膜的耐水压，由于 PS 纤维膜是三维蓬松结构，其断裂强度很差，不能满足耐水压的测试，因此这里不讨论纯 PS 纤维膜的耐水压。随着聚氨酯含量的增加，纤维膜的耐水压逐渐降低，与纤维膜的接触角的变化趋势相同，即耐水压与接触角成正比。

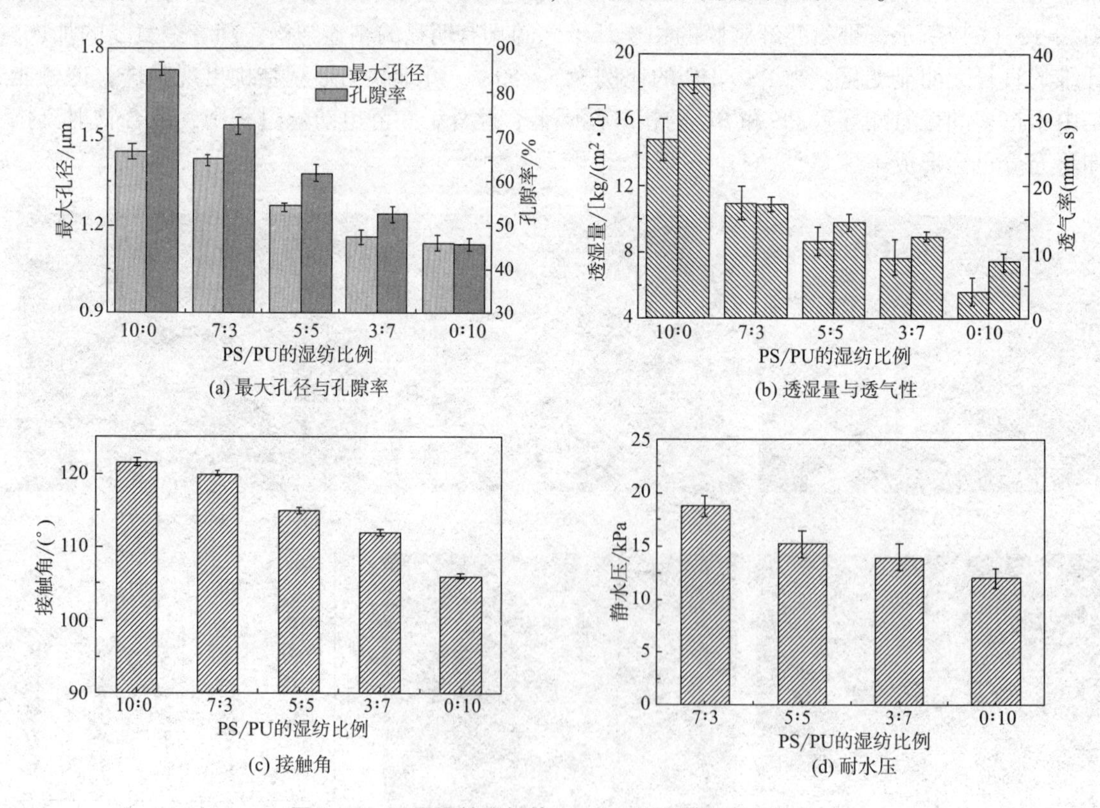

图 3-13　不同混纺比例的 PS/PU 纤维膜的性能比较

由于聚氨酯具有优异的弹性，通过静电纺制成纤维膜后依然有较高的弹性和优异的回弹性。因此，为了改善聚苯乙烯纤维膜的力学性能，在静电纺丝过程中通过共混纺丝技术，加入聚氨酯来提高 PS 纤维膜的力学性能。图 3-14 所示是不同混纺比例的 PS/PU 复合纤维膜的断裂强度和断裂伸长率，可以看出，聚苯乙烯纤维膜的断裂强度为 1.92MPa，聚氨酯纤维膜的断裂强度为 15.2MPa。对于纯聚苯乙烯纤维膜来说，膜中相连纤维间没有连接点，比较蓬松，当纤维膜受到外力拉伸时，纤维间容易发生滑移，导致纤维膜的断裂强度较低；随着聚氨酯的加入，纤维膜的断裂强度和伸长率增加，这主要是因为聚氨酯纤维具有良好的弹性以及纤维之间堆积紧密。

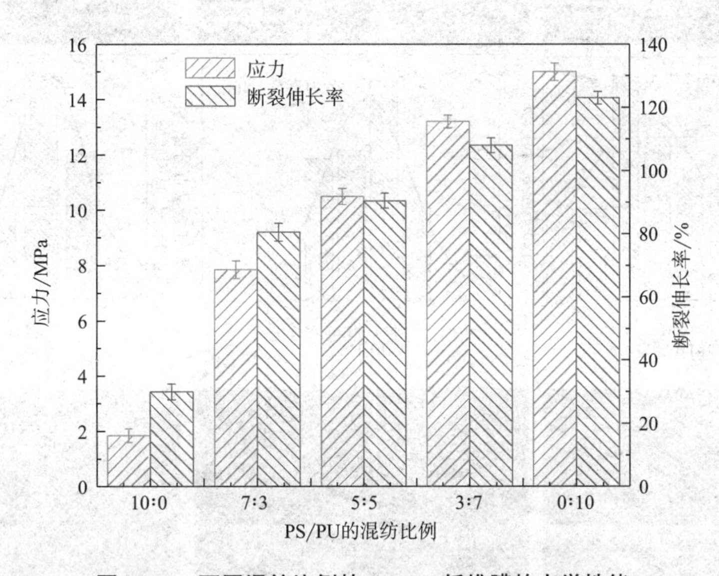

图 3-14　不同混纺比例的 PS/PU 纤维膜的力学性能

（二）PS/PVB 共混比例对防水透湿膜的结构与性能的影响

图 3-15 所示为 PVB 相对于 PS 的占比（0、10%、20%、30%、40%和 50%，质量分数）的 SEM 图，可以看出，纤维膜均具有复杂的三维空间网络结构。同时由 SEM 图中的插图可以看出，纤维表面有微型沟槽结构，形成原因是在静电纺时，射流在高速运动过程中，溶剂的挥发和非溶剂的扩散使聚合物相和溶剂相发生相分离，从而导致纤维表面出现褶皱结构[58]。此外，当 PVB 的含量从 10%升到 50%时，纤维膜中纤维的平均直径从 3.4μm 降低到 1.2μm。

图 3-16（a）所示是 PS/PVB 纤维膜和平滑膜的接触角，可以看出，随着 PVB 浓度的增加，PS/PVB 纤维膜的接触角（θ_{adv}）从 121°增加到 141°。这是由于 PVB 的加入使 PS/PVB 纤维膜的表面出现褶皱沟槽结构，即纤维表面的粗糙程度增加，从而使纤维膜的疏水性提高。此外，PS/PVB 平滑膜的 θ_{adv} 从 116°增加到 128°，变化幅度不是很大，这是因为平滑膜的表面比较均匀，平滑膜的表面粗糙度没有明显变化。图 3-16（b）所示为 PS/PVB 纤维膜的耐水压，由于纯 PS 纤维膜的断裂强力太弱，无法满足耐水压的测试要求，因此没有讨论纯 PS 纤维膜的耐水压。由图 3-16（b）可知，随着 PVB 浓度的增加，纤维膜的耐水压从 10.8kPa 增加到 18.2kPa。图 3-16（c）所示为 PS/PVB 纤维膜的孔径分布，可以看出，随着 PVB 含量的增加，纤维膜的孔径逐渐减小。PS/PVB 纤维膜具有耐水渗透性，是由于其内部孔道具有较小的孔径和疏水的表面特性，需要外界的压力才能推动液态水在其内部孔道中的渗透。液态水在 PS/PVB 纤维膜内部的渗透过程如图 3-16（d）所示，根据毛细管渗透原理和杨

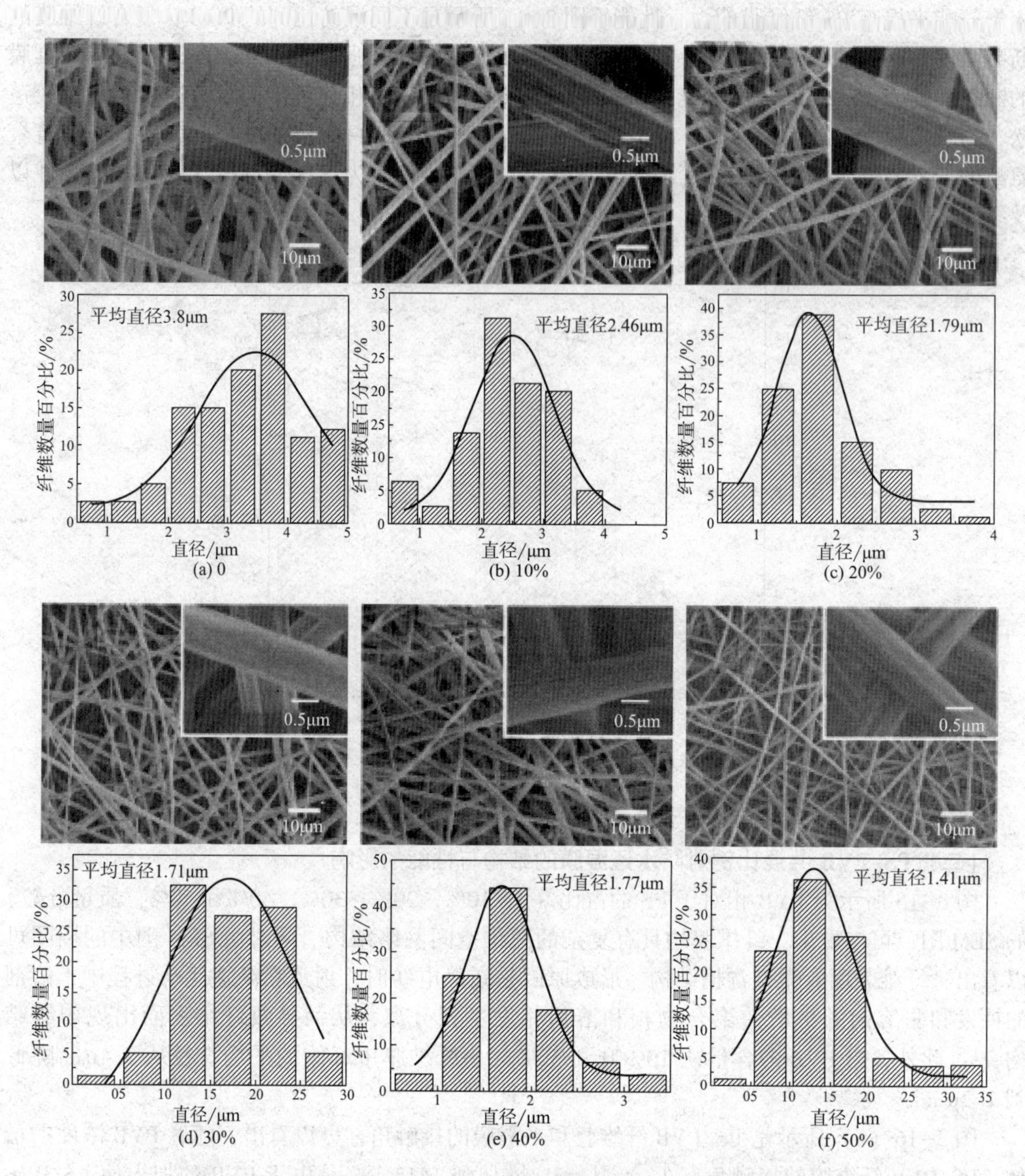

图 3-15 不同 PVB 浓度的 PS/PVB 纤维的 SEM 图和纤维直径分布图

氏—拉普拉斯方程［式（3-5）］，当外界压力逐渐增加时，纤维膜内部孔径最大处将优先被水渗透，即纤维膜的耐水压与其最大孔径有关。

$$\Delta P = -\frac{4r_{\text{water}}\cos\theta_{\text{adv}}}{d_{\max}} \tag{3-5}$$

式中：ΔP 为压力；r_{water} 为水的表面张力；θ_{adv} 为平滑膜的接触角；$d_{\max}$ 为孔道孔径。

从式中可知，耐水压与最大孔径 $d_{\max}$ 成反比，与 θ_{adv} 成正比。

静电纺纤维膜通常是由纤维无规堆积而成的三维多孔结构，其孔隙率和孔径影响着纤维膜的透湿量和空气的传输[60]。如图 3-17（a）所示，PS 纤维膜的孔隙率很高（84.5%），随

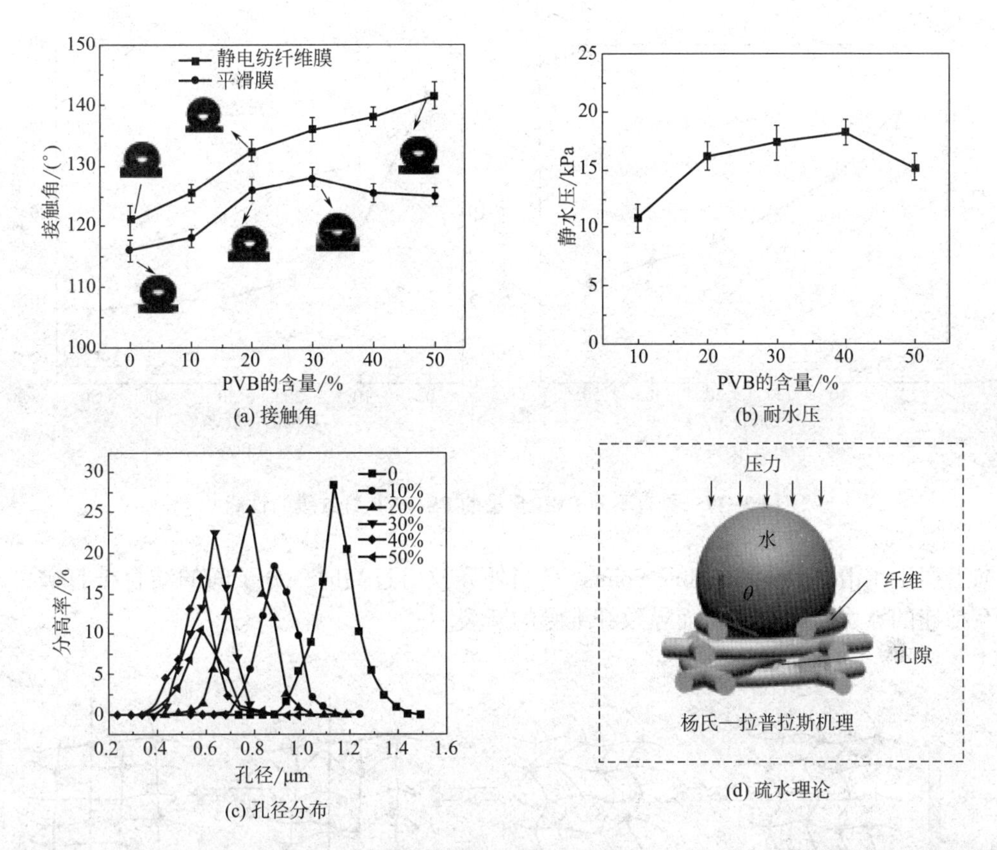

图 3-16　具有不同 PVB 含量的 PS/PVB 纤维膜的接触角、耐水压、孔径分布以及疏水纤维膜的杨氏—拉普拉斯机理

着 PVB 的加入，纤维膜的孔隙率大幅度降低，当 PVB 的含量为 50%时，纤维膜的孔隙率降到 52%。这主要是因为 PS 纤维为蓬松的三维立体结构，随着 PVB 的加入，纤维膜变得紧密，不再呈蓬松的三维结构，导致纤维膜的孔隙率降低。

图 3-17（b）显示了 PS/PVB 纤维膜的透湿量和透气性，随着 PVB 含量的增加，纤维膜的透湿量和透气率的变化趋势与孔隙率的变化趋势是一致的。由于 PS 纤维膜无规则的蓬松结构，其透湿量都比较高。随着 PVB 含量的增加，纤维膜的透湿量和透气率呈现降低趋势；当 PVB 含量的增加到 30%（质量分数）后，纤维膜的透湿量和透气率下降趋势趋于平缓。主要是交联剂 PVB 的加入，使纤维膜的孔隙率降低，导致纤维膜中用于水汽传输的孔道减少。

由图 3-18 可知，随着 PVB 含量的增加，纤维膜的断裂强度和断裂伸长率有明显的提高，主要是 PVB 的加入使得纤维膜的堆积密度增加，纤维膜变得紧密，这就使纤维膜能够更好地承受较大负荷。此外，纤维膜的断裂强力呈现先增加后降低的趋势，当 PVB 的含量增加到 40%（质量分数），纤维膜的断裂强度和伸长率都有所下降，这是由于过多的 PVB 导致纤维膜脆性增加，使其断裂强度和伸长率降低。

纤维膜在受到外力拉伸断裂时，可以用两步断裂机理来表述，如图 3-18 所示。首先，当加载一个较小的外力时，粘连结构（bonding points）之间未发生粘连的纤维开始发生取向和相对滑移，这时的拉伸应力和伸长率均较小，纤维并未发生明显的形变，可以认为是给纤维膜的一个预加载荷；随着拉伸应力的不断增加，纤维间的粘连点发生了变化，部分纤维在受

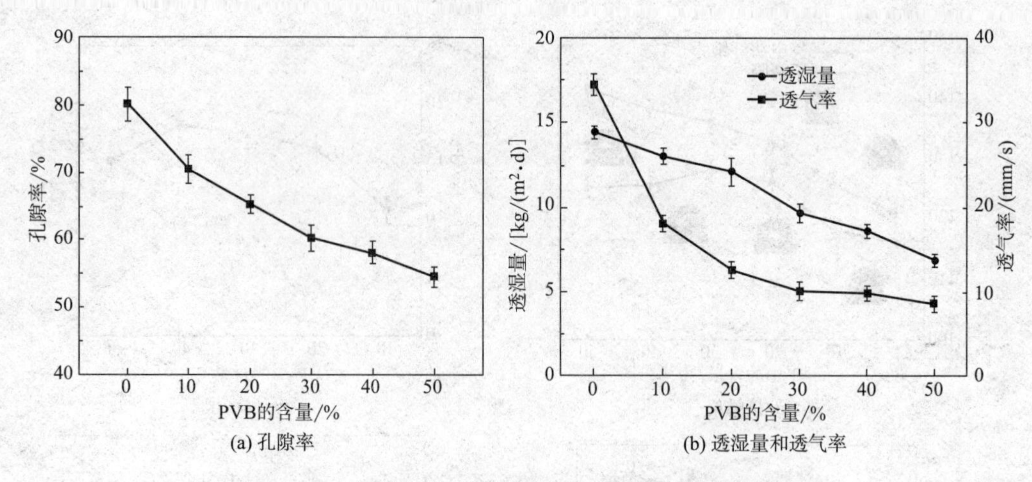

(a) 孔隙率 (b) 透湿量和透气率

图 3-17 具有不同 PVB 含量的 PS/PVB 纤维膜的性能

力方向上产生了滑移（nonbonding points）；当外界拉力过高时，分子间的结合被打破，纤维间相互粘连的点发生断裂，从而导致纤维膜的断裂。

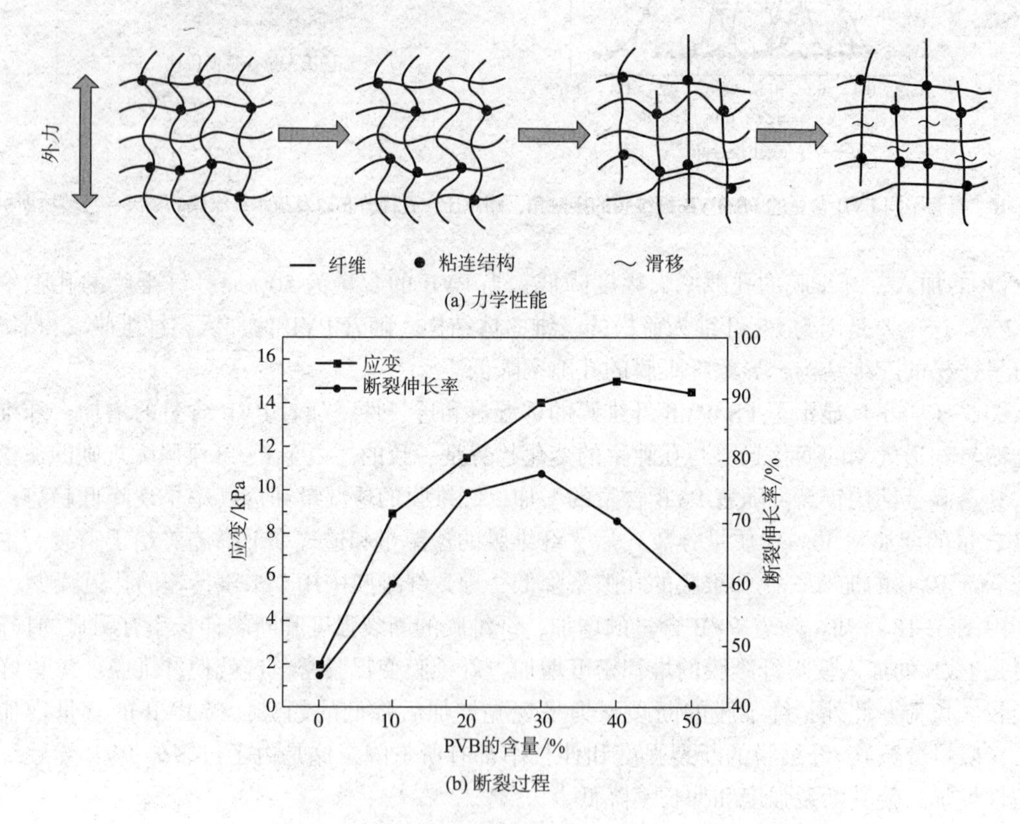

(b) 断裂过程

图 3-18 具有不同 PVB 含量的 PS/PVB 纤维膜的力学性能

(三) 防水透湿纤维膜的性能展示

如图 3-19（a）所示，将纤维膜放置在装有水的烧杯上，把水加热到 100℃后，纤维膜上透过大量的水蒸气，表明纤维具有良好的透湿性。图 3-19（b）通过另一种方法进一步证明纤维膜的防水透湿性能，将 PS/PVB 纤维膜固定在玻璃量筒上，量筒内放 0.5kg 的水，把量筒翻转后可以观察到纤维膜能够承受 0.5kg 的水，这表明纤维膜具有较好的耐水压。

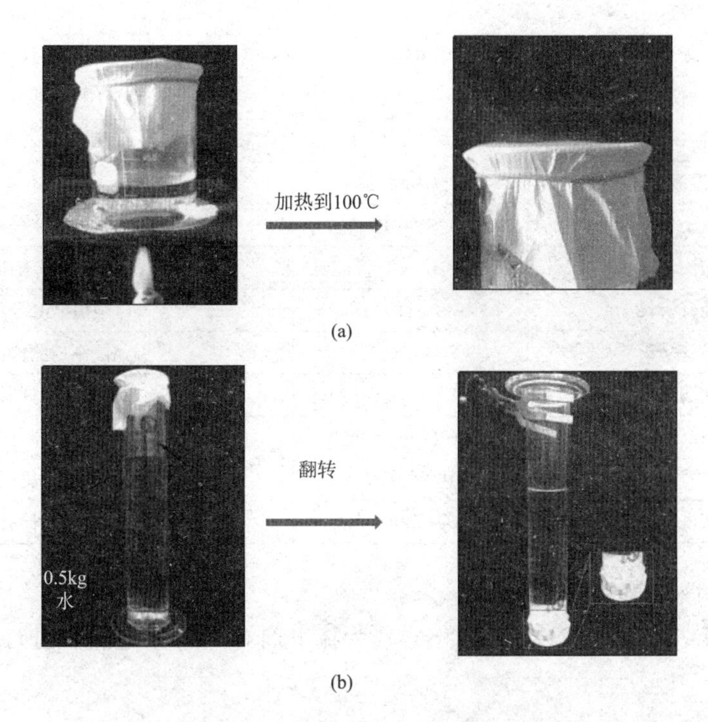

图 3-19　PS/PVB 纤维膜防水透湿性能的展示

第三节　PS/PVB/SiO_2 防水透湿纤维膜的制备与表征

一、实验部分

（一）实验材料与仪器

本实验所需材料及仪器见表 3-4 和表 3-5。

表 3-4　实验材料

药品名称	规格	生产厂家
PS	M_n = 350000	SIGMA-ALDRICH
PVB	M_n = 200000	国药集团化学试剂有限公司
N，*N*-二甲基甲酰胺	分析纯	国药集团化学试剂有限公司
无水氯化钙	分析纯	上海凌峰化学试剂有限公司
正丁醇	分析纯	国药集团化学试剂有限公司
SiO_2	粒径：5~40nm	麦克林生化试剂有限公司
十八烷基三氯硅烷	分析纯	阿拉丁化学试剂有限公司

表 3-5 实验仪器

仪器	型号	生产厂家
自制静电纺丝机	RES-001	自制
真空干燥箱	SDZF-6020	南通金石实验仪器有限公司
电子精密天平	LE104E/02	梅特勒—托利多仪器有限公司
织物厚度仪	YG-141N 型	杭州诺丁科学器材有限公司
红外光谱仪	Spectrum Two	PerkinElmer 公司
计算机式透湿测试仪	YG601 型	宁波纺织仪器厂
场发射扫描电子显微镜	SU8010	日本日立公司
光学接触角测量仪	DSA30	德国 KRÜSS 有限公司
毛细管孔径分析仪	CFP-1100AI	美国 PMI 公司
全自动透气率仪	YG461E-Ⅱ	温州际高检测仪器公司
织物渗水性测试仪	YG（B）-812G	温州市大荣纺织仪器有限公司
纤维电子强力仪	XS（08）X 型	上海旭赛仪器有限公司
强力电动搅拌机	JB90-D 型	上海标本模型厂
超声波清洗器	KQ-700B 型	昆山市超声仪器有限公司

（二）SiO_2 纳米颗粒的疏水化改性

本实验采用十八烷基三氯硅烷（OTS）作为疏水剂对 SiO_2 纳米颗粒进行改性，反应式如图 3-20 所示。

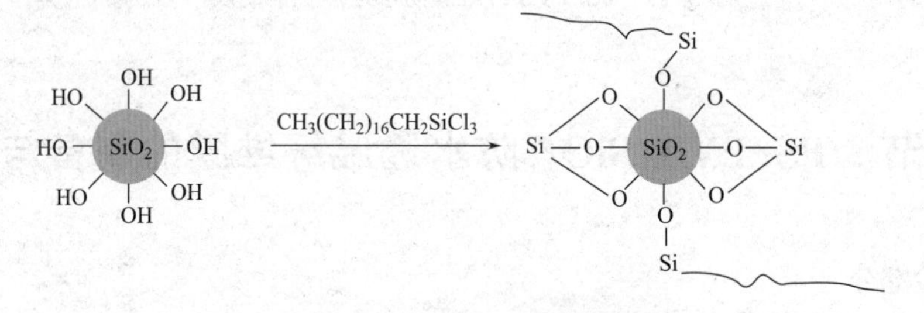

图 3-20 制备疏水 SiO_2 纳米颗粒的反应式

（三）PS/PVB/SiO_2 纳米纤维膜的制备

1. PS/PVB/SiO_2 纺丝液的配制

将一定量的 PS 颗粒、PVB 粉末、SiO_2 分散在 DMF 中，磁力搅拌 6h，超声分散 2h，配成质量分数为 20%的一系列纺丝液。其中 PVB 占 PS 含量的 20%，SiO_2 相对于 PS/PVB 的质量分数分别为 2%、5%、10%和 15%。

2. 静电纺 PS/PVB/SiO_2 复合纤维膜的制备

将上述一系列具有不同 SiO_2 含量的 PS/PVB 纺丝溶液在相同条件下进行静电纺丝。静电纺丝工艺参数为：推进装置的推进速度为 1.5mL/h，针头与接收器之间的接收距离为 200mm，纺丝电压为 20kV。环境温湿度分别控制在（25±2）℃、（50±2）%。纺丝结束后，取下接收板上的沉积纤维膜，放置在真空干燥箱内抽真空 30min，以去除残留的溶剂，得到 PS/PVB/

SiO_2 复合纤维膜。

（四）PS/PVB/SiO_2 纳米纤维膜的结构表征与性能测试

1. 结构表征

利用红外光谱仪（FTIR，Spectrum Two，Perkin Elmer，美国）来表征未改性和改性的二氧化硅，进行对比分析。通过描电子显微镜（SEM，Hitachi-SU8010，日本）观察纤维膜的表面形貌与微观结构。利用测厚仪（YG-141N）测量纤维膜的平均厚度。纤维膜的孔隙率采用正丁醇浸泡法进行测试，可根据式（3-2）计算得到。采用光学接触角测量仪（DSA30，KRUSS，德国）测试纤维膜的润湿性能，液滴体积大小为 5μL。

2. 性能测试

对纤维膜的耐水压、透湿、透气和力学性能进行测试，以表征纤维膜的综合性能。根据标准 GB/T 4744—2013 测试纤维膜的防水性，升压速率为 6kPa/min，当试样反面渗透出 3 个水滴时，此时机器显示的数据即是纤维膜的耐水压值。WVTR 的计算可参考式（3-3）计算。纤维膜的透气性采用全自动透气仪（YG461E-Ⅱ）进行测试，测试压差为 100Pa，测试面积为 $20cm^2$。采用 XS（08）型纤维电子强力仪（上海旭赛仪器有限公司）来测试纤维膜的力学性能，根据式（3-4）计算其断裂强度。

二、结果与讨论

（一）疏水 SiO_2 纳米颗粒的化学结构

图 3-21（a）为 SiO_2 接枝 OTS 前后的 FTIR 图，从图中可以看出，在 $1080cm^{-1}$ 和 $781cm^{-1}$ 处的吸收峰分别为亲水 SiO_2 的 Si—O—Si 和 Si—O 伸缩振动峰；在 $2909cm^{-1}$ 和 $2847cm^{-1}$ 处出现的新吸收峰对应于 CH_2 的伸缩振动；在 $1467cm^{-1}$ 处出现的新吸收峰是 CH_2 摇摆振动峰，这表明 OTS 已成功接枝在 SiO_2 表面[25]。此外，可以将 SiO_2 和 OTS—SiO_2 撒在水里，通过观察其分散状态来研究其表面润湿性能。如图 3-21（b）所示，亲水 SiO_2 在水中快速分散，如图 3-21（b）所示；与此相反，OTS 改性的 SiO_2 可漂浮在水面上，从而进一步证实了 SiO_2 已被 OTS 疏水改性。

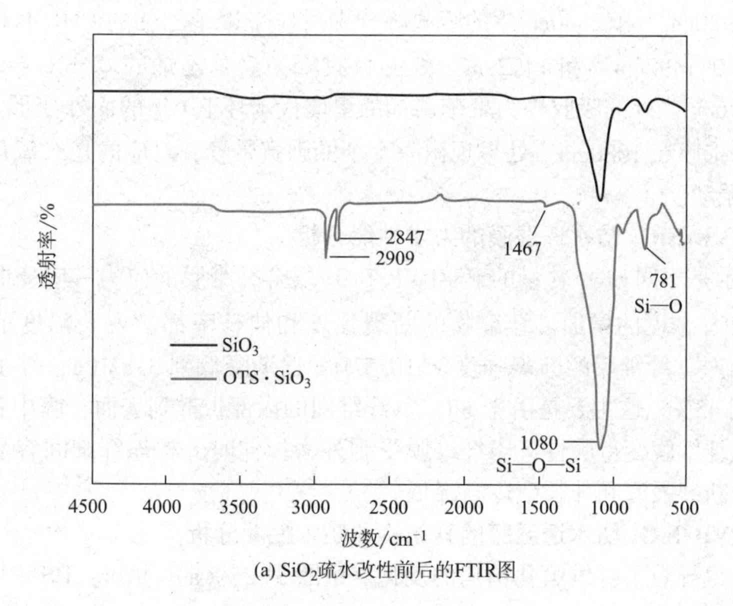

(a) SiO_2 疏水改性前后的FTIR图

图 3-21

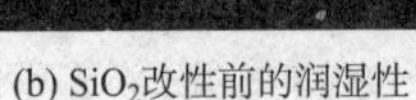
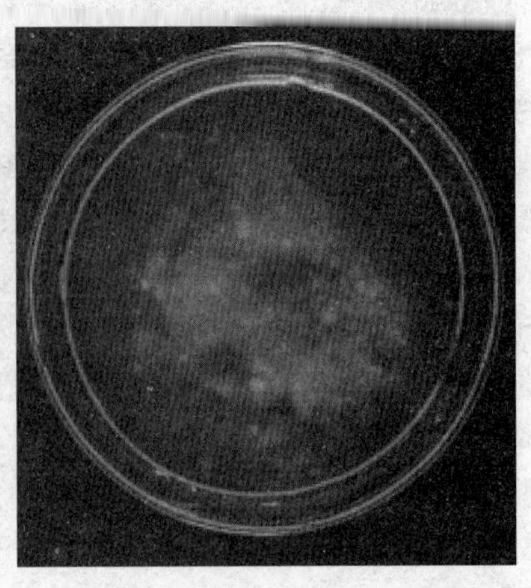

(b) SiO_2改性前的润湿性　　(c) SiO_2改性后的润湿性

图 3-21　SiO_2 疏水改性前后性能的比较

（二）PS/PVB/SiO_2 防水透湿膜的表面形貌分析

由图 3-22 可知，PS/PVB 纳米纤维表面呈现典型的轴向微型沟槽结构，而且随着 SiO_2 浓度的增加，纤维膜表面的沟槽结构变得明显，纤维膜的表面粗糙度增加。这主要是由于在静电纺丝过程中，高速运动的射流表面的溶剂挥发和滞留于射流内部的溶剂挥发引起的曲率不稳定，从而相互收缩错位形成微型沟槽的形貌结构。当 SiO_2 含量为 2%时，纤维膜的表面出现少量的 SiO_2 颗粒，当 SiO_2 含量增加到 15%时，纤维膜表面附着了大量的 SiO_2 颗粒，而且纤维表面的 SiO_2 主要出现纤维沟槽处，由此可知，SiO_2 是由纤维膜内部扩散到表面，主要原因是本实验采用了低挥发性溶剂 DMF，在静电纺过程中，高速运动的射流中由于非溶剂相的渗透发生相分离，溶液中的 SiO_2 颗粒就会从纤维膜的内部向纤维膜的表面移动。

图 3-23 所示是 PS/PVB/SiO_2 纤维膜的 FTIR 图谱。从图中可以看出，没加入 SiO_2 的 PS/PVB 纤维膜在 2920cm^{-1} 和 2850cm^{-1} 的吸收峰分别对应于聚苯乙烯的 CH_2 不对称伸缩振动和对称伸缩振动，在 1492cm^{-1} 和 1452cm^{-1} 处的吸收峰为聚苯乙烯的苯环 C ═C 的弯曲振动，在 756cm^{-1} 和 696cm^{-1} 处的吸收峰为聚苯乙烯的单取代苯环上 CH 的面外变形。加入 SiO_2 后，PS/PVB/SiO_2 纤维膜在 1080cm^{-1} 处呈现出一个新的强宽带峰，对应的是二氧化硅纳米颗粒的 Si—O—Si 伸缩振动。

（三）PS/PVB/SiO_2 防水透湿膜的力学性能分析

图 3-24 所示是不同 SiO_2 含量的 PS/PVB/SiO_2 复合纤维膜的应力—应变曲线。从图中可以看出，随着 SiO_2 浓度的增加，纤维膜的断裂强度和伸长率都呈现大幅度下降的趋势，当 SiO_2 浓度为 15%时，纤维膜的断裂强度从 10. 5MPa 逐渐降低到 3. 8MPa，纤维膜的断裂伸长率从 75%降低到 45%。这主要是由于 SiO_2 从纤维间的内部扩散到表面，膜中相邻纤维间的结合力减弱，导致纤维膜变得脆性，当纤维膜受到外力拉伸时，相连纤维间容易产生滑移，从而导致纤维膜的断裂强度和伸长率逐渐降低。

（四）PS/PVB/SiO_2 防水透湿膜的孔结构和防水性能分析

SiO_2 的加入也导致了纤维膜孔结构的变化。由图 3-25（a）可知，PS/PVB 纤维膜的孔

图 3-22　不同质量分数 SiO_2 的 PS/PVB/SiO_2 纤维膜的 SEM 图：

（a）0；（b）2%；（c）5%；（d）10%；（e）15%

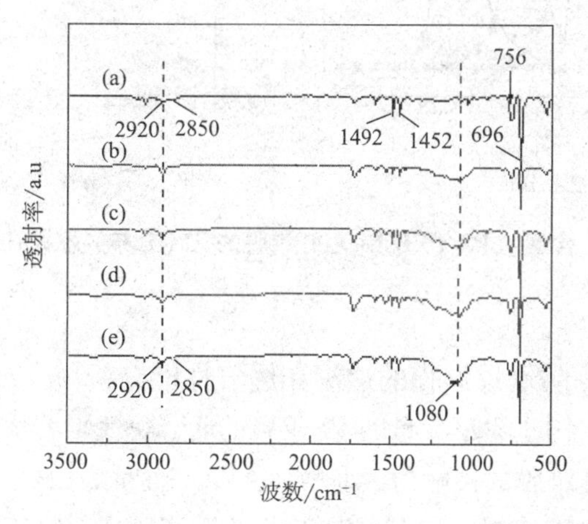

图 3-23　不同 SiO_2 含量的 PS/PVB/SiO_2 纤维膜的 FTIR 图：

（a）0；（b）2%；（c）5%；（d）10%；（e）15%

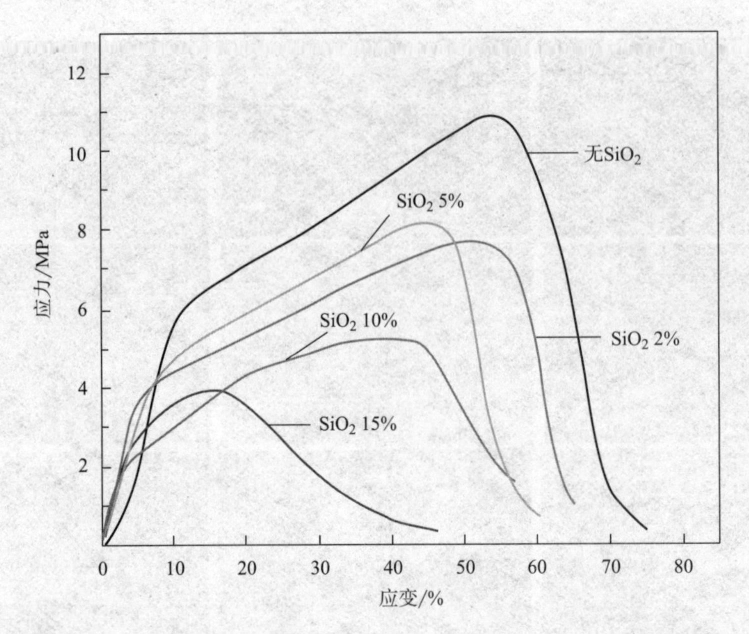

图 3-24　不同 SiO_2 含量的 PS/PVB/SiO_2 纤维膜的应力—应变曲线

径分布在 0.85~1.58μm，随着 SiO_2 含量的增加，纤维膜的孔径逐渐减小。图 3-25（b）所示为纤维膜的最大孔径 d_{max} 和平均孔径的变化情况，纤维膜的最大孔径 d_{max} 从 1.6μm 减小到 1.1μm，平均孔径从 1.2μm 减小到 0.75μm。这主要是因为随着 SiO_2 含量的增加，纤维膜表面被越来越多的 SiO_2 覆盖，使得纤维膜的孔径减小。

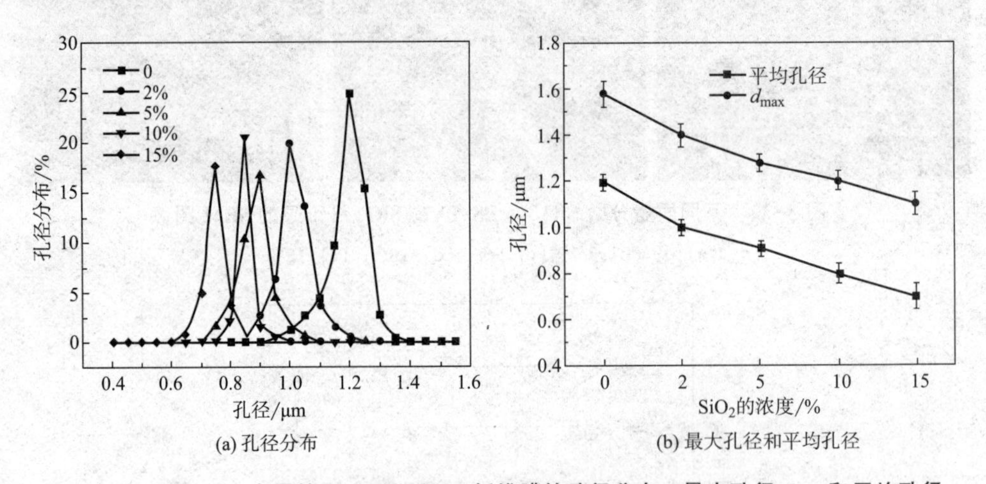

图 3-25　不同 SiO_2 含量的 PS/PVB/SiO_2 纤维膜的孔径分布、最大孔径 d_{max} 和平均孔径

（五）PS/PVB/SiO_2 防水透湿膜的透湿和透气性能分析

图 3-26（a）所示为不同 SiO_2 含量的 PS/PVB/SiO_2 纤维膜的接触角，从图中可以看出，随着 SiO_2 含量的增加，纤维膜的接触角逐渐增大，SiO_2 含量为 2%、5%、10%和 15% SiO_2 时纤维膜的接触角分别为 136°、140°、142°和 147°，这是因为随着 SiO_2 浓度的增加，纤维膜的表面自由能降低且粗糙度增加。从图 3-26（b）可以看出，纤维膜的耐水压呈现微弱的增大

趋势，最大达到14.5kPa。从图3-26（c）可以明显看出，随着纳米颗粒浓度的增加，纤维膜的孔隙率逐渐下降，当SiO_2的含量为15%时，纤维膜的孔隙率降低到56.5%，透湿量降低到8.01kg/（m^2·d），透气率降低到8.52mm/s。由于纳米颗粒的加入，纤维膜的孔隙率降低，纤维膜中水蒸气或空气的传输孔道减少，导致纤维膜的透湿性和透气性能下降。

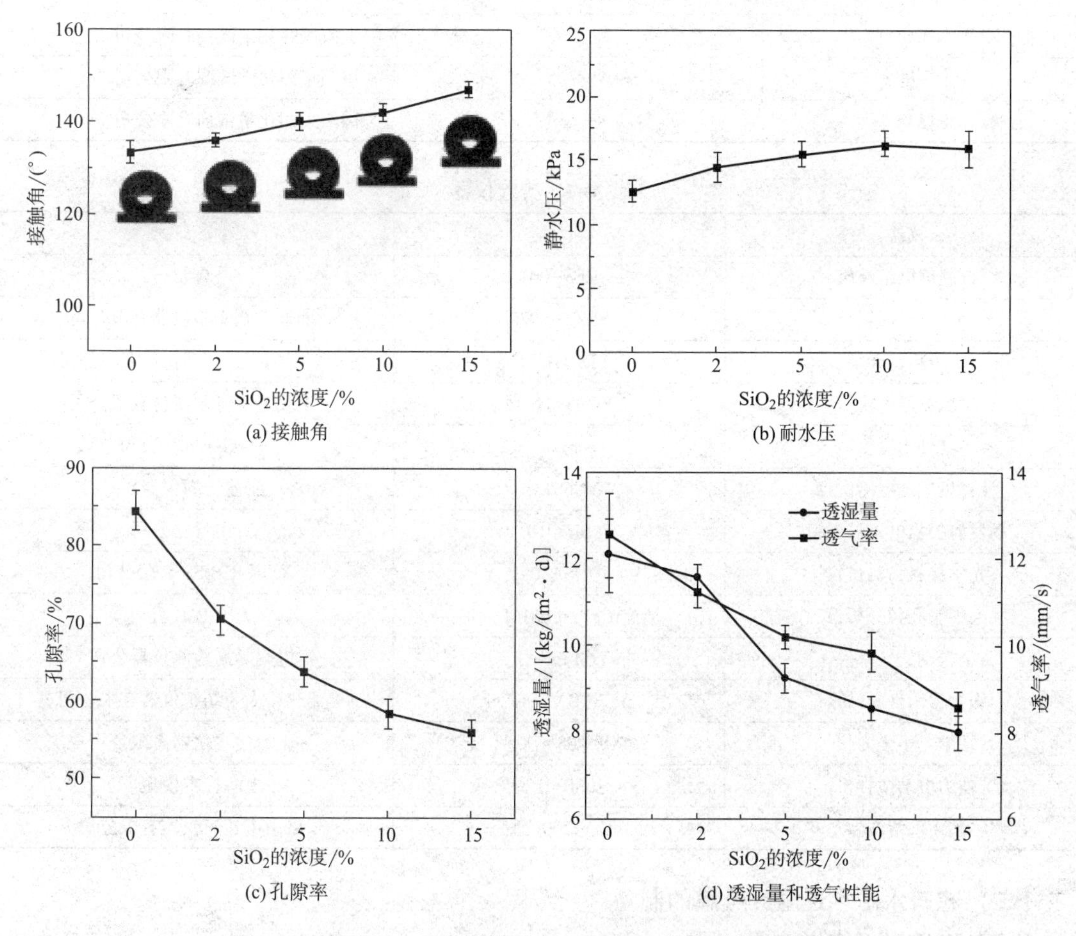

图3-26 不同SiO_2含量的PS/PVB/SiO_2纤维膜的性能比较

第四节 PDMS/SiO_2涂层超疏水防水透湿纤维膜的制备与表征

一、实验部分

（一）实验材料和仪器

本实验所需材料和仪器见表3-6和表3-7。

表3-6 实验材料

药品名称	规格	生产厂家
PS	M_n=350000	SIGMA-ALDRICH

续表

药品名称	规格	生产厂家
PVB	$M_n = 120000$	国药集团化学试剂有限公司
N，*N*-二甲基甲酰胺	分析纯	国药集团化学试剂有限公司
聚二甲基硅氧烷	Sylgard 184	美国道康宁有限公司
无水氯化钙	分析纯	上海凌峰化学试剂有限公司
正丁醇	分析纯	国药集团化学试剂有限公司
正己烷	分析纯	国药集团化学试剂有限公司

表 3-7　实验仪器

仪器	型号	生产厂家
自制静电纺丝机	RES-001	自制
真空干燥箱	SDZF-6020	南通金石实验仪器有限公司
电子精密天平	LE104E/02	梅特勒—托利多仪器有限公司
织物厚度仪	YG-141N 型	杭州诺丁科学器材有限公司
红外光谱仪	Spectrum Two	PerkinElmer 公司
计算机式透湿测试仪	YG601 型	宁波纺织仪器厂
场发射扫描电子显微镜	SU8010	日本日立公司
光学接触角测量仪	DSA30	德国 KRÜSS 有限公司
毛细管孔径分析仪	CFP-1100AI	美国 PMI 公司
全自动透气率仪	YG461E-Ⅱ	温州际高检测仪器公司
织物渗水性测试仪	YG（B）-812G	温州市大荣纺织仪器有限公司
纤维电子强力仪	XS（08）X 型	上海旭赛仪器有限公司
强力电动搅拌机	JB90-D 型	上海标本模型厂
超声波清洗器	KQ-700B 型	昆山市超声仪器有限公司

（二）超疏水防水透湿纤维膜的制备

1. PS/PVB 纤维膜的制备

称取一定重量的 PS 和 PVB 粉末，加入装有 DMF 的广口瓶中，室温下搅拌 5h，得到均匀透明的纺丝溶液。其中纺丝液浓度为 20%（质量分数），PVB 相对于 PS 的含量为 20%。将溶液进行静电纺丝，静电纺丝工艺参数为：推进装置的推进速度为 1.5mL/h，针头与接收器之间的接收距离为 200mm，纺丝电压为 20kV。环境温、湿度分别控制在（25±2）℃、（50±2）%。纺丝结束后，取下接收板上的沉积纤维膜，放置在真空干燥箱内抽真空半小时，以去除残留的溶剂，得到 PS/PVB 纤维膜（图 3-27）。

2. PDMS/SiO_2 的涂层改性

将一定量的疏水 SiO_2 纳米颗粒、聚二甲基硅氧烷（PDMS）及固化剂溶解在以质量比为 10∶1 混合的正己烷水溶液中，搅拌 30min，处理液中 PDMS 的浓度（质量分数）选取用 1%、2%、4%和 6%；SiO_2 纳米颗粒在溶液中的质量分数为 0.1%、0.2%、0.4%和 0.6%，得到 PDMS/SiO_2 的混合处理液。将 PS/PVB 纤维膜浸渍于配好的 PDMS/SiO_2 混合溶液中，浸渍一段时间后取出，然后放在 80℃的烘箱中干燥 30min。

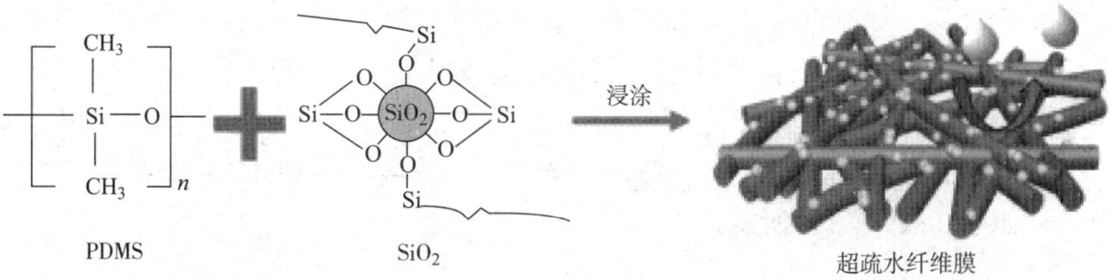

浸涂

PDMS　　SiO_2　　超疏水纤维膜

图 3-27　PS/PVB 超疏水纤维膜的制备流程图

二、结果与讨论

（一）PDMS 浓度对纤维膜结构与防水透湿性能的影响

图 3-28 所示为纤维膜经 PDMS 处理前后的 SEM 图和平均直径图，当 PDMS 的浓度为 1%时，纤维膜的形貌与未处理的纤维膜相比，相邻纤维间出现了少量的黏结点；当 PDMS 的浓度为 2%时，纤维膜的形貌结构发生了显著变化，相邻纤维间的黏结点越来越多，粘连程度明显增加[69]。

图 3-28　不同 PDMS 浓度改性后的 PS/PVB/PDMS 纤维膜的 SEM 图：
（a）1%；（b）2%；（c）4%；（d）6%

如图 3-29（a）所示，当 PDMS 浓度为 1%时，PS/PVB 纤维膜在 $1257cm^{-1}$ 处出现了新的吸收峰，对应的是 PDMS 中 Si—CH_3 的对称变形振动吸收峰，在 $1078cm^{-1}$ 和 $1008cm^{-1}$ 处出现了新的双峰，对应的是 Si—O—Si 的不对称伸缩振动的吸收峰；此外，随着 PDMS 浓度的增加，这些峰的强度逐渐增强。纤维膜 FTIR 的变化进一步证明了 PDMS 对纤维膜的作用。图 3-29（b）所示为 PS/PVB 纤维膜经不同浓度 PDMS 改性后的力学性能（断裂强度和断裂伸长率）。从图中可以看出，随着 PDMS 浓度的增加，纤维膜的断裂强度和断裂伸长率随之增加，因为 PDMS 的加入赋予了纤维膜一定粘连结构，导致了纤维膜力学性能的增加。当 PDMS 浓度为 2%时，纤维膜具有较高的断裂强力，达到 16.5MPa，随着 PDMS 浓度继续增加，断裂强度和断裂伸长率有所下降，主要是因为纤维膜过多的粘接结构限制了拉伸过程中纳米纤维之间的滑移，使其断裂强度和断裂伸长率降低[70]。

图 3-29（c）所示为纤维膜改性前后接触角的变化情况，可以看出，经 PDMS 处理后，纤维的接触无明显变化；但纤维膜之间的粘连结构增加导致其透湿透气性能下降，当 PDMS 浓度为 2%时，纤维膜的透湿量下降不明显，当 PDMS 浓度增大到 4%时，纤维膜的透湿量下降比较明显，如图 3-29（d）所示。

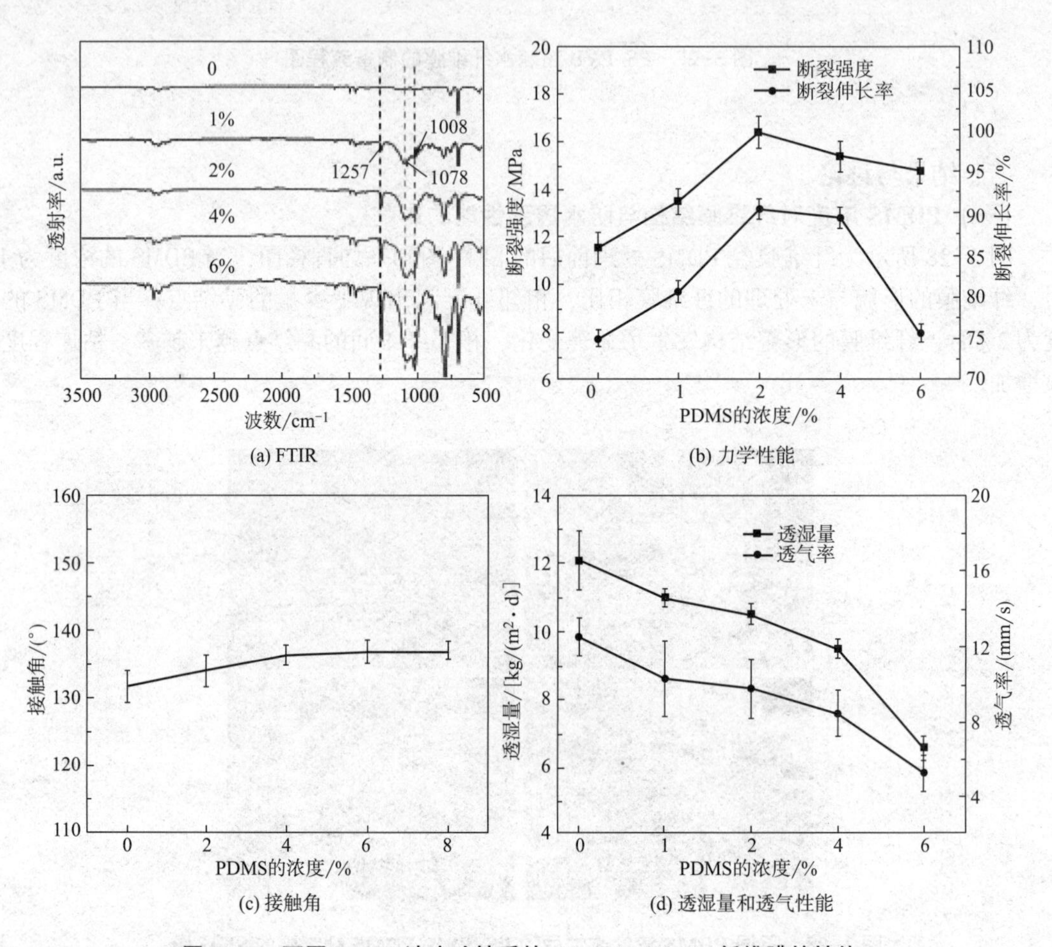

图 3-29 不同 PDMS 浓度改性后的 PS/PVB-PDMS 纤维膜的性能

（二）SiO_2 含量对纤维膜表面形貌结构的影响

在聚二甲基硅氧烷（PDMS）质量分数为 2%的基础上，采用 PDMS 和 SiO_2 共混液对纤维膜进行浸渍涂层改性，PDMS 能将 SiO_2 颗粒黏附在纤维表面，使纤维表面形成粗糙结构。由图 3-30 可知，纤维膜经 PDMS/SiO_2 涂层改性后，其表面粗糙度增加；当 SiO_2 含量为 0.1%时，纳米颗粒分散较为均匀，黏附在纤维膜的单根纤维上；当 SiO_2 含量增加到 0.2%时，纳米颗粒不仅出现在纤维表面，也出现在纤维膜的粘连结构上。随着 SiO_2 含量的继续增加，纳米颗粒分散不均匀，团聚现象严重。

（三）涂层表面的润湿性能分析

图 3-31（a）是不同 SiO_2 浓度的 PDMS/SiO_2 改性后 PS/PVB 纳米纤维膜的接触角变化。可以看出，随着 SiO_2 浓度的增加，纤维膜的接触角逐渐增大，当 SiO_2 浓度为 0.4%时，纤维

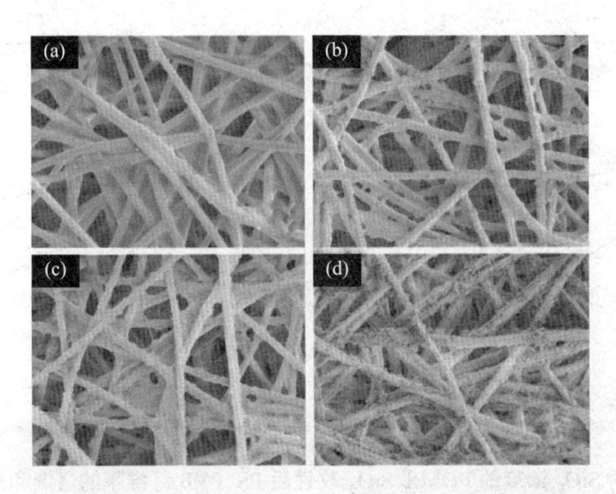

图 3-30　不同 SiO_2 含量的 PDMS/SiO_2 改性后 PS/PVB 纳米纤维膜的 SEM 图片：
（a）0.1%；（b）0.2%；（c）0.4%；（d）0.6%

的接触角达到 152°，此时纤维膜达到了超疏水效果。这主要是由于 SiO_2 颗粒加入后，纤维膜表面粗糙度明显增大，纤维膜的润湿性能从疏水性转变为超疏水性。此外，随着 SiO_2 浓度的增加，纤维膜的耐水压也逐渐增大。

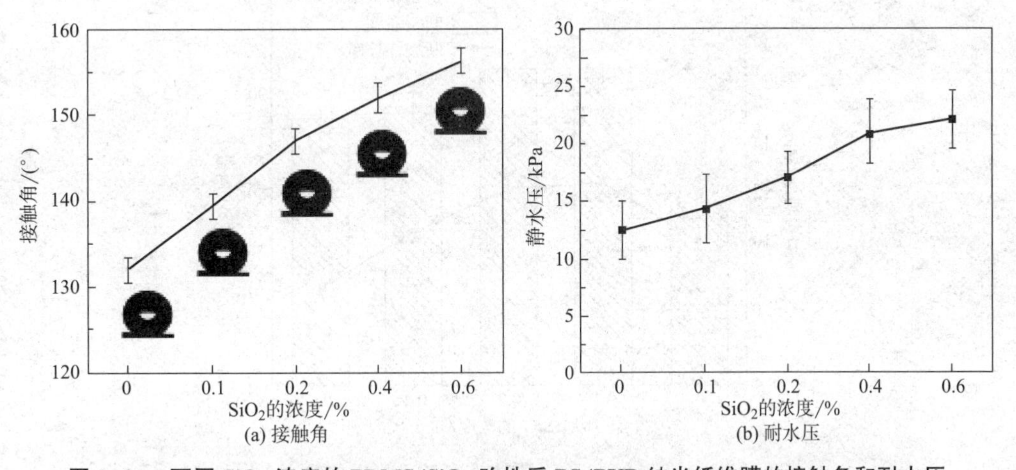

图 3-31　不同 SiO_2 浓度的 PDMS/SiO_2 改性后 PS/PVB 纳米纤维膜的接触角和耐水压

（四）涂层表面的透湿透气性能分析

由图 3-32（a）可知，随 SiO_2 浓度的增加，纤维膜的孔隙率从 84.5%下降到 49.5%。这主要是因为 SiO_2 颗粒黏附在单根纤维上或者相连纤维之间，纤维膜中部分孔通道被 SiO_2 颗粒覆盖，从而导致纤维膜的孔隙率下降。纤维膜的孔隙率变化会导致其透湿性和透气性发生变化，图 3-32（b）是纤维膜改性前后的透湿量和透气性，可以看出，SiO_2 的浓度增加到 0.6%时，纤维膜的透湿量从 12.1kg/（m^2·d）下降到 7.2kg/（m^2·d），透气率也从 12.56mm/s 降至 6.65mm/s。

（五）涂层表面的力学性能分析

图 3-33 所示为 PS/PVB 纤维膜经 PDMS/SiO_2 改性前后的力学性能，可以看出，经 PDMS/SiO_2 改性处理后，纤维膜的断裂强度高于未改性的纤维膜，这主要是由于 PDMS 的加

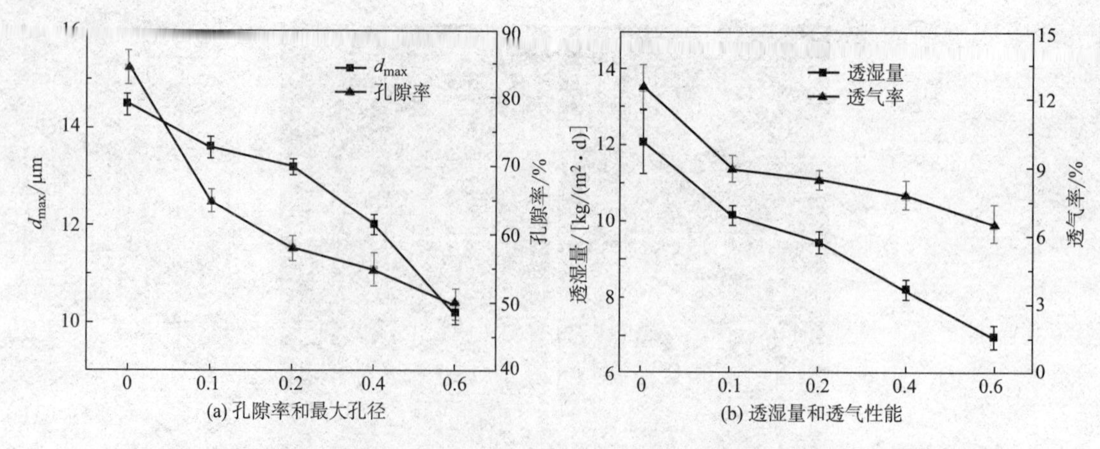

图 3-32 不同 SiO_2 浓度的 PDMS/SiO_2 改性后 PS/PVB 纤维膜的透湿和透气性能比较

入导致纤维之间的粘连结构增加，使其断裂强度增加；此外，随着 SiO_2 浓度的增加，纤维膜的断裂强度和断裂伸长率呈现先增加后减小的趋势，这主要是由于随着纳米颗粒浓度的增加，团聚现象变得严重，当纤维膜受到外力拉伸时，团聚的颗粒阻碍了纤维之间的运动，导致断裂强度和断裂伸长率降低，但依旧高于未改性处理的 PS/PVB 纤维膜。

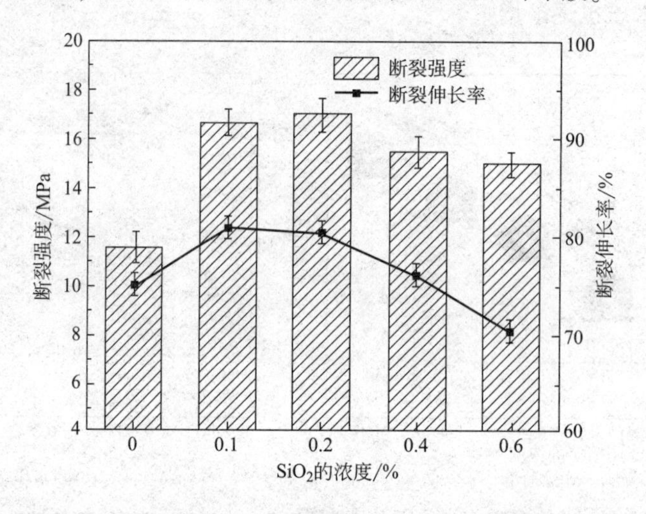

图 3-33 不同 SiO_2 浓度的 PDMS/SiO_2 改性后 PS/PVB 纳米纤维膜的力学性能

(六) 涂层表面超疏水性能的耐洗涤和耐酸碱稳定性

耐洗涤性是超疏水材料的重要性能。综合考虑经过 PDMS/SiO_2 处理后纤维膜的力学性能和防水透湿性能，本部分选取 SiO_2 质量分数为 0.4%的 PMDS/SiO_2 超疏水涂层作为研究对象，通过耐洗涤和耐酸碱性实验对其超疏水稳定性进行表征。图 3-34（a）是 PDMS/SiO_2 改性后纤维膜表面的接触角随水洗次数的变化，随着水洗次数的增加，纤维膜表面的接触角有所降低，经 20 次水洗后，纤维膜表面的接触角在 150°左右。这表明经 PDMS/SiO_2 处理后纤维膜的超疏水性具有一定的耐水洗稳定性。

此外，本节还测试了 PDMS/SiO_2 处理后纤维膜表面超疏水性能的耐酸碱稳定性。裁取相同尺寸的样品分别将其置于不同 pH 的溶液中，浸渍 24h 后测试其接触角。图 3-35（b）为浸渍 6h 后纤维表面接触角的变化情况，从图中可以看出纤维膜表面的接触角均在 150°左右，说明其具有较好的耐酸碱稳定性，可以满足一些特殊环境的应用需求。

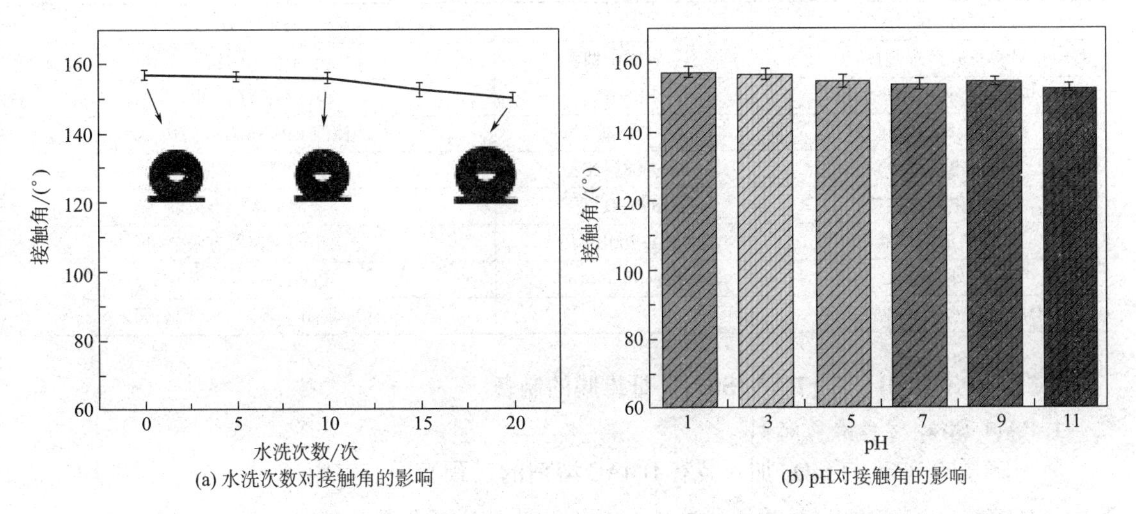

(a) 水洗次数对接触角的影响　　(b) pH对接触角的影响

图 3-34　PDMS/SiO_2 处理后纤维表面的接触角随水洗次数以及在不同 pH 溶液中的变化

第五节　（PS/PVB）/（PAN/SiO_2）单向导湿双层纤维膜的制备与表征

一、实验部分

（一）实验材料和仪器

本实验所需材料及仪器见表 3-8 和表 3-9。

表 3-8　实验材料

药品名称	规格	生产厂家
PS	$M_n = 170000$	SIGMA-ALDRICH
PVB	$M_n = 120000$	国药集团化学试剂有限公司
PAN	$M_n = 51000$	国药集团化学试剂有限公司
亲水 SiO_2	粒径：5~40nm	麦克林生化试剂有限公司
盐酸多巴胺	99%	国药集团化学试剂有限公司
三（羟甲基）氨基甲烷	99%	国药集团化学试剂有限公司
HCl	36%~38%	国药集团化学试剂有限公司
DMF	分析纯	国药集团化学试剂有限公司

表 3-9　实验仪器

仪器	型号	生产厂家
自制静电纺丝机	RES-001	自制
真空干燥箱	SDZF-6020	南通金石实验仪器有限公司
电子精密天平	LE104E/02	梅特勒—托利多仪器有限公司
织物厚度仪	YG-141N 型	杭州诺丁科学器材有限公司

续表

仪器	型号	生产厂家
计算机式透湿测试仪	YG601 型	宁波纺织仪器厂
场发射扫描电子显微镜	SU8010	日本日立公司
光学接触角测量仪	DSA30	德国 KRÜSS 有限公司
纤维电子强力仪	XS（08）X 型	上海旭赛仪器有限公司
强力电动搅拌机	JB90-D 型	上海标本模型厂
超声波清洗器	KQ-700B 型	昆山市超声仪器有限公司
红外光谱仪	Spectrum Two	PerkinElmer 公司
MMT 液态水分管理测试仪		标准集团（香港）有限公司

（二）（PS/PVB）/（PAN/SiO_2）纤维膜的制备

1. PAN/SiO_2 纺丝液的配制

将一定量的 PAN 与 SiO_2 加入装有 DMAC 溶剂的三颈瓶中，室温下搅拌 5h，得到均匀透明的纺丝溶液，溶液中 PAN 质量分数是 12%，SiO_2 的质量分数分别为 1%、2%、4%。

2.（PS/PVB）/（PAN/SiO_2）纤维膜的制备

选用 PS/PVB-20 纳米纤维膜作为疏水层纤维膜，将事先配好的 PAN/SiO_2 纺丝液直接静电纺在 PS/PVB 纤维上，得到具有润湿性差异的双层复合纤维膜，然后将复合纤维膜浸渍在多巴胺（PDA）/KH-560 溶液中进行改性，进一步调节双层纤维膜的润湿性，图 3-35 为单向导湿复合纤维膜制备的流程图。具体操作如下：配制 pH = 8.5 的 Tris-HCl 缓冲溶液；将一定质量的多巴胺溶解在 Tris-HCl 缓冲溶液中，超声搅拌均匀，配制得到多巴胺缓冲液，其中多巴胺浓度为 0.2g/L，多巴胺缓冲液现配现用；然后取 100mL 多巴胺缓冲液，分别将 0.6g、0.9g、1.2g 的 KH-560 溶液加入多巴胺缓冲液中；将所制备的（PS/PVB）/（PAN/SiO_2）纤维膜（20cm×10cm）浸泡在上述的 PDA/KH-560 溶液中，静置 1.5h 后取出，用蒸馏水冲洗掉表面杂质，得到 PDA /KH-560 改性的双层复合纤维膜。

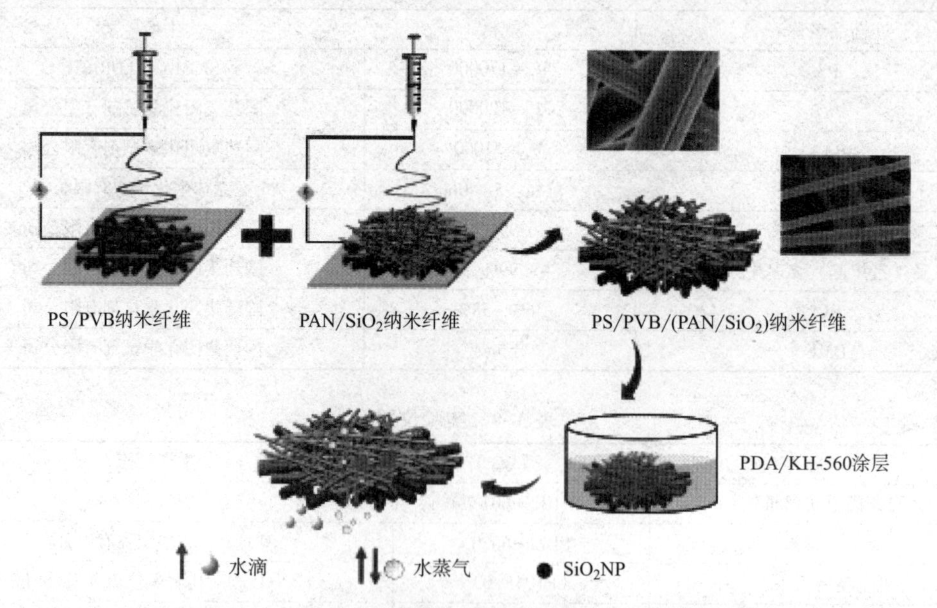

图 3-35 PDA/KH-560 改性处理 PS/PVB/（PAN/SiO_2）复合纤维膜的制备过程图

（三）单向导湿复合纤维膜的结构表征和性能测试

1. 结构表征

采用红外光谱仪（FTIR，Spectrum Two，Perkin Elmer，美国）来表征未改性和改性的（PS/PVB）/（PAN/SiO_2）纤维膜，进行对比分析。通过扫描电子显微镜（SEM，Hitachi-SU8010，日本）观察纤维膜的表面形貌与微观结构。利用测厚仪（YG-141N）测量纤维膜的平均厚度。采用光学接触角测量仪（DSA30，KRUSS，德国）测试纤维膜的润湿性能，液滴体积大小为5μL。

2. 性能测试

单向导湿功能膜的综合性能主要是通过芯吸高度、水分蒸发量、透湿量和液态水分管理试验进行表征。芯吸高度来表征纤维膜的毛细效应，将测试样品垂直放置，一端浸在液体中，每隔2min测量液体沿试样爬升的高度。水分蒸发速率测试的试样大小为6cm×6cm，在试样1cm上方，滴定管滴0. 5mL水于试样表面，每隔5min记录试样前后的质量变化，记为水分蒸发量。WVTR的计算可参考式（3-3）。水分管理测试采用液态水分测试仪（MMT）进行测试，在试样上随机裁取3块8cm×8cm的样品进行测试，测试液滴为盐水，测试时间为120s。

二、结果与讨论

（一）纳米纤维材料的亲水性能调控

图3-36为不同SiO_2浓度的纤维膜的SEM图。从图中可以看出，当SiO_2颗粒的浓度为1%，颗粒在纤维膜表面出现小的凸起，纤维膜表面粗糙度增加；当SiO_2颗粒的浓度增加到2%时，纤维膜表面出现大小不一的串珠；随着SiO_2颗粒的进一步增加，串珠现象变得严重。这主要是因为随着SiO_2浓度的增加，SiO_2颗粒分散不均匀产生团聚，在静电纺丝的过程中，团聚的颗粒附在纤维膜表面，产生串珠现象。

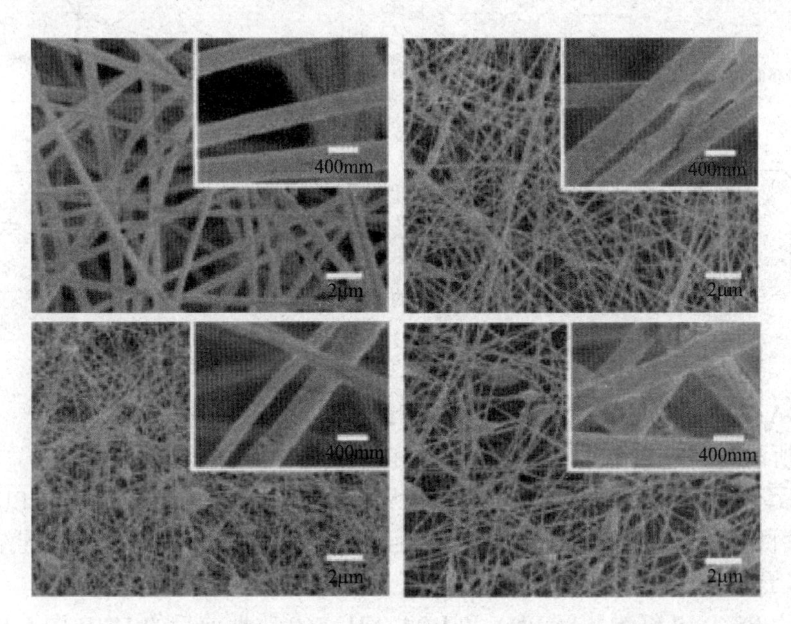

图3-36 不同SiO_2浓度的PAN/SiO_2纳米纤维膜的SEM图：
（a）0；（b）1%；（c）2%；（d）4%

如图 3-37（a）所示，PAN 纤维膜的润湿性有一定的滞后性，随着 SiO_2 浓度的增加，纤维膜的润湿性增强。图 3-37（b）所示为不同 SiO_2 浓度的 PAN/SiO_2纤维膜的 FTIR 图，当 SiO_2 加入后，纤维在 1100cm^{-1}处出现了新的吸收峰，对应的是 SiO_2的 Si—O—Si 的伸缩振动峰。此外，进一步考察了 PAN/SiO_2 纤维的透湿性，从图 3-37（c）可以看出，随着 SiO_2 浓度的增加，纤维膜的透湿量逐渐增加。这主要是由于加入 SiO_2 后，纤维膜表面的亲水基团增多，亲水基团能够吸附水分子并通过“吸附—扩散—解吸附”过程将汗液蒸汽传递到外层。综合考虑纤维膜的透湿性能，选定 SiO_2 浓度为 1%的 PAN/SiO_2 纤维膜进行接下来的实验。

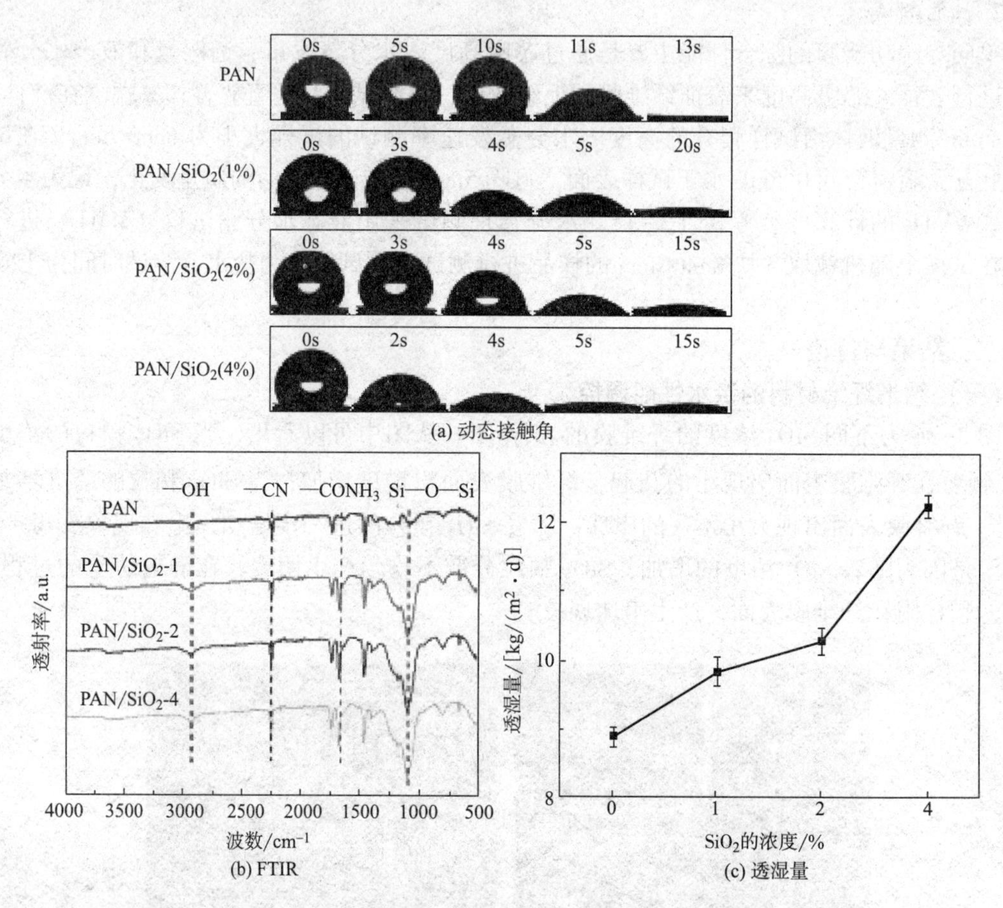

图 3-37 不同 SiO_2 浓度的 PAN/SiO_2 纳米纤维膜的动态接触角、FTIR 图和透湿量

（二）PDA/KH-560 涂覆改性 PS/PVB 纤维膜

图 3-38 所示为 PS/PVB 纤维经 PDA 改性前后的 SEM 图。从图 3-38（b）中可以看出，经 PDA 改性后纤维膜表面会黏附 PDA 颗粒。从图 3-38（c）可以看出，经 PDA/KH-560-1.2 处理后，纤维膜表面黏附的颗粒增多，而且相连纤维膜之间有一定的粘连结构，这是由于 KH-560 赋予纤维膜一定粘连结构。

图 3-39 为 PS/PVB 纤维膜经 PDA 和 PDA/KH-560 改性前后的 FTIR 图。从图中可以看出，经 PDA 处理后的纤维膜出现了几个新的吸收峰，其中，在 3100~3391cm^{-1} 之间的宽峰为 N—H/OH 的伸缩振动峰，1239cm^{-1} 吸收峰对应的是—OH 的伸缩振动峰，1132cm^{-1} 的吸收峰

图 3-38　PS/PVB 纤维改性前后的 SEM 图：

（a）改性前；（b）PDA 改性后；（c）PDA/KH-560-1.2 改性后

对应的是 C—O 的伸缩振动峰[77-78]。表明 PDA 已成功沉积在 PS/PVB 纤维膜上。此外，经 PDA/KH-560-0.6 处理后的纤维膜的特征峰无明显变化。图 3-39 所示为 PS/PVB 纤维膜改性前后的动态接触角，未改性纤维膜的接触角是 126.5°，表现出很强的疏水性；经过 PDA 改性后，纤维膜的接触角为 106°，比未改性纤维膜的接触角有所降低。在经 PDA/KH-560-0.6 改性后，纤维膜的接触角降低到 85°，纤维膜的亲水性改善较大。与单独 PDA 涂层相比，经过 PDA/KH-560 改性后形成的杂化涂层可以进一步降低纤维膜表面接触角，而且随着改性溶液中 KH-560 含量增加到 1.2g，纤维膜的接触角降低到 46°左右，赋予了纤维膜更好的亲水性。

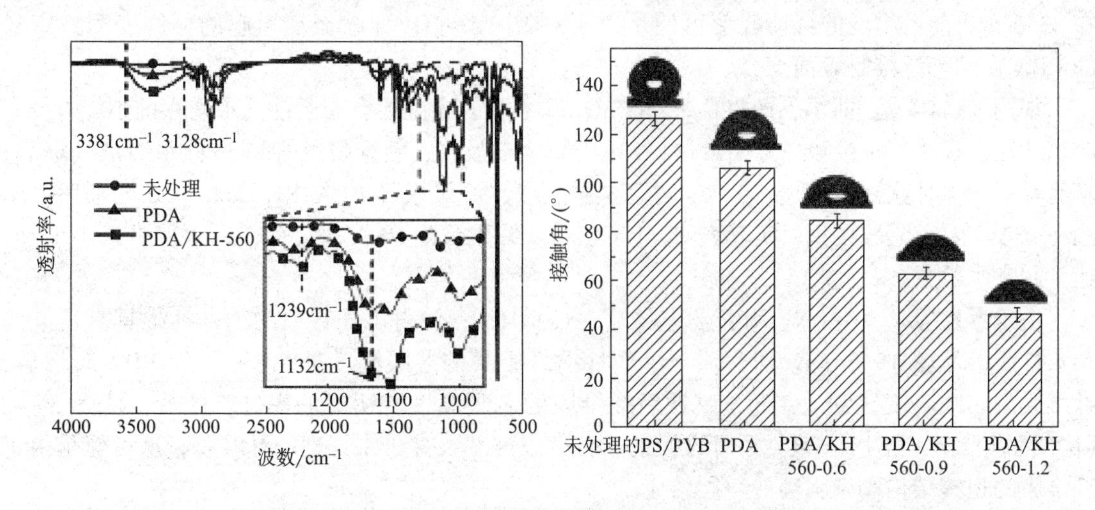

图 3-39　PS/PVB 纤维膜改性前后的 FTIR 图和接触角

（三）PDA/KH-560 涂覆改性 PAN/SiO_2 纤维膜

图 3-40 所示为 PAN/SiO_2 纤维膜改性前后的 SEM 图，从图中可以看出，经 PDA 碱溶液改性后，纤维膜的粗糙结构进一步增加。PAN/SiO_2 纤维膜在碱性条件下会发生化学反应，进而影响纤维膜的表面形貌结构。

(a) 改性前 (b) PDA改性后 (c) PDA/KH560-1.2改性后

图 3-40 PAN/SiO_2 纤维膜改性前后的 SEM 图

使用傅里叶红外分光光度计（FTIR）观察 PAN/SiO_2 纤维膜改性前后的表面化学结构。如图 3-41（a）所示，所有的光谱在 2246cm^{-1} 处均出现明显的特征峰，对应 PAN 中氰基（C≡N）的伸缩振动。在经过 PDA 碱性水溶液处理后的纤维在 1616cm^{-1} 处出现了新的特征峰，因为 PAN/SiO_2 会在碱性条件下发生水解。图 3-41（b）所示为 PAN/SiO_2 在碱性条件发生水解的机理图，经过碱性 PDA 溶液处理后，PAN/SiO_2 纳米纤维膜中—$CONH_2$ 和—OH 发生化学反应形成羧基（—COO—）。也可以观察到处理后的纤维膜在 1659cm^{-1} 的峰值减弱，尽管 1659cm^{-1} 处峰值经 PDA 碱性水溶液改性后有所减弱，但依然存在酰胺键（—$CONH_2$）。此外，所有光谱在 1098cm^{-1} 处有明显的特征峰值，表明经浸渍后 SiO_2 依然存在于材料表面。在 3350cm^{-1} 前后出现的特征峰值可能是由于—OH 与—NH 伸缩振动引起的，这表明一定量的 PDA 在纳米纤维膜表面聚合。

如图 3-41（c）所示，改性前 PAN/SiO_2 纤维膜的润湿性有滞后性，水滴在前 10s 内没有明显变化，在 11s 时接触角开始渗透，13s 内完全被吸收；纤维膜经 PDA 碱性水溶液处理后，水滴在 0.25s 时就开始渗透，0.75s 时完全被吸收；纤维膜经 PDA/KH-560-0.6 处理后，水滴在 0.25s 内完全被吸收。实验表明，PAN/SiO_2 纤维膜经 PDA 浸渍后，亲水性进一步增加，达到超亲水效果。

由于存在氰基（—CN）和酰氨基团（—$CONH_2$），使得表面粗糙的纳米纤维具有良好的亲水性能。从图 3-42（a）可以看出，改性前纤维膜的芯吸高度是 5.8cm，经 PDA 改性后，纤维膜的芯吸高度达到 8.3cm，改性后纤维膜的芯吸高度有明显的提升。此外，从图 3-42（b）可以看出，经 PDA 改性后纤维膜的水分蒸发速率要高于未处理的纤维膜，这可能是由于纤维膜的粗糙结构和亲水性的协同效应。

（四）具有梯度润湿性的纳米纤维材料结构构筑

图 3-43 所示为双层纤维膜经 PDA 和 PDA/KH-560 处理后的液态水分管理测试图，测试过程中，盐水滴在 PS/PVB 纤维膜上。图 3-43（a）所示为没有经过 PDA 处理的纤维膜的液态水分管理能力，可以看出，底层纤维膜的水含量为 0，即液滴没有被底层纤维转移吸收。从图 3-43（b）可以看出，经过 PDA/KH-560-0.6 处理后，底层的水含量都高于顶层的水含量，表明当液滴接触 PS/PVB 纤维膜时，液滴可以通过静水压力有效地进入纤维膜的孔隙中，

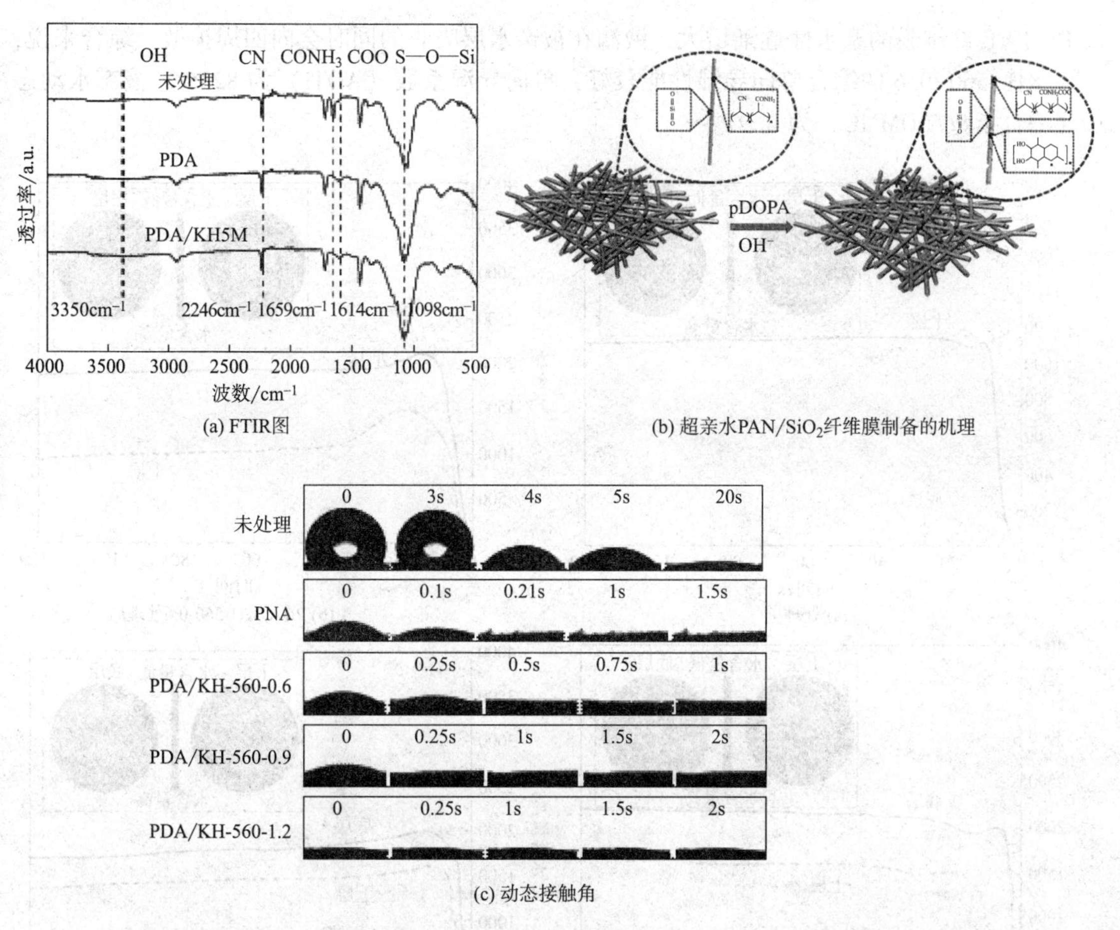

(a) FTIR图　　(b) 超亲水PAN/SiO_2纤维膜制备的机理

(c) 动态接触角

图 3-41　PAN/SiO_2 纤维膜改性前后的对比及超亲水 PAN/SiO_2 纤维膜制备的机理图

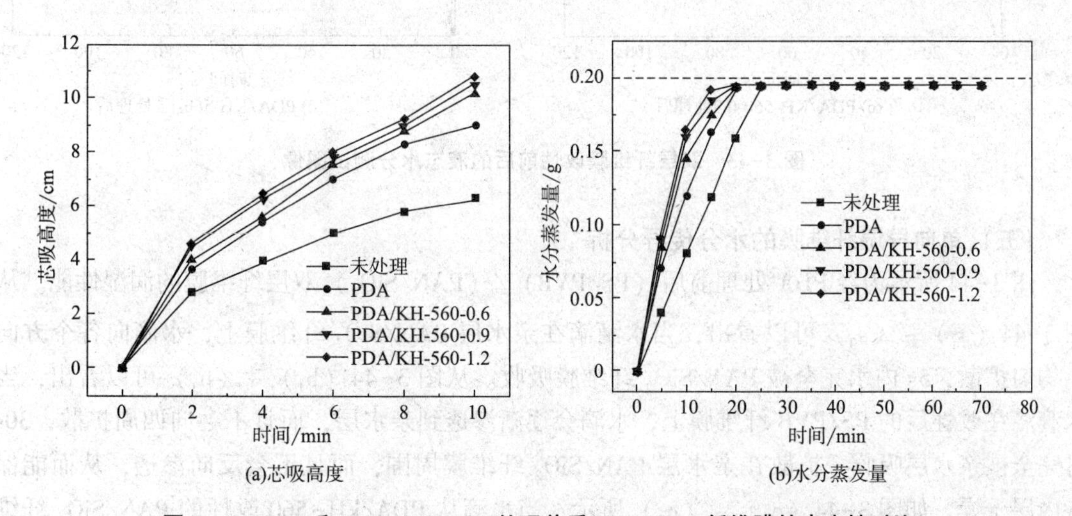

(a)芯吸高度　　(b)水分蒸发量

图 3-42　PDA 和 PDA/KH-560 处理前后 PAN/SiO_2 纤维膜的亲水性对比

并通过毛细运动渗透到亲水层，从而保持顶层纤维膜干燥。随着 PDA/KH-560 处理液中 KH-560 含量的增加，顶层和底层纤维膜的水含量差逐渐减小，当 KH-560 的含量为 1.2g 时，顶层纤维膜和底层纤维膜的水含量差别很小。这主要是因为，随着 KH-560 含量的增加，疏水层 PS/PVB 纤维膜的亲水性逐渐增大，液滴在被亲水层吸收的同时会向四周扩散。综合来说，PDA/KH-560-0.6 的综合单向导湿性能较好，单向导湿系数（AOTI）为 823%，液态水动态传递综合指数（OMMC）为 0.97。

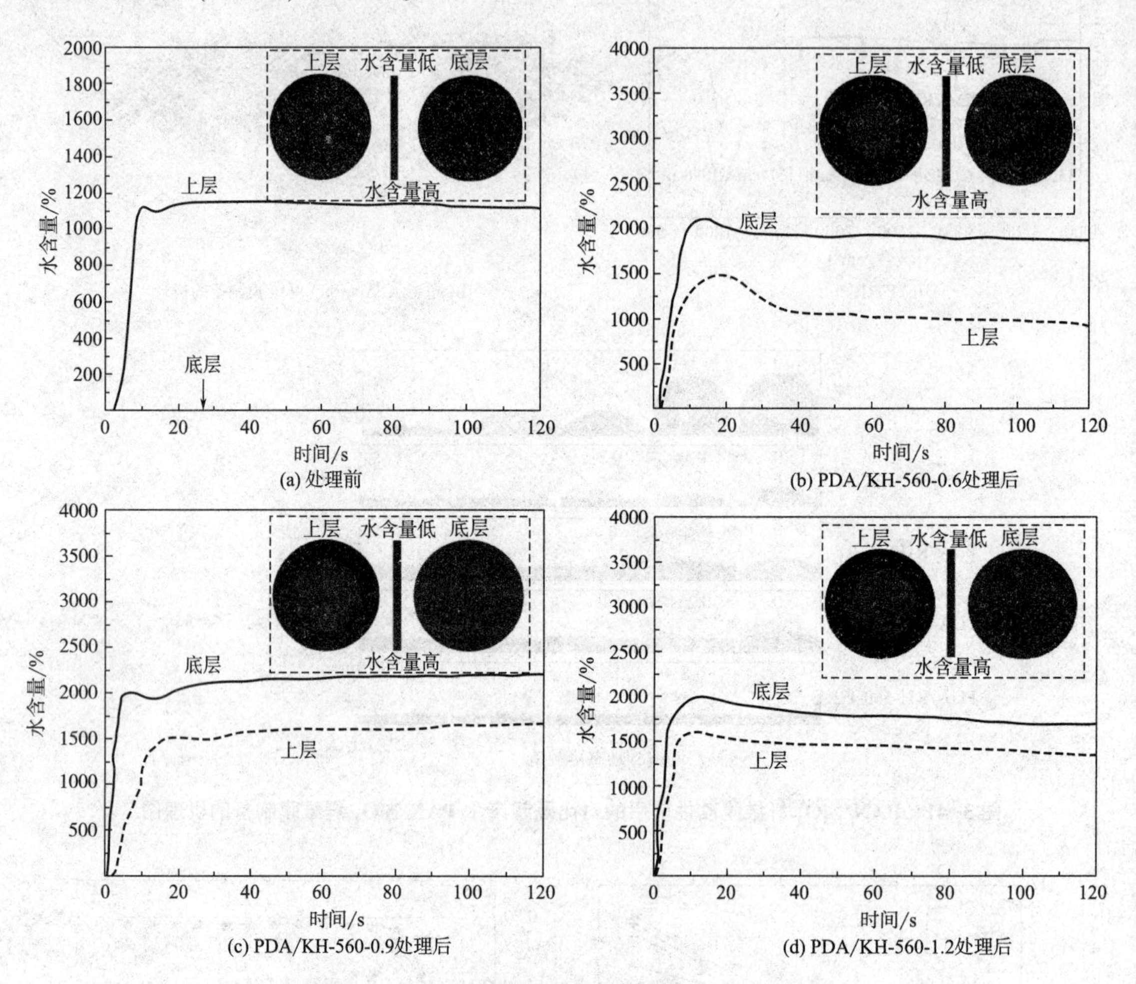

图 3-43 双层纤维膜改性前后的液态水分测试图像

（五）单向导湿纤维膜的水分传导分析

图 3-44 所示为经 PDA 处理前后（PS/PVB）/（PAN/SiO_2）双层纤维膜的润湿性能。从图 3-44（a_1）~（a_3）可以看出，当水滴滴在亲水层 PAN/SiO_2 纤维膜上，水滴向各个方向上均匀扩散，5s 内水完全被 PAN/SiO_2 纤维膜吸收。从图 3-44（b_1）~（b_3）可以看出，当水滴滴在改性后的 PS/PVB 纤维膜上，水滴会逐渐渗透到亲水层，而且不会向四周扩散，30s 时完全被亲水层吸收，扩散在亲水层 PAN/SiO_2 纤维膜周围，而且不会反向渗透，从而能保持内层干燥。如图 3-44（c_1）~（c_2）所示，当水滴从 PDA/kH-560 改性的 PAN/SiO_2 纤维膜亲水层滴落时，在 1s 内被吸收并扩散到周围；此外，从图 3-44（c_3）可以看出水滴没有渗透到疏水层 PS/PVB 纤维膜。

如图 3-45 所示，当水滴落在疏水层时，它最初保持温泽尔—卡西（Wenzel-Cassie）状态并经过两次反应作用力：即疏水作用力（HF）和流体静压力（HP）。HF 与疏水层的突破压力有关，对于特定的膜通常是恒定的。流体静压力与水滴的高度成正比关系，一旦流体静压力大于疏水作用力，水将穿透疏水层进入亲水层。而且由于重力的作用，水也倾向于渗透到疏水层中。这时会受到疏水层的反向作用力，以防止水滴的渗透。此外，随着水滴的不断加入，水滴也只会向 PAN/SiO_2 亲水层扩散，只是增加了扩散面积，不会增加水的重力。如果水滴没有足够的流体静压力来超越疏水作用力，则水滴不能穿透疏水层，从而达到单向导湿的效果。

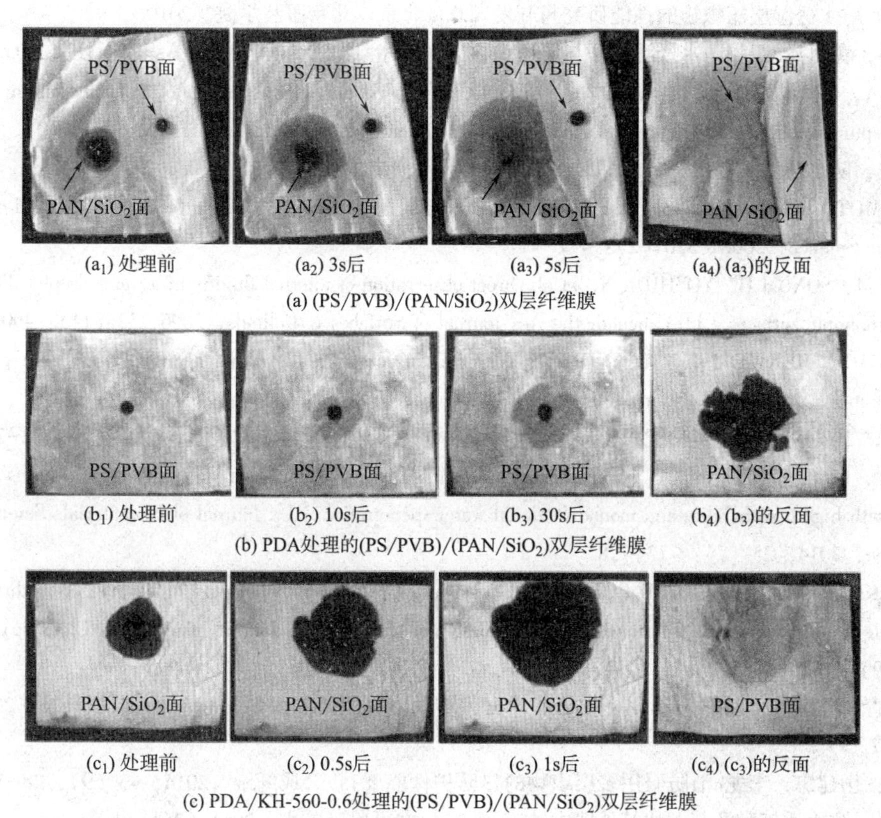

(a_1) 处理前　(a_2) 3s后　(a_3) 5s后　(a_4) (a_3)的反面

(a) (PS/PVB)/(PAN/SiO_2)双层纤维膜

(b_1) 处理前　(b_2) 10s后　(b_3) 30s后　(b_4) (b_3)的反面

(b) PDA处理的(PS/PVB)/(PAN/SiO_2)双层纤维膜

(c_1) 处理前　(c_2) 0.5s后　(c_3) 1s后　(c_4) (c_3)的反面

(c) PDA/KH-560-0.6处理的(PS/PVB)/(PAN/SiO_2)双层纤维膜

图 3-44　经 PDA 改性前后（PS/PVB）/（PAN/SiO_2）纤维膜的润湿性能

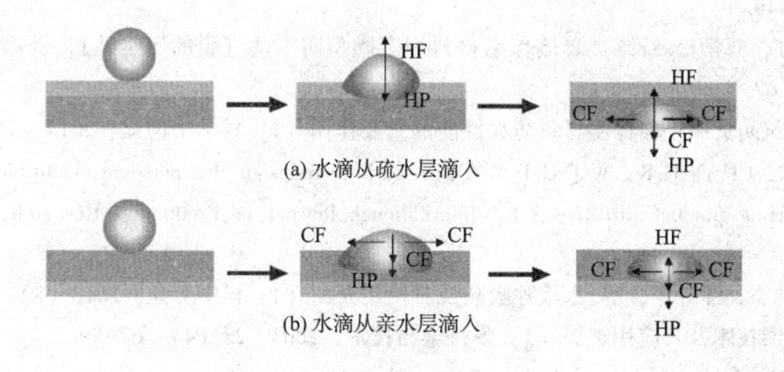

(a) 水滴从疏水层滴入

(b) 水滴从亲水层滴入

图 3-45　单向导湿的机理图

—水　　HP—流体静压

—PS/PU 疏水　　CF—毛细作用力

—PAN/SiO_2 亲水　　HF—疏水作用力

参考文献

[1] 黄机质，张建春. 防水透湿织物的发展与展望 [J]. 棉纺织技术，2003，31 (2)：5-8.

[2] 邵改芹. 防水透湿织物研究新进展 [J]. 产业用纺织品，2004，22 (6)：42-45.

[3] 李朝晖，王春梅. 防水透湿织物的种类和发展 [J]. 山东纺织科技，2005，46 (2)：42-44.

[4] 鲍丽华. 防水透湿层压织物的性能研究与开发 [D]. 北京：北京服装学院，2010.

[5] 张建春，黄机质. 织物防水透湿原理与层压织物生产技术 [M]. 北京：中国纺织出版社，2003.

[6] RAZA A，LI Y，SHENG J，et al. Protective clothing based on electrospun nanofibrous membranes [M] // Electrospun nanofibers for energy and environmental applications. Sprnger Berlon Heidelberg，2014.

[7] 李显波，防水透湿织物生产技术 [M]. 北京：化学工业出版社，2006.

[8] YAMAMOTO K，OGATA S. 3-D thermodynamic analysis of superhydrophobic surfaces [J]. Journal of Colloid & Interface Science，2008，326 (2)：471-477.

[9] SAKAI M，SONG J H，YOSHIDA N，et al. Direct observation of internal fluidity in a water droplet during sliding on hydrophobic surfaces. [J]. Langmuir the Acs Journal of Surfaces & Colloids，2006，22 (11)：4906-4909.

[10] PECKU S，MERWE T L V D，ROLFES H，et al. Starch as antiblocking agent in breathable polyurethane membranes [J]. Journal of Vinyl & Additive Technology，2010，13 (4)：215-220.

[11] 郝新敏. 国外防水透湿多功能织物加工原理及现状 [J]. 中国个体防护装备，1995 (2)：22-24.

[12] SHI Y，LI Y，WU J，et al. A novel transdermal drug delivery system based on self-adhesive Janus nanofibrous film with high breathability and monodirectional water-penetration [J]. Journal of Biomaterials Science Polymer Edition，2014，25 (7)：713-728.

[13] STUCKI M，KELLENBERGER C R，LOEPFE M，et al. Internal polymer pore functionalization through coated particle templating affords fluorine-free green functional textiles [J]. Journal of Materials Chemistry A，2016，4 (39)：1030-1039.

[14] 姜为青，陈春侠，刘华，等. 利用贴合技术开发多功能军用雨衣面料 [J]. 上海纺织科技，2016 (10)：35-37.

[15] 杨柳，杨建忠，李龙. 消防服用多层织物的热防护性能 [J]. 合成纤维，2014，43 (9)：28-30.

[16] 张文华. 防水透气膜及其在建筑外墙中的应用 [J]. 中国建筑防水，2011 (24)：4-7.

[17] 白莉，齐子姝，于周丰. 严寒地区围护结构结露及最大允许传热系数 [J]. 建筑热能通风空调，2008，27 (1)：48-49.

[18] 路国忠，周红，郑学松. 纤维类幕墙保温材料用阻燃型防水透气膜的研制 [J]. 新型建筑材料，2014，41 (2)：64-67.

[19] 常乐. 探析建筑防火中外墙保温材料防火性能的重要作用 [J]. 科学中国人，2014 (16)：2.

[20] YUNG W K C，CHAN H K，WONG D W C，et al. Eco-redesign of a personal electronic product subject to the energy - using product directive [J]. International Journal of Production Research，2012，50 (5)：1411-1423.

[21] 彭新亮，吴坤杰，潘开宇，等. 水族呼吸袋及其使用介绍 [J]. 科学养鱼，2012 (8)：78-79.

[22] 吴庸烈. 膜蒸馏技术及其应用进展 [J]. 膜科学与技术，2003，23 (4)：67-79.

[23] KHAYET M. Membranes and theoretical modeling of membrane distillation：a review. [J]. Adv Colloid Interface Sci，2011，164 (1)：56-88.

[24] PRINCE J A，SINGH G，RANA D，et al. Preparation and characterization of highly hydrophobic poly (vinylidene fluoride) -Clay nanocomposite nanofiber membranes (PVDF-clay NNMs) for desalination using direct contact membrane distillation [J]. Journal of Membrane Science，2012，397-398 (none)：80-86.

[25] LI X, WANG C, YANG Y, et al. Dual-biomimetic superhydrophobic electrospun polystyrene nanofibrous membranes for membrane distillation. [J]. Acs Appl Mater Interfaces, 2014, 6 (4): 2423-2430.
[26] HOLMES D A. 12-Waterproof breathable fabrics [J]. Handbook of Technical Textiles, 2000, 29: 282-315.
[27] KOTHARI V K, SANYAL P. Fibres and fabrics for active sportswear [J]. Asian Textile Journal, 2003, 12: 55-61.
[28] KRISHNAN S. Waterproof breathable polyurethane membranes and porous substrates protected therewith: WO 1993.
[29] 潘莺, 王善元. Gore-tex 防水透湿层压织物的概述 [J]. 东华大学学报 (自然科学版), 1998 (5): 110-114.
[30] 曾一鸣, 丁怀宇, 施艳荞, 等. 热致相分离法微孔膜 (Ⅰ) 相分离和孔结构 [J]. 膜科学与技术, 2006, 26 (5): 93-98.
[31] MENG J, LIN S, XIONG X . Preparation of breathable and superhydrophobic coating film via spray coating in combination with vapor-induced phase separation [J]. Progress in Organic Coatings, 2017, 107: 29-36.
[32] 高长, 胡小红, 管建均, 等. 热致相分离技术制备聚氨酯多孔膜的条件控制 [J]. 高分子学报, 2001, 1 (3): 351-356.
[33] WANG J, LI Y, H. TIAN, J. SHENG, J, et al . Waterproof and breathable membranes of waterborne fluorinated polyurethane modified electrospun polyacrylonitrile fibers [J]. Rsc Advances, 2014, 4: 61068-61076.
[34] 林金友, 丁彬, 俞建勇. 静电纺丝制备高比表面积纳米多孔纤维的研究进展 [J]. 产业用纺织品, 2009, 27 (11): 1-5.
[35] 覃小红, 王善元. 静电纺丝纳米纤维的工艺原理、现状及应用前景 [J]. 高科技纤维与应用, 2004, 29 (2): 28-32.
[36] 尹泽芳, 王娇娜, 汪滨, 等. 基于静电纺丝技术的防水透湿层压织物的研究 [J]. 化工新型材料, 2016 (5): 191-193.
[37] LEE S, OBENDORF S K. Transport properties of layered fabric systems based on electrospun nanofibers [J]. Fibers & Polymers, 2007, 8 (5): 501-506.
[38] ZHENG Y S, MENG N, XIN B J. Effects of jet path on electrospun polystyrene fibers [J]. Polymers, 2018, 10 (8): 842-853.
[39] GE J, YANG S, FU F, et al. Amphiphobic fluorinated polyurethane composite microfibrous membranes with robust waterproof and breathable performances [J]. Rsc Advances, 2013, 3 (7): 2248-2255.
[40] 周颖, 姚理荣, 高强. 聚氨酯/聚偏氟乙烯共混膜防水透气织物的制备及其性能 [J]. 纺织学报, 2014, 35 (5): 23-29.
[41] ZHANG L, LI Y, YU J, et al. Fluorinated polyurethane macroporous membranes with waterproof, breathable and mechanical performance improved by lithium chloride [J]. Rsc Advances, 2015, 5 (97): 79807-79814.
[42] WANG Y, QIU F, XU B, et al. Preparation, mechanical properties and surface morphologies of waterborne fluorinated polyurethane-acrylate [J]. Progress in Organic Coatings, 2013, 76 (5): 876-883.
[43] XU Y, SHENG J, YIN X, et al. Functional modification of breathable polyacrylonitrile/polyurethane/TiO_2, nanofibrous membranes with robust ultraviolet resistant and waterproof performance [J]. Journal of Colloid and Interface Science, 2017: S0021979717309608.
[44] ZHANG M, SHENG J, XIA Y, et al. Polyvinyl butyral modified polyvinylidene fluoride breathable-waterproof nanofibrous membranes with enhanced mechanical performance [J]. Macromolecular Materials & Engineering, 2016, 302 (8).
[45] SHENG J, YANG L, WANG X, et al. Thermal inter-fiber adhesion of the polyacrylonitrile/fluorinated polyurethane nanofibrous membranes with enhanced waterproof-breathable performance [J]. Separation & Purification Technology, 2016, 158: 53-61.

[46] SHENG J, XU Y, YU J, et al. Robust fluorine-free superhydrophobic amino-silicone Oil/SiO_2 modification of electrospun polyacrylonitrile membranes for waterproof-breathable application [J]. Acs Applied Materials & Interfaces, 2017, 9 (17): 15139.

[47] JING W, WANG N, LI W, et al. Unidirectional water-penetration composite fibrous film via electrospinning [J]. Soft Matter, 2012, 8 (22): 5996.

[48] FASHANDI H, GHOMI A R. Developing breathable double-layered fibrous membranes equipped with water pulling mechanism toward clothing with enhanced comfort [J]. Advanced Engineering Materials, 2017, 19 (7): 1600863.

[49] DONG Y, KONG J, MU C, et al. Materials design towards sport textiles with low-friction and moisture-wicking dual functions [J]. Materials & Design, 2015, 88: 82-87.

[50] BABAR A A, WANG X, IQBAL N, et al. Tailoring differential moisture transfer performance of nonwoven/polyacrylonitrile - SiO_2 nanofiber composite membranes [J]. Advanced Materials Interfaces, 2017, 4 (15): 1700062.

[51] BABAR A A, MIAO D, ALI N, et al. Breathable and colorful cellulose acetate-based nanofibrous membranes for directional moisture transport. [J]. ACS Applied Materials & Interfaces, 2018, 10 (26): 22866-22875.

[52] MIAO D Y, HUANG Z, WANG XF, et al. Continuous, spontaneous, and directional water transport in the trilayered fibrous membranes for functional moisture wicking textiles [J]. Small, 2018, 1801527.

[53] SADIGHZADEH A, VALINEJAD M, REZAIEFARD A G A. Synthesis of polymeric electrospun nanofibers for application in waterproof-breathable fabrics [J]. Polymer Engineering & Science, 2016, 56 (2): 143-149.

[54] 宦思琪，程万里，白龙，等. 静电纺丝制备聚苯乙烯/纳米纤维素晶体纳米复合薄膜及其性能表征 [J]. 高分子材料科学与工程，2016，32 (3)：141-146.

[55] XIAOHONG L I, DING B, LIN J, et al. Enhanced mechanical properties of superhydrophobic microfibrous polystyrene mats via polyamide 6 nanofibers [J]. Journal of Physical Chemistry C, 2012, 113 (47).

[56] BEDANE A H, EIĆ M, FARMAHINI-FARAHANI M, et al. Water vapor transport properties of regenerated cellulose and nanofibrillated cellulose films [J]. Journal of Membrane Science, 2015, 493: 46-57.

[57] HAN S, RUTLEDGE G C. Thermoregulated gas transport through electrospun nanofiber membranes [J]. Chemical Engineering Science, 2015, 123 (6): 557-563.

[58] KIM K, KANG M, CHIN I J, et al. Unique surface morphology of electrospun polystyrene fibers from a *N*, *N*-dimethylformamide solution [J]. Macromolecular Research, 2005, 13 (6): 533-537.

[59] KURUSU R S, DEMARQUETTE N R. Blending and morphology control to turn highly hydrophobic SEBS electrospun mats superhydrophilic [J]. Langmuir the Acs Journal of Surfaces & Colloids, 2015, 31 (19): 5495.

[60] YOU J B, YOO Y, OH M S, et al. Simple and reliable method to incorporate the Janus property onto arbitrary porous substrates. [J]. Acs Applied Materials & Interfaces, 2014, 6 (6): 4005-4010.

[61] SI Y, FU Q, WANG X, et al. Superelastic and superhydrophobic nanofiber-assembled cellular aerogels for effective separation of oil/water emulsions. [J]. Acs Nano, 2015, 9 (4): 3791.

[62] LEE S, OBENDORF S K. Developing protective textile materials as barriers to liquid penetration using melt-electrospinning [J]. Journal of Applied Polymer Science, 2010, 102 (4): 3430-3437.

[63] GU X, Li N, CAO J, et al. Preparation of electrospun polyurethane/hydrophobic silica gel nanofibrous membranes for waterproof and breathable application [J]. Polymer Engineering & Science, 2017.

[64] WANG J, RAZA A, SI Y, et al. Synthesis of superamphiphobic breathable membranes utilizing SiO_2 nanoparticles decorated fluorinated polyurethane nanofibers [J]. Nanoscale, 2012, 4 (23): 7549.

[65] XUE C H, LI Y R, ZHANG P, et al. Washable and wear-resistant superhydrophobic surfaces with self-cleaning property by chemical etching of fibers and hydrophobization [J]. ACS Applied Materials & Interfaces,

2014, 6 (13): 10153-10161.

[66] GULDIN S, KOHN P, STEFIK M, et al. Self-cleaning antireflective optical Coatings [J]. Nano Letters, 2013, 13 (11): 5329-5335.

[67] ELLERBEE A K, PHILLIPS S T, SIEGEL A C, et al. Quantifying colorimetric assays in paper-based microfluidic devices by measuring the transmission of light through paper [J]. Analytical Chemistry, 2009, 81 (20): 8447-8452.

[68] XUE C H, BAI X, JIA S T. Robust, self-healing superhydrophobic fabrics prepared by one-step coating of PDMS and octadecylamine [J]. Sci Rep, 2016, 6: 27262.

[69] 肖雅倩, 辛斌杰, 陈卓明, 等. 单向导湿纤维及织物的研究进展 [J]. 河北科技大学学报, 2017, 38 (4): 395-402.

[70] 施楣梧, 陈运能, 姚穆. 织物湿传导理论与实际的研究 第三报: 液态水在织物中的吸收、传输与蒸发的研究 [J]. 西安工程大学学报, 2001, 15 (2): 15-23.

[71] 姚穆, 施楣梧, 蒋素婵. 织物湿传导理论与实际的研究 第一报: 织物的湿传导过程与结构的研究 [J]. 西安工程大学学报, 2001, 15 (2): 1-8.

[72] FAURE E, FALENTIN-DAUDRÉ C, LANERO T S, et al. Functional nanogels as platforms for imparting antibacterial, antibiofilm, and antiadhesion activities to stainless steel [J]. Advanced Functional Materials, 2015, 22 (24): 5271-5282.

[73] MA W, LONG Y T. Quinone/hydroquinone-functionalized biointerfaces for biological applications from the macro-to nano-scale [J]. Chemical Society Reviews, 2014, 45 (15): 30-41.

[74] BARRETT D G, SILEIKA T S, MESSERSMITH P B. Molecular diversity in phenolic and polyphenolic precursors of tannin-inspired nanocoatings [J]. Chemical Communications, 2014, 50 (55): 7265-7268.

[75] XI Z Y, XU Y Y, ZHU L P, et al. A facile method of surface modification for hydrophobic polymer membranes based on the adhesive behavior of poly (DOPA) and poly (dopamine) [J]. Journal of Membrane Science, 2009, 327 (1): 244-253.

[76] LU S, ZHEN X W, YONG L Z, et al. A facile strategy to enhance PVDF ultrafiltration membrane performance via self-polymerized polydopamine followed by hydrolysis of ammonium fluotitanate [J]. Journal of Membrane Science, 2014, 461 (7): 10-21.

[77] DONG Y, KONG J, SI L P, et al. Tailoring surface hydrophilicity of porous electrospun nanofibers to enhance capillary and push-pull effects for moisture wicking [J]. Acs Applied Materials & Interfaces, 2014, 6 (16): 14087.

[78] MÜLLER M, KESSLER B. Deposition from dopamine solutions at Ge substrates: an in situ ATR-FTIR study. [J]. Langmuir the Acs Journal of Surfaces & Colloids, 2011, 27 (20): 12499-12505.

第四章　纤维素材料的功能化处理

第一节　引言

抗菌剂分为天然抗菌剂、无机抗菌剂和有机抗菌剂。无机抗菌剂以其具有广谱抗菌、无毒、耐久、安全、应用范围广泛等优势，在抗菌市场中立不败之地[1-2]。铜属于银系列无机抗菌剂，也被称为“第二银”，是价格相对低廉、抗菌效果良好的抗菌剂[3]。

铜基抗菌纤维的生产方法有两种：一种是棉纤维上镀氧化铜，另一种是将氧化铜粉末加入纺丝液中共混纺丝。两种方法都没有摆脱铜原有色彩对纤维感观的影响，且手感较差。部分合成纤维或天然纤维中均含有不同的有机官能团及配位基团，在合适的条件下能与金属离子络合[4-5]。1998 年，陈文兴等考察了铜离子络合纤维的配位结构与抗菌性的关系[6-8]，得出配位结构越不稳定，抗菌性越强，耐洗性越差，并通过设计合理的配位结构得到抗菌效果好且耐水洗的消臭抗菌纤维。

目前，铜离子抗菌纤维多为接枝改性后获得，即铜离子与改性后纤维的配位化学键结合，从而使纤维具有抗菌性能[6-7]。在 2002 年余志成等用多元羧酸对纤维素纤维进行化学修饰制备铜离子抗菌纤维[8]；2007 年王军等通过将棉纤维碱化、环氧化、烯胺化，再经 Cu（Ⅱ）离子吸附制备载铜抗菌棉纤维[9]。

秦中悦等用铜氨溶液处理竹浆纤维织物，研究了反应时间和处理浴比等因素对铜离子络合量和络合平衡的影响，并对处理后的织物的抗紫外能和抗菌性能进行了测试[10-11]，发现铜氨溶液的临界浓度为 0. 05mol/L 时得到的铜离子络合竹浆纤维具有良好的抗菌效果。铜氨离子络合竹浆纤维对金黄色葡萄球菌的抗菌效果如图 4-1（a）所示，对大肠杆菌的抗菌效果如图 4-1（b）所示。

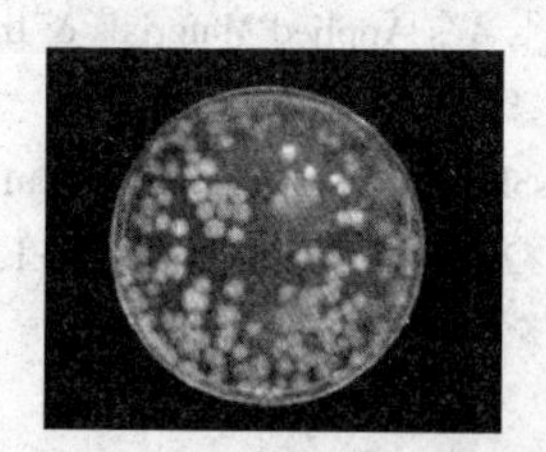
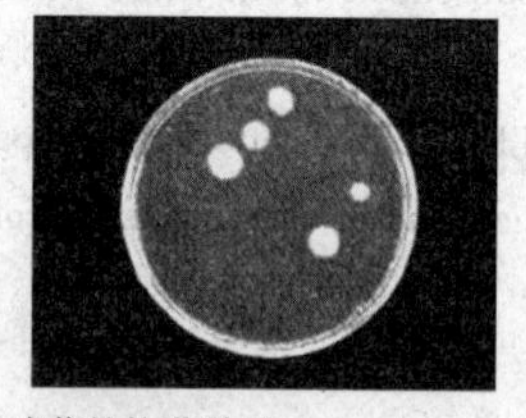

(a) 竹浆纤维对金黄色葡萄球菌的抗菌效果

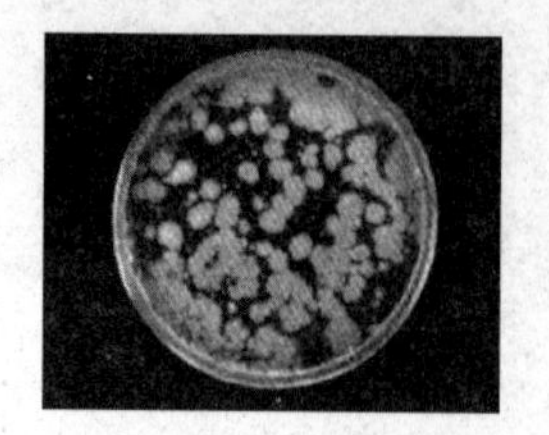
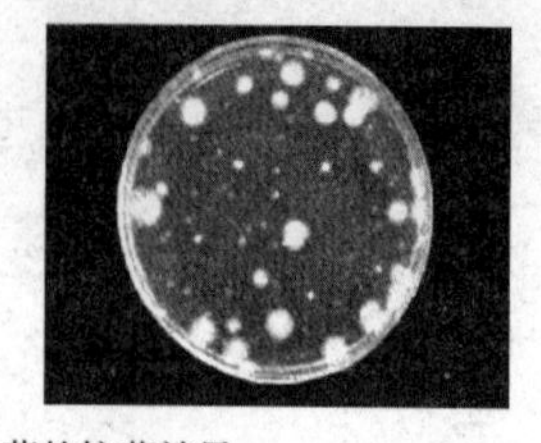

(b) 竹浆纤维对大肠杆菌的抗菌效果

图 4-1　竹浆纤维抗菌效果图

在抗菌纤维和抗菌纺织品的开发中，抗菌效果的评价十分重要，最新的国际标准有：ISO 20645：2004 纺织品抗菌活性的测定——琼脂扩散板试验；ISO 20743：2013 纺织品抗菌活性的测定标准；AATCC 100—2012 抗菌纺织品的评价方法等[9,12-13]。抗菌测试国家标准采用的方法主要有：琼脂皿扩散法、吸收法、振荡法，本章所用的抗菌测试标准为 GB/T 20944. 1—2007《纺织品抗菌性能的评价　第 3 部分：振荡法》[14]。

选择革兰阳性菌：金黄色葡萄球菌是抵抗力最强的致病菌，属于无芽孢细菌，可作为革兰阳性菌的代表；革兰阴性菌：大肠杆菌，分布范围广泛，通常作为革兰阴性菌的代表性用于测试[15]。

第二节　天然纤维素的活化溶解及再生纤维素膜的制备

一、实验部分

（一）实验材料和仪器

主要实验材料和仪器见表 4-1 和表 4-2。

表 4-1　实验材料

药品名称	规格	生产厂家
N,*N*-二甲基乙酰胺(DMAC)	分析纯	国药集团化学试剂有限公司
氯化锂(LiCl)	分析纯	国药集团化学试剂有限公司
乙醇(C_2H_6O)	分析纯	国药集团化学试剂有限公司
甲醇(CH_2OH)	分析纯	国药集团化学试剂有限公司
去离子水	化学纯试剂	屈臣氏蒸馏水公司

表 4-2　实验仪器

仪器	型号	生产厂家
超声波清洗器	KQ-700 型	昆山市超声仪器有限公司
数显恒温油浴锅	HH-S 型	金坛市江南仪器厂
电子天平	AL104 型	瑞士/AL104 经典系列普及
真空烘箱	DZF-6050 型	上海一恒科技有限公司
搅拌器	IKA RW20 型	德国司 IKA 公司
匀胶机	KW-4A 型	上海凯美特陶瓷技术有限公司
光学显微镜	XS-213 型	南京江南光学仪器有限公司
FTIR 红外光谱分仪	AVATAR380 型	美国 Thermo Fisher 公司
扫描电子显微镜	S-3400N 型	日本日立高新技术公司
热失重分析仪	STA PT-1000 型	德国司 Linseis 公司
X 射线衍射仪	K780FirmV-06 型	日本理光集团

（二）天然纤维素的活化工艺

活化是保证天然纤维素充分溶解最重要的预处理步骤，活化的目的是尽可能地破坏纤维素之间的氢键，增加可反应的活性羟基数量，最终改善天然纤维素纤维的反应活性。纤维素在 LiCl/DMAC 体系中的活化研究较多且效果较理想的方法主要有以下三种：（a）热碱活化法[16]，是用高浓度 NaOH 对纤维进行润胀，再用去离子水洗净并中和干燥；（b）溶剂交换法[17]，是指将纤维依次在 H_2O、甲醇（或乙醇）、DMAC 中进行溶胀和溶剂交换，溶胀时间和交换次数根据不同实验而有所不同，但一般活化过程耗时较长，步骤复杂；（c）热 DMAC 活化法[18]，一般是指将纤维加入 150℃以上的 DMAC 中活化一定时间，然后再加入 LiCl 溶解，该方法操作简单、节省时间，但温度过高会引起纤维素的降解。本文在参考前人[19-21]研究工作的基础上，对比了纤维素在不同活化温度下的溶解效果和再生纤维素薄膜的力学性能，优化了活化方案：在 130℃条件下，用热 DMAC 对天然棉纤维进行回流活化，时间为 60min，采用 N_2 保护。该活化方案能有效降低纤维的氧化降解程度且溶解效果良好。

LiCl/DMAC 体系中的微量水分会对其溶解性能和稳定性产生影响。图 4-2（a）为采用普通烘干的 LiCl 构成的 LiCl/DMAC 体系对纤维素进行溶解的效果图，图中可见，纤维难以被充分溶解，导致分层现象出现。因此，本研究首先通过钠 A 型（4A）分子筛去除 LiCl/DMAC 体系中的微量水分，随后进行纤维素的溶解实验。图 4-2（d）为纤维素溶解过程中采用的实验设备，整个实验过程采用 N_2 保护，降低微量水分对整个溶解过程的影响。图 4-3 为棉纤维在 LiCl 真空干燥前后构成的 LiCl/DMAC 体系对纤维素的溶解效果对比图。

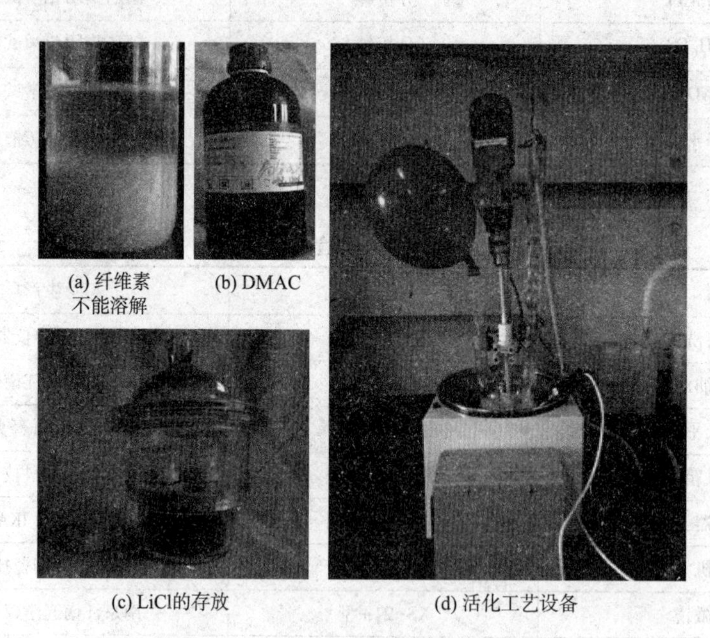

(a) 纤维素不能溶解　(b) DMAC　(c) LiCl的存放　(d) 活化工艺设备

图 4-2　试剂预处理及活化实验装置

（三）纤维素有机溶液的制备

将一定量的 DMAC 加入三口烧瓶，升温到 130℃，在 N_2 保护、冷凝回流条件下加入剪碎的天然棉纤维，活化 60min；降温到 100℃，迅速加入 9% 的 LiCl，以 470r/min 搅拌溶解

(a) 棉纤维溶解不良
(LiCl未经真空干燥)

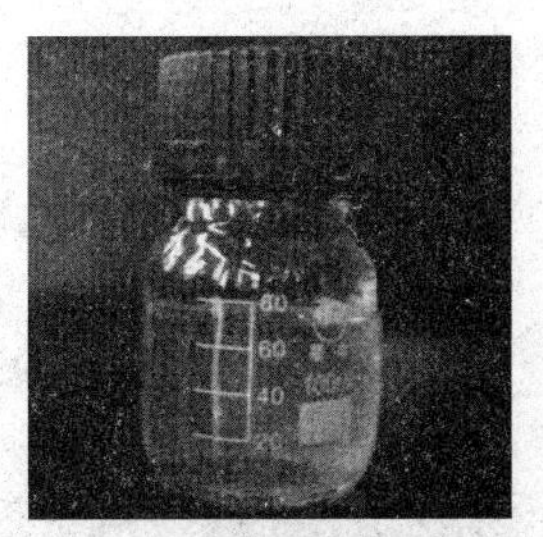

(b) 棉纤维溶解
(LiCl经真空干燥)

图 4-3　水对配置 LiCl/DMAC 棉纤维溶液体系的影响分析

120min；降至室温（20~25℃），搅拌 120min，即可制得均匀稳定的纤维素/LiCl/DMAC 有机溶液（制膜液），然后用超声波对制膜液进行消泡处理。采用该方法制备 LiCl 质量分数为 0.5%~4.5%的纤维素/LiCl/DMAC 制膜液系列，如图 4-4 所示。

图 4-4　不同 LiCl 质量分数的纤维素/LiCl/DMAC 制膜液

（四）再生纤维素膜的制备

取上述纤维素/LiCl/DMAC 制膜液制备再生纤维素膜，可采用以下两种制膜工艺。

工艺 1：KW-4A 匀胶机高速旋转涂膜，如图 4-5（a）所示，先以 500r/min 旋转 10s，使制膜液在基片上均匀摊开，到设定时间后自动转换为 1000r/min 旋转 15s，甩出多余的溶液，使制膜液厚度均匀，最后将基片放入水或乙醇中萃取出有机溶剂，得到再生纤维素膜。

工艺 2：AFA-II 自动涂膜器，如图 4-5（b）所示，以 3cm/s 水平推移，得到厚度均匀的薄膜，溶剂的萃取如工艺 1。

将上述两种工艺制备的再生纤维素膜系列在 30℃鼓风干燥箱中烘干，用于各项性能测试。

二、数据分析

（一）纤维素有机溶液黏度测试

图 4-6 所示为不同 LiCl 质量分数的天然纤维素制膜液在 20℃、30℃、35℃、40℃、50℃五个温度梯度下的黏度变化曲线。同一温度条件下，纤维素质量分数越高，制膜液黏度越大，

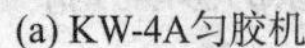

(a) KW-4A匀胶机

(b) AFA-Ⅱ自动涂膜器

图 4-5　制膜设备图

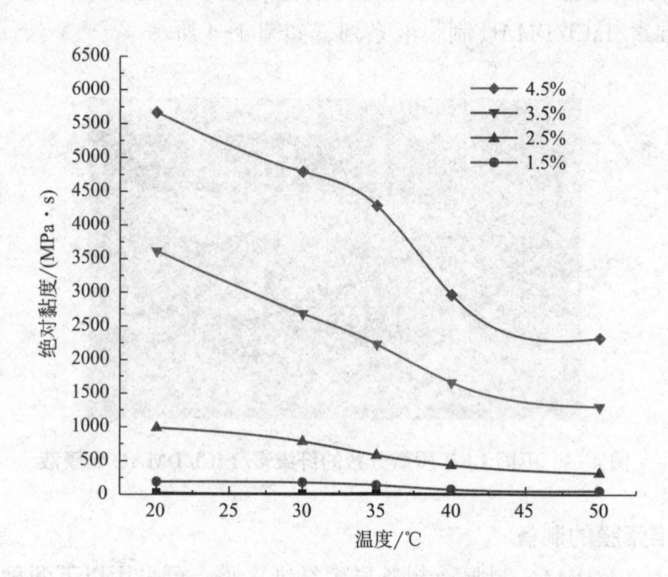

图 4-6　不同 LiCl 质量分数的制膜液黏度变化图

因为随着质量分数的增大，大分子间作用力变大，导致制膜液的流动性变差；其他条件相同时，测试温度越高，制膜液黏度越低，因为随着温度的升高，大分子间作用力减弱，有利于大分子间的运动[23]。

（二）光学显微镜和扫描电子显微镜（SEM）观察

图 4-7 所示为制备的再生纤维素膜系列样品的宏观和微观形貌照片，再生纤维素膜有良好的透明性、韧性，没有明显的大孔缺陷结构，与在 $NMMO/H_2O$ 体系中制备的再生纤维素膜相似[24]。

（三）X 射线衍射（XRD）分析

图 4-8 所示为不同质量分数的再生纤维素膜和原天然棉纤维的 X 射线衍射图，与表 4-3 对照可以看出，在 $2\theta=15.0°$、$16.9°$、$23.1°$和 $34.6°$时，原天然棉纤维显示纤维素Ⅰ晶型的特征峰，再生纤维素膜显示纤维素Ⅱ晶型的特征峰[25]。

(a) 再生纤维素薄膜系列

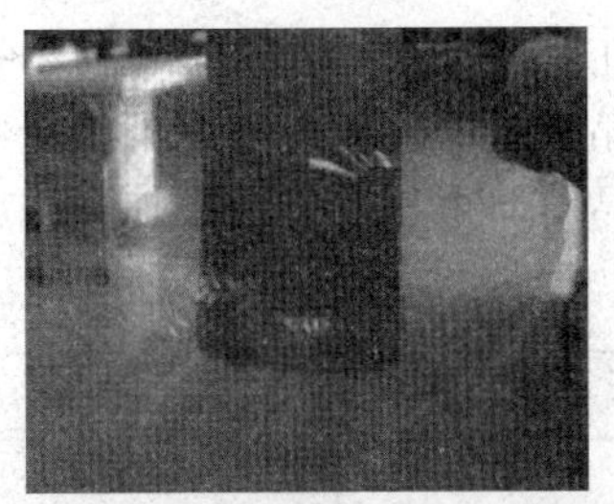

(b) 再生纤维素膜有良好的透明性

(c) 显微镜(400倍)

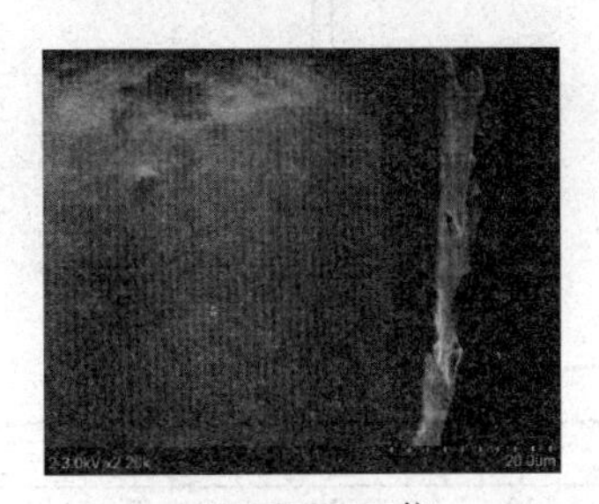

(d) SEM(2200倍)

图 4-7　再生纤维素膜宏观和微观形貌照片

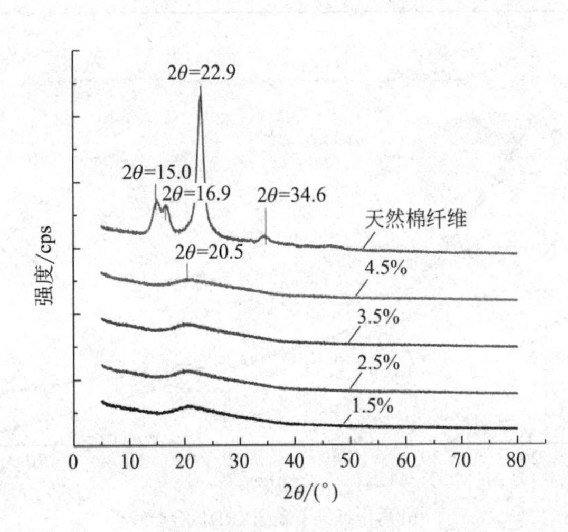

图 4-8　天然棉纤维和不同质量分数再生纤维素膜的 XRD 图

表 4-3　纤维素 I 和纤维素 II 的特征位置峰[26-27]

纤维素类型	特征位置峰 2θ/(°)		
纤维素 I	14. 8	16. 6	22. 7
纤维素 II	12. 3	20. 2	21. 9

从图 4-8 可以看出，天然棉纤维衍射峰很尖锐，再生纤维素膜衍射峰比较平缓，强度远低于棉纤维，纤维素再生前后晶型发生明显的转变。利用 XRD 数据分析软件 jade 对其进行分

峰拟合计算结晶度，误差 $R<3.0$，拟合结果如图 4-9 所示，天然棉纤维的结晶度为 74.3%，与朱育平等[28]所测白棉纤维结晶度（70.64%）相差小于 5%。再生纤维素膜的衍射峰宽度较大，多为非结晶峰，以此可推测原天然纤维素的结晶区遭到较大程度的破坏，再生后的纤维素膜虽重新结晶，但结晶度仍较小。

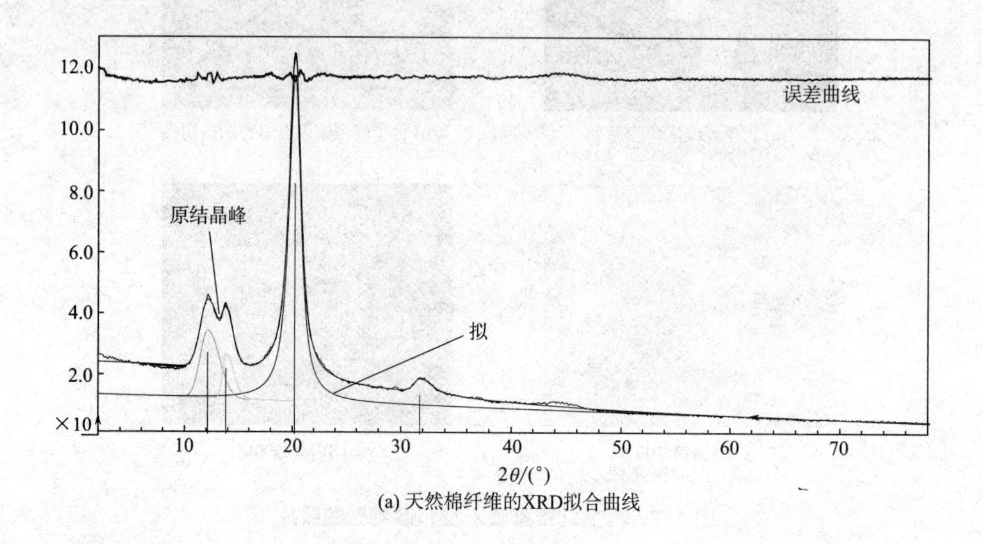

(a) 天然棉纤维的XRD拟合曲线

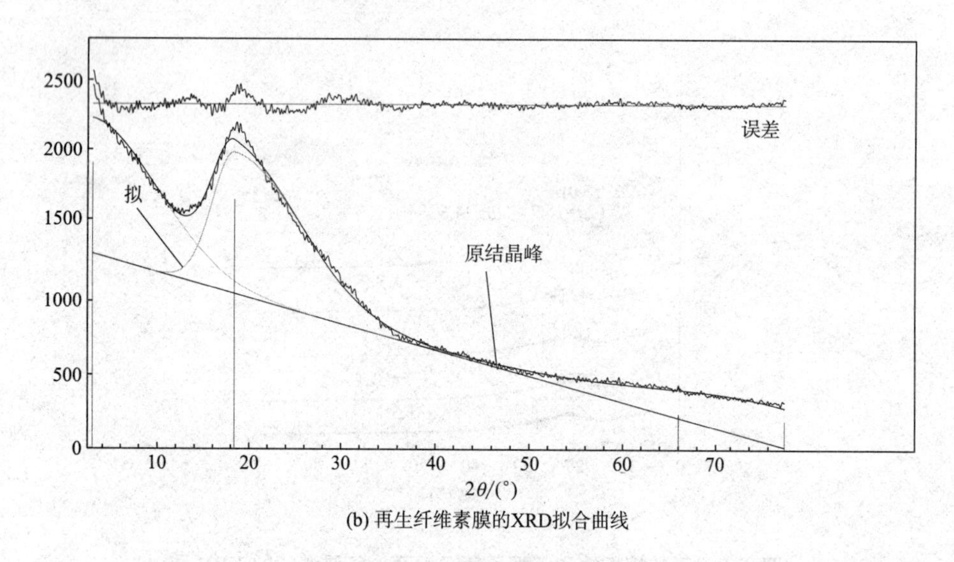

(b) 再生纤维素膜的XRD拟合曲线

图 4-9 XRD 分峰拟合曲线

从图 4-10 可以得出，经 DMAC 活化后的天然纤维素与未经活化的天然纤维素相比结晶峰衍射强度下降，活化过程破坏了纤维素的结晶区。图 4-11 为两种不同成膜工艺得到的再生纤维素膜的 XRD 图谱，由此可以得出，高速度（工艺 1）下制备的再生纤维素膜的结晶度略高于低速度（工艺 2）条件下制备的再生纤维素膜。不同成膜工艺对再生纤维素膜的结晶度有影响，高速度使得再生纤维素膜的取向度、结晶度增加。

（四）热重分析（TG）与差示扫描量热（DSC）分析

原天然棉纤维和再生纤维素膜在 20℃/min 的升温速率下进行热稳定性能的表征，

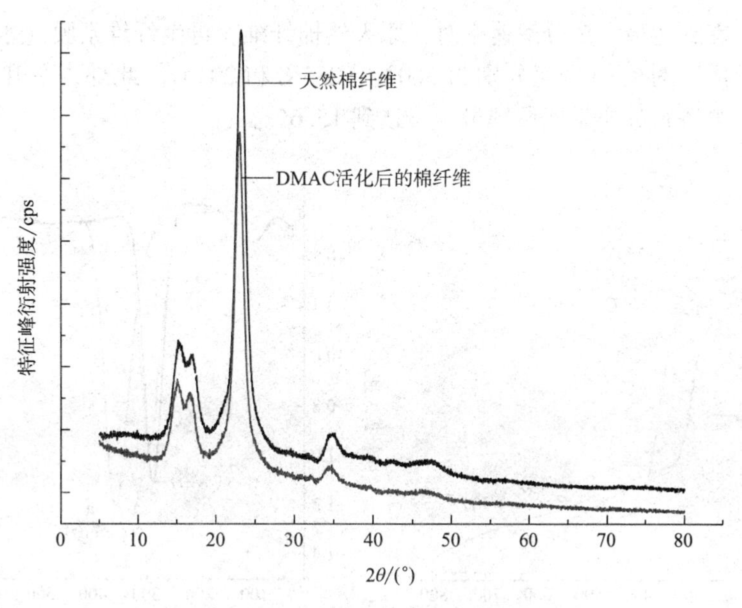

图 4-10　DMAC 活化前后纤维素结晶性能

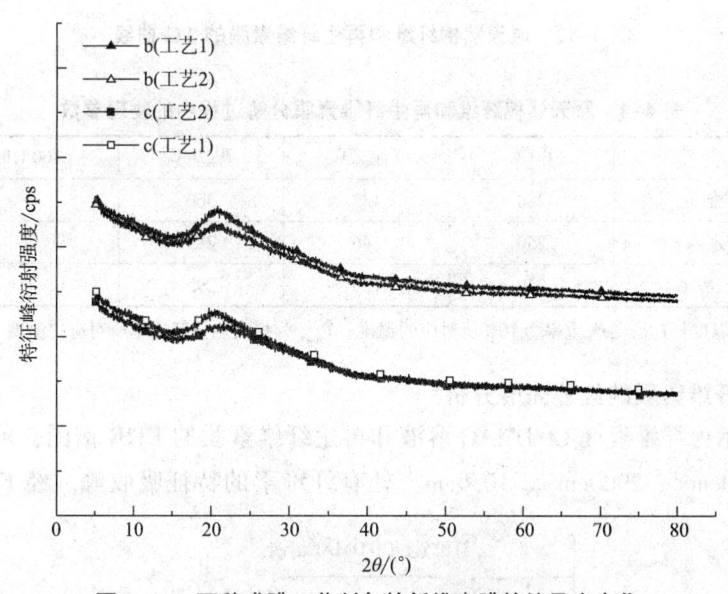

图 4-11　两种成膜工艺制备的纤维素膜的结晶度变化

图 4-12 为两种材料的热失重（TG）曲线和微商热失重（DTG）曲线，表 4-4 是其分解过程中相对应的物理参数。图中样品的热分解失重行为表现为 3 个阶段的分解过程。第一阶段为微量失重阶段，质量的减少主要来源于纤维素大分子间结合水和纤维素材料中 DMAC 等溶剂的挥发；第二阶段为热分解阶段，主要是小分子量低聚物的分解引起的失重；第三阶段为成炭稳定阶段，在此阶段，纤维素膜和棉纤维大部分已被炭化，温度的升高对残余物的失重影响不大，但在此阶段再生纤维素膜的残余率一直高于原纤维素的残余率。对此现象的解释为：溶解再生后的纤维素膜晶型由纤维素Ⅰ转变为纤维素Ⅱ，纤维素Ⅱ相比纤维素Ⅰ的分子构象不容易发生反转，更容易发生脱水、脱羧反应生成 H_2O、CO_2 和残渣，导致残余率较高[27]。

从表4-4可知，在到达最大热分解速率时，原天然棉纤维、再生纤维素膜（水浴）以及再生纤维素膜（乙醇浴）对应的温度分别为360℃、285℃和295℃。此外，在升温至700℃后，再生纤维素膜（水浴）的质量残留率最高，达到15.6%。

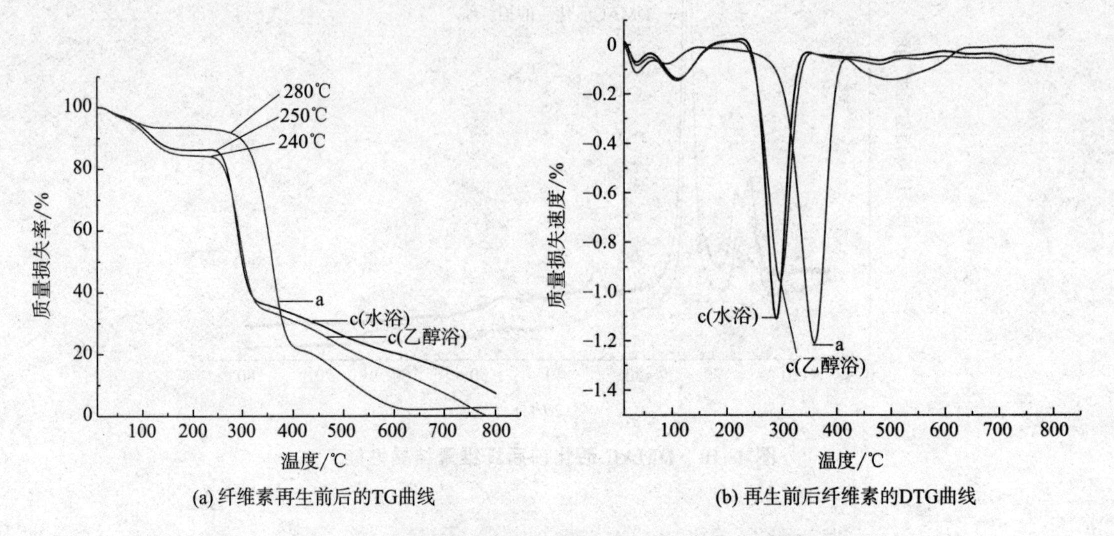

(a) 纤维素再生前后的TG曲线　　(b) 再生前后纤维素的DTG曲线

图 4-12　原天然棉纤维和再生纤维素膜的 TG 曲线

表 4-4　原天然棉纤维和再生纤维素膜分解过程中的物理参数

试样	T_0/℃	T_{10wt}/℃	T_{max}/℃	700℃时的残留率/%
原天然棉纤维	280	132	360	2.0
再生纤维素膜(水浴)	250	146	285	15.6
再生纤维素膜(乙醇浴)	240	139	295	5.7

注　T_0 为起始分解温度；T_{10wt} 为失重率为 10%所对应的温度；T_{max} 为最大热分解速率所对应的温度。

（五）再生纤维素膜的红外光谱分析

图 4-13 所示为纤维素/LiCl/DMAC 溶液和再生纤维素膜的 FTIR 谱图，可以看出，再生纤维素膜在 3400cm^{-1}、2900cm^{-1}、1050cm^{-1} 处有纤维素的特征吸收峰。经 FTIR 谱图分析，

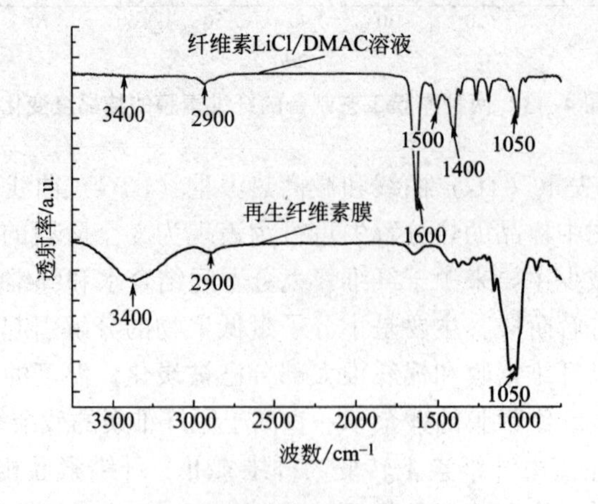

图 4-13　红外光谱分析

在 LiCl/DMAC 直接溶剂体系下制备的再生纤维素膜，纤维素大分子结构没有改变，仍具有天然纤维素的特征。

（六）再生纤维素膜的力学性能分析

在以往的研究中，对在 NMMO 体系[28-29] 和 NaOH/硫脲尿素体系[30] 凝固浴下对再生纤维素膜性能影响的研究较多，但对 LiCl/DMAC 体系凝固浴下对再生纤维素膜性能影响的研究较少。本章对在该体系凝固浴（水浴和乙醇浴）下制备的再生纤维素膜性能的影响进行了初步探索。

1. 制备工艺对再生纤维素膜力学性能的影响

从图 4-11 可明显看出，采用工艺 1 制备的再生纤维素膜的平均断裂强力明显高于采用工艺 2 制备的再生纤维素膜的平均断裂强力。从图 4-10 可以看出，高速度下制备的再生纤维素膜的特征峰衍射强度高于较低速度下制备的再生纤维素膜的特征峰衍射强度。

2. 活化温度对再生纤维素膜力学性能的影响

图 4-14 所示（a）为天然纤维素分别在 130℃和 150℃条件下活化后制备的再生纤维素膜的断裂强力，可知，活化温度对再生纤维素膜的强力有明显影响，从图 4-14（b）可以看出，150℃活化后的制膜液颜色明显深于 130℃活化后的制膜液颜色，其颜色是由于纤维素的氧化降解引起。

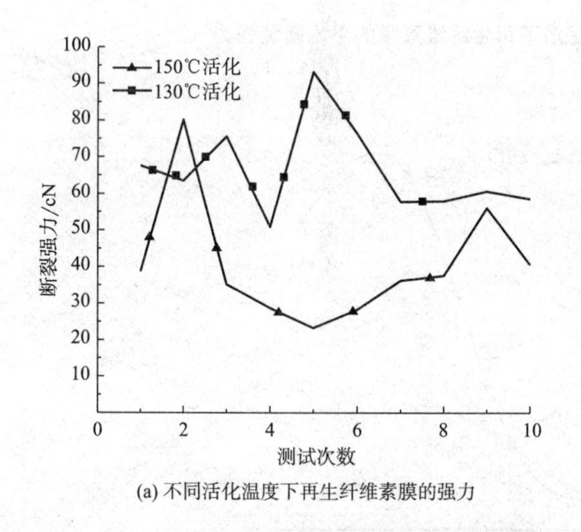

(a) 不同活化温度下再生纤维素膜的强力

(b) 不同温度活化的纤维素溶液

图 4-14　不同活化温度下的制膜液和再生纤维素膜的断裂强力测试

3. 纤维素质量分数对再生纤维素膜力学性能的影响

从图 4-15 可以看出，随着纤维素质量分数的增大，纤维素膜的平均断裂强力呈上升趋势，但当质量分数超过 3.5%时，随着质量分数的增大，再生纤维素膜的平均断裂强力反而降低。其原因可能是，随着质量分数的增大，制膜液的黏度迅速上升导致流动性变差，制备的再生纤维素膜的均匀性较差，从而导致膜的力学性能较差。因此，制膜液的黏度太高或太低均不利于增强再生纤维素膜的力学性能。

4. 凝固浴种类对再生纤维素膜力学性能的影响

从图 4-16 可知，在制备工艺和质量分数相同的条件下，以水为凝固浴的再生纤维素膜的平均断裂强力明显高于分别以甲醇、乙醇作为凝固浴的断裂强力，并且以甲醇为凝固浴的断裂强力略高于以乙醇为凝固浴的断裂强力，但相差很小。产生此种现象的原因为：水浴生成致密的再生纤维素膜，醇浴生成多孔性再生纤维素膜。对于在不同凝固浴中，产生再生纤维素膜的表面形态差异的原因为[24,31]：当溶剂和非溶剂的交换速率大于发生相分离的速率时，制膜液浸入凝固浴后不立即发生相分离，易制备较致密的再生纤维素膜[23]。

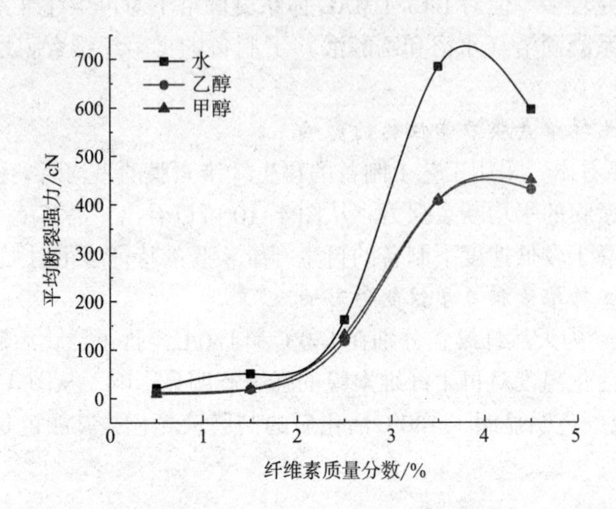

图 4-15　不同质量分数和凝固浴下再生纤维素膜的平均断裂强力

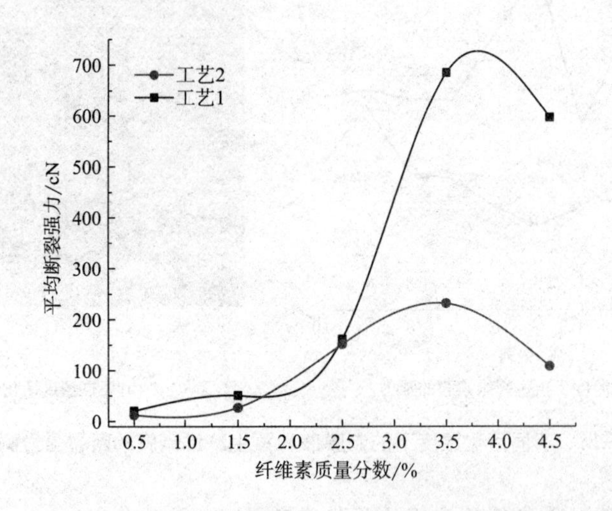

图 4-16　不同制备工艺的再生纤维素膜的平均断裂强力

（七）再生纤维素膜的表面浸润性能分析

现有研究中多使用水作为凝固浴，对其他常用凝固浴的研究很少且多是在 NMMO/H_2O 体系下做出的推论，对 LiCl/DMAC 法制备的再生纤维素膜形态的形成和变化规律的认识还远远不够[29]。

图 4-17 为不同凝固浴条件下制备的再生纤维素膜与聚氯乙烯膜、普通医用纱布的接触角（时间分别为水滴刚接触膜表面时和水滴在膜上停留 20s 时的膜表面浸润形态）测试对比，从图中可以看出，无论是在何种凝固浴中生成的再生纤维素膜，其润胀都比较明显，膜发生明显的

变形，而聚氯乙烯膜在测试前后没有明显的变化；医用纱布的表面孔隙较大，对水的吸收较快，所以没有明显的润胀。该实验表明，再生纤维素膜对水的溶胀性能比较明显，有良好的亲水性。

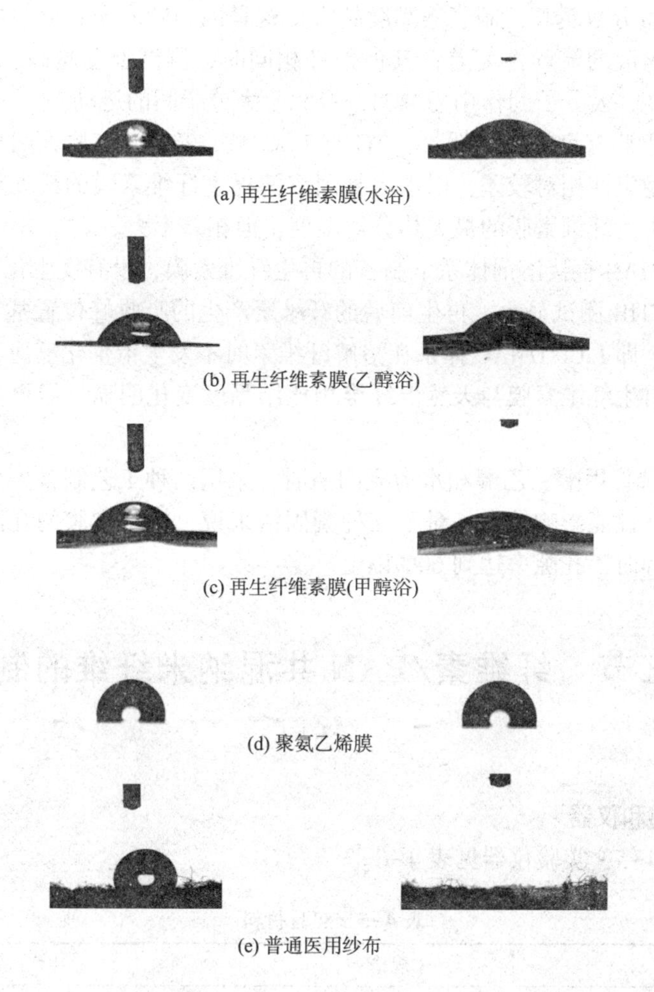

图 4-17　再生纤维素膜与其他材料的表面润胀性对比（接触时间为 20s）

图 4-18 是分别以水、乙醇、甲醇为凝固浴制备的再生纤维素膜的孔隙率。按凝固浴组成，分析凝固浴对膜孔结构影响，综合对比可得出，对于三种凝固浴来说，纤维素膜的孔隙率都比较高，且凝固浴为甲醇或乙醇时，孔隙率达到 60%以上。这种高孔隙率反映了纤维素膜的高溶胀率，是纤维素膜高亲水性的证明，图 4-17（a）、（b）和（c）的接触角测试也证明了该结论。随着凝固浴温度的升高，膜的孔隙率都有增加的趋势。

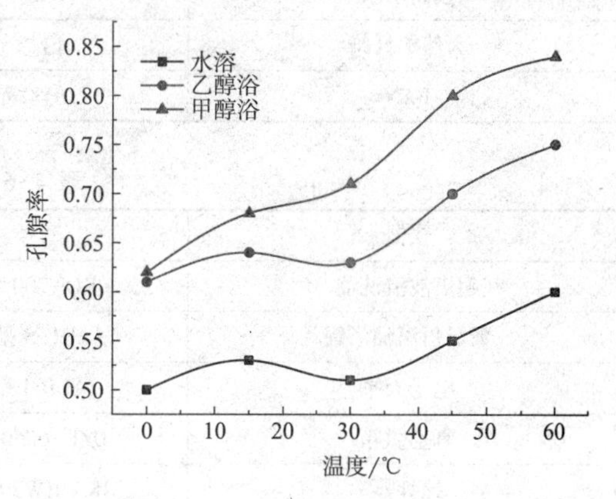

图 4-18　不同凝固浴下再生纤维素膜的孔隙率

三、结论

（1）本节通过 LiCl/DMAC 直接溶剂体系对

天然棉纤维进行活化处理，确定了最佳的活化工艺，配置不同质量分数的纤维素有机溶液系列。

(2) 纤维素质量分数越高，制膜液黏度越大，这是因为随着质量分数的增大，大分子间作用力变大导致制膜液的流动性变差；其他条件相同时，测试温度越高，制膜液黏度越低，因为随着温度的升高，大分子间作用力减弱，有利于大分子间的运动。

(3) 再生纤维素膜有良好的透明性，TG 与 DSC 测试表明，与原天然棉纤维相比，初始裂解温度降低，热稳定性相对较差；以水为凝固浴的再生纤维素膜的最大热分解温度略低于以乙醇为凝固浴的再生纤维素膜的最大热分解温度，但相差不大。

(4) 在 LiCl/DMAC 直接溶剂体系下制备的再生纤维素膜，没有发生化学变化，仍保持天然纤维素的特征。FTIR 测试显示，再生前后的纤维素产生的吸收峰位置基本相似，说明溶解前后成分是相同的，即 LiCl/DMAC 体系在溶解纤维素时不发生衍生化反应，对纤维素的溶解也属于直接溶解，再生纤维素膜与天然棉纤维相比结晶度变化明显，但再生纤维素膜力学性能仍然较好。

(5) 本节实验选择甲醇、乙醇和水为凝固浴时，采用两种工艺制备再生纤维素薄膜。凝固浴组成对膜的润涨性能影响较大。对于三种凝固浴来说，纤维素膜的孔隙率都比较高，且凝固浴为甲醇或乙醇时，孔隙率达到 60%以上。

第三节　纤维素/PAN 共混纳米纤维的制备

一、实验部分

(一) 实验材料和仪器

实验材料见表 4-5，实验仪器见表 4-6。

表 4-5　实验材料

药品名称	规格	生产厂家
N,*N*-二甲基乙酰胺(DMAC)	AR	国药集团化学试剂有限公司
氯化锂(LiCl)	AR	国药集团化学试剂有限公司
去离子水	CP	实验室自购
天然棉纤维	白棉	武城县信科纺织品有限公司
PAN	纺丝级	中国石化上海石油化工股份有限公司

表 4-6　实验仪器

仪器	型号	生产厂家
超声波清洗器	KQ-700 型	昆山市超声仪器有限公司
数显恒温油浴锅	HH-S 型	金坛市江南仪器厂
电子天平	AL104 型	瑞士/AL104 经典系列普及
真空烘箱	DZF-6050 型	上海一恒科技有限公司
搅拌器	IKA RW20 型	德国司 IKA 公司

（二）纤维素/PAN 纺丝液的制备

将一定量的 DMAC 加入三口烧瓶，常温条件下加入 PAN 纤维，搅拌 60min 即可得到 PAN 纺丝液。按照纤维素和 PAN 质量比为 100∶0、75∶25、50∶50、25∶75、0∶100，将上述制备好的纺丝液进行超声波振荡混合，得到不同比例的纺丝液。

（三）静电纺制备纤维素/PAN 纳米纤维

利用 KH-2 型静电纺丝机，调节电压、接收距离、推进速度等参数；将纺丝液注入注射器中，将注射器安放在推进器上；将铝箔纸包覆在滚筒上，铝箔纸横向拉直，保证表面平整，针头接高压电源正极，负极与接收装置连接，调节电压进行纺丝，通过调整注射泵的位置来改变针头与接收装置间的距离。

（四）纳米纤维的微观形貌表征

在共混纳米纤维表面喷镀厚度约为 10nm 的金属膜，采用日本日立公司的 S-3400N 扫描电子显微镜对再生纤维素膜的微观形貌进行观察。

利用 Image-Pro-Plus 图像软件对不同工艺参数下制备的样品照片进行统计分析，每张 SEM 照片上任取 50 根纤维测量其直径，得到纤维直径的频率分布和平均直径[32]。

二、单因素影响分析

在对静电纺丝工艺参数（如纺丝电压、纺丝距离、纺丝液流速等）对纤维形态的影响进行单因素分析时发现不可一概而论，宏观结论与多数研究者结论一致[33-34]。但是若流速太小，也会导致无法拉伸成形，纤维间粘连严重，影响纤维形貌，但不同工艺条件产生的具体影响要具体分析。

（一）纺丝液浓度对纤维形貌的影响

溶液黏度是影响静电纺丝工艺的重要参数，而相对分子质量又是影响纺丝液黏度的主要因素。一般，相对分子质量越大，大分子链段纠缠越多，溶液黏度越高。不同类型的聚合物对静电纺丝的影响有着较大的差异，不能一概而论[35-36]。

天然棉纤维的相对分子质量为 160000~250000（聚合度在 10000~15000），PAN 为 70000~10000，天然棉纤维的相对分子质量远远大于 PAN 的相对分子质量，所以溶液黏度的增加也不相同。例如，棉纤维的浓度从 1.0%（质量分数）增加到 4.5%（质量分数），常温下黏度从 200MPa·s 增加到 5000MPa·s；而 PAN 的浓度从 5%（质量分数）增加到 10%（质量分数），黏度从 180MPa·s 增加到 1500MPa·s。

图 4-19 所示为该比例的共混纺丝液浓度在 4%、6%、8%（质量分数，用 DMAC 稀释原液）时的静电纺纤维的 SEM 照片。分子链由于缠结程度低，当受到外力作用时，由于无法有效抵抗外力而出现断裂情况，从而形成大量串珠，如图 4-19（a）所示。当纺丝液浓度高于某临界值后，单位体积内的大分子增多，分子链之间的缠结程度增加，纺丝液黏度较大，在电场力作用下，纺丝射流有较长的松弛时间，有效地抑制了纺丝射流中局部分子链的断裂，串珠减少，如图 4-19（b）所示；当浓度和黏度达到某个值时，分子链高度缠结，受力拉伸较为均匀，串珠消失，如图 4-19（c）所示。相关研究表明，静电纺纤维直径与聚合物纺丝液浓度的三次方成正相关[34]。

当纺丝液浓度小于 3%（质量分数）时，喷丝头喷出微小液滴，不能得到连续的纤维。当纺丝液浓度高于 8%（质量分数）时，因为纺丝液浓度过高，黏度过大，难以从注射器针头中流出，纤维成形困难，纺丝产率极低[32]。图 4-19 所示为纺丝液浓度从 4%~8%（质量分数）范围内纤维的形貌。当纺丝液浓度较低，为 4%（质量分数）时，如图 4-19（a）所示，纤维中含有很多串珠，纤维直径非常不均匀，平均直径为 651nm，直径离散度为 310nm。随着浓度的增加，当为 8%（质量分数）时，串珠明显减少，纤维表面光滑，但纤维直径明显变大，如图 4-19（c）所示，纤维平均直径为 901nm。

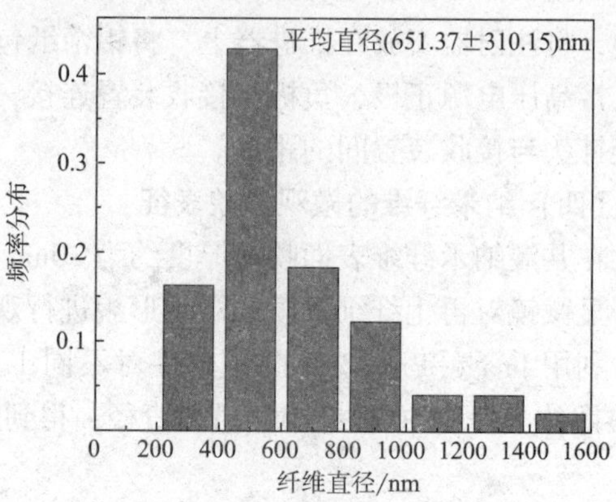

(a) 浓度为4%(质量分数)

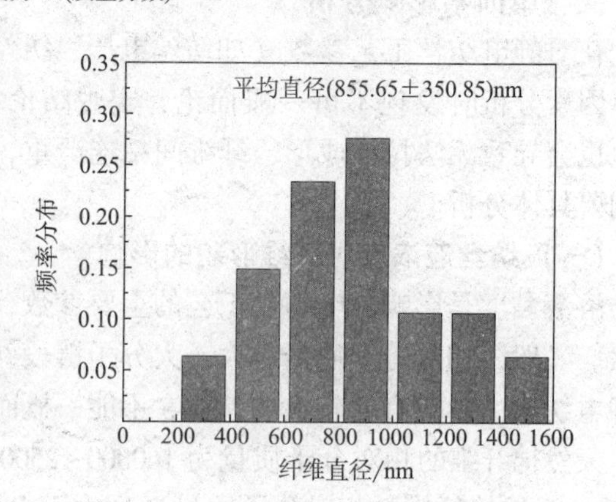

(b) 浓度为6%(质量分数)

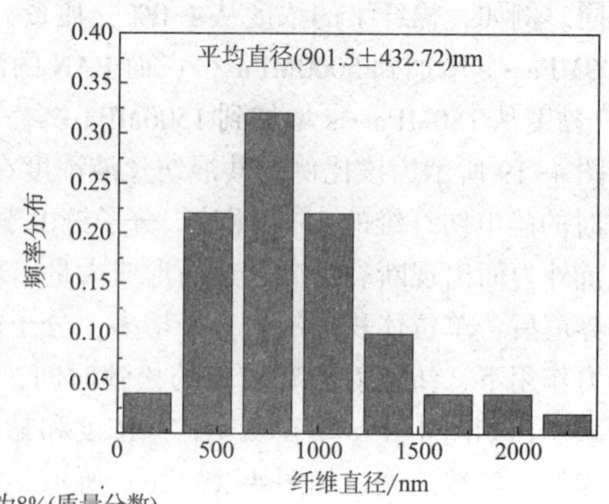

(c) 浓度为8%(质量分数)

图 4-19　纺丝液浓度对共混纤维形貌的影响

（电压为 15kV，纤维接收距离为 12cm，大号针头）

（二）纺丝电压对纤维形貌的影响

静电纺丝方法制备纳米纤维的原理是利用静电场力对聚合物进行抽长拉细而实现，因此，电压是静电纺丝的一个重要参数。本实验电压梯度设置为 5kV、10kV、15kV、20kV、25kV、30kV，图 4-20 所示为不同电压下制备的共混纳米纤维的 SEM 图及纤维直径的分布图。

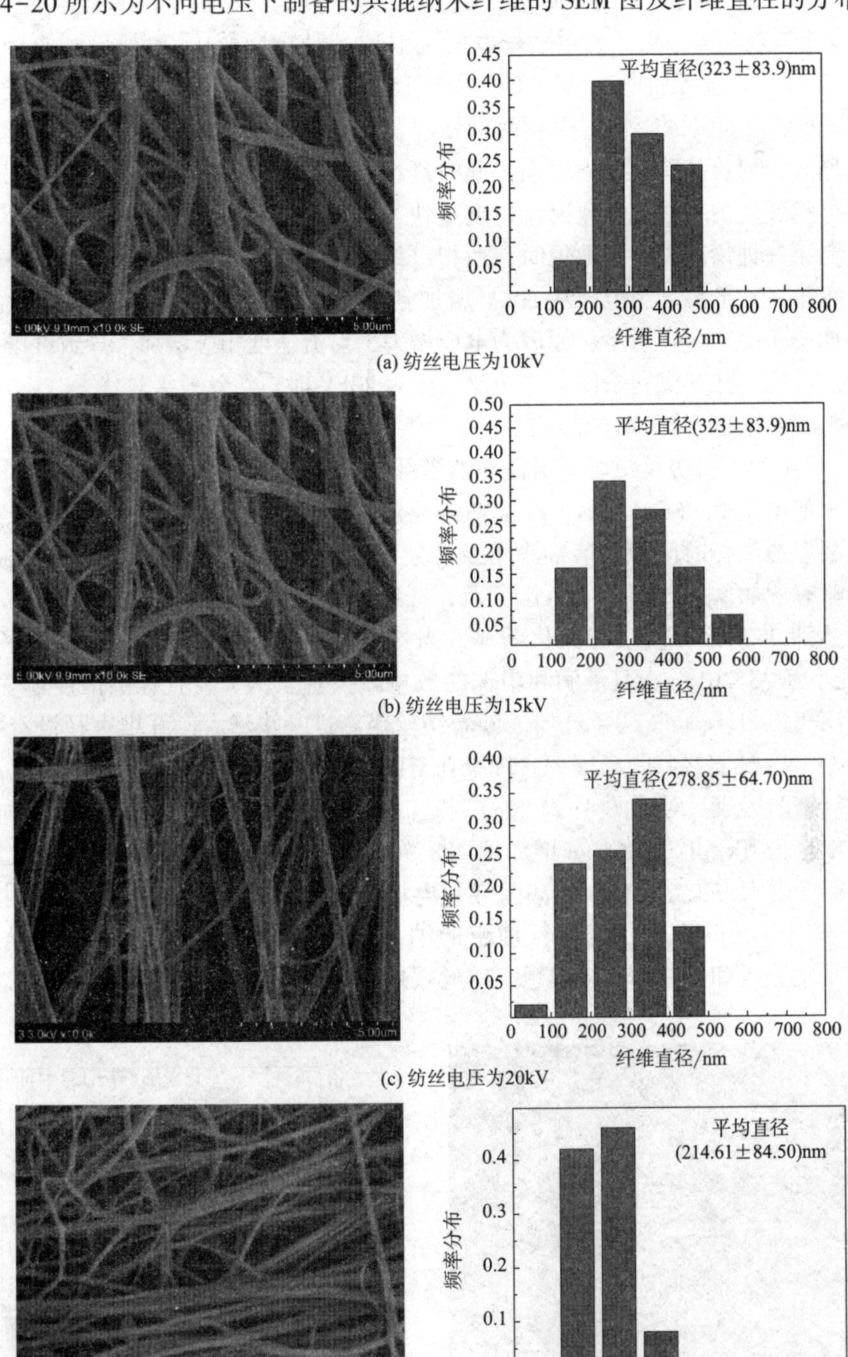

图 4-20　纺丝电压对共混纤维形貌的影响

［浓度为 8%（质量分数），接收距离为 16cm，小号针头］

当纺丝电压低于某一电压值时，纺丝射流极不稳定，静电力不足以克服液滴表面张力，纺丝液难以分裂成为纤维；当纺丝电压过高，特别是对导电的溶液易造成静电击穿，放电出现火花，造成安全隐患且浪费能源，因此本实验中选择的静电纺丝电压为10~20kV。

由图4-20可知，当电压由10kV升高到20kV时，共混纤维的平均直径由323nm减小到214nm，直径离散度相差不大。且当纺丝电压从10kV增加到15kV，纤维平均直径相差10nm左右，变化较小，而当所加电压为20kV时，纤维直径降到300nm以下。一些已有研究发现[37-38]电压对纤维直径的影响主要有两种情况：一种情况是，当电压升高，纺丝射流表面电荷也随之增加，射流的劈裂能力增强，此时纤维直径有减小的趋势；另一种情况是，当电压升高，射流劈裂能力增强，导致射流速度过快，来不及牵伸便固化到接收装置，纤维直径就会增加。当第一种情况占主导地位时，所得纤维细，相反，所得纤维粗，本实验静电纺共混纺丝液符合第一种情形。当电压从20kV增加到25kV，纤维直径变小，但是直径的离散度明显变大，如图4-20（d）所示，原因为电压增大，射流速度相应增加，导致纤维劈裂严重，直径不均匀。因此，在本实验条件下，纺丝电压为20kV时，纺丝效果较优。

（三）纺丝距离对纤维形貌的影响

图4-21所示为不同纺丝距离下制备的纳米纤维的SEM图及纤维直径的分布图。当纺丝距离较小时，如图4-21（a）所示，纤维粘连现象严重，这主要是因为纺丝距离过小，导致射流到接收装置的飞行时间短，溶剂来不及挥发。随着纺丝距离的增大，当为10cm时，纤维平均直径略有增加，如图4-21（b）所示，纤维粘连现象有明显好转，但仍有一些串珠，直径离散度达到255.68nm，粗细分化明显。当接收距离增大到15cm时，纤维平均直径由464.75nm减小到385.61nm，且液滴和串珠的数量减少直至消失，直径离散度明显变小，纤维直径分布比较均匀［图4-21（c）］。随着纺丝距离进一步增大，纤维直径没有明显变化，［图4-21（d）］。随着接收距离增大，纤维在空间运行时间增长，纤维可得到充分牵伸，有利于小直径纤维的形成。对比图4-21（c）和（d）发现，纺丝距离的进一步增加会导致大直径纤维的出现，直径由385.61nm增加到408.96nm。这可能是因为当接收距离过大时，电场强度这一影响因素占主导地位，距离大导致电场强度弱，射流表面的牵伸力较小，导致纤维牵伸力不够，难以得到直径范围较理想的纳米纤维。从数据分析可知，当纺丝距离为15cm，纤维平均直径和方差均比较理想，纺丝效果较好。

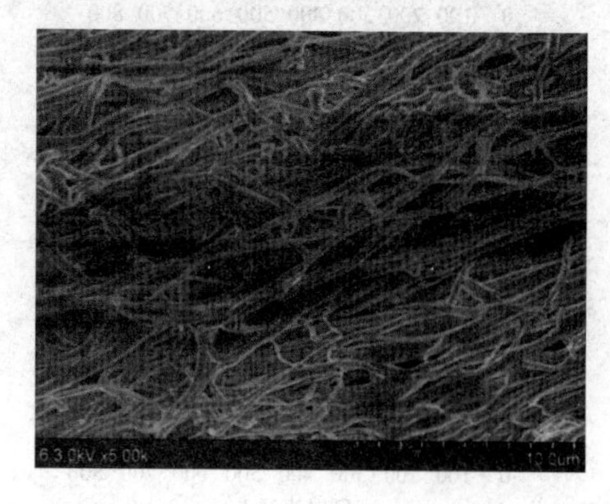

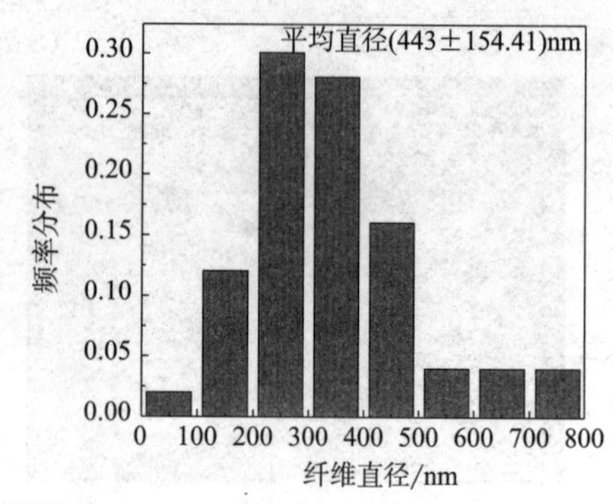

(a) 纺丝距离为6cm

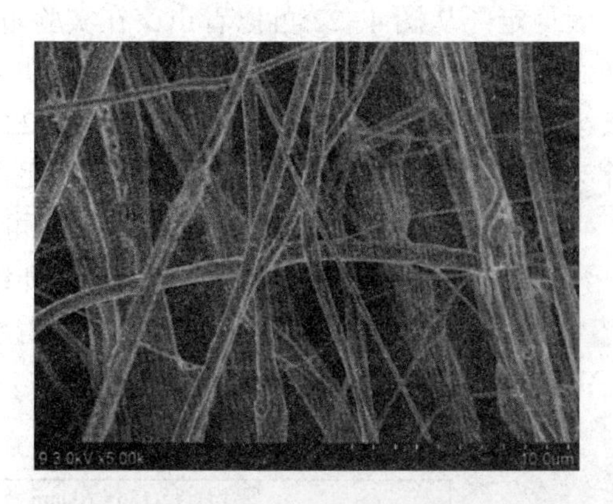

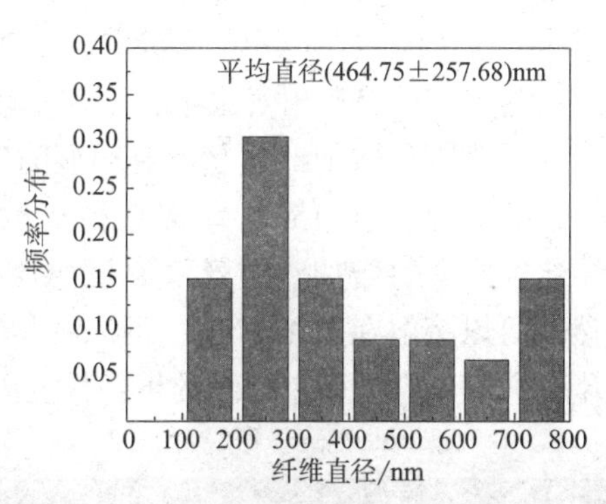

(b) 纺丝距离为10cm

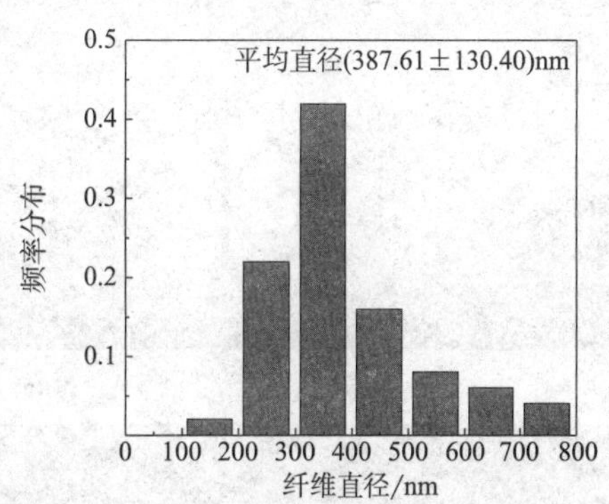

(c) 纺丝距离为15cm

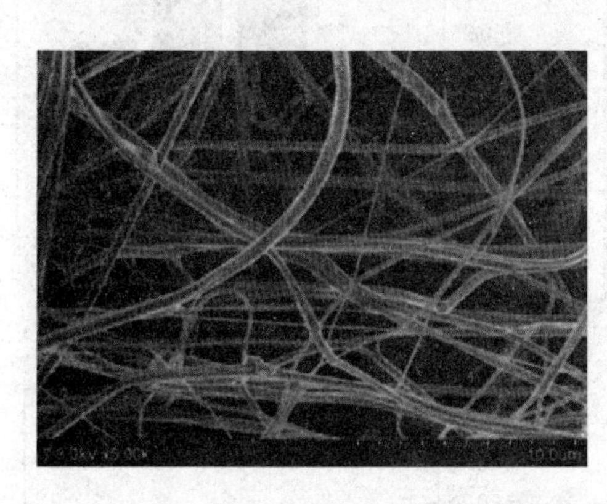

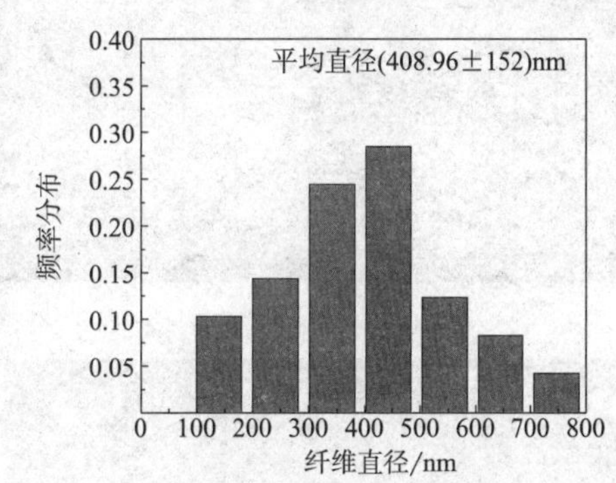

(d) 纺丝距离为20cm

图 4-21　纺丝距离对共混纳米纤维形貌的影响

（纺丝液浓度为 8%（质量分数），电压为 20kV）

（四）共混比例对纤维形貌的影响

静电纺纤维直径与纺丝浓度的三次方成正相关[34]，共混比例影响纺丝液的黏度进而影响纤维的平均直径和形貌。本实验中 PAN 浓度在 10%（质量分数）（低于 5%，无法纺丝成纤，高于 15%容易堵针头）；混纺时纤维素的浓度为 3.5%（质量分数），在该浓度时，通过相转化法制备的再生纤维素膜各项性能良好，纺丝液稳定。从图 4-22 可以看出，在实验范围内，当 PAN 含量较高时，如图 4-22（a）~（c）所示，纤维直径较细且成形较好，没有明显的串珠，表面光滑，直径分布相对集中，不匀率较小。随着纤维素含量的增加，如图 4-22（d）、（e）所示，纤维直径增加，虽然没有明显的串珠，但是纤维粘连严重且表面有很多毛刺，样品直径的标准偏差大于 150，纤维直径离散程度明显增高。产生这种现象的原因可能有：①随着纤维素含量的增加，纺丝液黏度急剧增加，纺丝时不利于分裂细化[36]；②纤维素和 PAN 虽然都可以溶解在 DMAC 中，但二者相容性不大，从实验结果也可以看出，随着纤维素含量的升高，相分离严重，纤维的可纺性变差，接收时纤维更容易分叉。

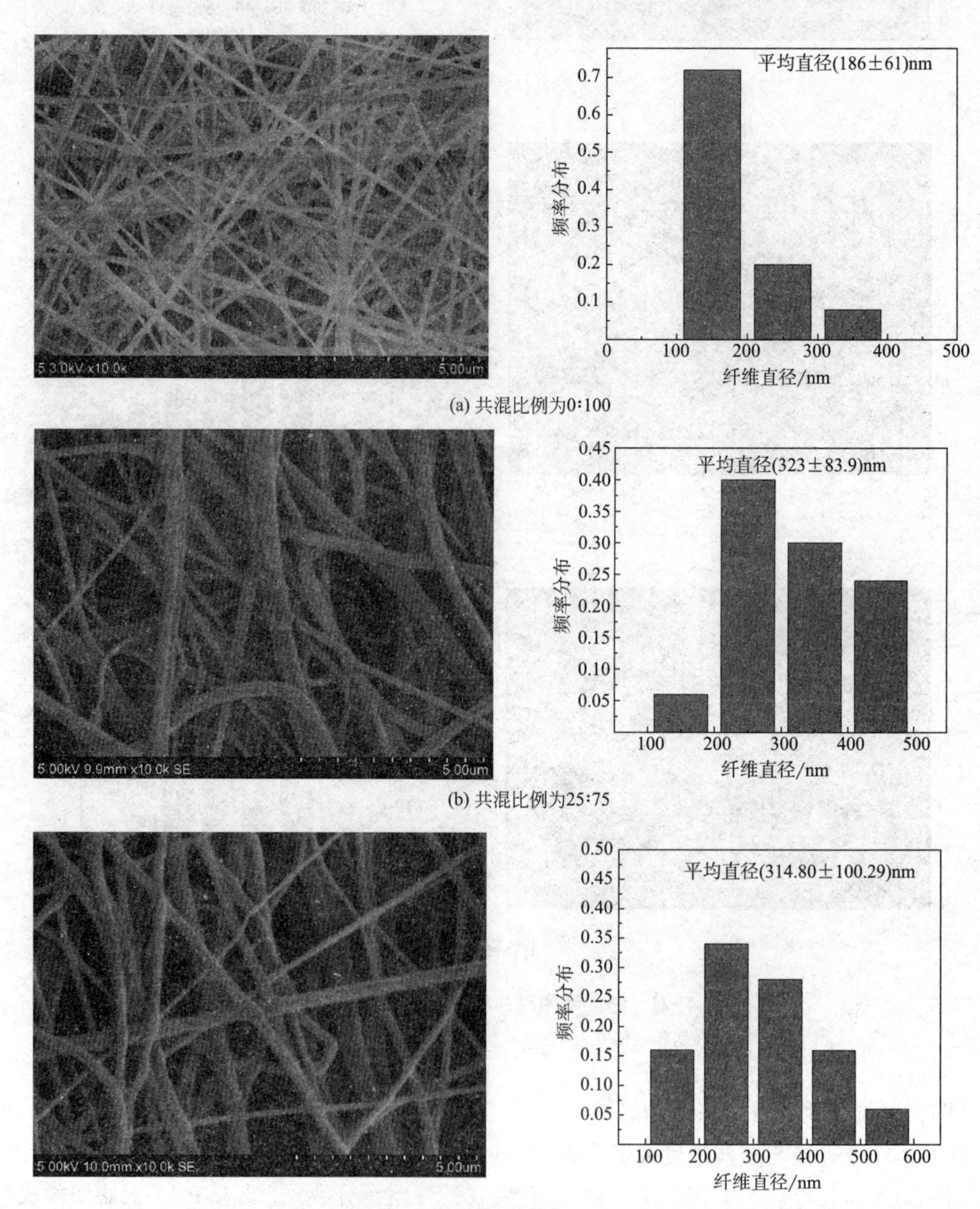

(a) 共混比例为0:100

(b) 共混比例为25:75

(c) 共混比例为50:50

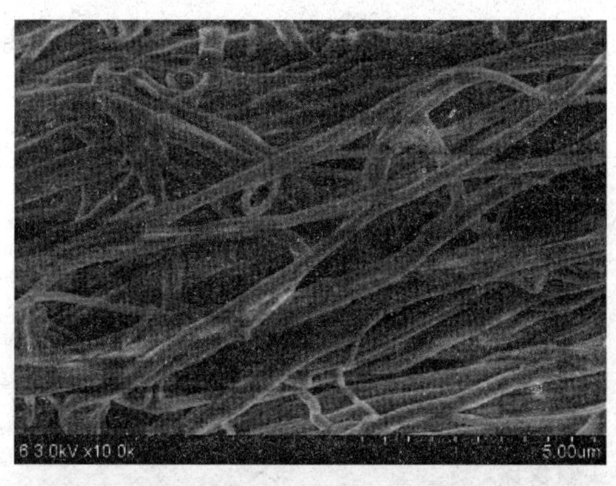

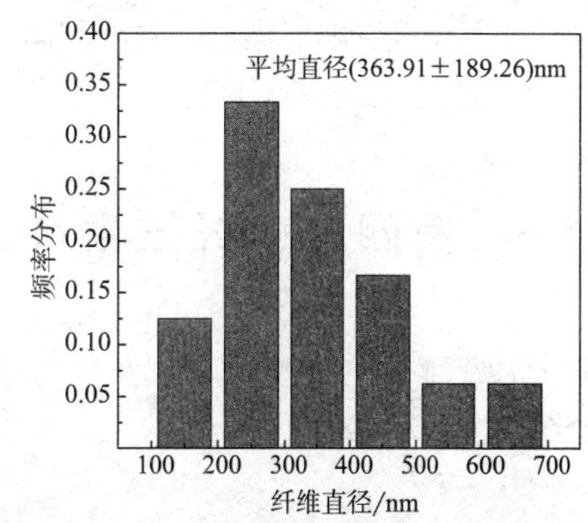

(d) 共混比例为75∶25

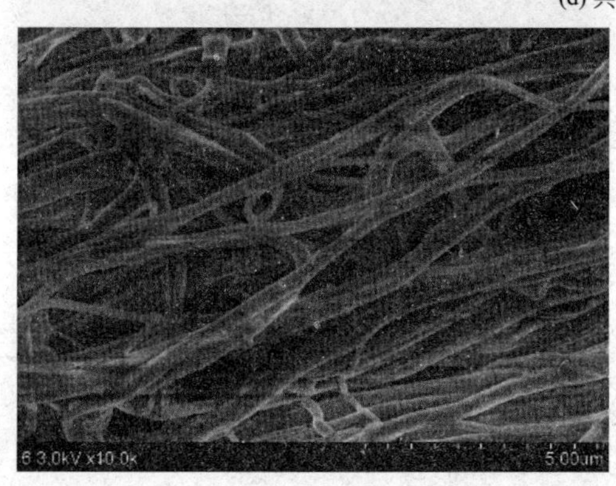

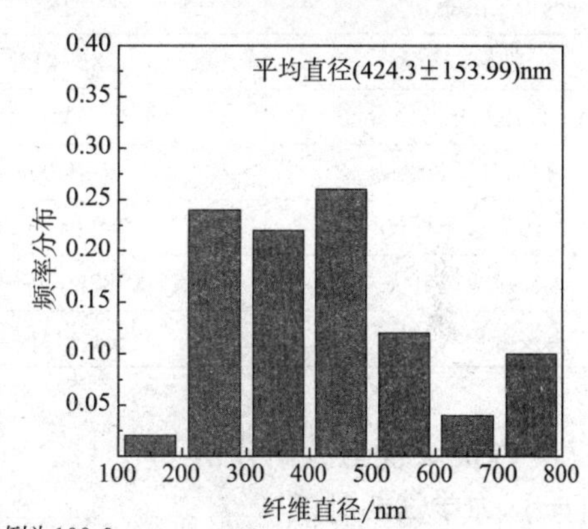

(e) 共混比例为100∶0

图 4-22　共混比例对纳米纤维形貌的影响

三、结论

本节研究了静电纺丝参数，如浓度、纺丝电压、距离、共混比例等单因素对纤维外观形貌的影响，实验结果如下。

（1）浓度不仅影响纤维的直径还影响纤维的外观形态，当纺丝液浓度小于3%（质量分数）时，喷丝头喷出微小液滴，不能得到连续的纤维；当纺丝液浓度高于12%（质量分数）时，因为纺丝液浓度过高，黏度过大，难以从注射器针头中流出，纤维成形困难；当浓度为6%或8%（质量分数）时，纤维成形较好。

（2）在本实验条件下，当电压为5kV时，静电力无法将纺丝液拉成纤维。电压过高，特别是对导电的溶液易造成静电击穿，放电出现火花，造成安全隐患且浪费能源。本实验中选择的静电纺丝电压为10~20kV。

（3）当接收距离过小时，纺丝射流到接收装置的飞行时间短，导致溶剂来不及挥发，纤维粘连现象严重；当接收距离过大时，电场强度这一影响因素占主导地位，距离大导致电场强度弱，射流表面的牵伸力较小，导致纤维牵伸力不够，难以得到直径范围较理想的纳米纤维。当接收距离为15cm时，纤维平均直径和方差均比较理想，纺丝效果较好。

（4）在共混比例为25∶75，浓度为8%（质量分数），接收距离为15cm，施加电压为20kV的工艺条件下，纤维直径均匀，离散度分布也较小，静电纺丝效率较高。

（3）共混比例影响纤维形貌和可纺性。随着纤维素含量的增加，纤维粘连现象严重，虽然都能得到纤维，但效果不理想。

第四节 纤维素/PAN 纳米纤维的性能表征

一、实验部分

实验仪器见表 4-7。

表 4-7 实验仪器

仪器	型号	生产厂家
光学显微镜	XS-213	南京江南光学仪器有限公司
FTIR 红外光谱分析仪	Nicolte AVATAR380	美国 Thermo Fisher 公司
扫描电子显微镜	S-3400N	日本日立高新技术公司
热失重分析仪	STA PT-1000	德国司 Linseis 公司
X 射线衍射仪	K780FirmV-06	日本理光集团
接触角测试仪	OCA15EC	德国 dataphysics 公司

二、性能表征与数据分析

（一）力学性能测试

沿纤维毡纵向（长度方向）切取长为 20mm，宽为 5mm 的细长条作为试样。预先称好每个试样的重量，将其置于恒温恒湿实验室（环境温度为 20℃±2℃，湿度为 50%±10%）平衡 24h，在电子单纤维强力机（YG006 型，上海）上测量其拉伸性能，分析面密度与力学性能之间的关系。参照 GB/T 1040.3—2006《塑料　拉伸性能的测定　第 3 部分：薄膜和薄片的试验条件》。测试条件为：试样夹持长度为 10mm，拉伸速度为 10mm/min，初始张力为 0.1cN，力测量精度为 0.01cN，每个试样测定 10 次，最后取各个参数的算术平均值进行分析。

根据表 4-8 无重复的双因素方差分析可明显看出，$F>F_{0.05}$（v_A，v_e），即 42.99>2.15，25.91>2.63，可认为在显著水平 0.05（置信度为 95%）下，纳米纤维的面密度和共混比例都对共混纳米纤维膜的强力产生显著影响，但面密度的影响更为显著，由图 4-23 可知，随着面密度的增加，断裂强力呈缓慢增长趋势，变化范围为 1.5～4.3cN/dtex。结合图 4-24 和表 4-8 可得出，当共混比例为 25：75 时断裂强力与纯 PAN 基本接近，平均断裂强力最好。但当纤维素含量超过 50%时，断裂强力下降明显，可能的原因是：随着纤维素含量的增加，PAN 与纤维素的相容性变差，从 SEM 图中也可以看出，共混比例为 75：25 和 50：50 时共混纳米纤维直径的离散度明显升高，且粘连严重，导致纤维膜断裂强力下降。

表 4-8 面密度对共混纳米纤维膜的单因素影响分析

参数	S_S	F	v_A	v_e	$F_{0.05}(v_A,v_e)$
面密度/(g/m^2)	33.31	42.99	4	45	2.15
不同共混比例	9.61	25.91	9	40	2.63

注　S_S 为离差平方；v_A 为组间自由度；v_e 为组内自由度；F 为组间均方与组内均方之比；$F_{0.05}$（v_A，v_e）为 F 分布临界值。

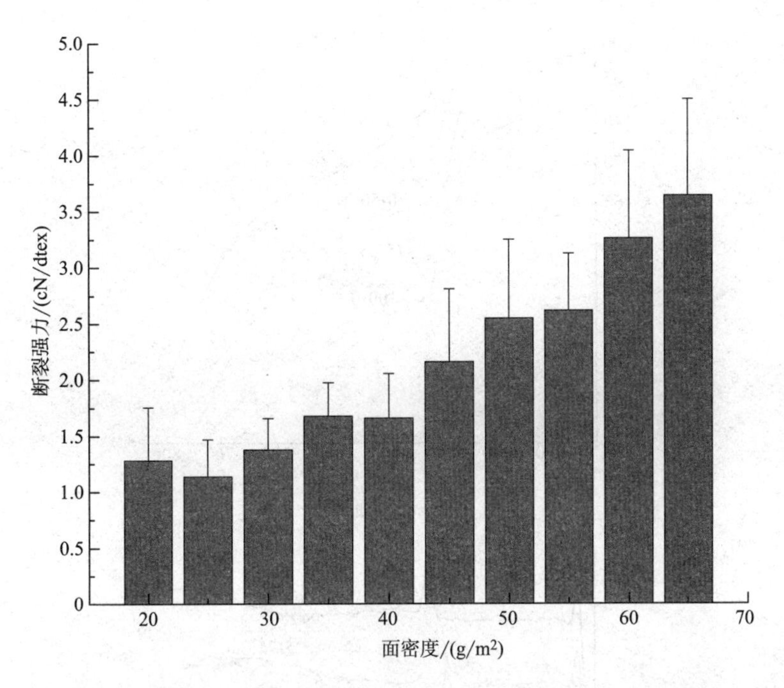

图 4-23　平均面密度对力学性能的影响（共混比例为 25∶75）

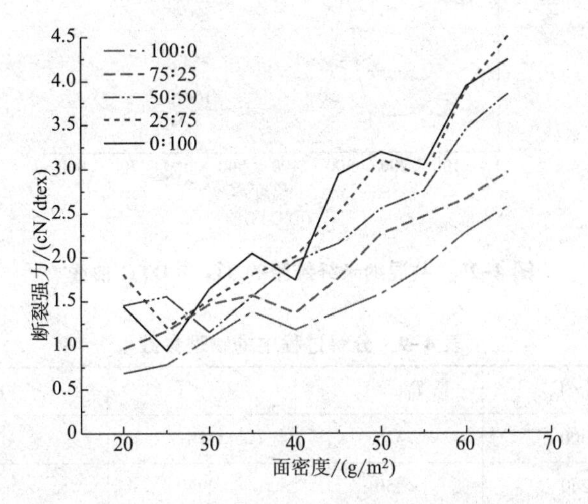

图 4-24　不同共混比例纳米纤维面密度与力学性能的关系曲线

（二）热重分析（TG 和 DTG）

图 4-25 中样品的热分解与再生纤维素膜的分解基本类似，整体分为三个阶段。第一阶段为微量失重阶段；第二阶段为热分解阶段，主要是小分子量低聚物的分解；第三阶段为成炭稳定阶段，随着温度升高，质量下降不明显。纤维素有良好的热稳定性，对照表 4-9 可发现：在达到最大热分解速率时，0∶100 即纯聚丙烯腈时的 T_{max} 为 315℃；100∶0 即纯纤维素的 T_{max} 为 285℃；25∶75 时，T_{max} 为 295℃。混纺纳米纤维的热稳定性介于纯纤维素和纯聚丙烯腈之间。

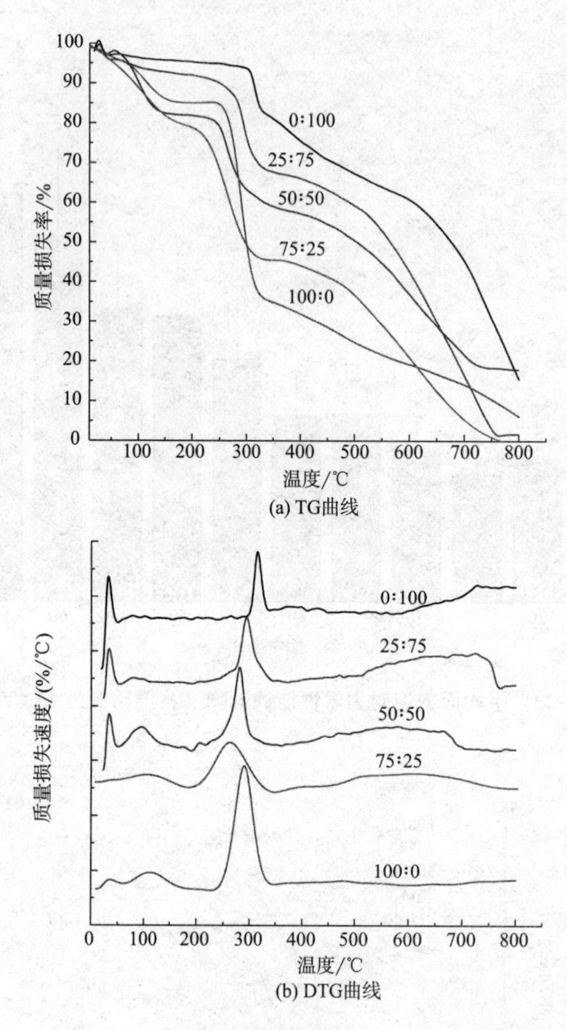

图 4-25　共混纳米纤维膜的 TG 和 DTG 曲线

表 4-9　分解过程中的物理参数

试样	T_0/℃	T_{10wt}/℃	T_{max}/℃	700℃时的残留率/%
100 : 0	300	315	315	45. 8
75 : 25	240	250	295	15. 5
50 : 50	240	100	280	20. 0
25 : 75	205	100	260	5. 5
0 : 100	250	146	285	15. 6

注　T_0 为起始分解温度；T_{10wt} 为失重率为 10%所对应的温度；T_{max} 为最大热分解速率所对应的温度。

（三）差示扫描量热测试分析（DSC）

共混样品的 DSC 曲线如图 4-26 所示，本实验所用的 PAN 样品的 T_g 为 110℃左右，随着 PAN 组分的减少，共混材料的 T_g 增大。当共混比例为 25 : 75 时，T_g 为 125℃，纤维素的 T_g 较大，高于其分解温度。随着纤维素含量的增大，DSC 图像无法测出共混材料的玻璃化温度，

可以预测 T_g 会随共混材料中纤维素组分的增加而增大。PAN 和纤维素有一定的分子级别的混合，组分间有一定的扩散，表现为共混体系中 PAN 的 T_g 向着较高温度方向移动。

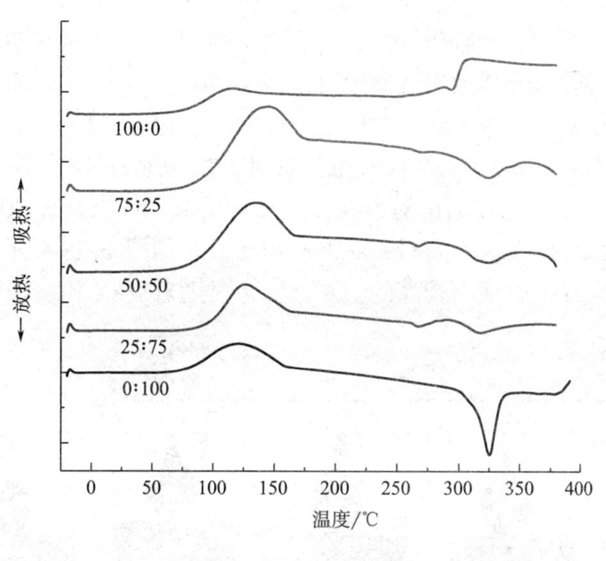

图 4-26　DSC 曲线

（四）傅里叶变换红外光谱（FTIR）分析

每个样品取尺寸为 1cm×1cm 的一块膜，利用 AVATAR 370 红外光谱分析仪对静电纺制备的共混纳米纤维的化学组成及分子结构进行测试。

由 FTIR 图可知，纯 PAN 纳米纤维膜中的伸缩振动峰在 $2243cm^{-1}$、$1041cm^{-1}$ 处为 C—CN 键特征峰。再生纤维素膜在 $3400cm^{-1}$、$2900cm^{-1}$、$1050cm^{-1}$ 处有纤维素的特征吸收峰；而在纤维素/PAN 纳米纤维中，各组分的特征峰位置没有明显的改变；在指纹区各组分的特征峰强度减弱，且向低频方向偏移（图 4-27）。

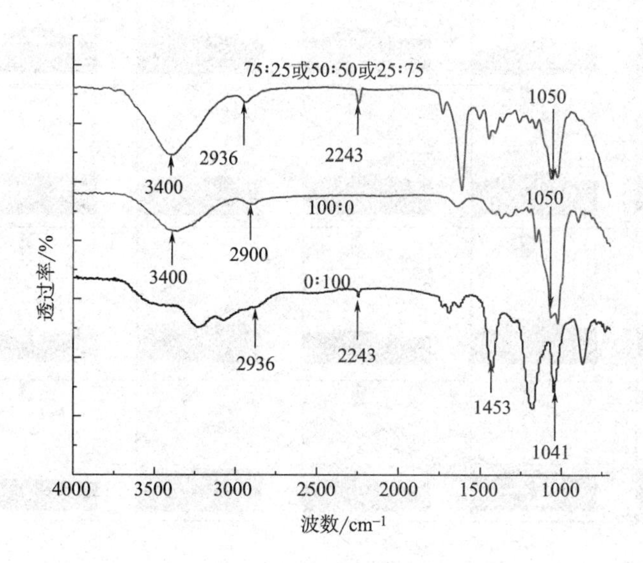

图 4-27　FTIR 曲线

（五）动态接触角测试分析

保持创面环境湿润和预防创面细菌感染是伤口治疗的两大标准方法[39]，高保湿性和抗菌性的功能医用敷料作为临时皮肤替代物一直是医用材料领域的研究热点[39-41]。据统计，我国每年发生褥疮、烧伤、烫伤、糖尿病等的患者超过 1500 万人。我国对功能医用敷料的市场需求量达 $3.88\times10^4m^2$，我国虽然是医用敷料产品的生产大国，但多为低成本的产品，出口均价严重低于欧美等国家和地区。

纤维素因高溶胀率、高保水率的原因而具有良好的吸水性[39]。本节主要考察纤维素与 PAN 共混比例对纳米纤维动态接触角的影响，以及对比纳米纤维与普通医用纱布动态接触角的差异，从而探究纳米纤维在医用辅料领域的应用前景。如图 4-28 所示，与普通医用纱布的动态接触角相比，纳米纤维表现出较高的亲水性能，且随着 PAN 比例降低，纳米纤维的亲水性能有所提高。

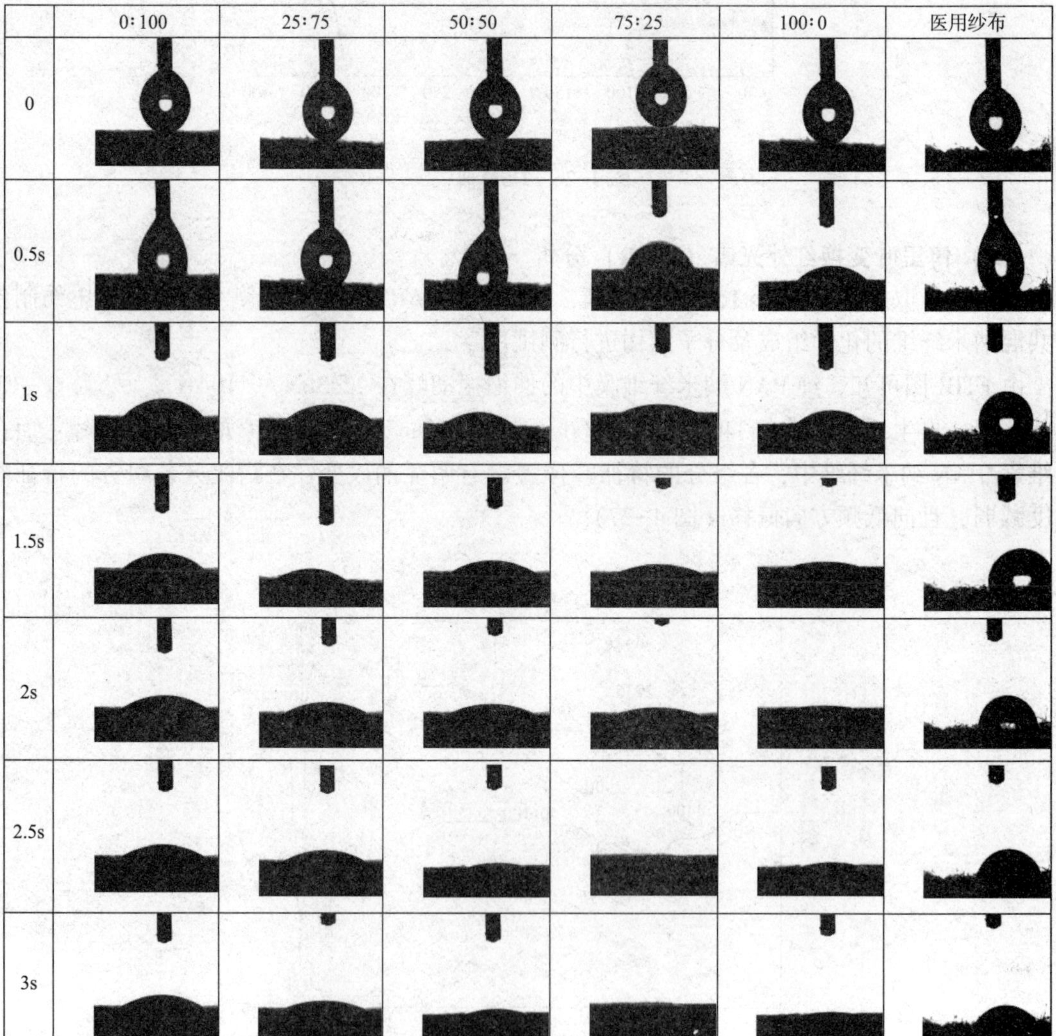

	0∶100	25∶75	50∶50	75∶25	100∶0	医用纱布
0						
0.5s						
1s						
1.5s						
2s						
2.5s						
3s						

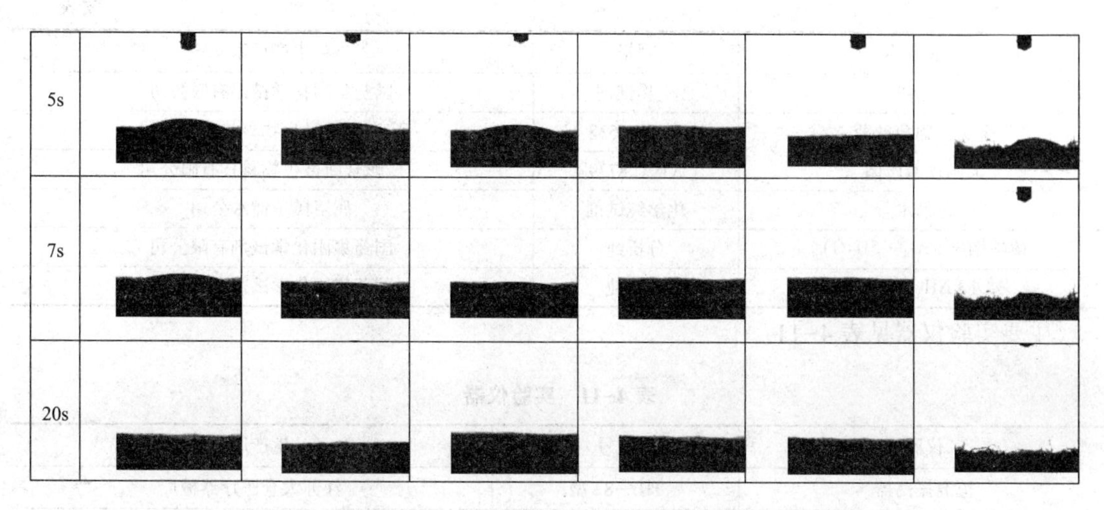

图 4-28　纤维素与 PAN 共混比例对纳米纤维动态接触角的影响

三、结论

（1）利用 LiCl/DMAC 直接溶剂体系可溶解 PAN 和高聚合度的天然纤维素，中间无衍生物生成。在实验范围内，静电纺丝技术可制备纤维直径在 200～400nm 的纤维素/PAN 纳米纤维，随着纤维素共混比例的增加，纳米纤维粘连现象越来越明显，直径离散度明显增大。

（2）双组分共混纳米纤维有良好的热学性能，当共混比例为 25：75 时，热稳定性比较理想，T_{max} 为 295℃，比 100：0 即纯纤维素纤维的 T_{max}（285℃）提高 10℃左右。

（3）本实验条件下制备的共混纳米纤维膜具有高亲水性。通过动态接触角测试可知，共混纳米纤维膜的亲水性优于普通医用纱布，随着纤维素共混比例的增加，高亲水性变得越来越明显，但是纳米纤维对水的吸收都是瞬时性的，而普通医用纱布则需要相对较长的时间。

第五节　纤维素/PAN 纳米纤维的抗菌处理

一、实验部分

（一）实验材料和仪器

主要实验材料见表 4-10。

表 4-10　实验材料

药品名称	规格	生产厂家
葡萄糖	分析纯	国药集团化学试剂有限公司
氢氧化钠(片状)	分析纯	国药集团化学试剂有限公司
磷酸氢二钠	分析纯	上海凌峰化学试剂有限公司
磷酸二氢钾	分析纯	上海凌峰化学试剂有限公司
牛肉浸膏	生物试剂	国药集团化学试剂有限公司
胰蛋白胨	生物试剂	国药集团化学试剂有限公司

续表

药品名称	规格	生产厂家
琼脂粉	生物试剂	国药集团化学试剂有限公司
金黄色葡萄球菌	ATCC 6538	广东环凯微生物科技有限公司
大肠埃希氏菌	ATCC 8739	广东环凯微生物科技有限公司
蒸馏水	化学纯试剂	屈臣氏蒸馏水公司
硫酸铜($CuSO_4 \cdot 5H_2O$)	分析纯	国药集团化学试剂有限公司
氨水($NH_3 \cdot H_2O$)	分析纯	国药集团化学试剂有限公司

主要实验仪器见表 4-11。

表 4-11　实验仪器

仪器	型号	生产厂家
恒温振荡器	THZ-82 型	江苏太仓医疗器械厂
电子天平	JT601N 型	上海精天电子仪器有限公司
生化培养箱	SPX-250B-Z 型	上海博讯实业有限公司
医用注射器	2mL、5mL、10mL、20mL	江苏正康医疗器械有限公司
无菌操作台	SW-CJ 型	苏州安泰空气技术有限公司
电热鼓风干燥箱	WD-5000 型	上海齐欣科学仪器有限公司
真空烘箱	DZF-6050 型	上海一恒科技有限公司
雷磁型试验数显 pH 计	PHSJ-4A 型	上海精密科学仪器有限公司
高压蒸汽灭菌锅	YXQ-SG46-280S 型	上海博讯实业有限公司

(二) 铜氨溶液的配置和抗菌处理

铜离子可与纤维素或 PAN 形成稳定的络合物，工艺简单，易于操作。纤维素与铜氨络合原理如图 4-29 所示，PAN 有极性极强的氰基（—CN），有很强的负诱导效应，络合能力强于纤维素上的羟基（—OH）。本抗菌实验在参考秦中悦[10-11] 等人研究工作的基础上采用铜氨溶液处理纤维素/PAN 纳米纤维，并进行抗菌测试。

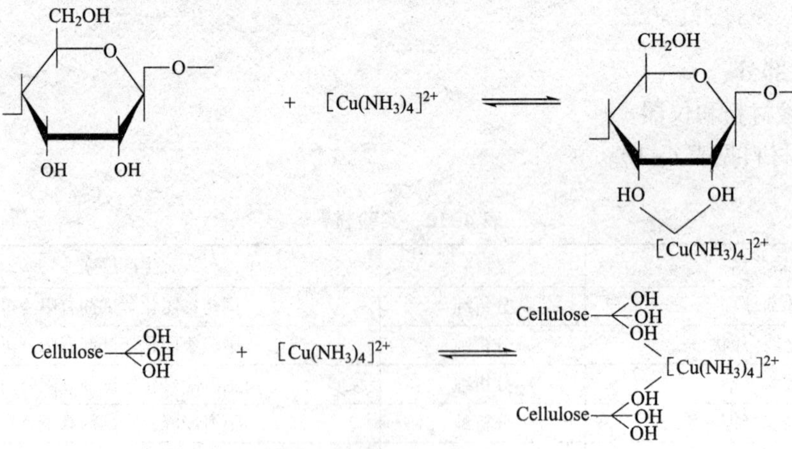

图 4-29　铜氨溶液与纤维素的络合机理

称取一定量的 $CuSO_4$ 和 2 倍于 $CuSO_4$ 的 NaOH 分别溶于去离子水中，再将二者在烧杯中混合，即产生蓝色 Cu（OH）$_2$ 沉淀；进行真空抽滤，再用去离子水洗涤沉淀数次，得到纯净的 Cu（OH）$_2$；将 Cu（OH）$_2$ 沉淀用氨水（体积比 1：2）溶解，待沉淀完全溶解，即得铜氨溶液[42]，溶液呈现浅蓝色。

选择纤维素/PAN 的共混比例为 25：75 的纳米纤维进行抗菌处理，在实验条件下，该共混比例的纳米纤维膜可纺性好，且热稳定性和亲水性好。

纳米纤维与铜氨溶液的反应：将纳米纤维浸入铜氨溶液中，轻轻地用玻璃棒搅动，经一定的反应时间后取出；低温烘干，形成 Cu^{2+} 络合的再生纤维素纳米纤维。

上述实验工艺设定两个反应条件，即浓度、时间，具体方案如下。

（1）纳米纤维膜共混比例为 25：75，面密度为 40g/m^2，铜氨溶液浓度分别为 0.005mol/L、0.01mol/L、0.015mol/L、0.02mol/L、0.025mol/L，反应时间为 30min，纺丝温度为 25℃；浴比为 1：20，在 50℃条件下烘干。

（2）纳米纤维膜共混比例为 25：75，面密度为 40g/m^2，铜氨溶液浓度为 0.01mol/L，反应时间分别为 0、15min、30min、45min、60min，纺丝温度为 25℃，浴比为 1：20，在 50℃条件下烘干。

（三）抗菌测试

本研究抗菌测试主要参考 GB/T 20944.3—2008《纺织品　抗菌性能的评价　第 3 部分：振荡法》对纳米纤维抗菌处理前后的效果进行定量测试。将抗菌处理前后的样品分别装入一定浓度的试验菌液锥形瓶中，在规定的温度下振荡培养一定时间后，测定锥形瓶内菌液在振荡前后的活菌浓度，评价试样的抗菌效果（按照规定采用 10 倍稀释法稀释到一定倍数，利用琼脂培养基制作平板。在（37±1）℃下培养 24~48h，对平板上的菌落数进行计数，得到相应试样锥形瓶内的活菌浓度，从而计算抑菌率）。

$$K=ZR \tag{4-1}$$

式中：K 为锥形瓶内样品的活菌浓度（CFU/mL）；Z 为锥形瓶中菌落数的平均值；R 为稀释倍数。

$$Y=(K_0-K_t)/K_0\times100\% \tag{4-2}$$

式中：Y 为抑菌率；K_0 为未经抗菌处理锥形瓶中样品的活菌浓度（CFU/mL）；K_t 为经过抗菌处理后锥形瓶中样品的活菌浓度（CFU/mL）。K_0 和 K_t 根据式（4-1）分别计算。

二、数据分析

（一）不同浓度、反应时间铜氨溶液处理后纳米纤维膜力学性能的变化

从图 4-30 可以看出，纳米纤维膜经过 0.005mol/L 铜氨溶液处理，平均断裂强力与没有处理过的纳米纤维膜的强力接近；当浓度为 0.015mol/L 时，平均断裂强力有明显的降低，为保证良好的抗菌效果，因此，选择最佳的铜氨溶液处理浓度为 0.01mol/L。从图 4-30 可以看出，铜氨溶液的浓度为 0.01mol/L，处理时间为 15min 或 30min 时，膜的平均断裂强力变化不大。当处理时间在 40min 以上时，膜的平均断裂强力出现明显的下降，所以抗菌处理的时间选择为 30min，在此条件下对膜的力学性能影响不大，也能保证有良好的抗菌性能。

（二）接触角测试分析

图 4-31 是静电纺纳米纤维膜经过铜氨溶液抗菌处理前后的动态接触角的变化，可以看

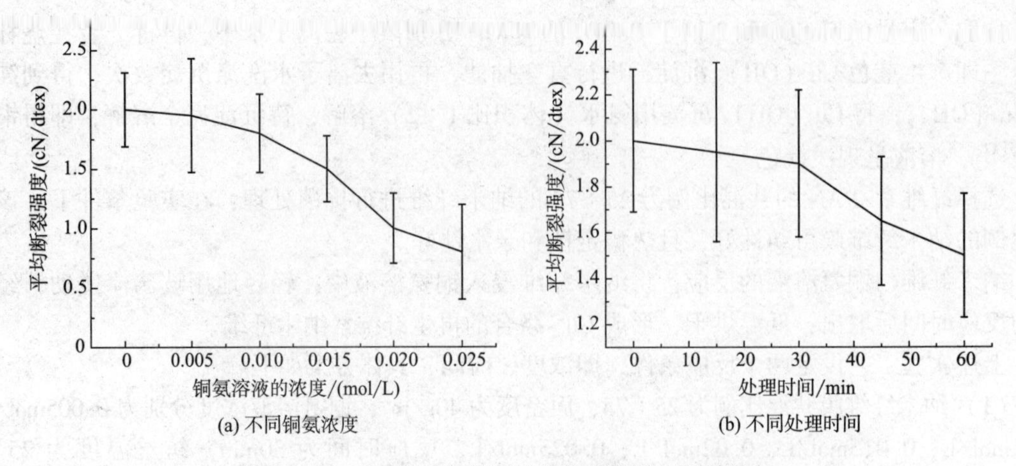

图 4-30　不同处理条件下纳米纤维的平均断裂强力

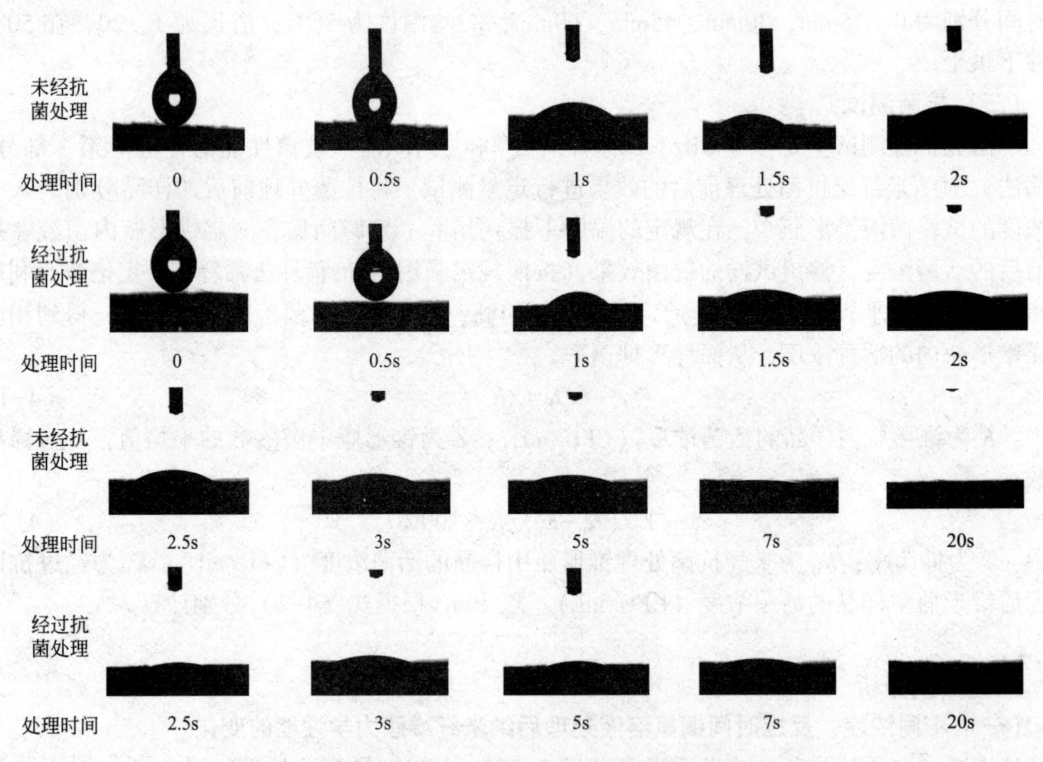

图 4-31　经过铜氨溶液处理前后纳米纤维膜接触角的变化

出，纳米纤维对水滴的吸收速度仍然非常迅速，处理前后几乎没有变化，这也说明抗菌处理对其表面浸润性能的影响不大。

（三）抗菌效果

从图 4-30 可以看出，当浓度为 0.005mol/L 和 0.01mol/L 时，纳米纤维膜的强力变化都在可以接受范围内，为进一步确定抗菌处理浓度，选择两种浓度对比抗菌效果，处理时间选择 30min，图 4-32 和图 4-33 是在此条件下纳米纤维膜对大肠杆菌和金黄色葡萄球菌的抗菌效果图。

由图 4-32 和图 4-33 可知，在抗菌处理前的纳米纤维培养基中存在大量的菌落，而经过抗菌处理后的纳米纤维培养基的菌落数量明显下降，表明其对金黄色葡萄球菌和大肠杆菌具有良好的抗菌效果。根据式（4-1）和式（4-2）可知，0.005mol/L 铜氨溶液处理后的纳米纤维对金黄色葡萄球菌和大肠杆菌的抑菌率分别为 72%和 78%，而 0.01mol/L 铜氨溶液处理后的纳米纤维对金黄色葡萄球菌和大肠杆菌的抑菌率分别为 82%和 75%。根据 GB/T 20944.3—2008《纺织品　抗菌性能的评价　第 3 部分：振荡法》可知，当金黄色葡萄球菌及大肠杆菌的抑菌率大于及等于 70%时，纺织品具有抗菌效果。因此，上述不同浓度的铜氨溶液处理后的纳米纤维均具有抗菌效果，而且 0.01mol/L 铜氨溶液处理过的纳米纤维抗菌效果较好。

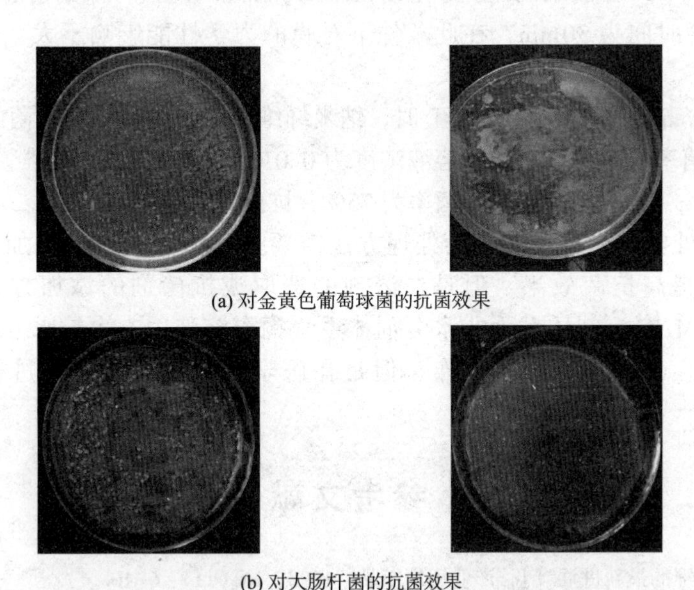

(a) 对金黄色葡萄球菌的抗菌效果

(b) 对大肠杆菌的抗菌效果

图 4-32　0.005mol/L 铜氨溶液处理后的抗菌效果图

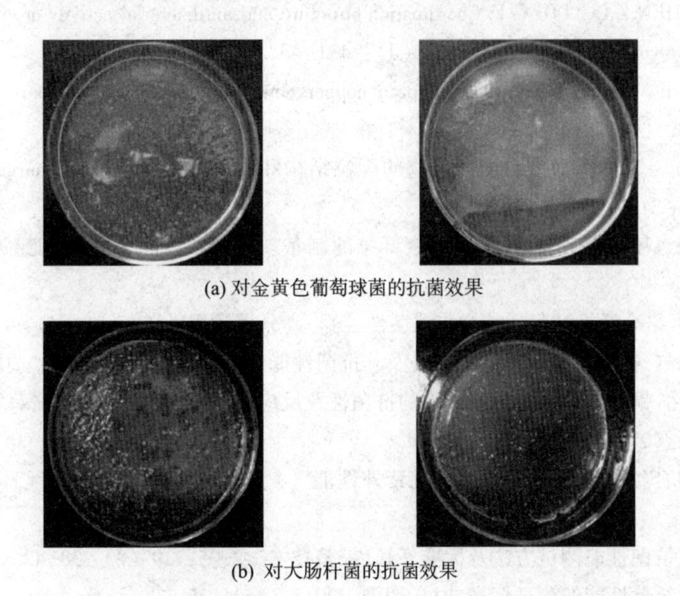

(a) 对金黄色葡萄球菌的抗菌效果

(b) 对大肠杆菌的抗菌效果

图 4-33　0.01mol/L 铜氨溶液处理后的抗菌效果

三、结论

（1）经过铜氨溶液抗菌处理的纳米纤维膜有良好的抗菌性能，拓展了 Cu^{2+} 在无机抗菌剂领域的应用。

（2）铜氨溶液的浓度和处理时间都对双组分纳米纤维膜的强力有直接影响，随着浓度的增加，强力会逐渐减弱，当浓度大于 0.01mol/L 时，强力下降明显；随处理时间的增加，强力也有下降，但没有浓度变化对强力的影响明显。铜氨溶液的最佳浓度为 0.01mol/L，处理时间为 30min，在此条件下对膜的力学性能影响不大，也能保证其有良好的抗菌性能。

（3）当铜氨溶液浓度为 0.005mol/L 时，纳米纤维膜对金黄色葡萄球菌的抑菌率为 72%，对大肠杆菌的抑菌率为 78%；当铜氨溶液浓度为 0.01mol/L 时，纳米纤维膜对金黄色葡萄球菌的抑菌率为 82%，对大肠杆菌的抑菌率为 75%，抗菌效果最好。

（4）不足之处：纳米纤维的抗菌处理方法需要进一步优化，如添加抗菌剂到纺丝液中，有望进一步提高抗菌效果。但是在溶剂的选取或抗菌剂的添加方式上则要重新考虑，因为 LiCl/DMAC 溶剂体系为非水溶剂体系，铜氨溶液中有大量水分存在；抗菌纤维有良好的吸湿性，优于普通医用纱布，但是在医学领域的应用需要进行进一步的医学实验。

参考文献

[1] 王建平. 抗菌纤维的最新进展 [J]. 产业用纺织品，1998，16（11）：6-10.

[2] 王建平. 抗菌纤维的最新进展 [J]. 针织工业，2000（5）：25-29.

[3] 秦益民，Cupron 铜基抗菌纤维的性能和应用 [J]. 纺织学报，2009（12）：134-136.

[4] CHEN W H，SHEN Z Q，LIU G F. Coordination structure and antibacterial activity of copper（Ⅱ）complex fibers [J]. Acta Polymerica Sinica，1998，1（4）：431-437.

[5] QIN Y M. Properties and applications of cupron copper containing antimicrobial fibers. Journal of Textile Research，2009，30（12）：3.

[6] 陈文兴. Cu（Ⅱ）-家蚕丝素蛋白质配合物的配位结构和高次结构. Chemical Journal of Chinese Universities，2000，306：310.

[7] 余志成，陈文兴，凌荣根. 消臭抗菌纤维素纤维的制备、结构和性能 [J]. 功能高分子学报，2002，15（4）：5.

[8] 陈文兴. 铜（Ⅱ）络合纤维的配位结构与抗菌性 [J]. 高分子学报，1998，1（4）：431-435.

[9] 王军，葛婕，徐虹. 载铜抗菌棉纤维的制备及其抗菌性能 [J]. 环境与健康杂志，2005，24（2）：4.

[10] 秦中悦，陈宇岳. 铜氨离子络合竹浆纤维的抗菌性及反应条件研究 [J]. 北京服装学院学报（自然科学版），2011，31（2）.

[11] 秦中悦. 铜氨络合竹浆纤维的制备及其抗紫外性能 [J]. 苏州科技学院学报：工程技术版，2011，24（3）。

[12] 高春朋. 纺织品抗菌性能测试方法及标准 [J]. 染整技术，2005，29（2）：38-42.

[13] 赵晓伟. 纺织品抗菌性能的测试标准 [J]. 印染，2013（15）：36-39.

[14] 赵雪，展义臻. 抗菌纺织品的性能测试方法 [J]. 上海毛麻科技，2009，1：31-36.

[15] 赵婷，林云周. 纺织品抗菌性能评价方法比较 [J]. 纺织科技进展，2010（1）：73-76.

[16] 殷延开. 纤维素的溶解及活化过程. 纤维素科学与技术 [J]. 2004. 12 (2): 54-63.
[17] MCCORMICK C L, CALLAIS P A, HUTCHINSON B H. Solution studies of cellulose in lithium chloride and N, N-dimethylacetamide [J]. Macromolecules, 1985, 27 (12): 91-92.
[18] POTTHAST A, ROSENAU T, SIXTA H, et al. Degradation of cellulosic materials by heating in DMAc/LiCl [J]. Tetrahedron Letters, 2002, 43 (43): 7757-7759.
[19] LUO H. Study on stimulus-responsive cellulose-based polymeric materials [D]. 2012.
[20] DUPONT A L. Cellulose in lithium chloride/dimethylacetamide, optimisation of a dissolution method using paper substrates and stability of the solutions [J]. Polymer, 2003, 44 (15): 4115-4126.
[21] SAXENA S D, GUPTA K S. Kinetics and mechanism of the oxidation of dimethylformamide by aquothallium (III) in perchloric acid solutions. Journal of Inorganic and Nuclear Chemistry, 1975, 39 (2): 329-331.
[22] POTTHAST A, ROSENAU T, BUCHNER R, et al. The cellulose solvent system N, N-dimethylacetamide/lithium chloride revisited: the effect of water on physicochemical properties and chemical stability [J]. Cellulose, 2002, 9 (1): 41-53.
[23] 吴江. α-纤维素膜的制备性能及应用研究 [D]. 大连: 中国科学院大连化学物理研究所, 2002.
[24] 张耀鹏. NMMO 法纤维素膜及其成形机理的研究 [D]. 上海: 东华大学, 2002.
[25] 杨淑惠. 植物纤维化学 [M]. 中国轻工业出版社, 2001.
[26] RENEKER D H, YARIN A L. Electrospinning jets and polymer nanofibers [J]. Polymer, 2008. 49 (10): 2385-242.
[27] 马博谋. 离子液体法制备再生竹纤维素膜及其性能 [J]. 东华大学学报: 自然科学版, 2011. 36 (6): 604-605.
[28] 朱育平. 天然彩棉的结晶度和取向度研究 [J]. 东华大学学报: 自然科学版, 2009. 35 (6): 626-631.
[29] 吕阳成, 吴影新. 凝固浴组成对 NMMO 法纤维素膜形貌的影响 [J]. 高校化学工程学报, 2005. 21 (3): 398-403.
[30] 童贤涛. 纤维素膜的制备及性能研究. 高分子通报, 2013 (10): 151-155.
[31] 张耀鹏. NMMO 法纤维素膜的结构与性能. 膜科学与技术, 2002, 22 (4): 13-20, 25.
[32] 陈文杰. 静电纺聚砜酰胺纳米纤维的制备与性能表征 [J]. 产业用纺织品, 2013. 31 (7):. 5-15.
[33] LU P. HSIEH Y L. Preparation and properties of cellulose nanocrystals: rods, spheres and network [J]. Carbohydrate Polymers, 2010, 82 (2): 329-336.
[34] DEITZEL J M, KLEINMEYER J D, HARRIS D E A, et al. The effect of processing variables on the morphology of electrospun nanofibers and textiles [J]. Polymer, 2001, 42 (1): 261-272.
[35] 王策. 有机纳米功能材料: 高压静电纺丝技术与纳米纤维 [M]. 北京: 科学出版社, 2001.
[36] 周明. PAN/CA 复合纳米纤维膜的制备及性能表征 [J]. 化工新型材料, 2011, 39 (3): 76-78.
[37] 王香琴. 聚苯胺超细复合纤维的制备与表征 [D]. 上海: 上海工程技术大学, 2014.
[38] 丁彬, 俞建勇. 静电纺丝与纳米纤维 [M]. 北京: 中国纺织出版社, 2011.
[39] 谢健健, 载纳米银细菌纤维素抗菌材料的制备及其评价 [D]. 上海: 东华大学, 2012.
[40] 刘静. 组织工程生物绷带及敷料在创伤修复领域中的应用 [J]. 中国组织工程研究, 2011, 15 (3): 535-538.
[41] 徐雄立, 新型医用敷料——明胶基抗菌纳米纤维水凝胶的制备及其环境影响研究 [D]. 上海: 东华大学, 2009.
[42] 张须友. 纤维素在铜氨溶液和铜乙二胺溶液中的溶解及再生 [D]. 青岛: 青岛大学, 2012.

第五章　聚苯胺导电聚合物材料的制备

第一节　引言

日常生活中涉及的绝大部分非天然有机聚合物都是绝缘体，绝缘材料的重要地位不言而喻。然而随着对科学技术需求的不断增长，具有导电能力的聚合物也被人们密切关注和研究，工业、航空、电子和材料等众多领域对聚合物导电性的特殊要求和需求日益增加。

Ferrares 等于 20 世纪 70 年代初首次发现 TTF-TCNQ（四硫富瓦烯-四氰二次甲基苯醌）复合物具有电荷转移效应；日本学者白川英树，通过选择适当的高浓度催化剂，聚合出高顺式聚乙炔材料，其主要特征是含有典型的共轭结构。20 世纪 70 年代末，经过 A. G. MacDiarmid 等科研人员的不懈努力，发现掺入无机材料（如三氟化硼、碘或五氟化砷）的聚乙炔导电性能增加近 10 个数量级，最高可达到 10^3S/cm，而且经过掺杂的聚乙炔薄膜的颜色发现明显变化，呈现出类似金属导体光泽的金黄色[1]。

近几十年来，共轭 π 键聚合物材料不断被人们研究和开发，如聚吡咯、聚噻吩、聚苯胺等，其导电性因掺杂而增大数个数量级，甚至达到金属导体的水平，其色彩也更加丰富。正因为这些材料的特殊结构，其电化学性能得到很大的改善，进而成为电磁屏蔽、金属防腐、传感器[2]、隐身技术[3-4] 等领域竞相追逐的对象。更重要的是无机隐形材料负荷重的缺陷被这种质轻、成膜好的导电高分子材料所克服。

与其他导电高分子材料相比，人们对聚苯胺（PANI）的研究较晚，聚苯胺的聚合机理、可溶性、导电机理等还在进一步研究中，因此，对聚苯胺导电机理、热稳定性及电致变色性能的研究仍是一个重要的研究热点。

本章采用乳液聚合的方法制备聚苯胺/聚乙烯醇（PANI/PVA）乳液，同时运用现代静电纺丝方法制备 PANI/PVA 超细复合纤维，并通过光学显微镜、电子扫描显微镜（SEM）、四探针电阻率测试仪、电子单纤维强力机、傅里叶红外测试仪（FTIR）、X 射线衍射仪（XRD）、热分析仪（TG）、电化学工作站等对 PANI/PVA 复合材料的微观形貌、导电性能、力学性能、材料组成和结晶结构、热学性能、电致变色性能等进行系列化表征。

一、聚苯胺合成方法的研究进展

从导电高分子材料 PANI 的最新研究现状来看，其合成方法可大体分为化学氧化聚合法[5]、电化学氧化聚合法[6]、辐射合成法、酶催化聚合法[7] 和纳米聚苯胺合成法等五大类（图 5-1）。

（一）化学合成法

聚苯胺的化学合成法[8-9] 是通过添加氧化剂对苯胺（AN）单体进行聚合，主要有溶液聚合和乳液聚合两种聚合方法，两种方法在一定程度上都能提高 PANI 的导电性，但乳液聚合除了上述的优点外，还能在一定程度上改善 PANI 的溶解性。

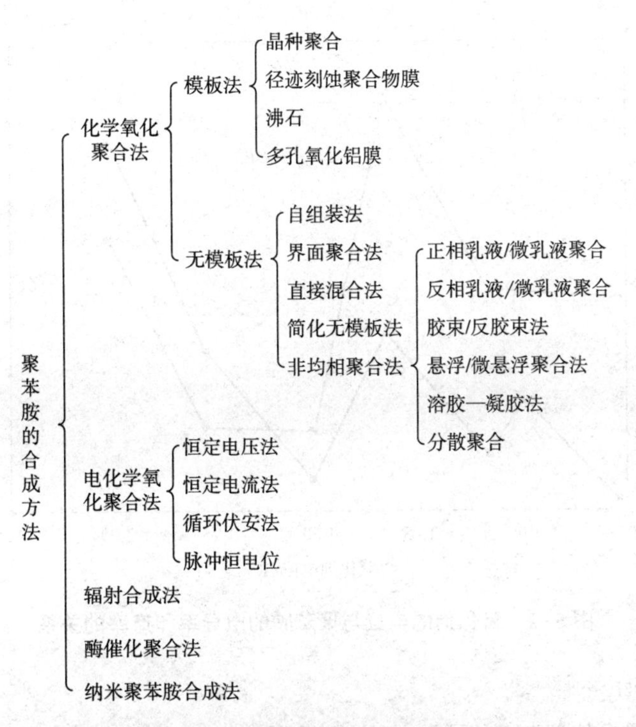

图 5-1　聚苯胺的合成方法

1. 溶液聚合法

溶液聚合法[10-12]属于化学聚合法的一种。苯胺的化学氧化聚合通常在三相体系中完成，反应体系主要由苯胺、酸、氧化剂和水等试剂构成。常见的无机氧化剂有过氧化物过硫酸铵[$(NH_4)_2S_2O_8$]和过氧化氢（H_2O_2）、钾盐重铬酸钾（$K_2Cr_2O_7$）和高锰酸钾（$KMnO_4$）、钠盐正钒酸钠（Na_3VO_4）、三氯化铁等。表 5-1 所示为不同氧化剂对聚苯胺电导率和产率的影响，并通过图 5-2 的折线图清晰地体现出来[13-14]。

表 5-1　氧化剂的电位对聚苯胺的电导率和产率的影响

氧化剂	电位 E/V	电导率/（S/cm）	产率/%
过硫酸铵	2.01	2.5	78.5
过氧化氢	1.78	0.07	33.9
高锰酸钾	1.51	0.03	6
重铬酸钾	1.33	4.3	37.5
碘酸钾	1.09	1.82	11.7
正钒酸钠	1	1.8	23.3
三氯化铁	0.77	1.73	2.3

从图 5-2 可以看出，当氧化剂电位升高，PANI 的电导率也随之升高，当达到 $K_2Cr_2O_7$ 的电位时，PANI 的电导率最高；电位再继续升高，反而使 PANI 的电导率降低。特别是对于 H_2O_2 和 $KMnO_4$ 的电位，PANI 的电导率仅为 0.07S/cm 和 0.03S/cm。电位提高到 2.01V 时，$(NH_4)_2S_2O_8$ 氧化剂化学聚合得到的 PANI 的电导率再次升高。

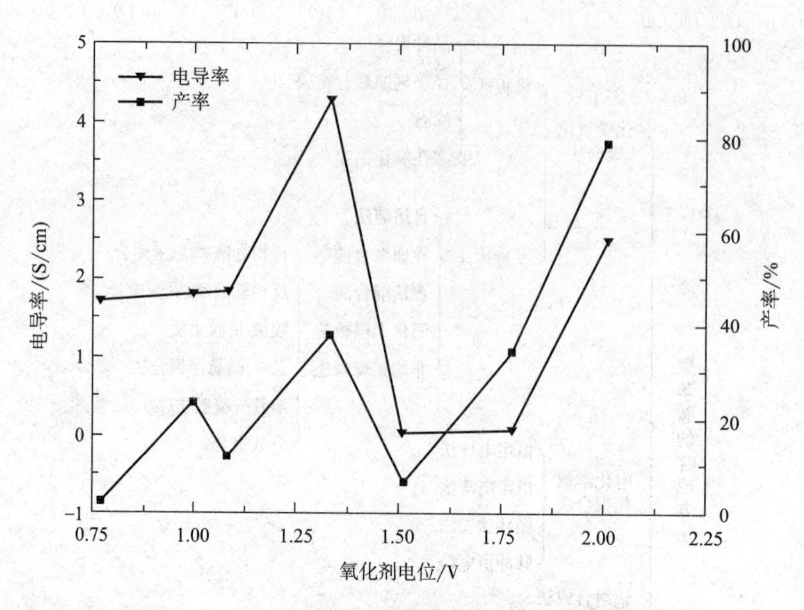

图 5-2　氧化剂的电位与聚苯胺的电导率和产率的关系

2. 乳液聚合法[15]

乳液聚合法是将单体置于乳化剂中并进行强烈的机械搅拌和振荡，让单体均匀分散成乳液状，再由引发剂引发而进行聚合反应。该种方法的优点：一是，乳胶产物可以直接用于后加工，不会产生二次污染；二是，通过破乳、洗涤等工序处理获取椭圆状、棒状的高聚物；三是，易获取高分子量的聚合物，生产过程比较容易控制。其缺点是：在反应过程中，乳化剂的掺入会影响最终所得产物的性能；对于固体聚合物的获取，其处理工艺相对复杂。乳液聚合法制备 PANI 的首选掺杂剂是有机磺酸十二烷基苯磺酸，此酸还同时充当表面活性剂的作用，可制得分子量大和产率高的聚苯胺产物，电导率大于 1S/cm，在 *N*-甲基吡咯烷酮（NMP）试剂中溶解度高达 86%，相比溶液聚合法制备的 PANI 颗粒，产率和溶解性显著提高。

（二）电化学合成法

PANI 的电化学聚合法[16-17] 主要有恒电位/电流法、动电位扫描法等方法。电化学合成法是先将 AN 单体在电解质中均匀分散，接电源后，AN 在阳极上发生氧化聚合反应，最终获得 PANI 粉末。早在 1980 年 Diaz 等[18] 就用此方法成功制备出 PANI 薄膜。

（三）模板聚合法

模板聚合法是多种方法（如化学法、物理法）的综合运用，这在纳米结构材料设计、组装、开发方面的自由度更大。例如，将纳米聚苯胺处理到有孔的有机薄膜基底上，同时还可以控制颗粒的尺寸、外观形状以及取向度等。Yuan 等[19] 通过模板聚合法制得了导电率达到 8.3×10^{-4}S/cm 的导电聚苯胺。

（四）辐射聚合法

辐射合成法不需要氧化剂，而是通过光能或其他射线提供能量引发苯胺聚合[20]。该方法合成的聚苯胺纳米材料的形貌受辐射源的波长和辐射形状等因素影响。采用不同的可见光辐射可得到不同外观形貌的产物，如紫外光辐射得到的产物大多是球形。

二、聚苯胺导电纤维的研究进展

近年来研究者对聚苯胺的分子结构、合成、导电机理等进行了系统全面的分析，研究重点开始转向应用型，着重于聚苯胺导电纤维或复合纤维[21-24]的制备。

（一）原位聚合法

原位聚合法是一种简便易行的导电纤维制备方法，基体纤维的表面黏附一层聚苯胺导电层，从而使其具有导电性，这种方法的关键在于基体纤维能够有效吸附聚合聚苯胺大分子，同时反应生成的聚苯胺层具有良好的导电性能，因此又称现场吸附聚合法。

1997 年，刘维锦等[25]研究了过硫酸铵 [$(NH_4)_2S_2O_8$]、重铬酸钾（$K_2Cr_2O_7$）、高锰酸钾（$KMnO_4$）、过氧化氢（H_2O_2）、五氧化二钒（V_2O_5）等氧化剂对涤纶（PET）纤维基体导电性的影响，研究表明：氧化剂 V_2O_5 的氧化效果优于一般的强氧化剂，这在一定程度上改变了强氧化剂的氧化效果强的观点。

2000 年，潘玮等[26]研究了 AN 单体浓度、掺杂酸浓度、氧化剂浓度以及反应温度等因素对导电纤维导电性能的影响，研究表明：上述因素对纤维的导电性能有一定程度的影响，聚合反应的速率对聚苯胺是否能有效吸附在纤维上有较大的影响。

由于吸附聚合的制备工艺复杂，聚苯胺纤维在实际应用方面受到限制。此外，聚苯胺纤维导电性能的优劣也十分重要，这在一定程度上影响导电纤维的导电性和持续导电的寿命，所以此制备方法不能满足纺织材料的某些特殊要求。

（二）干法/湿法纺丝

干湿法纺丝与湿法纺丝[27-29]是常见的制备聚苯胺导电纤维的方法，相关研究表明，聚苯胺可溶于极少数的有机物 *N*-甲基吡咯烷酮（NMP）、二甲基丙烯脲（DMPU）以及无机浓硫酸等溶剂，上述溶剂在干湿法纺丝中是不可缺少的溶剂。

1993 年，Andreatta 等[30]多次对本体聚苯胺纤维进行研究，发现加入浓硫酸的聚苯胺溶液可直接纺出聚苯胺纤维。从硫酸和氢氧化钠的溶液中纺出磺化的聚苯胺纤维僵硬易碎，且不耐磨损，实用价值不高。1995 年，Tzou 等[31]通过传统的湿法纺丝工艺制得聚苯胺导电纤维，溶解在 NMP 里的聚苯胺溶液在室温下不稳定，会迅速变成凝胶。共混纺丝后聚苯胺纤维的力学性能明显提高，在合适的掺杂剂作用下，大大提高了纤维的电导率，同时掺杂后的 PANI 本身的溶解性也有所改善。潘玮等[32]将 PANI 和 PAN 混合溶解在二甲基亚砜（DMSO）/三氯甲烷（$CHCl_3$）溶剂中，采用湿法纺丝法制备复合导电纤维。研究表明，聚苯胺在 PAN 基体中的分散状态直接影响复合纤维的导电性能，其导电性可通过改善聚苯胺在 PAN 基体中的分散均匀性得到提高，因为导电 PANI 在 PAN 基体中能够很好地延展，如同电网通道。

制备共混 PANI 导电纤维的关键首先是确定好共混液的组分和比例，其次是选择恰当的掺杂剂对本征态的聚苯胺掺杂。掺杂不仅可提高其电导率，还可改善 PANI 的溶解度，从而使 PANI 能溶于更多的有机溶剂。质子酸有机磺酸具有较好的环境稳定性，分子链上兼有非极性基团和极性基团，常作为掺杂剂的首选。

（三）熔体纺丝法

熔体纺丝法生产速度快，设备简单，工艺流程简短，而且还省去了溶剂和沉淀剂原料。但熔体纺丝需要在聚合物熔融或塑化的状态下进行，而聚苯胺在其导电态下是不能熔融的，因此，需通过添加增塑剂的方法来塑化聚苯胺。

（四）静电纺丝法

静电纺丝法在制备天然高分子纳米纤维、聚合物纳米纤维、聚合物/无机物复合纳米纤维、无机纳米纤维等方面得到广泛应用，是制备纳米材料的有效方法之一。静电纺丝法[33-35]的基本原理是高分子溶液在高压静电场下拉伸固化，形成微/纳米乃至纳米级纤维。

1996 年，美国研究员 Reneker 等[36] 运用静电纺丝法制备出纳米级导电 PANI 纤维等导电纤维，其导电性能、色彩变换、黏弹性等特性可通过离子或是分子的掺入而发生变化。

2000 年，美国 Norris 等[37] 研究人员采用静电纺丝法制备出混纺导电聚苯胺/聚氧化乙烯（PANI/PEO）纤维毡，纤维直径为 2.1μm，测得其紫外光谱曲线与 PANI/PEO 薄膜的紫外光谱曲线基本一致，但静电纺丝法使纤维毡具有更高的孔隙率，相比于薄膜，这种高孔隙结构能够使纤维毡更容易被掺杂，对聚苯胺混合材料化学性能的优化更有利。

2004 年，Pinto 等[38] 发现经 AMPS 掺杂过的 PANI 的导电性显著增大，通过静电纺丝法制备的 PANI 超细纤维毡与旋涂法制备的 PANI 薄膜材料相比导电性能略低。在纤维毡的表面镀上镍薄膜，其表面匀整，SEM 观察没有发现重叠的表面。通过静电纺丝与化学沉淀技术的结合制备的镀金纤维毡基底表面积很大。

2008 年，Shin 等[35] 以多层碳纳米管/PANI/PEO 为纺丝原液，采用静电纺丝技术制备导电纳米复合纤维，循环伏安法表征发现，多层碳纳米管/PANI/PEO 纳米复合纤维的导电性有很大的变化。由于内部碳纳米管的自产热使得其导电性能有很大的转变。

2009 年，Shie 等[39] 利用静电纺制得的具有生物相容性的静电聚苯胺纤维表明聚苯胺纳米纤维是一种合适的生物传感器，兼具有机聚合物和金属的电学特性、物理和化学性质。

2010 年，Picciani 等[40] 利用静电纺丝法制备了 PLA/PANI 混纺纤维毡，并对其力学性能、热学性能等进行了分析，发现静电纺丝过程中纤维管的晶体结构对纤维性能的影响较大。曹铁平等[34] 对制得的 PAN/PANI 超细复合纤维毡进行 SEM、FTIR、XRD、RAMAN 光谱等的表征发现，PAN 和 AN 的含量、纺丝电压是影响纤维特性的主要因素，PANI 在 PAN 基体内的分布均匀，其纤维的电导率达到 10^{-2}S/cm，表现出良好的导电性。

三、聚苯胺的应用

聚苯胺的导电性可达到金属级别，可根据应用领域的不同替代部分金属。聚苯胺的掺杂机理独特、稳定性好、电化学性能优良、成本低、工艺简单，在众多科技领域（如电池屏蔽材料、电致变色器件、显示器、防腐材料等）有着广泛的应用。

（一）防腐涂料

防腐涂料是聚苯胺初期最重要的工业应用。纯聚苯胺不可直接作为涂料使用，原因在于聚苯胺的不溶不熔性，当与常用的基体树脂配合时，才能发挥聚苯胺的优良特性。目前对于基体树脂的选择、聚苯胺与基体之间的相互作用、防腐机制和防腐效应等研究已相对成熟，两种聚苯胺防腐涂料体系也被成功开发。

（二）充电电池

导电态聚苯胺的电化学性能良好且具有可逆性，是锂电池正极材料不错的选择。导电聚合物在电极反应过程中通过掺杂—脱掺杂的可逆过程来完成氧化—还原反应，完成电池的充放电过程。Mosqueda 等采用原位聚合法制备了 $LiNi_{0.8}Co_{0.2}O_2$/PANI 复合材料，与传统锂电极材料相比，显示出更优异的可逆性。朱嫦娥等[41] 以三氯化铁（$FeCl_3$）为氧化剂，在盐酸环境中制备出具有较高电导率的聚苯胺/炭黑导电复合材料。在电池设计中，其正极选择聚苯胺导电复合膜，负极选择锂片，电解质选择六氟磷酸锂/乙烯碳酸酯—碳酸甲乙酯—碳酸二甲酯（简称 $LiPF_3$/EC-DMC-EMC），研究测试显示，组装后的电池具有较高的放电容量。

（三）电磁屏蔽

聚苯胺的可加工性能得到突破后，其在防静电涂料、电池屏蔽领域的应用逐渐增多[42-43]。导电聚苯胺具有质轻、可调控电磁参数、环境稳定性优良以及在绝缘体、半导体和导体范围内可调控等优点，因此能够反射或吸收一定频率的电磁波，这一特性可用于电磁屏蔽。研究表明，高电导率 PANI 可屏蔽掉频率为 10MHz～1GHz 的电磁波，屏蔽效果可达到 20dB 以上。对于防静电涂料的应用，美国的 UNIX 公司采用经有机磺酸掺杂的导电聚苯胺与其他基体混合，制造出各种各样的抗静电地板。

（四）电致变色元件

电致变色就是在外加电场力的作用下，材料发生颜色变化的过程。Kaner 等[44] 制备出的导电聚苯胺薄膜呈现出可逆的电致变色行为，随着电压从-0.7V 增至 0.6V，聚苯胺的电致变色行为是亮黄色、绿色、暗蓝色且最后变为黑色。PANI 的这种特性在军事伪装技术方面有着不可估量的前景。

第二节　聚苯胺电致变色器件结构

电致变色器件是电致变色元件与控制电路的结合，其特性是经外加电位的控制造成元件颜色的变化，并且具有可逆性及记忆效应，同时可调节和控制不同波长电磁辐射的入射量，达到滤光、明暗控制和节能的目的[45]。

完整的电致变色器件为七层夹心结构，包括玻璃基材（glass substrate）、透明导电层（transparent conducting layer）、电致变色层（electrochromic layer）、离子导体层（ion conducting layer）、离子储存层（ion storage layer）以及辅助变色层（complementary layer）等，其基本结构如图 5-3 所示。其中，电致变色层是核心层，是研究的重点。离子导体层提供离子在电致变色层之间传输的通道，离子储存层起存储离子、平衡电荷的作用。当在透明导电层上

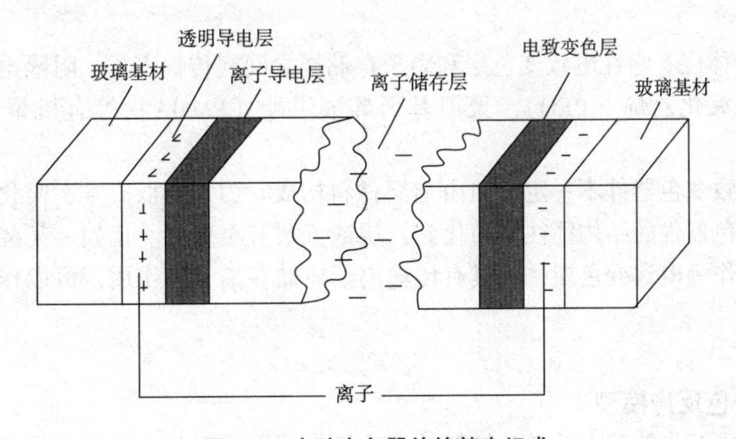

图 5-3　电致变色器件的基本组成

施加正向直流电压后，离子储存层中离子被抽出，通过离子导体层，进入电致变色层，引起变色，实现无功耗记忆功能。当施加反向电压时，电致变色层中离子被抽出后再次进入储存层，整个装置又恢复透明原状。

电致变色器件层压结构如图 5-4 所示。

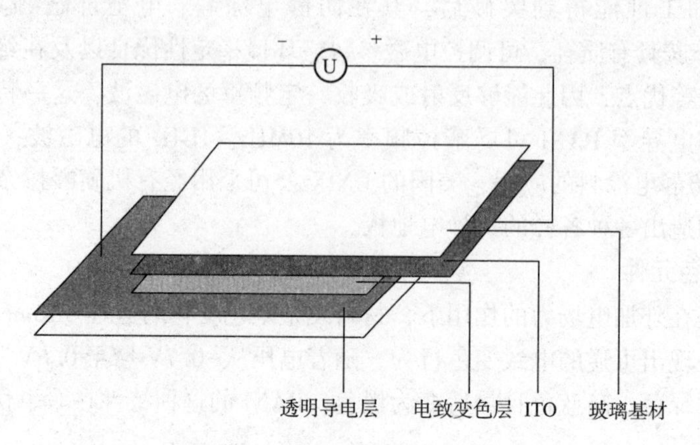

图 5-4 电致变色器件层压结构图

(1) 透明导电层。主要用来导电，建立电场实现变色过程。最常用的是 ITO 玻璃，它具有透光性好、电阻率低、易刻蚀和易低温制备等优点。为了实现器件的可弯曲和折叠性能，开始寻找新的透明电极材料来代替 ITO，如采用普利斯公司制备的能够用印刷技术成膜的、可弯曲的新型透明导电高分子材料。

(2) 电致变色层。电致变色层是整个电致变色器件的核心层，是电致变色反应的发生层。这一层主要以电致变色薄膜的形式出现，只需在使用时将电致变色材料做成膜的形式即可。高分子电致变色材料如聚噻吩、聚吡咯、聚苯胺等则可以采用电化学沉积、有机气相沉积等方法制膜。

(3) 离子存储层。也称为对电极层，起存储离子及平衡电荷的作用。这层材料要求有较大的离子存储能力，目前一般采用 VZOs 或 TiO_2 薄膜，但由于其在光谱强度和能量的调制上有较大的局限性，因此，近年来人们开始寻找和采用离子存储能力较强的电致变色材料作为离子存储层。

(4) 离子导体层。它在电致变色层和离子存储层之间起传输离子、阻隔电子的作用。近几年主要采用聚氧化乙烯（PEO）、聚甲基丙烯酸甲酯（PMMA）等有机聚合物凝胶态电解质。

实用化的电致变色器件不一定必须由七层材料构成。为了降低成本，简化加工技术，提高效益，电致变色器件的结构往往被简化到六层或五层甚至更少。比如，某些材料具有电致变色性能，可以作为电致变色层，又具有传输离子或储存离子的作用，可以作为离子导体层或离子存储层[46]。

一、电致变色反应模型

电致变色现象产生的基本条件是材料处于电场作用下。据此，解释电致变色机理的模型均以电子和离子的双重注入为出发点，并根据注入过程和注入后发生的反应，提出具体的电致变色机理。到目前为止，人们提出的电致变色机理模型主要有电化学反应模型、Deb 模型、Faughnan 模型、Schirmer 模型和配位场模型等。

（一）电化学反应模型

电化学反应模型，又称钨青铜模型，该模型认为，在电场作用下，单电荷小直径正离子（ H^+、Li^+等）和电子从薄膜的两侧注入膜内，发生如下还原反应：

$$I^+ + e^- \rightarrow I \quad (1)$$

$$MeO_n + xI \rightarrow I_xMeO_n \quad (2)$$

式中：I^+为单电荷小直径正离子；Me 为金属原子。

如 $n=3$，则表示缺陷型钙钛矿结构，对应于 WO_3 的晶体结构。通过反应（1），正离子得电子还原成原子，扩散进入 WO_3 晶格，使缺陷型钙钛矿结构生成钨青铜结构，薄膜变成蓝色，如图 5-5 所示；反转电压后，电子和正离子从变色薄膜中移出，薄膜褪色。尽管电化学反应模型没有给出金属离子和电子的传输通道，但可以认为反应（1）是在晶体（粒）界面完成，然后通过扩散完成反应（2），这一解释符合变色效应随薄膜致密度或者有序度的增加而减弱的实验事实。

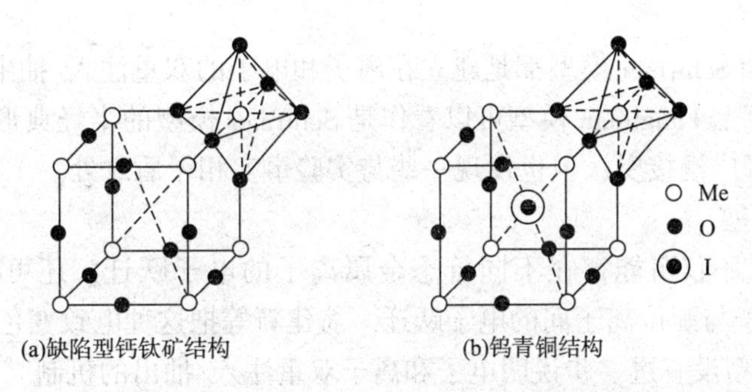

图 5-5　缺陷型钙钛矿结构和钨青铜结构

但是，李竹影[47] 等研究了 WO_3 薄膜在 1mol/ L 六氟磷酸锂有机电解液中的循环伏安曲线和变色现象，认为离子的注入和抽出过程并不遵从电化学反应模型：一方面，注入氧化钨薄膜的 Li^+完全退出后，氧化钨薄膜不褪色；另一方面，试验所采用的电位是 2.5V，低于 Li^+在水溶液中的得电子电位（3.5V）。结果表明，由于在氧化钨薄膜内未生成锂钨青铜，所以薄膜的变色不是钨青铜形成所致。如果薄膜本身存在某种催化机制，如晶体（粒）界面，作为正离子得失电子的介质，能够降低 Li^+的还原电位，那么电化学反应模型将更为完善。

（二）Deb 模型

Deb 模型又称色心模型，1973 年 Deb 通过对真空蒸发形成的无定形 WO_3 研究提出无定形 WO_3 具有类似于金属卤化物的离子晶体结构，能形成正电性氧空位缺陷，阴极注入的电子被氧空位捕获而形成色心，被捕获的电子不稳定，很容易吸收可见光光子而被激发到导带，使 WO_3 膜呈现出颜色。这一模型解释了着色态 WO_3 膜在氧气中高温加热褪色后，电致变色能力消失的现象，是最早提出的模型，但 Faughnan 认为在氧缺乏量很大时，WO_{3-y} 膜（$y=0.5$）中难以产生大量色心。

（三）Faughnan 模型

Faughnan 模型又称双重注入/抽出模型、价间迁移模型。Faughnan 等提出无定形 WO_3 变色机理可用下式表示：

$$xM^{+}+xe^{-}+WO_3 \rightarrow M_xWO_3 \quad (3)$$

式中：M 表示 H^{+}、Li^{+}等。

加电场时，电子 e^{-}和阳离子 M^{+}同时注入 WO_3 膜原子晶格间的缺陷位置，形成钨青铜（M_xWO_3），呈现蓝色。反方向加电场，电致变色层中电子 e^{-}和阳离子 M^{+}同时脱离，蓝色消失（图 5-6）。

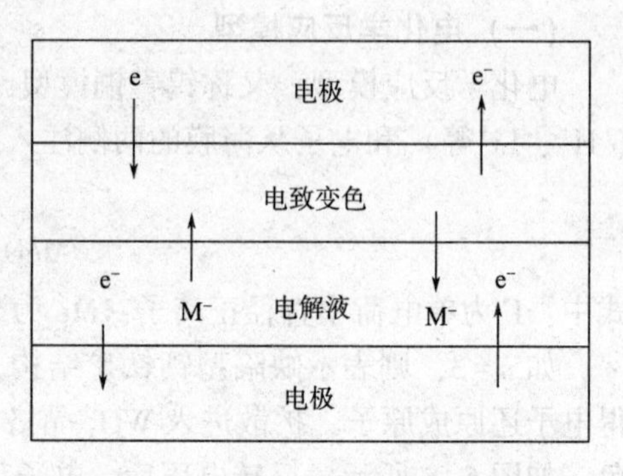

图 5-6　价间电荷迁移模型示意图

在钨青铜中，电子在不同晶格位置 A 和 B 之间的转移可表示为：

$$h\nu+W^{5+}(A)+W^{6+}(B) \rightarrow W^{6+}(A)+W^{5+}(B) \quad (4)$$

（四）Schirmer 模型

Schirmer 模型又称极化模型[48]。电子注入晶体后与周围晶格相互作用而被域化在某个晶格位置，形成小极化子，破坏了平衡位形。小极化子在不同晶格位置跃迁时需要吸收光子。这种光吸收导致的极化子的跃变称为 Franck-Condon 跃变。在跃变过程中，电子跃变能量全部转化为光子发射的能量。

Faughnan 模型和 Schirmer 模型都是建立在离子和电子的双重注入/抽出基础上的，它们的物理本质相同，实际上 Faughnan 模型可以看作是 Schirmer 模型的半经典形式。一段时间以来这两个模型为研究者广泛接受，但也发现一些与实验事实相矛盾之处。

（五）配位场模型

在电致变色中，不仅可能存在不同价态金属离子的电子跃迁，还可能存在金属离子的 d—d 跃迁和金属离子与配位离子间的电子跃迁。翁建新等把这种电致变色机理命名为“配位场模型”，但是该模型没有进一步说明电子和离子双重注入/抽出的机制[49]。

二、电致变色材料的分类与选择

电致变色材料的变色原理主要取决于材料的化学组成、能带结构和氧化还原特性。例如，可通过离子、电子的注入和抽出，调制薄膜在紫外和可见光区的吸收特性或改变薄膜中载流子浓度和等离子振荡频率，实现对红外反射特性的调制。

尽管人们已经对电致变色材料及其产品进行了大量研究，但目前对其电致变色机理还没有统一的结论，这主要是因为电致变色的原因比较复杂。研究并掌握电致变色机理，对开发电致变色器件及产品具有重要意义。

一般要求电致变色材料具备以下性能：具有良好的电化学氧化还原可逆性；颜色变化的响应时间快；颜色的变化应是可逆的；颜色变化灵敏度高；有较高的循环寿命；有一定的储存记忆功能；有较好的化学稳定性[50]。

电致变色材料中，过渡金属氧化物，特别是高能系半导体氧化钨（WO_3）在过去 30 年受到广泛关注。到前为止，已开发出非常多的无机材料，如普鲁士蓝，Mo、Nb 及 Ti 的氧化物（阳极着色），与 Ni、Co 及 Ir 的氧化物（阳极着色）[51]。此外，有机小分子电致变色材料，如 viologen，其在稳定的双阳离子状态下为透明，当有一个电子还原，形成自由基阳离子状态则有非常特别的颜色（图 5-7）。聚合的 viologen 及 N 取代的 viologen 已有电致变色薄膜的展示。近年来，将有机分子吸附于具有介孔隙的金属氧化物上，可以提升电致变色性质。

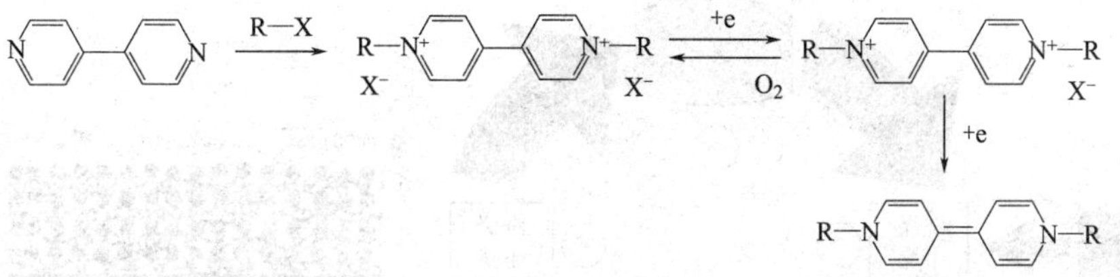

图 5-7　viologen 双阳离子状态、自由基阳离子状态的分子结构

其中共轭高分子则为第三类的电致变色材料。其受注意是由于制备容易、反应时间短、制备流程技术简单以及容易控制分子结构使其具有多变色。典型的共轭电致变色高分子有聚噻吩（polythiophene，PTh）、聚苯胺（polyaniline，PANI）及聚吡咯（polypyrrole，PPy）等衍生物，其结构如图 5-8 所示。

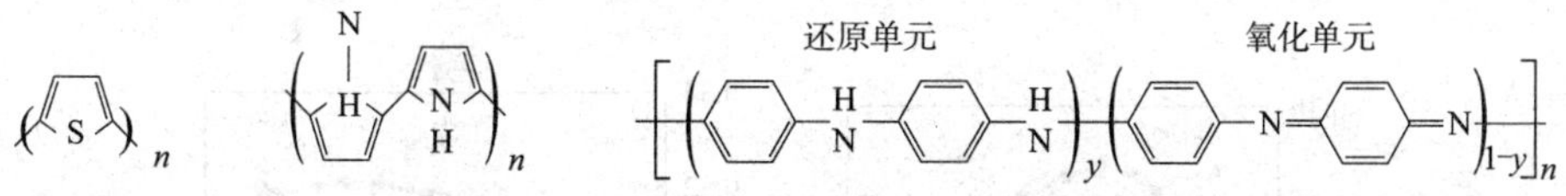

(a)聚噻吩　(b)聚吡咯　(c)聚苯胺

图 5-8　典型的共轭电致变色高分子结构

（一）聚噻吩及其衍生物

噻吩的环境稳定性非常好，并且易于制备，掺杂后具有很好的导电性能。目前在噻吩类导电聚合物中，聚（3，4-亚乙基二氧噻吩）PEDOT 是最热门的研究对象。PEDOT 有良好的导电性、稳定性、光电特性及电致变色性，且其薄膜材料透明度良好，因此，主要用作透明电极材料及电致变色活性材料。

PEDOT 氧化态时，π 电子处于高能态，电子吸收光谱走向近红外低能量光谱带，因此在可见光谱中显透明蓝色；还原态时稳定的共轭交互单双键结构使 π 电子吸收光谱走向高能量可见光谱带，从而使 PEDOT 呈深蓝色。有研究者将 PEDOT 与其他材料进行复合来提高其变色性能。例如，Thomas 等[52] 利用层层叠加 LBL 技术（图 5-9）制备 PEDOT/PSS 与聚乙烯亚（BPEI）的复合膜，添加 TiO_2 和炭黑来增强复合膜的抗紫外降解能力和导电性，结果表明导电率比之前高 250 倍，光透射率提高 27%。

除此之外，一些学者正在研究噻吩卤代结构的性能，例如，Alkan 等在三氟化硼乙醚溶液（BFEE）中利用恒电压的方法得到了聚（3-溴噻吩）和聚（3，4-二溴噻吩）[Poly（3，4-dibromothiophene），PDBrTh]，并制备了高性能的电致变色器件，循环次数可达 1000 次，如图 5-10 所示。

总的来讲，聚噻吩类导电聚合物电致变色材料是所有变色材料中研究最多、应用最广、涉及范围最宽且市场价值巨大的化合物，其对电致变色器件颜色的丰富具有相当重要的意义。

（二）聚吡咯

聚吡咯具有典型的共轭大分子的特性，掺杂态的聚吡咯具有良好的导电性，颜色呈黑色，脱掺杂后的聚吡咯薄膜则是淡黄色的。1979 年，Diaz 等[53] 第一次在乙腈溶液中通过电化学

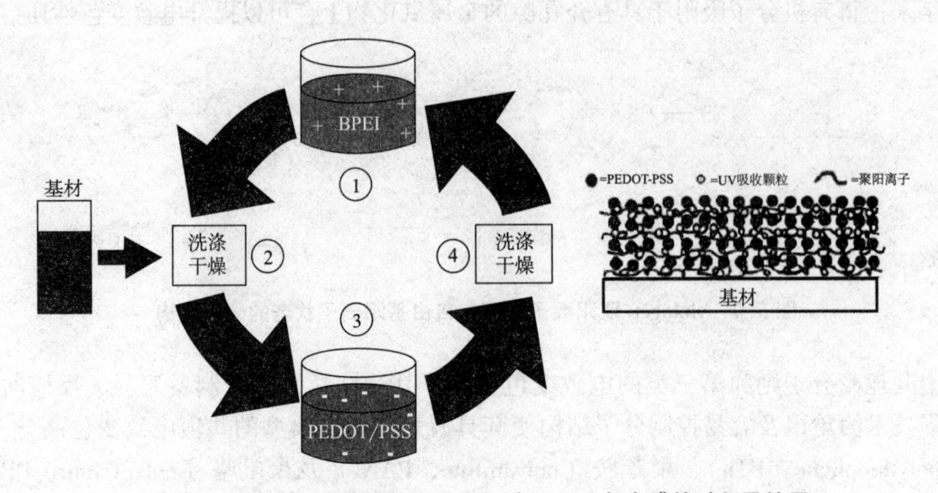

图 5-9 LBL 技术制备 PEDOT/PSS 与 BPEI 复合膜的过程及结果

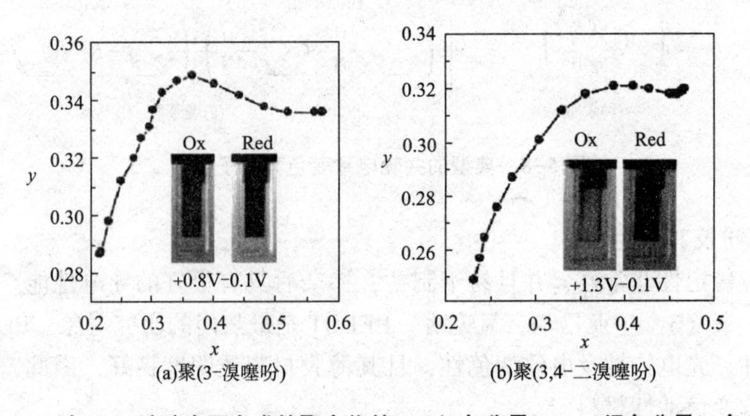

(a)聚(3-溴噻吩)　(b)聚(3,4-二溴噻吩)

图 5-10 在 ITO 玻璃表面合成的聚合物的 *x*（红色分量），*y*（绿色分量）色度图

氧化聚合的方法制得聚吡咯薄膜并观察到电致变色现象。聚吡咯在合适的电解质中会表现出明显的电致变色特性，其变色过程表示如图 5-11 所示。

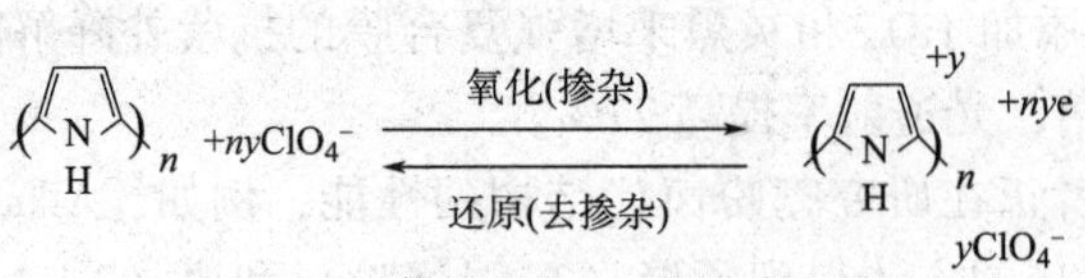

$$\left(\text{C}_4\text{H}_2\text{NH}\right)_n + ny\text{ClO}_4^- \underset{\text{还原(去掺杂)}}{\overset{\text{氧化(掺杂)}}{\rightleftharpoons}} \left(\text{C}_4\text{H}_2\text{NH}\right)_n^{+y} \cdot y\text{ClO}_4^- + nye$$

图 5-11 聚吡咯的氧化与还原过程

（三）聚苯胺

聚苯胺是一种典型的导电高分子聚合物，与其他导电高聚物相比，聚苯胺具有如下特点：一是不同的氧化还原态对应不同的结构；二是能够通过掺杂和反掺杂来改变其性质。聚苯胺目前已经在二次电池、电致变色器件、传感器、电催化及金属防腐等方面得到广泛的应用[54]。

三、电致变色技术的应用

电致变色技术在变色太阳镜、高分辨率光电摄像器材、光电化学能转换、活性光学滤波器等高新技术领域具有得天独厚的优势。在照相机和激光等中作为光电子调节阀以作图像记录、信息处理、光记忆、光开关、全息照相、装饰材料和完全防护材料之用[55]。电致变色技术在诸多领域有着巨大的应用潜力，具体如下。

（一）电致变色灵巧窗

电致变色灵巧窗是所有电致变色器件中最具发展潜力的器件，少数发达国家把此材料作为新一代节能材料，并列为重点发展对象。电致变色灵巧窗通过改变所加电压（电流）的大小，可根据需要任意地改变窗的光学性质，动态调节太阳能的输入或输出以及调节可见光区的光谱，实现光密度连续可逆地调节，而且低功耗，可广泛地用于建筑、汽车、飞机等领域（图 5-12，彩图见封二）。

图 5-12　电致变色灵巧窗

（二）电致变色显示器

电致变色材料具有双稳态的性能，用电致变色材料做成的电致变色显示器件不仅不需要背光灯，而且显示静态图像后，只要显示内容不变化，就不会耗电。电致变色显示器与其他显示器相比，具有无视盲角、对比度高、制造成本低、工作温度范围宽、驱动电压低、色彩丰富等优点，在仪表显示、户外广告、静态显示等领域具有很广阔的应用前景（图 5-13，彩图见封二）。

图 5-13　电致变色显示器

（三）电致变色储存器件

目前，已研制出多种可着不同颜色的电致变色材料，可以用来记录彩色连续的信息，类似于彩色照片，同时可擦除和改写。例如，聚苯胺的衍生物可实现三基色显示，因此，可设想用该聚苯胺衍生物电致变色材料记录彩色连续信息。图5-14（彩图见封二）所示为电致变色存储器件在传感器显示系统上的应用。

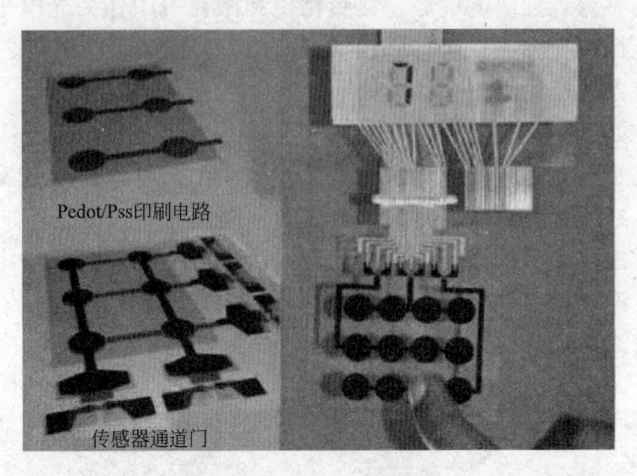

图 5-14　电致变色存储器件在传感器显示系统上的应用

（四）电致变色织物

智能纺织品把高科技传感器或敏感元件与传统结构材料和功能材料结合在一起，可在现有织物的改性、功能化、智能化基础上进行组合设计。电致变色织物是指在电场的作用下能改变颜色的织物。目前，它的研究尚处于初始阶段。

预计智能型电致变色织物在未来将大量运用在军用伪装服上。在未来战场上，士兵们可针对不同的环境自由地调整服装的颜色，使敌人难以辨识。智能型电致变色织物的概念与变色龙伪装类似，利用环境颜色监控的侦测器结合电变色织物，随着颜色侦测器所得的数据，透过纤维传送视觉信息可立即改变服装的颜色、光线和图案，达到自动控制的目的，实现服装颜色的自动变化。除了用于伪装服之外，变色织物也可用于变化不同图案的挂布或画布上，如果亮度足够也可以成为布型显示器。目前的问题主要是，透明导电层的导电率不高、透明度不佳以及发色团的稳定性不足等，如果这些问题能一一克服，将为智能型电致变色织物带来可观的商机（图5-15，彩图见封二）。

图 5-15　电致变色服

第三节　聚苯胺乳液的制备与表征

聚苯胺（PANI）是含共轭大 π 键的特殊导电态大分子，因主链上含有交替的苯环和氮原子，从而构成一种特殊的导电高分子材料[56-59]，其一般结构式如图 5-16 所示。

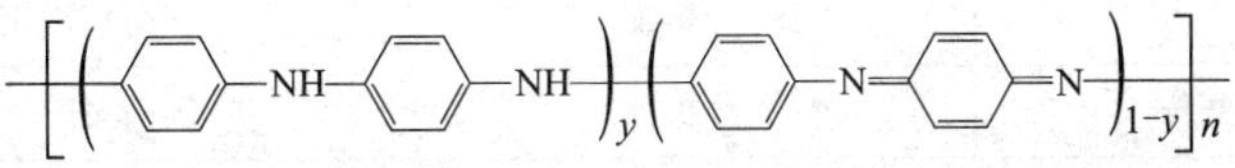

$$\left[\left(\text{C}_6\text{H}_4\text{—NH—C}_6\text{H}_4\text{—NH}\right)_y\left(\text{C}_6\text{H}_4\text{—N=C}_6\text{H}_4\text{=N}\right)_{1-y}\right]_n$$

图 5-16　聚苯胺一般结构式

从图 5-16 中可以看出，聚苯胺的一般结构式由还原单元（双苯胺单元）和氧化单元（苯醌单元）两部分组成，y（$0\leqslant y\leqslant 1$）表示 PANI 的氧化还原程度，n 为聚合度。不同的氧化还原单元比值使 PANI 显示不同色彩和电导率，且 PANI 的氧化和还原单元是可以相互转化的。当 $y=0.5$ 时，氧化单元数等于还原单元数，称为中间氧化态，即本征态聚苯胺。本征态聚苯胺经过质子酸的掺杂变为导体。PANI 的结构随着 y 值在 0~1 之间变化而不同，其颜色、分子结构、电导率也随之变化（表 5-2）。

表 5-2　PANI 的不同化学结构及其相应的颜色

y 值	名称	结构	颜色	性能
1.0	无色翡翠亚胺	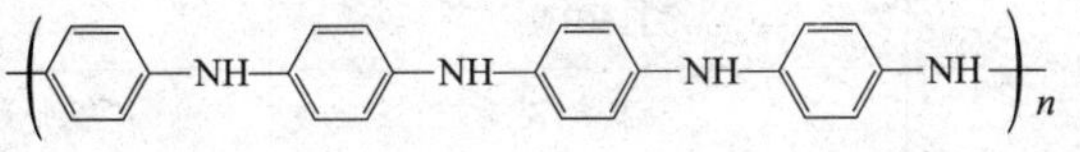 $\left(\text{C}_6\text{H}_4\text{—NH—C}_6\text{H}_4\text{—NH—C}_6\text{H}_4\text{—NH—C}_6\text{H}_4\text{—NH}\right)_n$	无色（淡黄色）	绝缘体
0.75	原翠绿亚胺	—	浅蓝色	半导体
0.5	翠绿亚胺	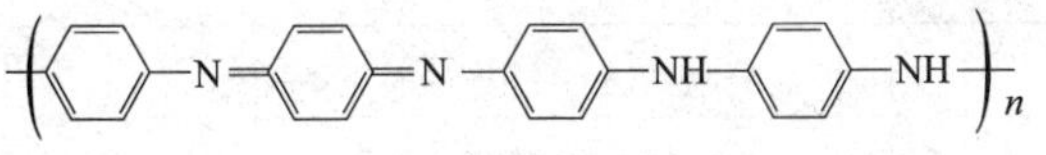 $\left(\text{C}_6\text{H}_4\text{—N=C}_6\text{H}_4\text{=N—C}_6\text{H}_4\text{—NH—C}_6\text{H}_4\text{—NH}\right)_n$	墨绿色	金属态
0.25	苯胺黑	—	蓝色	绝缘体
0	全苯胺黑	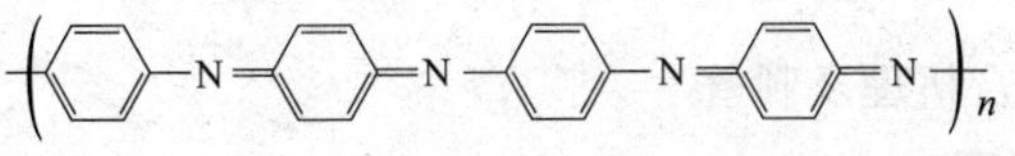 $\left(\text{C}_6\text{H}_4\text{—N=C}_6\text{H}_4\text{=N—C}_6\text{H}_4\text{—N=C}_6\text{H}_4\text{=N}\right)_n$	蓝紫色	绝缘体

本实验中聚苯胺的制备方法是以水为热载体，十二烷基苯磺酸（DBSA）为表面活性剂，聚苯胺的导电性在质子酸的掺杂作用下得到提高；制得的 PANI 乳液可直接用于后加工，从而避免其他溶剂的使用，同时又可改善 PANI 的成膜性能、力学性能、导电性能等指标，优化聚苯胺类材料的综合性能，拓展其应用[60]。

一、实验部分

（一）实验药品和仪器

主要实验药品见表 5-3。

表 5-3 实验药品

药品名称	规格	生产厂家
苯胺	分析纯	国药集团化学试剂有限公司
十二烷基苯磺酸	分析纯	东京化成工业株式会社
过硫酸铵	分析纯	国药集团化学试剂有限公司
聚乙烯醇	分析纯	国药集团化学试剂有限公司
丙酮	分析纯	国药集团化学试剂有限公司
N，*N*-二甲基甲酰胺	分析纯	国药集团化学试剂有限公司
三氯甲烷	分析纯	国药集团化学试剂有限公司
四氢呋喃	分析纯	国药集团化学试剂有限公司
N-甲基吡咯烷酮	分析纯	国药集团化学试剂有限公司

主要实验仪器见表 5-4。

表 5-4 实验仪器

仪器	规格	生产厂家
数显型顶置式机械搅拌器	RW 20 digital	德国 IKA 公司
调温电加热套	DRT-TW 型	郑州长城科工贸有限公司
低速台式离心机	TDL 80-2D	上海安亭科学仪器厂
电子天平	JT601N	上海精天电子仪器有限公司
匀胶机	KW-4A	上海凯美特陶瓷技术有限公司
光学显微镜	XS-213	南京江南光学仪器有限公司
扫描电镜	S-3400N	日本日立高新技术公司
FTIR 红外光谱分析仪	Nicolte AVATAR 380	美国 Thermo Fisher 公司
紫外可见分光光度计	UV-1601PC	日本津岛公司
真空干燥箱	DZF-6050	上海一恒科技有限公司

（二）聚苯胺乳液的聚合机理及制备

1. 聚苯胺乳液的聚合机理

PANI 的聚合反应体系由水相、胶束相和液滴相组成（图 5-17）。在非离子型 PVA 和阴离子型 DBSA 两种乳化剂的共同作用下，极少量的 PVA 和 DBSA 以分子形式溶解于水中构成水相；而大部分的 PVA 和 DBSA 以胶束形式存在，此相称为胶束相；在疏水性烷基和亲水性羟基、磺酸基的共同作用下，水的表面张力明显下降，使苯胺（AN）单体以细微液滴的方式分散在乳液中构成液滴相。

苯胺的聚合机理主要是胶束成核：过硫酸铵在水中分解成初级自由基，将溶于水中的微量单体苯胺引发，形成较短的链段自由基，当自由基链段增长到一定单元后会沉淀析出，增溶胶束将其和初始自由基一起捕捉，引发苯胺单体聚合成核，称为 PANI 胶粒。随着聚合反应的继续，PANI 胶粒转化为 PANI—AN 胶粒，使得胶粒中的 AN 单体逐渐减少，此时液滴相中的 AN

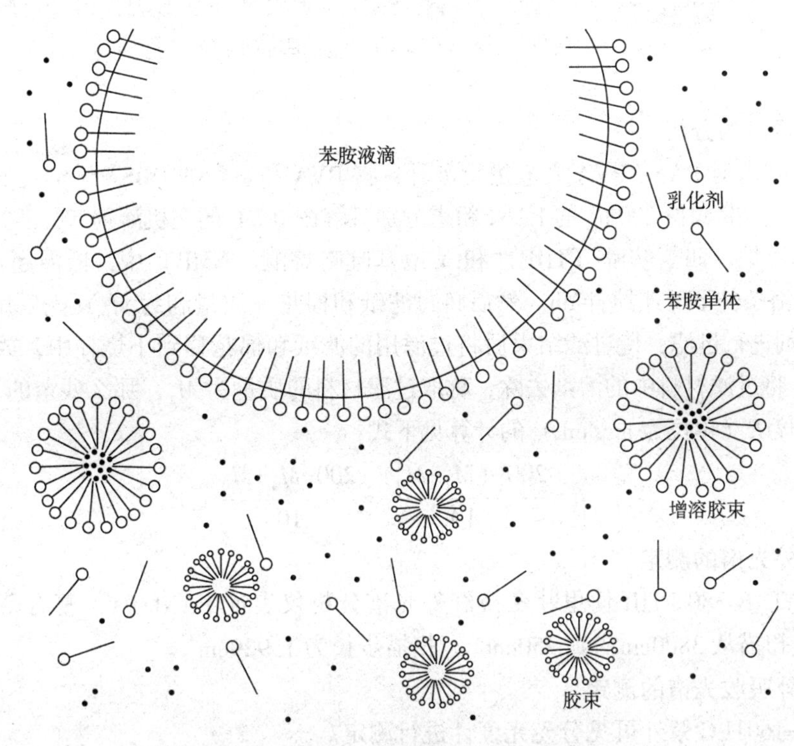

图 5-17 聚苯胺乳液聚合三相示意图

通过水相扩散使其得到补充，进而保持胶粒内 AN 单体浓度的平衡，最终形成 PANI 胶粒。

2. 聚苯胺乳液的制备

首先将 90~95℃的去离子水移至三口烧瓶中并保持恒温，称取适量的 PVA 颗粒加到三口烧瓶中，同时低速搅拌至 PVA 完全溶解，然后冷却至室温；再向三口烧瓶中依次加入 DBSA 和 AN 单体，提高搅拌速度，至形成均匀稳定的白色乳液；将配置好的 APS 水溶液在常温条件下超声处理 10min，使其完全溶解。然后按照 6 滴/5min 的速度缓慢滴加到上述乳液中，同时乳液开始由乳白色向浅蓝色、蓝色、蓝绿色、深绿色以及墨绿色转变，变色时间大约在 30min，开始变色的时间和变色时间长短与氧化剂的滴加速度、聚合温度、氧化剂用量以及质子酸的含量有关。

当滴定结束后，持续高速搅拌 2~4h，得到墨绿色的 PANI/PVA 复合乳液。长时间的高速搅拌，使乳液中含有较多的泡沫，需经过高速离心机进行消泡处理，减少 PANI 共混薄膜性能测试的误差。最后将离心处理好的乳液移至烧杯中，封装待用。

（三）PANI/PVA 薄膜的制备

采用 KW-4A 型匀胶机制备 PANI/PVA 复合薄膜，将乳液滴定到吸盘上的基体上，然后在 15s 内以 600r/min 低速旋转将乳液缓慢铺展开，再以 5000r/min 高速旋转 40s，使 PANI/PVA 乳液充分均匀地旋涂在基体表面，最后将制备好的 PANI/PVA 复合膜置于烘箱中，常温下干燥 4h 后备用。

（四）光学显微镜和电子显微镜的表征

选用 XS-213 型光学显微镜进行测定，为进一步了解 PANI 颗粒在基体 PVA 薄膜表面的形态结构，对测试样进行 SEM 扫描。由于 PANI/PVA 复合材料达不到 SEM 对测试样导电性能的要求，需将待测试样进行喷金处理，再在SEM下观察其外观形貌，得到比较清晰的SEM图片，运用Image-Pro Plus 6.0软件对复合薄膜上的聚苯胺颗粒进行直径估测，计算出PANI颗粒的直径均值。

（五）溶解度的分析

使用丙酮和水对PANI/PVA乳液进行破乳，将PVA和残余的DBSA试剂过滤掉，进而得到PANI粉末。称取四份200mg的PANI粉末分别溶解在10mL的有机溶剂*N*，*N*-二甲基甲酰胺（DMF）、三氯甲烷、四氢呋喃（THF）和*N*-甲基吡咯烷酮（NMP）中，低温超声处理30min后，再在冰水浴条件下低速搅拌6h。然后将过滤纸和棉花（质量和为M_0）先后用过滤材料对PANI/有机溶剂进行过滤，待过滤结束后将过滤用的滤纸和棉花移到小烧杯中，放入50℃的烘箱中干燥6h，将过滤材料中的溶剂去除，称取过滤材料的质量为M_1，那么残余的PANI质量为M_1-M_0，溶解度R（单位为mg/mL）的计算见下式：

$$R=\frac{200-(M_1-M_0)}{10}=\frac{200-M_1+M_0}{10} \tag{5-1}$$

（六）红外光谱的测定

运用AVATAR 380 FTIR傅里叶变换红外光谱分析仪表征PANI/PVA复合薄膜的分子结构，光谱数据扫描从3800cm^{-1}到750cm^{-1}，扫描步长为1.929cm^{-1}。

（七）紫外吸收光谱的测定

选用UV-1601PC紫外可见分光光度计进行测定。

（八）DBSA掺杂机理的分析

采用KW-4A匀胶机将PANI/PVA复合乳液制备成厚度均一、面积为4cm×4cm的薄膜。用四探针电导率测试仪测定试样电导率。所得数值按照试样厚度修正系数进行修正。

二、结果与讨论

（一）合成参数对聚苯胺材料导电性能的影响

聚苯胺合成工艺中单体苯胺的含量与掺杂酸含量、聚合温度、氧化剂含量乃至试剂添加顺序都有密切的关系。本实验中采用$L_9(3^4)$正交表对氧化剂含量、聚合温度和质子酸含量进行了研究。因素水平表见表5-5，$L_9(3^4)$正交表见表5-6。

表5-5　因素水平表

水平	（A）质子酸含量/g	（B）聚合温度/℃	（C）氧化剂含量/g
1	2.31	0	1.56
2	3.08	10	2.08
3	3.85	20	2.6

表5-6　$L_9(3^4)$正交表

试验号	列号				指标
	A	B	C	其他	导电率/（S/cm）
1	1	1	1	1	0.83
2	1	2	2	2	0.78

续表

试验号	列号				指标
	A	B	C	其他	导电率/（S/cm）
3	1	3	3	3	0.52
4	2	1	2	3	1.26
5	2	2	3	1	0.97
6	2	3	1	2	0.54
7	3	1	3	2	0.89
8	3	2	1	3	0.55
9	3	3	2	1	0.97
K_1	2.13	2.98	1.92	2.77	
K_2	2.77	2.30	3.01	2.21	
K_3	2.41	2.03	2.38	2.33	
k_1	0.71	0.99	0.64	0.92	
k_2	0.92	0.77	1.00	0.74	
k_3	0.80	0.68	0.79	0.78	
极差值 R	0.21	0.32	0.36	0.19	
因素主→次	C　B　A				
最优方案	C2B1A2				

注　K 表示同一水平下对应实验结果之和；k 表示 K 的算术平均值，本实验中 $k=K/3$；极差值 R 表示每个因数中 k 的最大值与最小值的差值。

最优方案由材料的电导率大小确定，电导率越大越好，质子酸含量、氧化剂含量和聚合温度的最优水平是根据 K_1、K_2、K_3 或 k_1、k_2、k_3 的大小顺序确定，取较大的 K_i 或 k_i 所对应的水平。从图5-18所示的聚苯胺聚合工艺优化的趋势图中可以清楚地判定出来，此次实验最优方案是 C2B1A2，即质子酸含量为3.08g、氧化剂含量为2.08g、聚合温度为0。

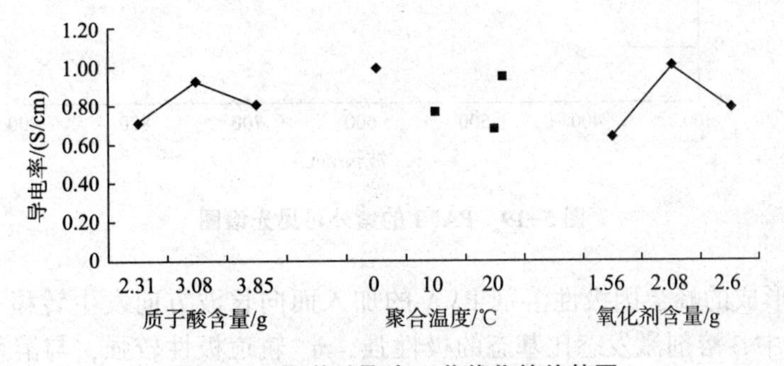

图5-18　聚苯胺聚合工艺优化的趋势图

（二）溶解性分析

将经乳液聚合法制得的PANI溶解在不同溶剂中，其溶解性见表5-7。乳液聚合过程中采用的质子酸是DBSA，不仅具有掺杂作用，还具有表面活性剂的作用，即大分子有机磺酸阴离子诱导作用增加 PANI 的可溶性，在一定程度上使掺杂后的 PANI 溶解性得到提高。

表 5-7 掺杂态聚苯胺在不同溶剂中的溶解度

溶剂	DMF	三氯甲烷	THF	NMP
溶解性/(mg/mL)	20.6	9.4	17.3	24.7

从表 5-7 中可以发现，PANI 在 NMP 中的溶解度达到 24.7mg/mL，在三氯甲烷中的溶解度仅有 9.4mg/mL。三氯甲烷属于弱氢键类，而 DMF、THF 和 NMP 均为中等氢键类溶剂。其溶剂产生氢键能力大小依次为三氯甲烷、THF、NMP 和 DMF，因此三氯甲烷溶解度最低，而实验数据显示 NMP 的溶解度最好，其可能原因是掺杂 PANI 的溶解度参数与 NMP 的极性相近，根据极性的相近相溶原理，呈现出 NMP 对 PANI 的溶解度最大，DMF 对 PANI 的溶解度次之。

（三）紫外可见光谱分析

乳液聚合制备的导电态 PANI 复合薄膜紫外可见吸收光谱如图 5-19 所示。从图 5-19 可知，掺杂态 PANI 的特征峰明显，近紫外区出现的 370nm 峰值归属于与苯式结构相关的 π→π 电子跃迁能隙，而可见光区出现的 428nm 的峰值代表 π 电子跃迁，613nm 附近的吸收带是与苯醌单元相关的 πb→πq 吸收，830nm 属于 π 极子带跃迁能隙，上述峰值为掺杂态 PANI 的基本特征峰值，直接反映 PANI 能带结构和掺杂过程中结构的变化[61]。

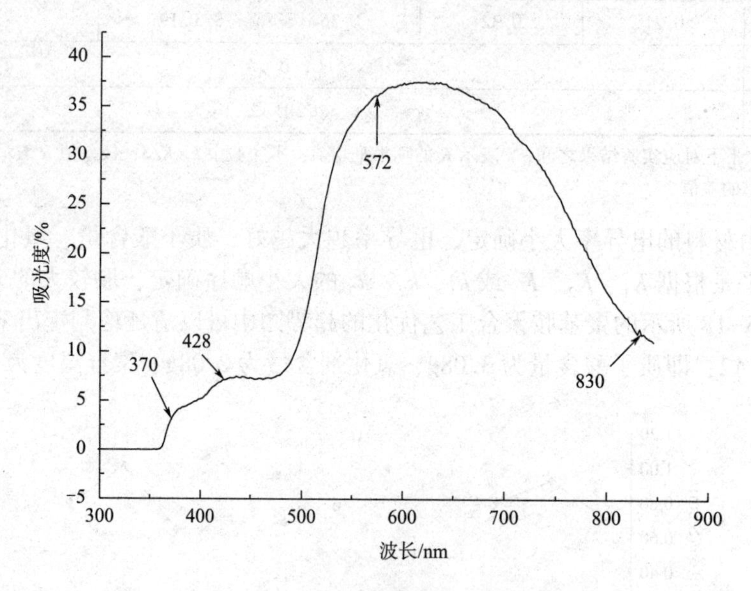

图 5-19 PANI 的紫外可见光谱图

$\pi \to \pi^*$ 跃迁形成的峰会因极性溶剂 PVA 的加入而向长波方向发生转移[62]，这是由于在大多 $\pi \to \pi^*$ 跃迁中，溶剂激发态比基态的极性强，π^* 轨道极性较强，与溶剂 PVA 的作用较强，使能量下降较大；而 π 轨道极性小，与 PVA 作用较弱，故能量降低较小，使 π 及 π^* 之间的能量差值缩小，因此，$\pi \to \pi^*$ 跃迁在极性溶剂中远比在非极性溶剂中的跃迁能量小，故在极性溶剂 PVA 中，$\pi \to \pi^*$ 跃迁产生的峰值向长波方向移动。

(四) 有机质子酸的掺杂机理

按照［DBSA］：［AN］：［APS］的摩尔比为 1.03∶1∶1 进行聚苯胺的聚合，制备得到的 PANI/PVA 复合薄膜的电导率达到 1.28S/cm。本研究中采用有机磺酸 DBSA 进行掺杂，其掺杂机理如图 5-20 所示。

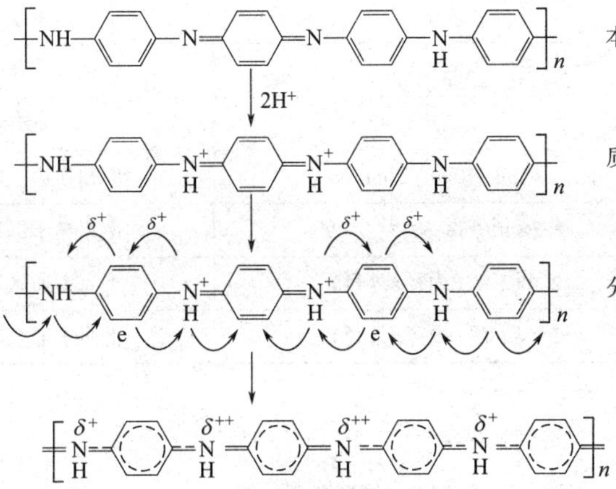

图 5-20　有机磺酸的掺杂机理

从图 5-20 的结构式来看，经过 DBSA 质子酸掺杂，PANI 分子链的基本骨架没有发生变化。从本征态聚苯胺到导电态聚苯胺的掺杂过程可分为三个部分：首先，DBSA 在乳液中分解出的 H^+ 与 PANI 高分子链上氧化单元中的类醌结构两端的 N 原子相结合，N 原子由零价转变为带一价的正电荷，原因在于当 H^+ 与 N 形成一对电子时，电子由 N 原子供给，进而使高分子链带上正电荷；其次，带一价正电荷的 N 原子的类醌结构不稳定，极易发生高分子链内的电荷重新分布，N 原子上的正电荷和电子在醌环和苯环之间相互转移；最后，苯环因失去电子发生氧化，醌环因得到电子发生还原，最终环内的电子结构趋于相同。

综上所述，PANI 的掺杂过程不会产生电子的得失，只是分子内电荷的重新排列进而使 PANI 的环内电子结构趋于一致，形成贯穿于整个大分子链中的共轭体系。同时 DBSA 可使聚苯胺分子内和分子间的空间结构有利于分子链上的电荷离域化，促进电荷在整个分子链上的运动，十二烷基苯磺酸基与水之间的溶剂化效应也促进了聚苯胺水解反应的进行，聚苯胺的降解速度加快，从而得到导电性良好、分散性好的导电聚苯胺。

第四节　静电纺丝法制备聚苯胺复合纤维

随着纳米科技的飞速发展，目前已成功制备出从微米到纳米的多种聚合物纤维，微/纳米纤维的制备与研究相对活跃。如能有效地将溶解性差的导电聚合物均匀地分布在纤维上，形成线性状与网络状结构的纤维毡，将很大程度上推进相关产业的发展进程[63]。

因此，本节主要通过改变施加电压、接收距离、PANI 固含量等因素，探讨影响 PANI/PVA 复合纤维的主要参数，以实现静电纺纤维制备的可控性。

、实验部分

（一）实验材料和仪器

主要实验材料见表5-8。

表5-8　试验用原料与试剂

实验材料	规格	生产厂家
聚乙烯醇	分析纯AR	国药集团化学试剂有限公司
PANI/PVA乳液	—	实验室自制
注射器	5mL/10mL/20mL	广州快康医疗器械有限公司
医用不锈钢针头	1.2×40（50/60）/0.79	南京扬子医用制品有限公司
四氟管	2.0×2.4（内径×外径）	上海宙通氟塑制品有限公司
硅胶管	2.0×4.0（内径×外径）	上海宙通氟塑制品有限公司

主要实验仪器见表5-9。

表5-9　试验仪器

仪器	规格	生产厂家
静电纺丝机	KH-2型	济南良睿科技有限公司
旋转式黏度计	NDJ-1	上海衡平仪器仪表厂
精密扭力天平	JN-A	上海精密仪器有限公司
电子单纤维强力机	YG006	上海精密仪器表有限公司
扫描电镜	S-3400N	日本日立高新技术公司
热重分析仪	ST PT-1000	德国Linseis公司
X射线衍射仪	k780FirmV_06	日本理光公司

（二）静电纺丝

采用KH-2型高压静电纺丝装置（图5-21），将PANI/PVA纺丝液注入注射器中，将注

图5-21　静电纺丝装置

射器安放在推进器上。将铝箔纸包覆在滚筒上，铝箔纸横向拉直，保证表面平整，使注射器针头与旋转滚筒垂直，同时与直流高压静电发生器正极相连，接收装置接高压负极，通过调整注射泵的位置改变针头与接收装置间的距离和角度。

制备聚苯胺超细复合纤维样品的方案见表5-10。

表5-10　纤维毡的制备方案

样品	纺丝电压/kV	纺丝距离/cm	聚苯胺含量（质量分数）/%
F 01	20	16	0
F 02	20	16	0.2
F 03	20	16	0.4
F 04	20	16	0.6
F 11	24	10	0.2
F 12	24	12	0.2
F 13	24	14	0.2
F 14	24	16	0.2
F 15	24	18	0.2
F 16	24	20	0.2
F 21	14	18	0.2
F 22	17	18	0.2
F 23	20	18	0.2
F 24	23	18	0.2
F 25	26	18	0.2
F 26	29	18	0.2

（三）乳液黏度的测定

采用NDJ-1旋转式黏度计测试制备的PANI/PVA乳液，将纯PVA乳液以及PANI固含量为0.2%、0.4%和0.6%的PVA乳液分别编号为N1、N2、N3和N4四组，每组试样测试5次，求平均值，测试过程中，每测一次需静止1min，目的是为了消除测试过程中惯性的影响，这是因为转子转动本身带有一定的惯性，同时转子转动也带动了黏流体的运动。通过设定不同的静止时间，反复测试，发现静止时间大于等于1min时，其对同种试样测试结果的误差最小，故在本实验中，对乳液黏度的测试，每次测试结束后静止时间为1min最为合适。

（四）力学性能测试

沿纤维毡纵向切取长为20mm、宽为5mm的细长条作为试样。将其置于标准大气压条件下平衡24h后，预先称好每个试样的重量，在电子单纤维强力机上测量其力学性能，分析面密度与力学性能之间的关系。参照GB/T 1040.3—2006《塑料拉伸性能的测定　第3部分：薄膜和薄片的试验条件》进行测试。

测试条件为：环境温度为（20±2）℃，湿度为（50±10）%，试样夹持长度为10mm，拉伸速度为 10mm/min，初始张力为 0.1cN，测量精度为 0.01cN，伸长测量精度为 0.01mm。每个试样测定 10 次，最后取各个参数的算术平均值进行分析。

（五）扫描电镜的表征

在 PVA/PANI 超细复合纤维毡表面喷镀厚度约为 10nm 金属膜，采用 S-3400 N 扫描电子显微镜，工作电压范围为 10～15kV，探针电流范围为 4pA～20nA，连续可调。

利用 Image-Pro-Plus 6.0 软件对取得的 SEM 图片进行分析，即在每个样品对应的 SEM 图片上随机选取 100 根纤维测量其直径，计算每个系列的纤维直径和分布情况。

（六）X 射线衍射的表征

聚合物的聚集态结构对其性能有决定性的影响。为了研究静电纺丝技术对 PANI/PVA 超细复合纤维毡聚集态结构的影响，本实验运用 XRD 衍射仪对其进行测试，并分析纺丝工艺条件对纤维结晶度的影响。测试条件：衍射角 2θ 范围为 5°～70°，扫描速度为 0.8sec/step，并运用 JADE 5.0 专业软件计算高聚物的结晶度。通过拟合曲线计算出结晶度与静电纺丝工艺参数之间的关系。

（七）热失重性能的表征

采用 STA PT-1000 型热失重分析仪对静电纺 PANI/PVA 超细复合纤维毡进行 TG 分析，样品需在氮气保护下测试，测试温度从室温升至 800℃，升温速率为 10℃/min。

其基本原理是：在机器可控温度的调试下，被测试样的质量随温度变化的关系曲线，即热失重（TG）分析曲线，微商热失重（DTG）曲线则是记录 TG 曲线对温度的一阶导数，即被测试样的质量变化速率与温度的函数关系曲线。当温度升高时，首先是蒸馏水的挥发，随着温度的升高，大分子聚合物中较弱的键发生断裂，此过程伴随着少量质量的减少；当温度继续升高时，聚合物的结构开始发生断链，进而裂解为单体，同时有挥发性的气体产出；随着温度的进一步升高，最终使高聚物的大部分化学键断裂，高分子聚合物的质量骤降。在高分子材料整个热失重分解过程中，伴随着热量和质量的交换，故热失重法可用于测量 PVA 和 PANI/PVA 复合材料在热分解过程中质量的变化，分析其热稳定性能。

二、结果与讨论

（一）纺丝液黏度分析

分子链间相互作用的特性表现为高分子溶液的黏度。图 5-22 所示为乳液黏度随 PANI 固含量的变化曲线。

从图 5-22 中可以看出，纯 PVA 乳液的黏度达到 290mPa·s，随着 PANI 固含量的增加，乳液的相对黏度提高，这可能是由于 PVA 分子链的柔性大，相互之间可以很好地交叉缠连在一起，同时，PANI 大分子链上的部分—NH—与 PVA 大分子链上的—OH 形成较强的氢键作用，可有效改善 PVA 乳液的黏度。但是过多地增加 PANI 的固含量，虽然乳液的浓度超过了临界值，但是乳液的黏弹性明显降低，因为聚苯胺的溶解度比较差，合成的 PANI 只有部分分子链发生缠结，而绝大部分的 PANI 处于不溶状态，其乳液的拉伸黏度和松弛时间受到影响，使得流体的松弛时间低于牵伸变形的时间，即溶液的黏弹性降低，进而对静电纺丝工艺产生影响。

（二）力学性能的分析

PANI/PVA 超细复合纤维毡的力学性能主要由纤维本身的力学性能、纤维间的交叉堆叠

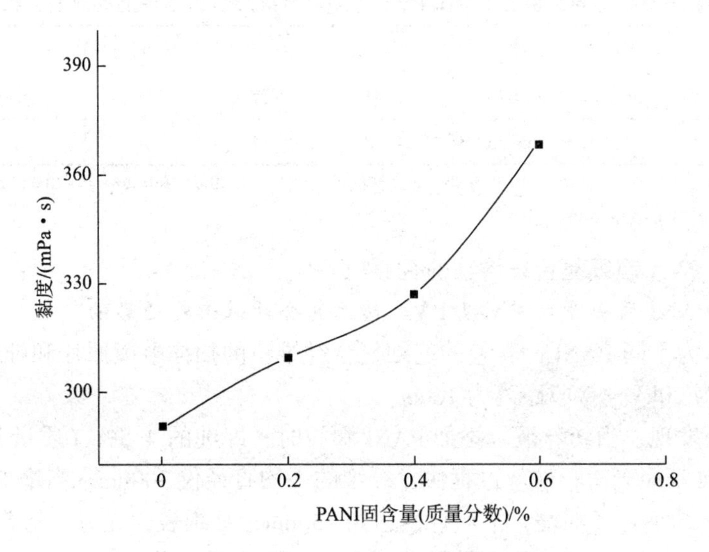

图 5-22　不同 PANI 固含量乳液的黏度

状态以及面密度等决定的。图 5-23 所示为含 0.2%PANI 固含量的 PVA 乳液通过静电纺丝制备得到的 PANI/PVA 超细复合纤维毡的面密度与力学性能的关系，其纺丝工艺参数为：纺丝电压为 20kV，接收距离为 16cm。

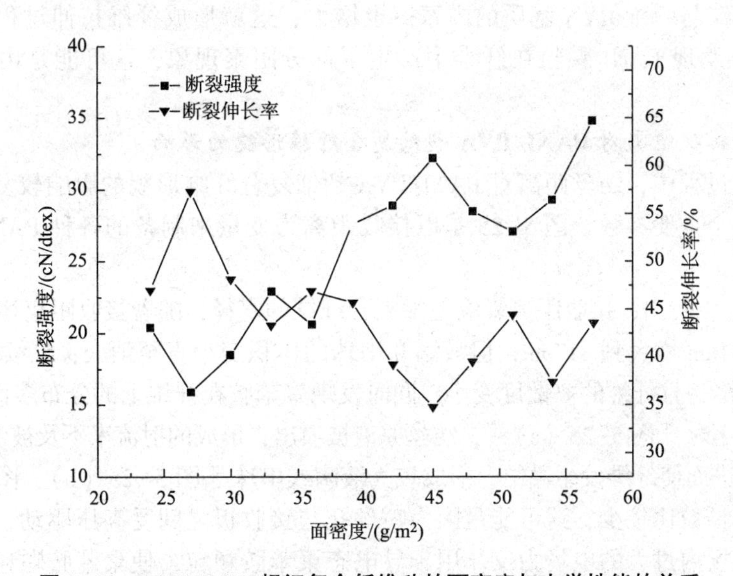

图 5-23　PANI/PVA 超细复合纤维毡的面密度与力学性能的关系

如图 5-23 所示，随着面密度的增加，断裂强度呈缓慢增长性，断裂强度变化范围为 2.6~7.8cN/dtex；而断裂伸长率的变化趋势与其相反，呈波动式减缓变化，为进一步了解面密度对 PANI/PVA 超细复合纤维毡力学性能影响的重要性，对测试得到的数据进行单因素方差分析，结果见表 5-11，从表 5-11 可知，PANI/PVA 超细复合纤维毡的面密度对其力学性能的影响特别显著，故面密度是纤维毡力学性能的主要影响因素之一。

表 5-11 不同面密度 PANI/PVA 超细复合纤维毡力学性能的方差分析

参数	S_A	S_e	A	e	F	$F_{0.05}$ (A, e)
断裂强度/(cN/dtex)	55.07	3.41	7	16	36.91	2.66
断裂伸长率/%	3765.75	243.97	7	16	35.28	2.66

注 S_A = 组间离差平方和；S_e = 组内离差平方和；A = 组间自由度；e = 组内自由度；F = 组间均方与组内均方之比；$F_{0.05}$ (A, e) = F 分布表临界值。

(三) PANI/PVA 超细复合纤维毡的 SEM 分析

1. 纺丝液中 PANI 固含量对 PANI/PVA 超细复合纤维形貌的影响

图 5-24 所示为不同 PANI 固含量的超细复合纤维毡的扫描电镜照片和纤维直径分布直方图。其纺丝电压为 20kV，接收距离为 16cm。

从图 5-24 中发现，当纺丝液未添加 PANI 颗粒时，即纯的 4.5%（质量分数）PVA 进行静电纺丝时，纤维表面光滑，纺丝过程快，纤维的平均直径仅 300nm。当增加 0.2%（质量分数）的 PANI 时，纤维直径骤增，平均直径达到 730nm，纤维表面光滑，随着 PANI 固含量从 0.4%（质量分数）增加到 0.6%（质量分数），纤维的平均直径减小，平均直径在 400~550nm，但是纤维的表面开始出现不同程度的粗糙现象。

造成这种现象的原因可能是：随着 PANI 固含量的增加，静电纺丝原液的载荷量增加，溶液的电导率也随之增加，故在相同的纺丝条件下，射流喷出毛细管口被拉伸和变动的过程中发生劈裂的程度较大，纤维直径变细，但是在纤维拉伸的过程中，PANI 固含量的增加使得 PANI 颗粒与纤维 PVA 基质的内摩擦也增大，这就形成纤维拉伸过程中的阻力。从图 5-24（d）中发现 PANI 颗粒在纤维中产生了部分团聚现象，这可能是由于纺丝条件的影响。

2. 静电纺丝接收距离对 PANI/PVA 超细复合纤维形貌的影响

在静电纺丝过程中，纺丝距离对 PANI/PVA 超细复合纤维形貌的影响较复杂，接收距离是静电纺丝的一个重要参数。图 5-25 是以接收距离为变量来制备的各种 PANI/PVA 超细复合纤维毡的形貌。

从图 5-25 可以看出，接收距离影响超细复合纤维的直径，随着接收距离增大到 14cm，纤维平均直径由 534nm 增大到 817nm，但液滴和串珠的体积变小直至消失；继续增大接收距离，纤维直径有所下降，且纤维的离散度变小，同时发现聚苯胺在纤维上的分布多而均匀。这是因为当接收距离较小时 [图 5-25（a）]，纺丝原液被喷出，形成的射流来不及被牵伸，溶剂也未得到充分挥发，进而使纤维发生黏结，形成较大液滴或串珠 [图 5-25（b）、图 5-25（c）]。纤维中的聚苯胺颗粒比较少，这可能是因为喷丝孔与接收板之间受高压驱动，纤维的成纤率提高，但高压电场内过大的电场力反作用于导电态聚苯胺颗粒，使聚苯胺颗粒未能均匀地分布在成型的基体 PVA 纤维中；当接收距离进一步增大时，纤维直径有所降低 [图 5-25（d）、图 5-25（e）]，纤维平均直径降到 741nm，其离散度由 236 缩小到 139，纤维中聚苯胺的含量明显增多且分布趋于均匀化。这是因为在一定的电压下，适度的接收距离能抵消电场力的反作用力，电荷将电场力转移到聚合物上，即射流中的电荷负荷在 PVA 上，电荷传导到聚苯胺上，而聚苯胺在基体 PVA 中，进而在电场方向上将电荷嵌入 PVA 中。这样电荷从含乳液 PVA 的喷丝孔运动到接收板上，完成了一个电循环周期，并提供聚合物加速运动所需的能量。在本实验条件下，从数据分析可知，接收距离为 18cm，纺丝效果比较好。

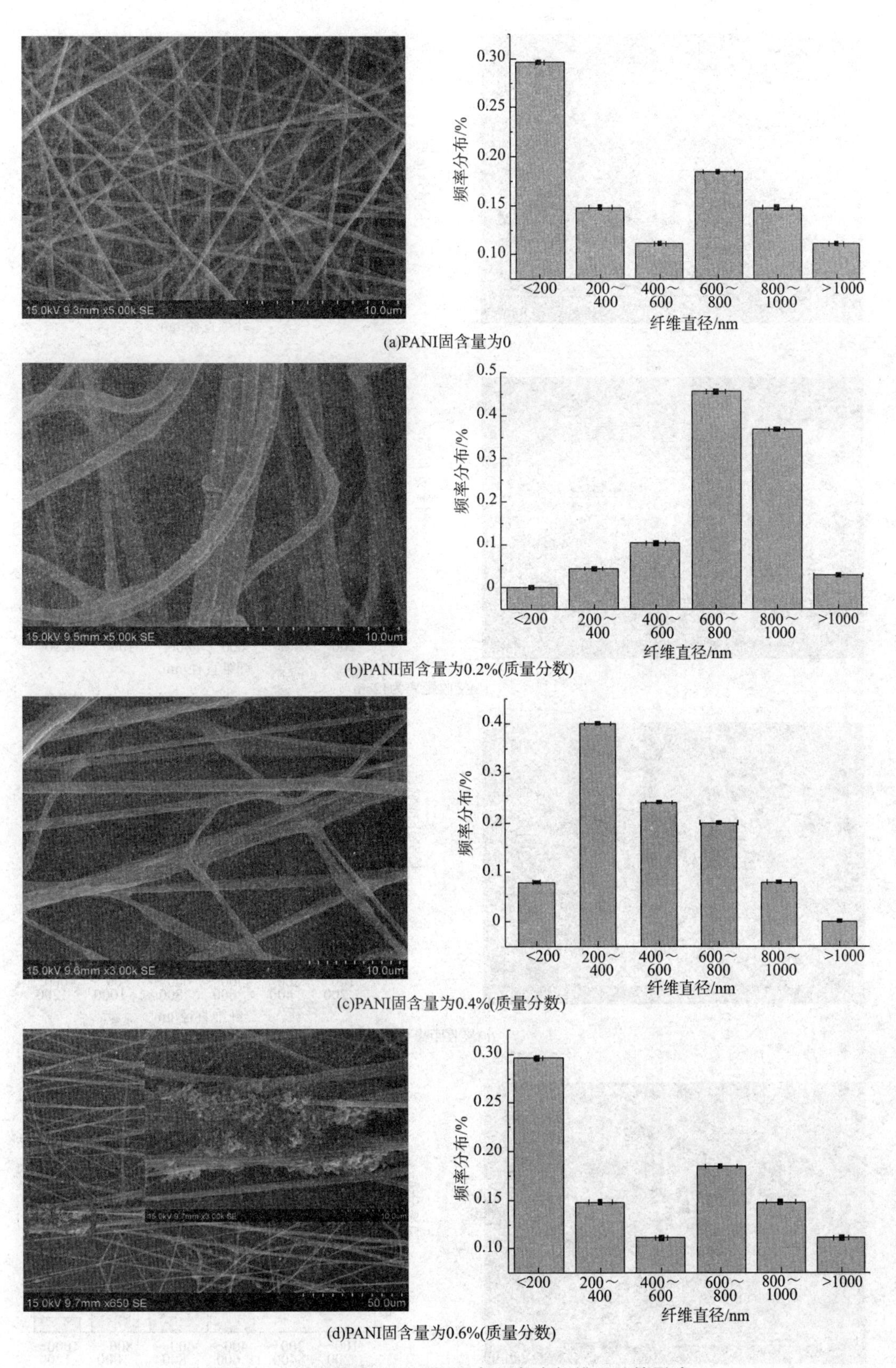

(a)PANI固含量为0

(b)PANI固含量为0.2%(质量分数)

(c)PANI固含量为0.4%(质量分数)

(d)PANI固含量为0.6%(质量分数)

图 5-24　固含量对 PANI/PVA 超细复合纤维形貌的影响

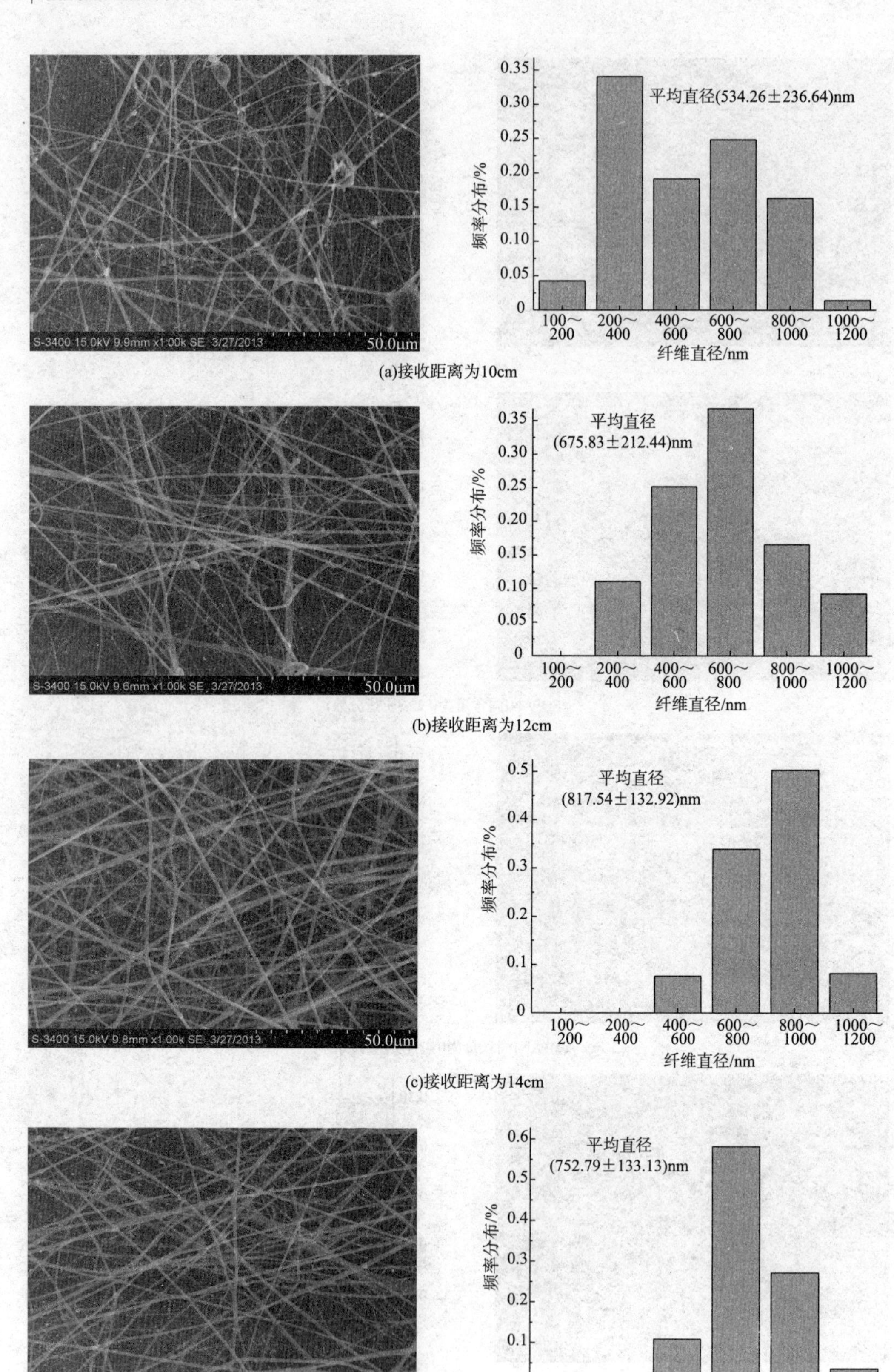

(a)接收距离为10cm

(b)接收距离为12cm

(c)接收距离为14cm

(d)接收距离为16cm

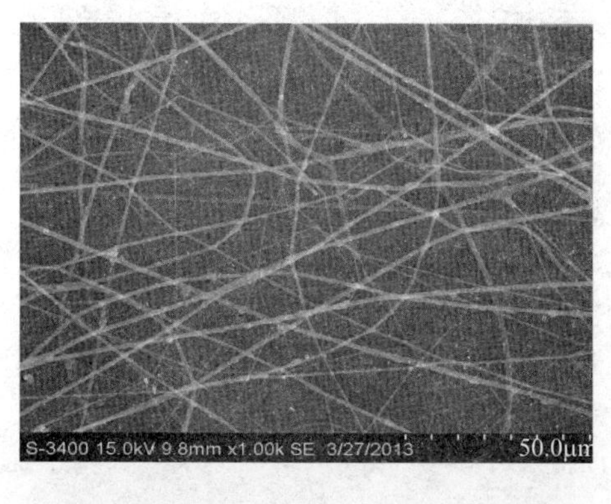

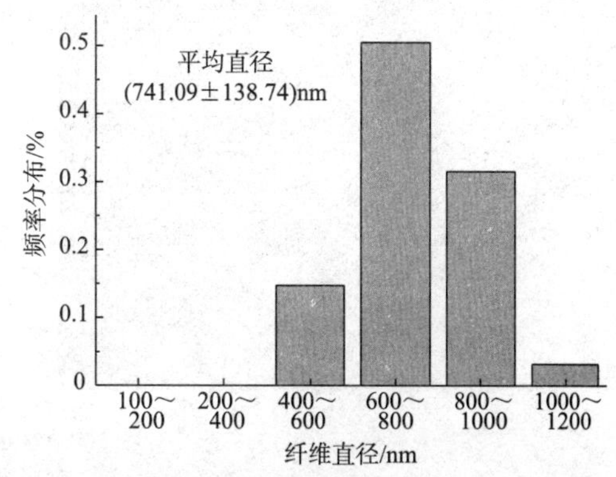

(e)接收距离为18cm

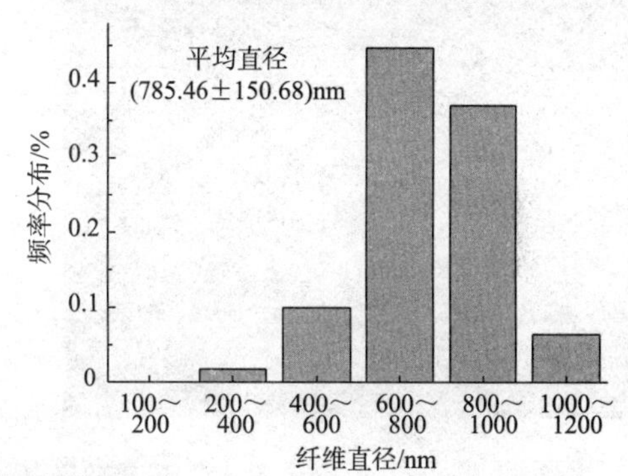

(f)接收距离为20cm

图 5-25　接收距离对 PANI/PVA 超细复合纤维毡形貌的影响（施加电压为 24kV）

3. 静电纺丝电压对 PANI/PVA 超细复合纤维形貌的影响

在静电纺丝过程中，改变电场强度会影响溶液喷射表面的电荷密度，从而影响电场力对射流的拉伸作用，因此，电压是静电纺丝的一个重要参数。图 5-26 是在不同纺丝电压下制备的 PANI/PVA 超细复合纤维毡的 SEM 图片和纤维直径分布图。

从图 5-26 可以看出，当电压由 14kV 升高到 26kV 时，PANI/PVA 超细复合纤维的平均直径逐渐增大，平均直径由 505nm 增大到 656nm，其直径分布由 131nm 变化到 163nm。从 SEM 图和直方图上可知，在一定电压范围内，纤维的平均直径呈现缓慢增大趋势。其原因是当电压为 14kV 时，电场力较小，而乳液表面张力较大，致使串珠形成，仅有少量在液滴表面被牵引射出，形成较细的纤维，但随着电压的增大，射流表面的电荷逐渐增强，牵引出导电 PANI 颗粒，并连同 PVA 乳液一起喷射出，但因射流速度快，来不及牵伸，得到的纤维直径稍有变粗。此外，当电压为 23kV 时，强电场中能形成相对稳定的纤维射流，纤维直径较细且分布缩小到 144nm 左右。因此，在本实验条件下，纺丝电压为 23kV 时，纺丝效果较优。

（四）PANI/PVA 超细复合纤维的 XRD 分析

通过 X 射线衍射仪对 PANI/PVA 超细复合纤维聚集态结构进行表征，发现 PANI/PVA 超细复合纤维的结晶度受 PANI 固含量、纺丝电压以及接收距离的影响。

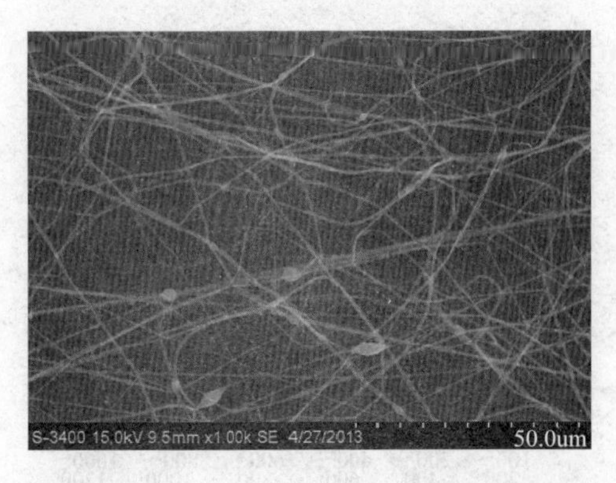

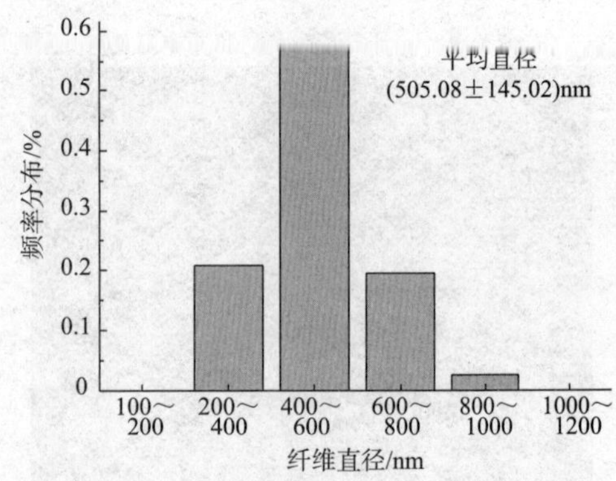

(a)纺丝电压为14kV

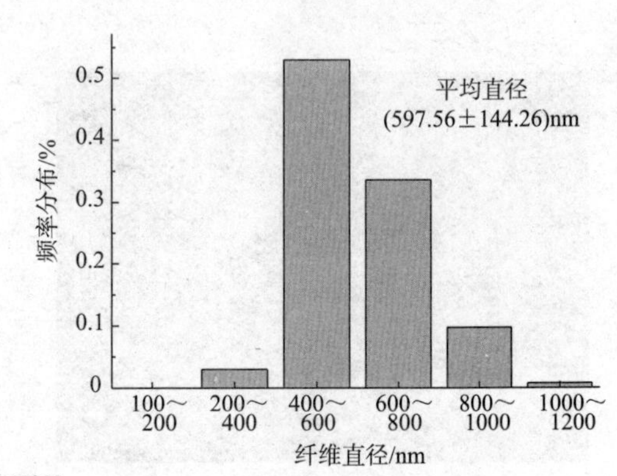

(b)纺丝电压为17kV

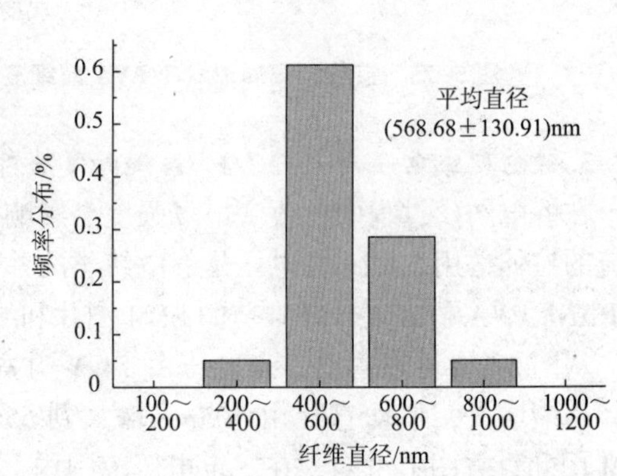

(c)纺丝电压为20kV

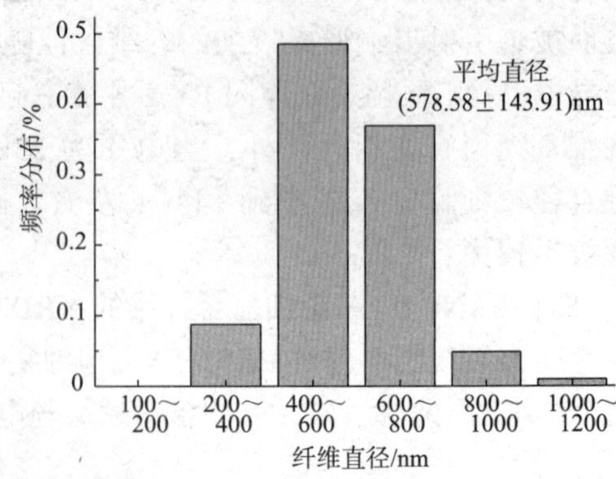

(d)纺丝电压为23kV

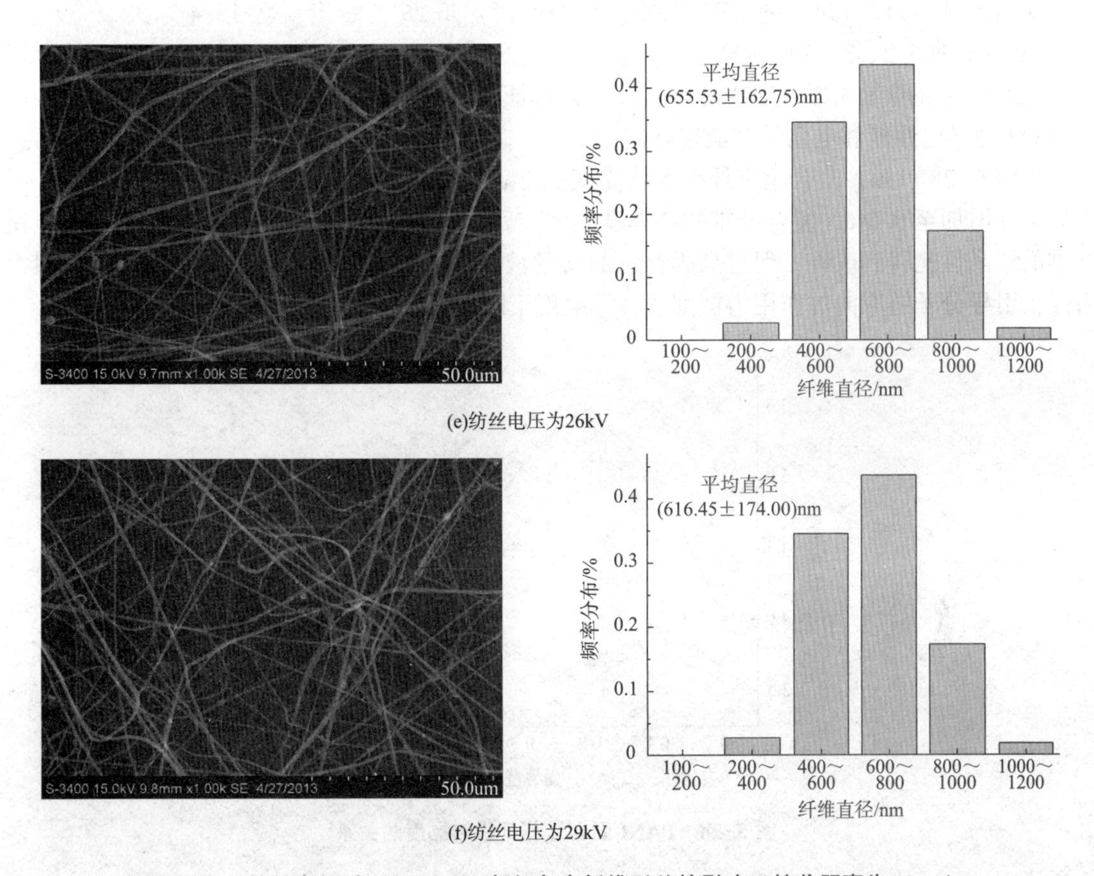

(e)纺丝电压为26kV

(f)纺丝电压为29kV

图 5-26　纺丝电压对 PANI/PVA 超细复合纤维形貌的影响（接收距离为 18cm）

1. PANI 固含量对 PANI/PVA 超细复合纤维的 XRD 分析

图 5-27 为不同 PANI 固含量下制备的 PANI/PVA 超细复合纤维毡的 XRD 曲线，图 5-28 为 PANI 固含量与纤维结晶度的关系图。

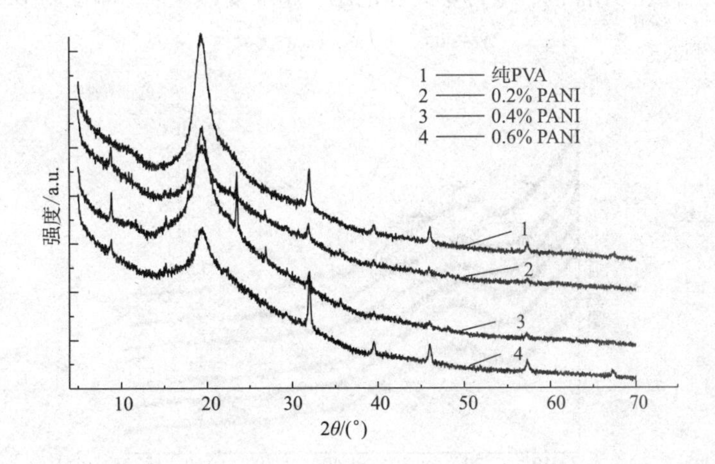

图 5-27　不同 PANI 固含量（质量分数）下 PANI/PVA 超细复合纤维的 XRD 曲线

从图 5-27 可以看出，纯 PVA 的峰值分布，衍射角 2θ 分别出现在 19.4°、32°、39.5°、46.1°处。从曲线 2、3、4 中观察，发现峰值的位置在 9.0°和 23.5°附近，强度略微不同，但是出现的峰值和峰形相似，这些是导电聚苯胺特征衍射峰，此处的衍射峰值越强，说明掺杂态 PANI 的导电性能和电化学性能越好。

从图 5-28 可知，复合超细纤维的结晶度受 PANI 固含量的影响较为明显，随着 PANI 固含量从 0 增加至 0.6%，复合纤维的结晶度先增加后降低。由此可见，添加适量的 PANI 能使纤维的结晶性能得到改善；但过高固含量的纺丝液浓度，会使纺丝原液黏度增加，黏滞阻力增强，引导分子链取向的作用力被削弱，结晶度下降。

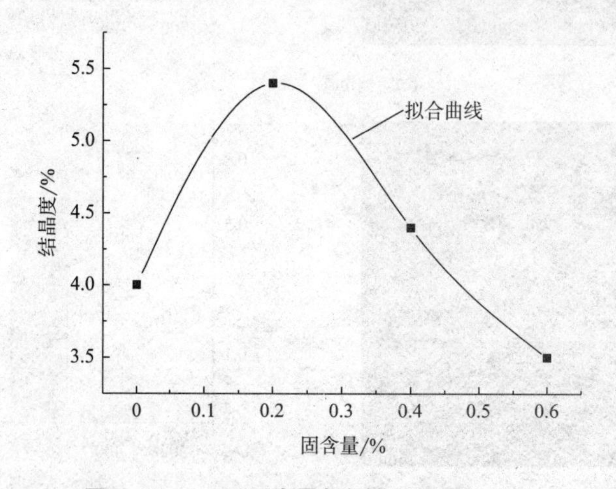

图 5-28 PANI 固含量与纤维结晶度的关系

2. 纺丝电压对 PANI/PVA 超细复合纤维的 XRD 分析

图 5-29 和图 5-30 为聚苯胺固含量（质量分数）在 0.2%条件下，在不同静电纺丝电压下 PANI/PVA 超细复合纤维的 XRD 曲线和电压与纤维结晶度的关系曲线。从图 5-29 可知，X 衍射峰并不是很明显。这可能受仪器和外界条件的影响，导致低强度的峰值消失，但是通过 Jade 软件仍可估计出低含量的结晶度，令静电纺丝电压与超细复合纤维结晶度的拟合关系式为：

$$y = ax^3 + bx^2 + cx + d \tag{5-2}$$

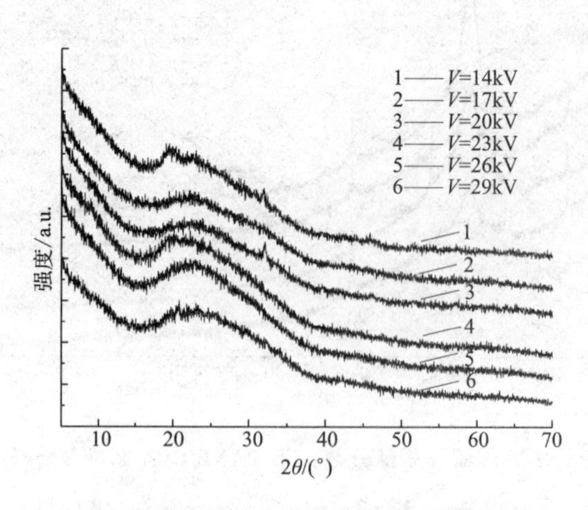

图 5-29 不同电压下 PANI/PVA 超细复合纤维的 XRD 曲线

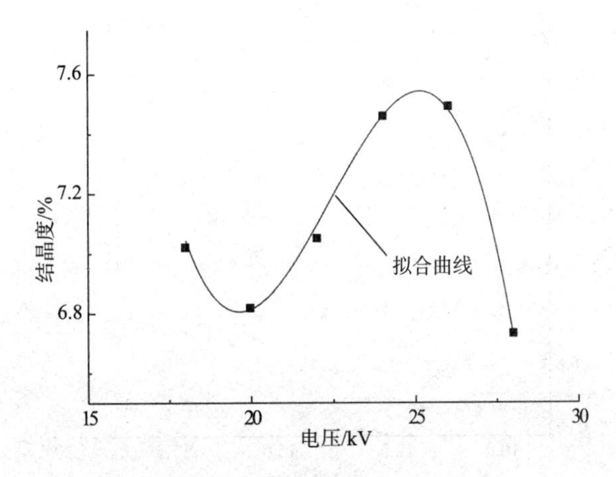

图 5-30　纺丝电压与纤维结晶度的关系

式中：y 和 x 分别代表结晶度和纺丝电压。其中 a、b、c、d 的值分别为-0.0089、0.5979、-13.1882 和 102.612，即可得到下式：

$$y = -0.0089x^3 + 0.5979x^2 - 13.1882x + 102.612 \tag{5-3}$$

根据式（5-3），可计算得函数的顶点坐标，即函数极值点坐标为（19.65，6.80）和（25.14，7.53）。这表明纺丝电压从 19.65kV 增加到 25.14kV 过程中，超细复合纤维的结晶度呈增加的趋势。

纤维的结晶度受外加电场力和射流结晶时间长短两个主要因素的影响。在外力作用下，聚合物大分子排列有序，有利于提高聚合物的结晶度。过大的静电场力使得射流在空中飞行的时间缩短，影响了分子结构的有序排列，同时对大分子链的排列也产生一定程度的破坏，进而使结晶度下降。因此，随着纺丝电压的增加，纤维的结晶度先增加后急剧下降。

3. 纺丝距离对 PANI/PVA 超细复合纤维的 XRD 分析

图 5-31 为不同纺丝距离下 PANI/PVA 超细复合纤维的 XRD 曲线，发现在 2θ 为 20.3°、28.9°、32.6°处出现弥散峰。图 5-32 为纺丝距离与纤维结晶度之间的关系曲线。

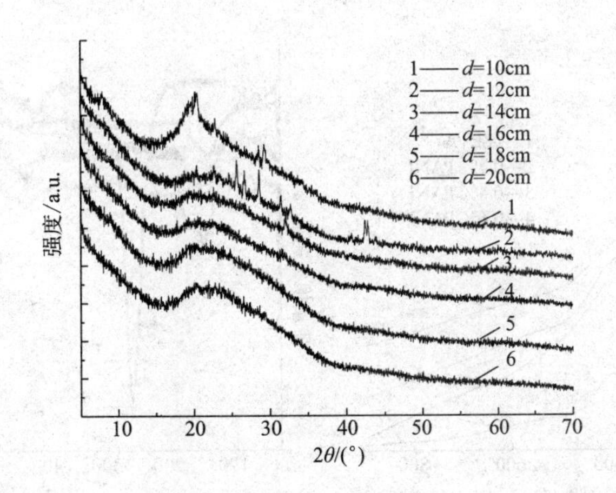

图 5-31　不同距离下 PANI/PVA 超细复合纤维的 XRD 曲线

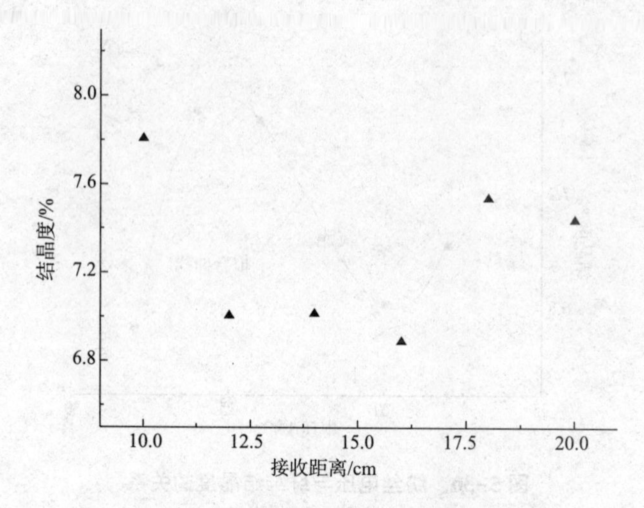

图 5-32 纺丝距离与纤维结晶度的关系

从图 5-32 可以看出，当接收距离在 10～16cm 时，结晶度随接收距离的增加而降低，并达到最小值 6.89%。但随着接收距离进一步增大，PANI/PVA 超细复合纳米纤维的结晶度有逆向增大趋势，当接收距离增大至 20cm 时，结晶度回升到 7.54%。这可能是因为：PANI 颗粒因电场力的作用集聚在一起，影响射流在运动过程的拉伸。随着接收距离的继续增加，使得大分子内有序排列的时间延长，即纤维内部有充分时间结晶，表现出结晶度增大的现象，但过大的接收距离使得电场强度削弱，此时接收距离占主导因素，纤维受拉伸作用减弱，引导分子链取向的作用力逐渐减弱，纤维结晶度有所下降。在进行结晶度与距离的关系拟合时，发现拟合曲线的拟合系数比较低，故对其数据并未进行三次方函数拟合。

（五）PANI/PVA 超细复合纤维毡的热稳定性分析

图 5-33 是在不同 PANI 固含量下制备的 PANI/PVA 超细复合纤维样品的热失重（TG）曲线和微分热失重（DTG）曲线。表 5-12 所示为不同 PANI 固含量下制备的 PANI/PVA 超细复合纤维热分解过程的物理参数。

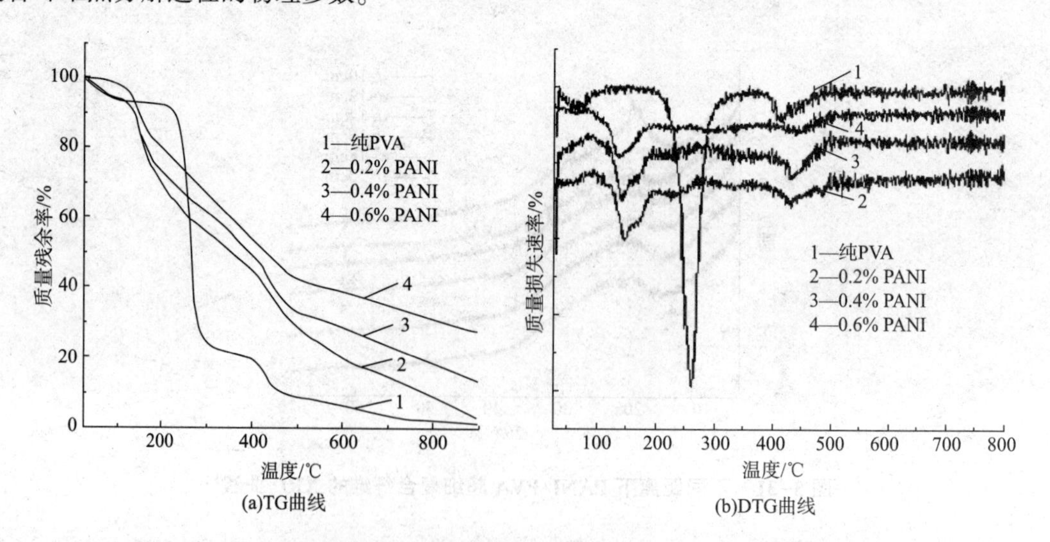

图 5-33 不同 PANI 固含量（质量分数）下制备试样的 TG 曲线及 DTG 曲线

从图 5-33（a）可知，纯 PVA 纤维的 TG 曲线存在两个明显的失重阶段，质量损失在 212℃和 400℃左右，分别对应于 PVA 侧链和主链的热失重过程。对于含有 PANI 颗粒的 PANI/PVA 超细复合纤维而言，热失重过程由三个主要的分解阶段。第一阶段是从常温到 300℃，第二阶段是从 300℃到 500℃，第三阶段是从 500℃到 800℃。

从整个系列的曲线来看，当温度升高到 100℃时，水分蒸发极少，质量仅减少 6.6%左右，这是因为在测试前试样已被低温烘干，试样中存在的自由蒸馏水很少，质量减少的部分，可能来自高聚物分子间结合水和各种助剂的挥发。

表 5-12 不同 PANI/PVA 复合材料热分解过程的物理参数

试样	T_0/℃	T_{max}/℃	700℃时的残余量/%
纯 PVA	212	264	3.4
0.2%PANI	398.2	423	13.1
0.4%PANI	407.6	440	23.8
0.6%PANI	426	446	34.8

注 T_0 为起始分解温度；T_{max} 为最大热分解速率所对应的温度。

第一阶段的分解为微量失重过程（室温~300℃）。温度升高到 150℃时，主要是由于小分子量的低聚物的分解形成的质量损失。如图 5-33 所示，不同 PANI 固含量的 PANI/PVA 超细复合纤维热失重变化曲线走势相似，对于纯纺的 PVA 超细纤维而言，质量损失率和热分解阶段明显不同于其他含有 PANI 颗粒的样品。从这个阶段可以看出，随着温度升高到 200℃时，各组试样的 TG 曲线下降趋势基本一致。从表 5-12 的数据可知，各组超细纤维从常温升至 150℃的质量损失率均少于 12%。此过程质量的损失主要来源于低聚物的分解。但纯纺的 PVA 纤维在 212℃的质量损失率达到最大，由此可见，PANI 的加入虽然使 PANI/PVA 超细复合纤维热稳定性能稍微降低，但是热稳定性的变化更加稳定，即不会产生急剧分解的过程，同时也可在此范围的高温条件下获取高孔隙率的纤维毡。

第二阶段为热分解的主要过程（300~500℃）。由表 5-12 可知，PANI 的添加在一定范围内提高了 PANI/PVA 复合材料的起始分解温度，同时随着 PANI 固含量的不断增加，PANI/PVA 超细复合纤维的起始分解温度呈现微量上升趋势，由此可以说明，PANI 的加入提高了整个复合纤维的热稳定性，且高于纯纺的 PVA 超细纤维。随着温度持续升高，样品的失重速率逐渐加快，TG 曲线显示出迅速分解的过程，相对于图 5-33（b）中的曲线，形成一一对应的失重峰，根据最大峰值可确定最大热分解速率。根据乳化剂 PVA 和导电态 PANI 结构式推断，其分解主要发生在 PVA 上的 C—C 部位和 PANI 上的共轭双键结构，质量损失是由于 NH_3 或 CO_2 气体的产生引起。

第三阶段是炭化的过程（500~700℃）。在这个过程中，各个高分子聚合物开始炭化，随着温度的升高残余物逐渐减少，由图 5-33 可知，各 PANI/PVA 超细复合纤维的质量损失基本达到稳定状态，而纯纺的 PVA 质量损失降至 3.4%。

结合图 5-33 和表 5-12 可知，从呈温到 800℃，各组超细纤维残余量的高低顺序为：0.6% PANI>0.4% PANI>0.2% PANI>纯 PVA。造成这种现象的原因是在 PANI 高分子主链上存在着强吸电子的 B ═Q ═B 苯醌结构，通过苯环的双键形成的共轭键使其键能增加而不易裂解，同样结构稳定的苯环在高温下也不易分解；此外，PANI 具有导电性能，它的存在使超细复合纤维中的热量由外向内逐层均匀传递，故减缓了 PANI/PVA 超细复合纤维在 400～500℃高温条件下的热分解行为。由此可见，在 PVA 基体中添加 PANI 可以改善超细纤维的热稳定性能。

第五节　聚苯胺复合材料的电化学性能研究

聚苯胺（PANI）是合成大分子化合物，单体苯胺是胺类的一种，由于聚苯胺主链上含有交替的苯环和氮原子，从而构成一种特殊的导电高分子材料，其结构式如图 5-34 所示。

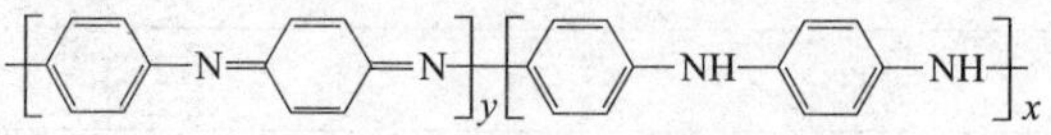

图 5-34　聚苯胺结构式

其中：y 代表 PANI 的氧化还原程度，根据 y 值的不同分为三个状态：全还原态（$y=1$）、中间氧化态（$y=0.5$）和全氧化态（$y=0$），当中间氧化态 PANI 被质子酸掺杂后，即可成为导体。导电态的 PANI 具有优异的电致变色性能，即在外加电压的感应下，PANI 材料会发生颜色的转变。这是由于电场力的作用使 PANI 发生了氧化还原反应，宏观上展现出多种色彩的可逆变化，这在某种程度上拓宽了 PANI 的应用领域。

一、实验部分

（一）实验材料和仪器

主要实验材料见表 5-13。

表 5-13　实验材料

实验材料	规格	生产厂家
PANI/PVA 乳液	—	实验室自制
PANI/PVA 超细复合纤维毡	—	实验室自制
聚甲基丙烯酸甲酯	分析纯	阿拉丁试剂有限公司
碳酸丙烯酯	分析纯	阿拉丁试剂有限公司
三水高氯酸锂	分析纯	阿拉丁试剂有限公司
乙醇	分析纯	实验室自备
盐酸	分析纯	国药集团化学试剂有限公司
ITO 导电薄膜	—	珠海凯为电子元器件有限公司

主要实验仪器见表 5-14。

表 5-14　实验仪器

仪器	规格	生产厂家
真空干燥箱	DHG-9075A	上海一恒科技有限公司
匀胶机	KW-4A	上海凯美特功能陶瓷技术有限公司
电热鼓风干燥箱	WD-5000	常州第二纺织机械有限公司
四探针测试仪	DMR-1C	南京达明仪器有限公司
紫外—可见分光光度计	UV-3600	上海天普紫外可见分光光度计有限公司
电化学工作站	CHI 600D	上海辰华仪器公司

（二）PANI/PVA 复合材料的制备

为了探讨 PANI/PVA 超细复合纤维毡的电化学性能，在进一步的纺丝工程中，将铝箔纸的接收面更换成柔性的 ITO 导电薄膜，目的是保证纤维毡表面形态不被破坏，同时又可以提高纤维对 ITO 薄膜的黏附性。保证其他工艺条件不变，制备超细复合纤维/ITO 薄膜基底。

（三）电解液的制备

参考文献[64] 中已有关于 PMMA 凝胶电解质的制备。将 $LiClO_4 \cdot 3H_2O$ 置于 120℃的真空烘箱中脱水 24h，将 PMMA 放入 80℃的真空烘箱中干燥 24h。电解质制备流程是：称取适量干燥的 $LiClO_4$ 放入盛有聚碳酸酯（PC）溶液的烧杯中，常温下超声 10min，使 $LiClO_4$ 充分溶解，然后加入 PMMA 粉末，并在 120℃的高温条件下搅拌，直至结晶块状物完全溶解，最后得到呈黏流态的凝胶液，冷却后密封待用。

（四）电致变色器件的制备

因 ITO 薄膜导电层由一层特定的薄膜包覆，因此使用过程中可直接将 PANI/PVA 复合乳液涂覆在 ITO 导电薄膜上，待乳液干燥形成薄膜后，再将 PMMA 凝胶电解质按照上述方法涂覆到 PANI/PVA 薄膜上，随后将涂有 PANI/PVA 的 ITO 导电薄膜与含有电解液的薄膜相互挤压，排除气泡，密封并置于 60℃烘箱中干燥 4h，制备得到电致变色器件（ECD），其结构如图 5-35 所示。

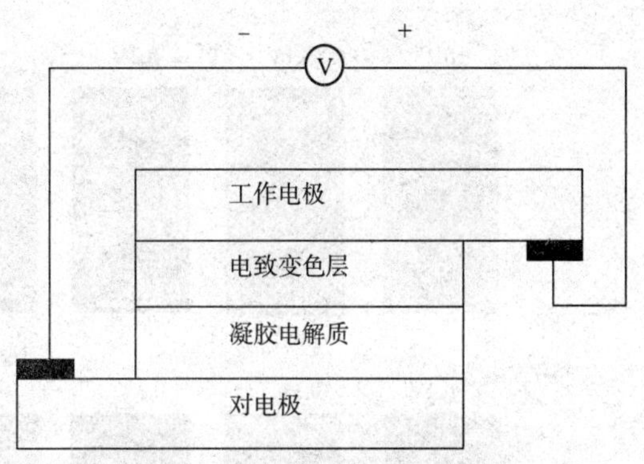

图 5-35　电致变色器件结构示意图

其中对电极可以是涂有 PANI/PVA 复合薄膜的 ITO 导电薄膜（对称结构电致变色器件）；也可以是织物表面镀铜的机织物，同时也可以是织入银纤维的针织物（非对称结构电致变色器件）。

二、结果与讨论

（一）PANI/PVA 薄膜的电化学性能分析

对于电致变色行为的表征，其常规的测试方法是循环伏安法，即在相应材料面积的工作电极上施加对称的三角波扫描电压（图 5-36），并记录电压随电流变化而响应的曲线。阴极扫描时电极上发生还原反应，阳极扫描时电极上则发生氧化反应，前者电流对应的是阴极波峰形，相反，后者电流对应的是阳极波峰形。因此，循环伏安法就是三角波扫描完成一次氧化反应和还原反应的过程。循环伏安法不仅可以判断出材料的电极化反应的可逆性，还可以准确地分析出阴阳极峰高及峰值[65]。

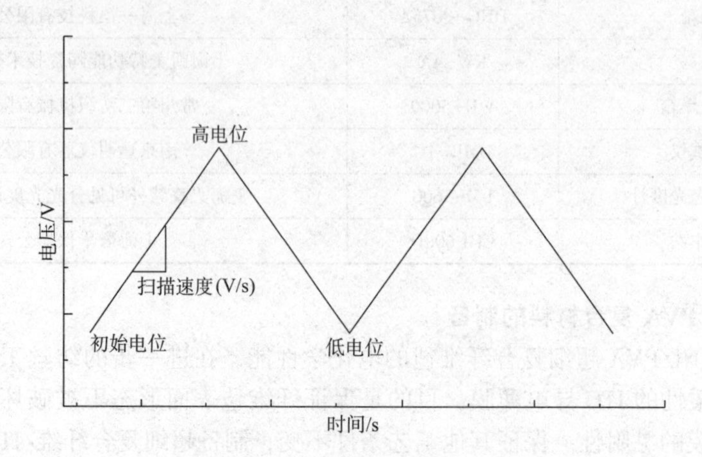

图 5-36 三角波扫描电压示意图

按照［DBSA］：［AN］：［APS］的物质的量的比为 1.03：1：1 的配比制备出导电 PANI，并通过匀胶旋涂法制备出薄膜厚度为 1μm 的 PANI/PVA 复合薄膜，烘燥后用于电化学性能的测试。图 5-37（彩图见封三）中（a）和（b）分别是在 0 和 20℃条件下质子酸掺杂的 PANI 薄膜在-0.3~+1.4V 的扫描电压下记录的不同电压对应的 PANI 薄膜的颜色变化图片。

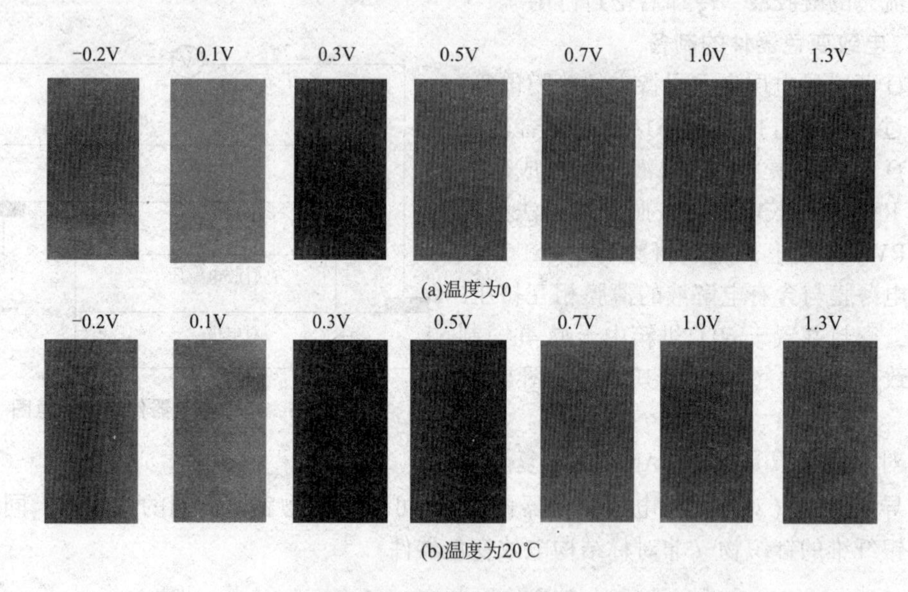

图 5-37 PANI/PVA 复合薄膜在不同电压下的色彩变化图片

由图 5-37 对比可知，在不同温度下制备的薄膜均显示从绿色变为浅绿色、继而变为淡蓝色的变化趋势。从图 5-37 可以明显发现，常温下聚合的 PANI/PVA 薄膜的绿色、淡黄色、淡蓝色的色彩深度饱和度均大于低温下薄膜的颜色。

以 PANI/PVA 复合薄膜作为工作电极，饱和的甘汞电极作为参比电极，铂电极作为对电极。电解液为 1mol/L 的盐酸溶液，扫描电压为-0.3~+1.4V，扫描速度为 50mV/s，图 5-38

所示即为 PANI/PVA 复合薄膜的循环伏安曲线。

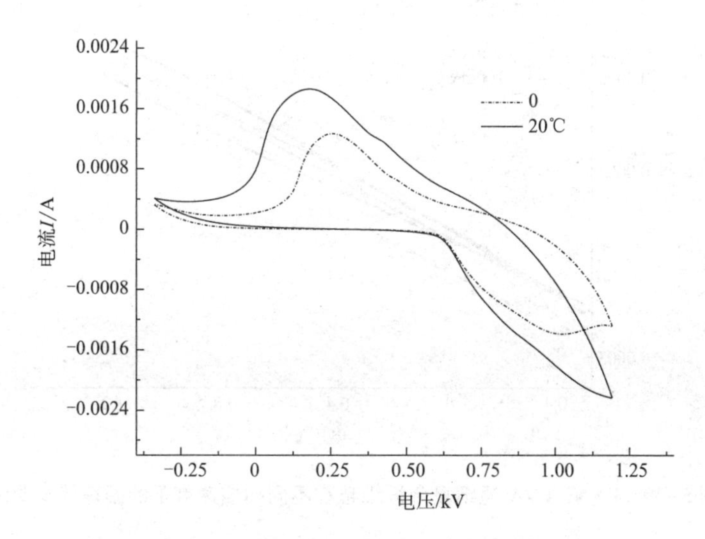

图 5-38 PANI/PVA 复合薄膜的循环伏安曲线

从图 5-38 中可以看出，两条曲线都有一对氧化还原峰。在正向扫描的过程中出现在 0. 1~0. 2V 附近的峰可能是阳离子产生的，而在反向扫描中，在 0. 8~1. 1V 之间产生一个宽带峰，这可能是 PANI 链中的质子和双极化的两种游离基造成的。PANI 长链中电子的跃迁是其吸收峰向长波方向转移，进而迁移到光谱的可见光区，呈现出黄色、绿色、蓝色等主色彩。

（二）PANI/PVA 超细复合纤维毡的电化学性能分析

图 5-39 为 PANI/PVA 超细复合纤维毡的循环伏安曲线，从图中可以看出，PANI/PVA 超细复合纤维毡的氧化还原峰值没有 PANI/PVA 复合膜的峰值明显。但是在循环扫描过程中依然呈现黄色、绿色、蓝色三个主流色彩的变换，只是色彩明暗度相对较浅。从材料的厚度和排列而言，可以将 PANI 颗粒在 PVA 薄膜和 PVA 纤维上的分布进行结构模型对比。图 5-40 所示为 PANI 颗粒在 PANI/PVA 复合膜上分布的结构模型，图 5-41 所示为 PANI 颗粒在 PANI/PVA 超细复合纤维毡上分布的结构模型。

从图 5-40 可以看出，PANI 颗粒在 PANI/PVA 复合薄膜上的分布是随机的，其导电性的传递具有各向同性，概率是同等的；但是 PANI/PVA 超细复合纤维毡不同，纤维毡由超细纤维构成，纤维与纤维之间存在很多空隙，又受纤维取向度的影响，导电性能具有方向性，从图 5-41 可以看出，PANI 颗粒在 PVA 纤维上的分布有多种方式，其中图 5-41（a）、（c）、（e）所示模型，相对于其他的模型具有较好的导电效果，原因在于 PANI 颗粒之间排列紧密，使得颗粒与颗粒之间的作用力在较小的作用下得到传递。同理，分散错位型 PANI/PVA 超细复合纤维毡［图 5-41（d）］电化学性能优于分散型［图 5-41（b）］，分散异侧错位型［图 5-41（h）］的电化学性能优于分散同侧型［图 5-41（f）］和分散异侧型［图 5-41（g）］，其原因都与 PANI 颗粒之间的距离有关。

（三）PANI/PVA 材料的电致变色器件的表征

为了准确地看到氧化铟锡（ITO）颗粒在基底涤纶（PET）上的分布情况，本实验采用光学显微镜（放大 3000 倍）对其进行观察。

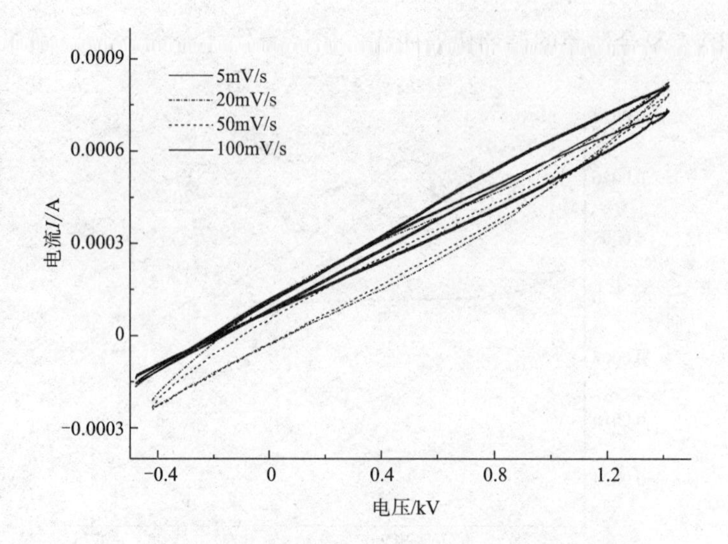

图 5-39 PANI/PVA 超细复合纤维毡在不同扫描速度下的循环伏安曲线

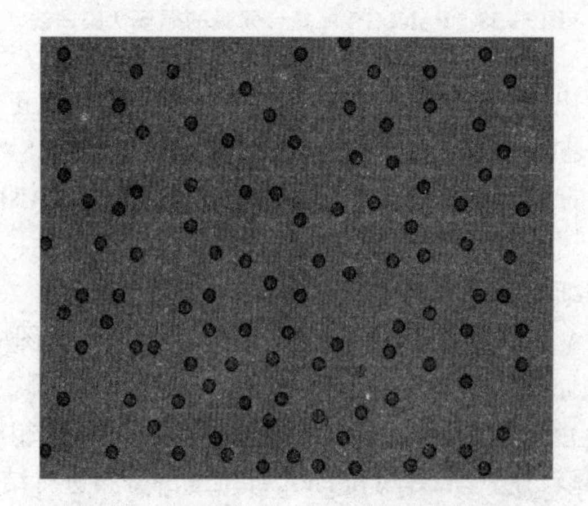

图 5-40 PANI/PVA 复合膜的结构模型

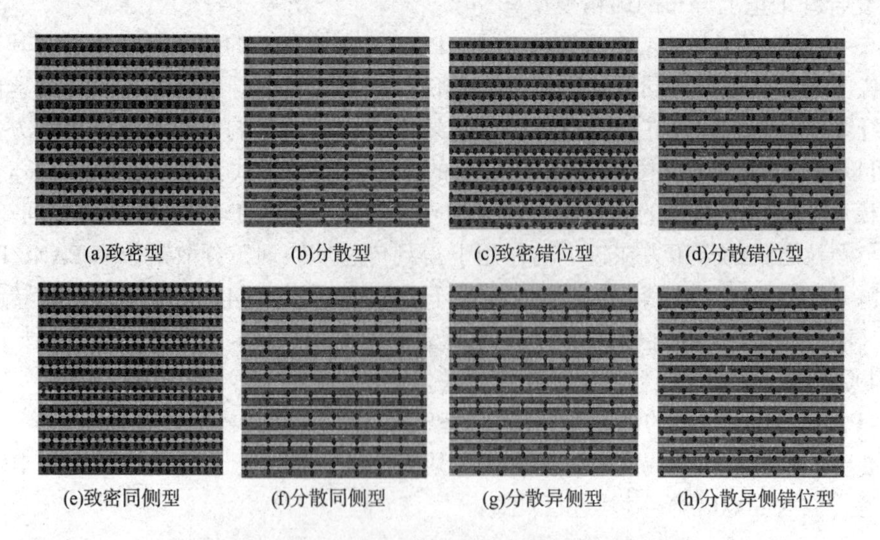

图 5-41 PANI/PVA 超细复合纤维毡的结构模型

从图 5-42（彩图见封三）可以看出，ITO 颗粒直径在几纳米到几十纳米之间，均匀分布的 ITO 颗粒使薄膜具有导电性能。根据厂家提供的信息及检测机构的报告可知，其面阻值在 300~500Ω/cm^2；ITO 厚度为 0.188cm±10%；线性度小于 1.5%；全光线透射率超过 86%。几乎透明，对电致变色材料的变色效果呈现得比较明显。

图 5-42　ITO 薄膜光学显微镜图片

图 5-43（彩图见封三）是在 EPSON PERFECTION V700 Photo 型专业扫描模式下扫描记录的镀铜导电机织物和银纤维针织物图片。

(a) 镀铜导电机织物

(b) 银纤维针织物

图 5-43　电致变色器件的对电极材料的扫描图片

如图 5-43 所示，织物组织的结构比较紧密，不管是机织物还是针织物，其导电性能优良，是电致变色器件的优良材料。

图 5-44（彩图见封三）为镀铜织物在-1.5~+1.5V 电压范围内的电致变色图，织物由原墨绿色迅速变为黑色，最后变为金黄色，其电致变色织物的变色效应实质上是聚苯胺的电致变色，镀铜织物的作用是为聚苯胺的氧化还原反应提供离子，实现内部离子的传导与运输，本身不起变色作用。

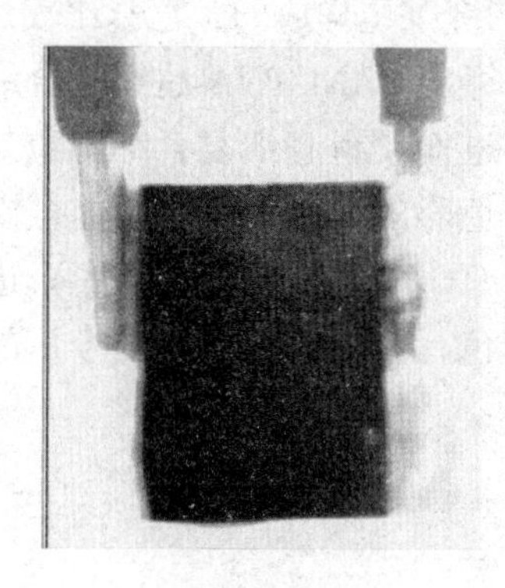

(a) 墨绿色

(b) 黑色

(c) 金黄色

图 5-44　PANI/PVA 复合膜与镀铜织物电致变色图片

图 5-45（彩图见封三）是 ITO 导电膜、PANI 材料、PMMA 电解质、导电银织物构成的“三明治”非对称结构电致变色器件的变色图片。

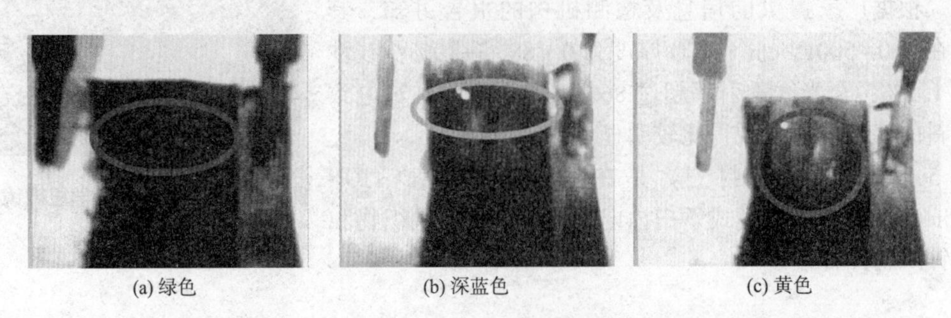

(a) 绿色　　(b) 深蓝色　　(c) 黄色

图 5-45　PANI/PVA 复合膜与银织物的电致变色图

图 5-46（彩图见封三）是 ITO 导电膜、PANI/PVA 超细复合纤维毡、PMMA 电解质、PANI/PVA 超细复合纤维毡、ITO 导电膜构成的对称结构电致变色器件的电致变色图。

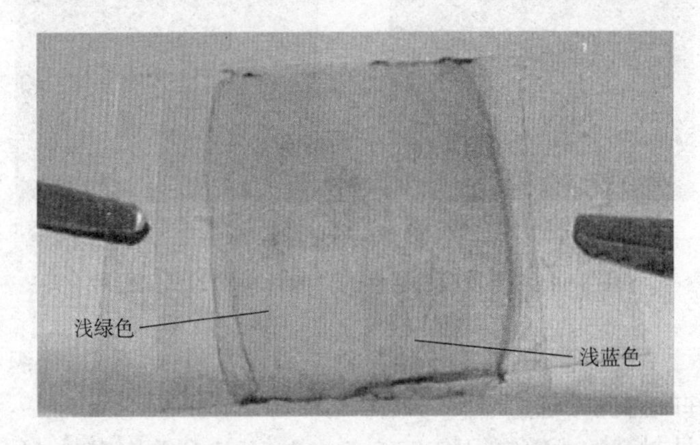

图 5-46　超细复合纤维毡的电致变色器件的变色图

图 5-45 和图 5-46 分别是电致变色器件在施加电压为-1.5～+1.5V 时的电致变色情况。相比较而言，图 5-45 中，电致变色器件的颜色变化过程比较明显，从绿色转为深蓝色再转为黄色；而图 5-46 中，由于其电致变色层是由厚度在纳米级的纤维毡构成的，色彩比较浅，直接导致浅黄色未被记录下来，但根据已有的色彩变化仍可推算出 PANI/PVA 超细复合纤维毡的电致变色行为是依次从淡绿色转为浅蓝色再转为淡黄色。进而使得超细复合纤维毡与导电织物组装时，由于电致变色行为中色彩深度的变化比较浅，色彩的变化基本上不能被肉眼观察出来，因此，本实验对易观察的对称结构电致变色材料（ITO 薄膜作为导电基底）进行表征和分析。对于增加超细复合纤维毡的厚度方向上的电致变色行为的研究需要在今后的实验中进一步探索。

参考文献

[1] 黄慧，郭忠诚. 导电聚苯胺的制备及应用 [M]. 北京：科技出版社，2010，41-42.

[2] KANE M C，LASCOLA R J，CLARK E A. Investigation on the effects of beta and gamma irradiation on conduc-

ting polymers for sensor applications [J]. Radiation Physics and Chemistry, 2010, 79 (12): 1189-1195.
[3] 宫兆合，任鹏刚，王旭东，等.导电高分子材料在隐身技术中的应用 [J].高分子材料科学与工程，2004 (5): 29-32.
[4] 方鲲，吴其晔，刘文言，等.导电高分子电致变色材料及其在飞行器和军事伪装中的应用 [J].宇航材料工艺，2004 (2): 21-25.
[5] YUSOFF A R B, SHUIB S A. Metal-base transistor based on simple polyaniline electropolymerization [J]. Electrochimica Acta, 2011, 58: 417-421.
[6] 李新贵，李碧峰，黄美荣.苯胺的乳液聚合及应用 [J].塑料，2003，32 (6): 32-39，45.
[7] 李程，杨小刚，黄文君，等.聚苯胺纳米材料的合成与应用 [J].微纳电子技术，2011 (2): 92-97，117.
[8] 贺举.导电高分子聚苯胺的合成及其应用 [J].科技信息（科学教研），2008 (18): 391-392.
[9] 马利，汤琪.导电高分子材料聚苯胺的研究进展 [J].重庆大学学报（自然科学版），2002 (2): 124-127.
[10] 周震涛，杨洪业，王克俭，等.聚苯胺的化学合成、结构及导电性能 [J].华南理工大学学报（自然科学版），1996 (7): 72-77.
[11] 阚锦晴，穆绍林.氧化剂对聚苯胺性质的影响 [J].高分子学报，1989 (4): 466-471.
[12] 於黄中，陈明光，黄河.不同类型的酸掺杂对聚苯胺结构和电导率的影响 [J].华南理工大学学报（自然科学版），2003 (5): 21-24.
[13] 于化江，武克忠，王庆飞，等.不同质子酸掺杂对苯胺电聚合速率影响的确定 [J].河北师范大学学报（自然科学版），2008，32 (1): 64-67，84.
[14] 杨春明，陈迪钊，方正，等.聚苯胺在有机溶剂中掺杂质子酸的 In-site UV-Vis 光谱及其因子分析法解谱 [J].高等学校化学学报，2002 (6): 1198-1201.
[15] 傅和青，张心亚，黄洪，等.乳液聚合法制备聚苯胺及其导电性能 [J].化工学报，2005，56 (9): 1790-1793.
[16] 白英，李昕，刘进全.电化学聚合时间对聚苯胺纳米膜光电性能的影响 [J].材料导报，2012，26 (1): 50-53.
[17] 王宏智，刘炜洪，李剑，等.恒电位脉冲法制备聚苯胺薄膜及其表征 [J].高等学校化学学报，2012，33 (2): 421-425.
[18] DIAZ A F, LOGAN J A. Electroactive polyaniline films [J]. Electroanal Chemical, 1980, 111 (1): 111-114.
[19] YUAN G L, KURAMOTO N, SU S J. Template synthesis of polyaniline in the presence of phosphomannan [J]. Synthetic Metals, 2002, 129 (2): 173-178.
[20] 黄志辉，石磊，邹均庭，等.γ 辐射制备聚苯肋银复合物及其输运性质的研究 [C].第七届全国高聚物分子与结构表征讨论会论文集，上海，2010: 168-169.
[21] 张慧勤.聚苯胺导电纤维的制备 [J].中原工学院学报，2005，16 (5): 38-41.
[22] 刘维锦，邬国铭.聚苯胺及聚苯胺导电纤维的制备 [J].合成纤维工业，1996，19 (4): 47-51.
[23] 李敏.聚苯胺导电纤维的制备方法 [J].现代丝绸科学与技术，2012，27 (2): 79-82.
[24] 李丽，杨继萍，陈小尘，等.导电聚苯胺纤维的制备与性能表征 [J].高分子材料科学与工程，2011，27 (4): 151-158.
[25] 刘维锦，邬国铭，马卫华，等.聚苯胺/涤纶导电复合纤维的制备 [J].高分子材料科学与工程，1997，(S1): 71-74.
[26] 潘玮，黄素萍，金惠芬.聚苯胺/涤纶导电复合纤维的制备 [J].中国纺织大学学报，2000，26 (2): 96-99.
[27] ZHANG F, HALVERSON P A, LUNT B, et al. Wet spinning of pre-doped polyaniline into an aqueous solu-

tion of a polyelectrolyte [J]. Synthetic Metals, 2006, 156: 932-937.
[28] POMFRET S J, COMFORT N P, MONKMAN A P, et al. Electrical and mechanical properties of polyaniline fibres produced by a one-step wet spinning process [J]. Polymer, 2000, 41 (6): 2265-2269.
[29] JIANG J M, PAN W, YANG S l, et al. Electrically conductive PANI-DBSA/Co-PAN composite fibers prepared by wet spinning [J]. Synthetic Metals, 2005, 149 (2): 181-186.
[30] ANDREATTA A, SMITH P. Processing of conductive polyaniline-UHMW polyethylene blends from solution sinnon-polar solvents [J]. Synthetic Metals, 1993, 55: 1017-1022.
[31] TZOU K T, GREGORY R V. Improved solution stability and spinnability of concentrated polyaniline solutions using N, N-dimethyl propyleneureaasthe spin bath solvent [J]. Synthetic Metals, 1995, 63: 109-112.
[32] 潘玮. 可溶性聚苯胺的制备及其复合材料的研究 [D]. 上海：东华大学，2004.
[33] WANNA Y, PRATONTEP S, WISITSORAAT A, et al. Development of nanofibers composite Polyaniine/CNT fabricated by Electrospinning Technique for CO Gas Sensor Sensors. Daegu, Korea (South), 2006: 342-345.
[34] 曹铁平，李跃军，王莹，等. 静电纺丝法制备聚丙烯腈/聚苯胺复合纳米纤维及其表征 [J]. 高分子学报，2010 (12)：1464-1469.
[35] SHIN M K, KIM Y J, KIM S I, et al. Enhanced conductivity of aligned PANi/PEO/MWNT nanofibers by electrospinning [J]. Sensors and Actuators, 2008, 134: 122-126.
[36] RENEKER D H, CHUN I. Nanometer diameter fibers of polymer produced by electrospinning [J]. Nanotechnology, 1996 (7): 216-223.
[37] NORRIS I D, SHAKER M M, KO F K, et al. Electrostatic fabrication of ultrafine conducting fibers: Polyaniline/polyethylene oxide blends [J]. Synthetic Metals, 2000, 114: 109-114.
[38] PINTO N J, CARRION P, QUINONES J X. Electroless deposition of nickel on electrospun fibers of 2-acrylamido-2-methyl-1-propanesulfonic acid doped polyaniline [J]. Materials Science and Engineering: A, 2004, 366 (1): 1-5.
[39] SHIE M F, LI W T, DAI C F, et al., In vitro biocompatibility of electrospinning polyaniline fibers [C]. World congress on medical physics and biomedical engineering. Munich, Germany, Springer Berlin Heidelberg, 2010.
[40] PICCIANI P H S, MEDEIROS E S, PAN Z L, et al. Structural, electrical, mechanical, and thermal properties of electrospun poly (lactic acid) /polyaniline blend fibers [J]. Macromolecular Materials and Engineering, 2010, 295 (7): 618-627.
[41] 朱嫦娥，任丽，王立新，等. 锂二次电池正极——聚苯胺/炭黑导电复合材料的制备与表征 [J]. 高分子材料科学与工程，2005，21 (6)：217-220.
[42] WAN M, YANG J. Mechanism of proton doping in polyaniline [J]. Journal of Applied Polymer Science, 1995, 155 (3): 399-405.
[43] SUN G C, YAO K L, LIAO H X, et al. Microwave absorption characteristics of chiral materials with Fe [sub3] O [sub4] -polyaniline composite matrix [J]. International Journal of Electronics, 2000, 87 (6): 735-740.
[44] KANER R B. Gas, liquid and enantiomeric separations using polyaniline [J]. Synthetic Metals, 2002, 125 (1): 65-71.
[45] 钱晶，付中玉，李昕. 导电聚合物基电致变色器件的研究进展 [J]. 化学研究与应用，2008，20 (11)：1397-1404.
[46] 刘平，赵学全，关丽，等. 新型有机电致变色材料的制备及其性能 [J]. 材料研究与应用，2010，4 (4)：321-324.
[47] 李竹影，宋玉苏，罗珊. 氧化钨薄膜电致变色机理的探讨 [J]. 海军工程大学学报，2006，018 (6)：36-39，44.

[48] WITTWER V，SCHIRMER O F，SCHLOTTER P. Disorder dependence and optical detection of the Anderson transition in amorphous H_xWO_3 bronzes [J]. Solid State Communications，1978，25 (12)：977-980.
[49] 翁建新，黄婷婷，蓝心仁. 电沉积法制备电致变色材料 [J]. 太阳能学报，2005，26 (3)：382-385.
[50] 沈庆月，陆春华，许仲梓. 电致变色材料的变色机理及其研究进展 [J]. 材料导报，2007，21:284-292.
[51] ARGUN A A，AUBERT P H，THOMPSON B C，et al. Multicolored electrochromism in polymers：structures and devices [J]. Chemistry of Materials，2004，16 (23)：4401-4412.
[52] DAWIDCZYK T J，WALTON M D，JANG W S，et al. Layer-by-layer assembly of UV-resistant poly (3，4-ethylenedioxythiophene) thin films [J]. Langmuir the Acs Journal of Surfaces & Colloids，2008，24 (15)：8314-8318.
[53] DIAZ A F，KANAZAWA K K，GARDINI G P. Electrochemical polymerization of pyrrole [J]. Journal of the Chemical Society，Chemical Communications，1979.
[54] 唐英，李维一，郭惠，等. 导电聚苯胺的研究进展 [J]. 西南民族大学学报（自然科学版），2003，29 (5)：544-547.
[55] 曹丰，李东旭，管自生. 导电高分子聚苯胺研究进展 [J]. 材料导报，2007，21 (8)：48-50，55.
[56] 黄惠，许金泉，郭忠诚. 导电聚苯胺的研究进展及前景 [J]. 电镀与精饰，2008，30 (11)：9-12.
[57] 刘展晴. 聚苯胺导电性能的研究进展 [J]. 中国科技信息，2010 (6)：24-25.
[58] 李曦，邬淑红，张超灿. 乳液法改性制备聚苯胺/聚合物复合材料的研究进展 [J]. 材料导报，2006，20 (7)：315-319.
[59] 范可累. 维纶聚合物的性质、性质的估算及去化学结构的关系 [M]. 北京：科学出版社，1981.
[60] HAN D，CHU Y，YANG L，et al. Reversed micelle polymerization：a new route for the synthesis of DBSA-polyaniline nanoparticles [J]. Colloids and Surfaces A：Physicochemical and Engineering Aspects，2005，259 (1)：179-187.
[61] SHREEPATHI S，HOLZE R. Spectroelectrochemical investigations of soluble polyaniline synthesized via new inverse emulsion pathway [J]. Chemical Material，2005，17 (16)：4078-4085.
[62] SHIH J H. A study of composite nanofiber membrane applied in seawater desalination by membrane distillation [D]. Master's Thesis，National Taiwan University of Science and Technology，2011.
[63] 中山大学. 一种耐蠕变纳米无机粒子/聚合物复合材料及其制备方法 [P/OL]. 中国，201310076127. 7.
[64] 贺玲. PANI 电致变色膜和 PMMA 凝胶电解质膜的制备与表征 [D]. 重庆：重庆大学，2009.
[65] 马丽华. 水溶性导电聚苯胺复合物电致变色膜的制备及其性能研究 [D]. 重庆：西南大学，2007.

第六章 磁控溅射技术制备功能纺织材料

第一节 引言

磁控溅射技术的发展对功能纺织品的制备起着重要的推动作用，因此，成为当前智能材料及功能纺织材料开发的一个重要研究方向。

一、机器人防护面料

1. 机器人防护面料与人体防护面料的区别

机器人防护和人体防护由于保护对象的不同以及所处环境的差异，因而对防护面料的要求有较大差异，主要区别有以下几点。

（1）舒适性。对人体防护面料来说，除了防护功能以外，舒适性是必要的。舒适性要求织物具有一定的透气透湿性能、柔软性能以及保暖性能。而机器人防护面料则在选取材料和加工方式中可以不用考虑舒适性，而以考虑防护效果为主[1]。

（2）耐磨性能。机器人对面料的物理性能要求更高，如强力、耐磨性、耐高温性等，而高耐磨性是对各种机器人防护面料的基本要求。人体防护面料的内表面与皮肤接触，要求柔软亲肤、无刺激，对耐磨性要求较低；而机器人防护面料内表面与坚硬的金属件接触产生摩擦，因此要求面料具有高耐磨性。由于机器人要做单一重复的动作，对一些特殊的关节处的耐磨性具有更高的要求。

（3）使用耐久度。人体高温防护面料如消防服面料，需要的是短时间内的高温防护。基本为一次性使用，只要保证在规定时间内的隔热性能即可。但是机器人防护面料需要在长时间持续使用中保持较好的防高温隔热性能。

2. 机器人防护面料的种类

（1）高温环境工作机器人防护面料。高温环境下的机器人（如焊接机器人）的工作环境不仅温度高，而且还有飞溅的火星和强烈的热辐射，这就要求防护面料具有良好的阻燃、耐热、隔热以及防热辐射性能。

（2）高湿环境工作机器人防护面料。汽车工业中部分机器人需要持续在一定温度和湿度的碱性环境下工作，为了保护机器人免受潮湿、碱性环境的影响，就要求防护面料在一定的温度下具有防水和防化学腐蚀的能力，同时还要具有优良的耐磨性能[2]。

（3）无尘环境机器人防护面料。有些机器人需要在无尘的环境下工作，如对卫生条件要求很高的食品行业、用于进出货物的搬运机器人、高粉尘环境工作的机器人等，这就需要开发出能够防尘、防污甚至有自清洁能力的防护面料。

二、导电复合织物

以纺织品为基材，通过后处理的方式将其制备成能够自身传递电信号的材料，浸渍磁控复合织物不仅保持着织物本身的透气、柔软等基本性能，还能够随着应力而形变并保证舒适性。该导电复合织物既满足了现代医学的人性化要求，又具有便捷、智能、准确等优点，在可穿戴式医疗监控领域有着很高的研究价值。使用还原氧化石墨烯（RGO）或者聚吡咯（PPy）对织物进行后整理，然后进行磁控溅射镀膜（Ag/Cu）的织物，达到可穿戴高导电耐久型的效果，是本章的研究重点。

1. 导电复合织物的研究进展

最早的导电复合织物是利用金属的导电性能制成金属类导电纤维，直接进行织造。利用这类导电纤维与普通纤维进行编织的手套[3]，具有抗静电、防灰尘的功能，被广泛用在半导体工业和电子精密工业。

20 世纪 60 年代以来，人们不断探索开发新的有机导电纤维。1974 年美国杜邦公司成功开发出一种复合导电纤维 Antron，并进行工业化生产。1978 年日本东丽公司的海岛型导电腈纶 SA-7 开发成功，继而日本钟纺合纤公司的三层并列型导电锦纶 Belltron（贝特纶）成功地应用于地尘衣和学生服中[4]。

20 世纪 70 年代末以来，由于导电聚合物技术的快速发展，导电复合织物的用途也更加广泛，利用导电复合织物制作的传感器，可以用于温度、应力、电磁辐射、化学物质种类和浓度的检测[5]。

意大利 Pisa 大学的研究者 Rossi 将吡咯聚合在含有莱卡的手套中的一个手指上，通过模拟数字转换器使其与计算机连接，发现在其受到外力拉伸后产生伸缩，聚吡咯的导电性能产生变化，通过记录和分析电信号的变化，可探测出手指运动情况。Rossi 发现，放置一段时间的导电复合织物，它们的电导率下降，应变的灵敏度也下降[6]。

马萨诸塞州技术协会的一个研究小组研制的音乐夹克衫在无须大量电子元件和烦琐电路的情况下，仍可以演奏音乐。这种夹克衫是一种带有键盘、合成器和扩音器的音乐设备。键盘是缝制在衣服上的导线，当触摸它时，就会产生一个信号，并传递给处理器，然后依次传递给合成器[7]。

2. 导电复合织物的制备方法

自 20 世纪 70 年代开始，人们就在不断地研发导电纤维及织物。随着研究的不断深入，不同类型的导电纤维被逐步开发并制备成织物，在各领域里起着重要的作用。

（1）纺丝法。纺丝法是指通过静电纺、湿法纺、熔融纺等途径直接制备导电纤维。侯庆华[8] 用白色皮芯复合导电纤维制得了涤纶导电绸，研究了导电纤维间距对织物表面比电阻、摩擦电压和电荷密度的影响，探讨了涤纶导电绸的织造、染整和无尘衣的设计工艺。

（2）嵌织法。嵌织法是指直接将金属导电长丝通过编织或其他方法整合在织物结构中。然而，把导电纱线织入织物中是一个复杂又难统一的过程，因为它必须确保该导电复合织物穿着舒适性或使手感柔软而不僵化[9]。于燕华[10] 等选用炭黑型涤纶导电纤维，与涤棉混纺纱进行并捻，在针织大圆机上开发了抗静电汽车内饰面料。丁彩玲等[11] 等采用金属导电长丝开发了抗静电、防电磁波的精纺毛织物，研究了导电纤维在织物中的合理分布及比例，详细叙述了该类产品在生产过程中的工艺要点。

（3）浸渍法。直接浸渍法不仅整理效果较好，对织物各项性能损伤较小，而且操作简单，适宜大批量工业化生产。例如，Molina 等[12] 首先将涤纶织物浸泡于氧化石墨烯溶液，然后以连二亚硫酸钠作为还原剂，制备得到石墨烯改性涤纶织物，并进一步比较了不同浸泡次数和氧化还原介质对石墨烯改性涤纶织物各项性能的影响。图 6-1 所示为原布和不同浸渍次数处理后织物的电阻对比。其结果表明，经还原处理后，石墨烯改性涤纶织物不仅电阻大幅度下降，导电性能明显改善，而且各项电化学性能优异。Shateri-Khalilabad 等[13] 采用直接浸渍法将棉织物浸渍于氧化石墨烯分散液中，制得氧化石墨烯整理棉织物，随后分别对该氧化石墨烯整理棉织物进行还原处理。研究结果显示，连二亚硫酸钠对氧化石墨烯整理棉织物的还原效果最佳，还原后的棉织物电阻率仅为 19.4kΩ·cm。吴越等[14] 使用抗静电剂（纳米锑掺杂二氧化锡，ATO）处理涤纶织物，测试结果表明，表面电阻从未处理大于 $10^{12}\Omega$ 的数量级降低到小于 $10^{10}\Omega$，抗静电效果得到改善。

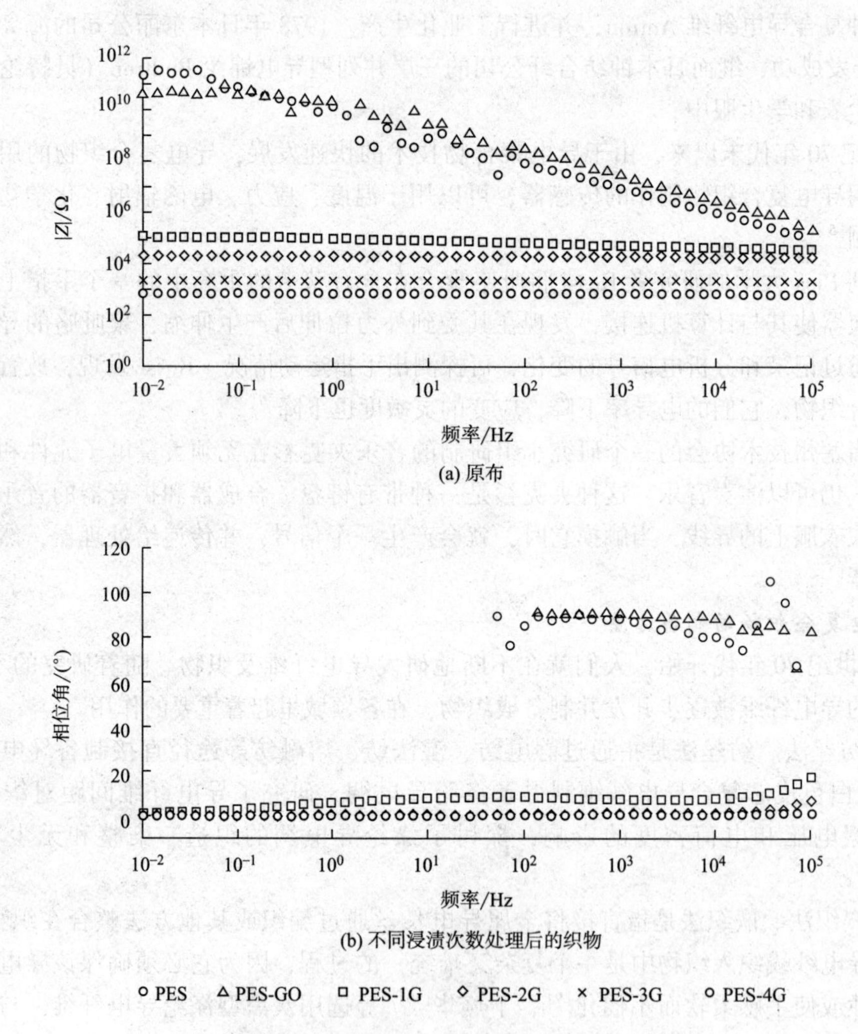

图 6-1 原布和不同浸渍次数处理后的织物的电阻对比[12]

（4）涂层法。纺织品表面成膜一般采用溶胶—凝胶[15]、化学气相沉积[16]、化学沉积[17-18] 等方法。镀层或涂层仅限于织物表面，因此，对织物手感影响较小。但涂层法缺点是：并不是织物全部导电，只是表面镀层可导，并且织物颜色也为镀层所覆盖[19]，故涂层织物的透气性能很差。根据要求，可使用涂层、真空镀、电镀、化学镀的某一种方法。当要求镀膜薄，且只有几个埃时，通常使用真空镀镍或铜，但镀层和织物底层亲和力差[20]，所以必须控制镀层的厚度，因此也就无法达到较高导电性能的目的。化学镀法则比较灵活，基本上不改变织物的其他性能，却能得到较高的导电性能。李斌斌等[21] 将石墨烯涂层应用于碳纤维织物，所得的复合织物具有优异的导电性和导热性，能够迅速传导和消耗雷击能量，显著提高碳纤维织物的抗雷击能力。

磁控溅射技术作为纺织品表面改性的新技术，具有低温高速、附着力好、纯度高、装置性能稳定、操作方便、环境友好等优点[22-23]，逐渐被应用于天然纤维与合成纤维纺织品后整理中[24-25]。溅射沉积镀膜基本原理是：在真空室中，异常辉光放电产生的高速等离子体在电场作用下轰击阴极靶材表面，通过动量传递，使其分子或原子获得足够的动能从靶表面溅出，在基片上沉积凝聚成膜。其工艺示意图如图 6-2 所示。

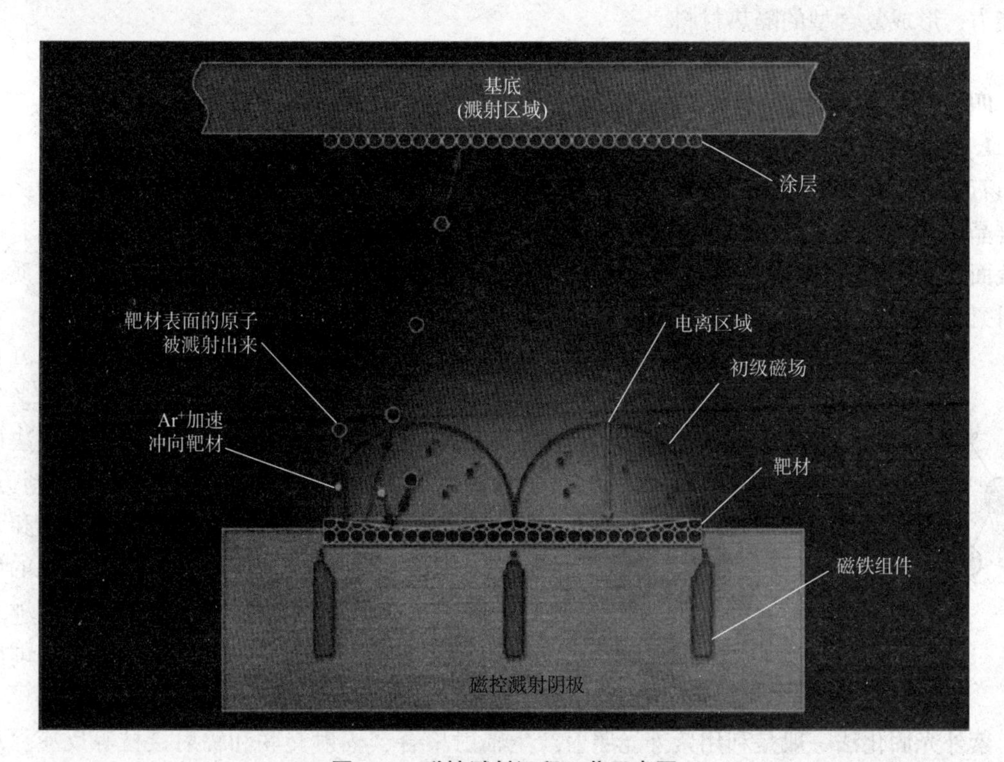

图 6-2　磁控溅射沉积工艺示意图

磁控溅射镀膜工艺在纺织领域中主要用于改变面料的导电性能、电磁屏蔽性能、抗菌性能和防紫外线性能等方面[26]。例如，黄新民等[28] 研究了不同规格的丙纶热轧纺粘非织造布表面沉积不同金属的功能性纳米薄膜。研究表明，随着面料的平方米克重的提高、表面平整性的提高，纳米颗粒直径减小、薄膜的比表面积增大，其导电性能增强，电磁屏蔽能力提高且不会污染。另外，磁控溅射技术使得多种材料多层复合，实现各种材料优势互补，从而提高整体防护性能[28-29]。

上述研究表明，由导电功能材料进行整理生产导电复合织物的工艺较为简便，且导电复合织物的性能优良。

二、隔热材料

1. 热阻隔型隔热材料

热阻隔型隔热材料的代表是传统的保温材料，大量应用于建筑外墙外保温系统。利用的是材料本身的性质和特殊的结构构造[30]，一方面选择低导热系数的材料作为防护面料的基材，另一方面采用特殊的结构以尽可能减少空气的流通。最新出现的技术即以气凝胶材料作为填料填充到织物内部空隙或者作为涂料涂覆在织物表面，以提高织物的隔热性能，也是热阻型隔热材料未来的发展方向[31]。

2. 反射型隔热材料

反射型隔热材料是指材料表面具有镜面反射的能力，将大部分的热辐射反射出去从而起到隔热的作用。这类材料主要有高反射率的金属薄膜和掺杂热反射材料的涂料，通过后整理的方式加到织物的表面。通过这种方式，织物可以在原有隔热性能的基础上添加反射热辐射的能力，形成复合型的隔热材料[32]。

四、导电功能性材料

1. 石墨烯导电材料

石墨是碳的一种三维同素异形体，是单层六角元胞碳原子以 sp^2 杂化连接组成的蜂窝状二维晶体，是碳元素的一种同素异形体，图 6-3 所示为石墨烯的结构示意图。因其具有高的比表面积、突出的导热性能和力学性能及非凡的电子传递性能[33] 等一系列优异的性质，引起研究者的极大兴趣。

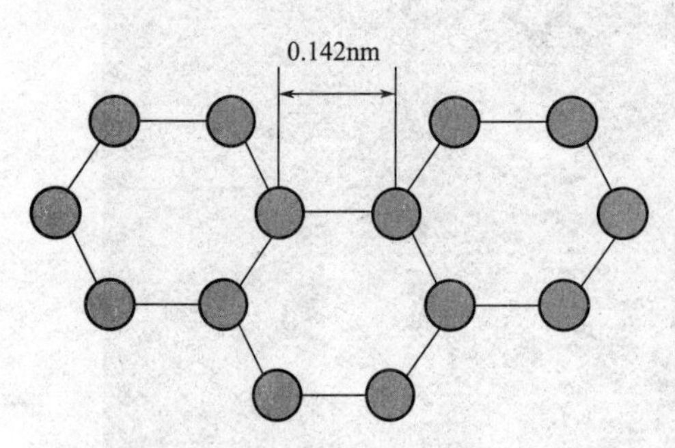

图 6-3　石墨烯的结构示意图

目前，石墨烯的主要制备方法有化学氧化还原法、有机合成法、晶体外延生长法和化学气相沉淀法等。近年来，随着对石墨烯制备方法研究的不断深入，又出现了一些制备石墨烯的新方法，如火焰法、石墨电弧放电法、生物还原法和切割碳纳米管法等[34]。同时石墨烯在纺织领域的应用已非常广泛，包括石墨烯纤维[35-36]、石墨烯共混纤维[37]、石墨烯织物[38]、抗菌织物[39]、抗静电和导电织物等[40-41]。

紫外光固化法一般是利用紫外光照射产生辐射聚合、辐射交联和辐射接枝等反应，反应过程较快，温度较低，节省能源，无污染。Fabbri 等[42] 研究了紫外光固化对氧化石墨烯/丙烯酸树脂复合材料的作用，经紫外光固化处理后，得到导电性能良好的石墨烯/丙烯酸树脂复合材料。王潮霞等[43] 首先通过超声波法制备稳定分散的氧化石墨烯溶液，并均匀涂覆于经紫外光以及含多羟基多羧基处理液改性处理后的纤维素织物表面得到氧化石墨烯涂层纤维素织物；然后利用紫外光固化还原作用，使织物表面的氧化石墨烯完全还原，得到石墨烯改性纤维素织物。

化学气相沉淀法是指以甲烷等含碳化合物为前驱体，通过高温加热，使其在金属基体表面分解生成热解碳，重新排列成核而生长形成石墨烯。Zang 等[44] 以金属铜网为基体，利用化学气相沉淀法，在铜网表面生长石墨烯并去除铜网，制备得到石墨烯织物。所得石墨烯织物不仅具有石墨烯材料的优异性能，而且韧性良好，强度较高，在柔性超级电容器和触摸感应屏等领域显示了良好的应用前景。

随着对石墨烯材料应用于纺织品整理研究的深入，新的处理改性方法不断出现。例如，电泳沉积技术可以利用胶体粒子在电场作用下的定向移动，有效沉积大量微/纳米材料。郭金海等[45] 用电泳沉积技术成功地将水中分散的氧化石墨烯沉积到碳纤维织物表面，改善了碳纤维织物作为复合材料基体时的界面结合性能。Yaghoubidoust 等[46] 通过原位化学聚合的方法制备了聚吡咯/氧化石墨烯复合改性纯棉织物，由于聚合过程中的部分还原作用，使聚吡咯/氧化石墨烯复合改性后的纯棉织物相比于聚吡咯改性纯棉织物，具有更加优异的导电性能和电荷储存性能。Fugetsu 等[47] 以氧化石墨烯作为染料，通过传统上染工艺制得了氧化石墨烯染色腈纶织物，经氢氧化钠还原作用可以得到导电性能优良的石墨烯织物。

2. 金属导电材料

甘雪萍[48] 等采用化学镀的方法制备镀铜和镍导电涤纶织物，测量了导电涤纶织物的表面电阻和电磁屏蔽效能、金属与纤维的结合力，测定织物镀金属前后的断裂强力和断裂延伸率，分析了导电织物在强氧化性的酸性 $KMnO_4$ 溶液中的粗化时间对织物表面粗糙度的影响和化学镀铜镍过程中的表面形态变化。

磁性 Fe_3O_4 粒子具有较强的磁性与低生物毒性，可在外加磁场的作用下迅速地定向移动，因而在生物分离、生物医学等领域得到了广泛应用。凌明花的研究结果[49] 表明，对涤纶织物进行改性时，在增重率相同的条件，纳米 Fe_3O_4 颗粒复合镀铜织物的电磁波屏蔽性能稍优于普通化学镀铜织物。图 6-4 给出了涤纶织物普通化学镀铜和以 STPP、SDBS 为分散剂分散纳米 Fe_3O_4 复合镀铜的 SEM 照片[49]。郑继业[50] 采用化学共沉积法制备出了磁性纳米 Fe_3O_4 微粒，并且使用不同分散剂对其进行分散处理，然后将分散后的纳米 Fe_3O_4 微粒添加到化学镀银溶液中，在锦纶织物表面实现了纳米 Fe_3O_4 微粒复合镀银。电磁波屏蔽测试表明，采用不同分散剂分散的纳米 Fe_3O_4 微粒复合镀银织物的电磁波屏蔽效能存在差异，且随着纳米 Fe_3O_4 的质量浓度增加，复合镀银织物的电磁波屏蔽效能反而下降。

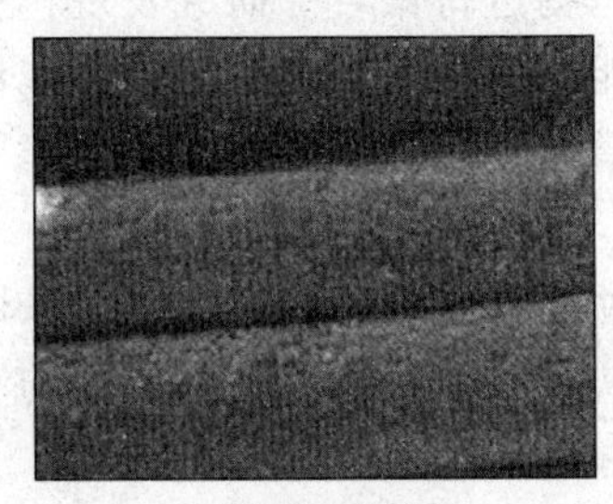
(a) 普通化学镀铜

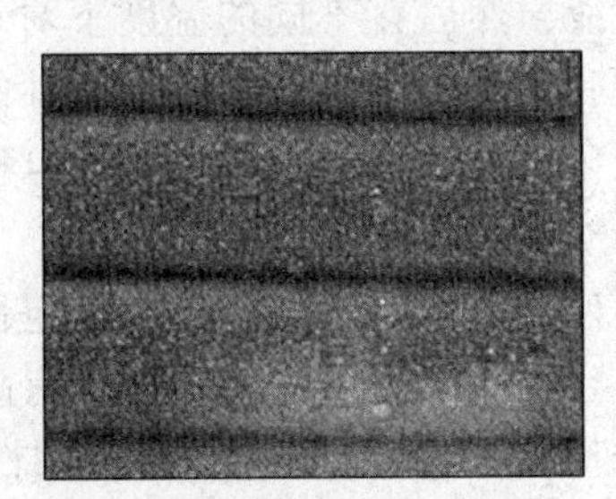
(b) STPP分散纳米 Fe_3O_4 复合镀铜

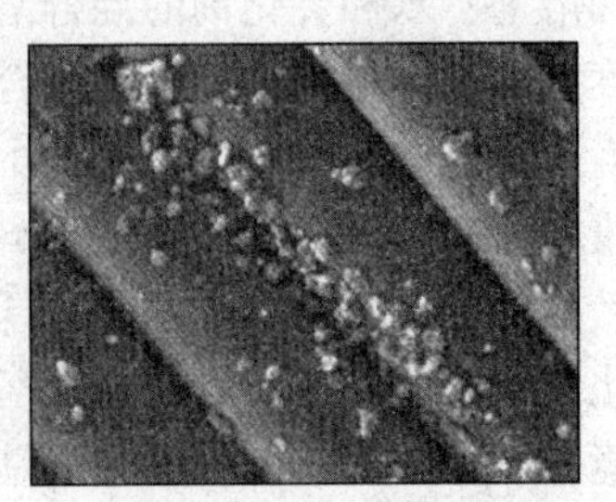
(c) SDBS分散纳米 Fe_3O_4 复合镀铜

图 6-4　涤纶织物镀铜 SEM 照片

除此之外，以纺织材料作为基材的纳米 Ag 薄膜是一种理想的功能材料，可用于开发太阳能电池、电磁波屏蔽纺织品和纤维传感器、抗菌材料等[50-51]。目前制备 Ag 薄膜的方法大致有溶胶凝胶法、CVD 法、溅射法等。化学镀层技术[52] 也被用来在纺织材料表面沉积银。其中磁控溅射法制备的薄膜，膜层结构均匀致密，性能优良，薄膜与基底材料附着牢靠，因此，在导电、抗静电、抗反射涂层、抗菌等方面的应用有着明显的优势。

3. 高聚物导电材料

导电高聚物之所以引起极大关注，是由于它不仅具有特别的电学性能和光学性能，而且兼备高聚物的加工性和柔韧性，无机材料的半导体性和金属的导电性。

郑奇标等[53] 以涤纶氨纶弹性织物为基布，利用气相沉积的方法制备聚吡咯导电复合织物。探讨了化学制备过程中环境条件和工艺参数对实测电导率的影响，图 6-5 所示为反应时间对电阻率的影响[51]，图 6-6 所示为洗涤次数对电阻率的影响。测试了作为智能导电传感材料所必需的动态电导率、压缩弹性回复性，分析了影响电导率的因素，结合弹性回复性测试总结了制备压力感应导电复合织物的最佳工艺条件。

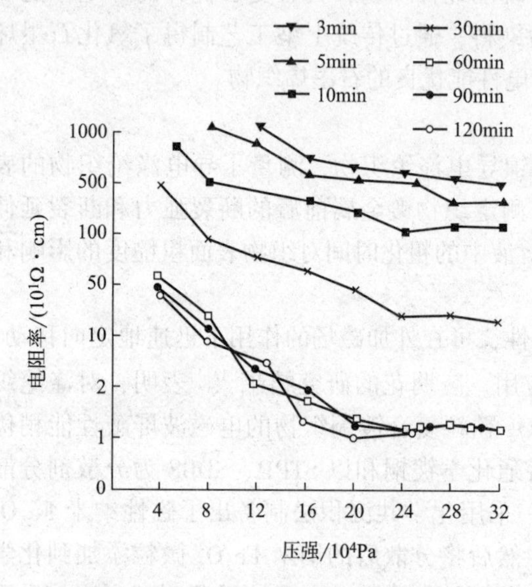

图 6-5 反应时间对电阻率的影响

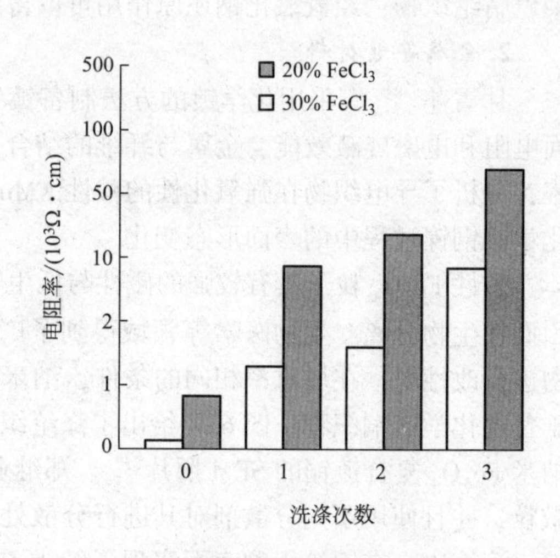

图 6-6 洗涤次数对电阻率的影响

Li[54] 等用气相化学聚合法制备拉力柔性传感器，首先采用丝网印刷技术在织物上涂上石油溶剂、水和乳化剂的混合溶液，然后在不同的温度下对织物进行聚合。研究发现，反应温度、测试环境的温湿度及聚合后的热处理对织物的导电性能均有很大影响。当织物在低温环境下聚合数小时后，织物的聚合表面较均匀，织物的导电稳定性和持久性较常温环境下大大改善，具有较高的灵敏度。

Li 等[55] 用聚吡咯制得了具有高导电灵敏度和导电稳定性的柔性拉力传感器，并采用气相化学合成法制备了较薄的吡咯导电层，使柔性传感器具有高的灵敏度以及较低温度的制备环境，退火处理及采用十二烷基苯磺酸进行掺杂可以提高柔性织物的导电稳定性。

Mičušík 等[56] 采用等离子体技术对织物进行导电聚合。他们分别使用含吡咯官能团的硅烷和吡咯进行织物导电涂层，发现可以使织物表面带有更多的羟基官能团，完善了吡咯的性能，从而提高织物吡咯导电层的牢度，重复数次水洗后的织物仍然具有很好导电能力。

Knittel 等[57] 首次采用聚吩嚷制得了具有较高导电性的织物，织物经过摩擦数次后导电能力仍很好，其悬垂性、柔顺性和强力都没有明显的改变。SEM 图片显示长丝之间交叉处的涂层表面光滑，经过数次摩擦后织物长丝之间的涂层连接状态依然很好。

五、高温隔热织物

1. 机器人高温防护面料基布的影响因素

优秀的高性能隔热防护面料往往不只是具有一种隔热方式，一般是多种隔热方式共同作用，综合提高面料的隔热性能。由于用于发散热能的技术不够成熟，所以目前隔热防护面料主要是由热阻型隔热材料和反射型隔热材料复合而成。热反射是在后整理过程中赋予面料的，基布主要起热阻隔的作用。基布的热阻隔性能主要受织物三个方面参数的影响：透气性能、导热系数、热稳定性能。

（1）透气性能的影响。透气性能对织物对热对流的阻隔性能有着重要的影响。织物中的热对流主要针对的是空气热对流，减少空气在织物中的流通速率和效率对限制热对流作用有着重要的意义。织物透气性能主要受织物结构的影响，织物结构越密实，纱线之间的间距越小，空隙随之减小从而降低了织物的透气性能，有效提高了织物的隔热性能[58]。此外，经过涂层或镀膜整理之后织物的透气性能也会显著下降。

（2）导热系数的影响。导热系数主要影响的是热量在织物中传递的能力。低导热系数能减小热传导作用，从而使织物的隔热性能提高。降低织物导热系数的方法一般可分为两种：一种是采用低导热系数的无机纤维制作面料，如玄武岩纤维、陶瓷纤维等；另一种是在织物中填充低导热系数的物质，从而使复合材料整体导热系数下降，如在织物中填充 SiO_2 气凝胶等[59-61]。

（3）热稳定性能的影响。在高温工作环境中，面料不仅需要阻隔各种形式热量的传递，还要有优异的热稳定性，即在高温中保持稳定的力学性能和形态。在实际应用中，高温环境中要求防护服能保持良好的耐磨性和基本力学性能。在具有高强度、耐高温的高性能纤维中，有机高聚物主要有芳纶、芳砜纶、聚对亚苯基苯并二噁唑纤维、聚四氟乙烯纤维等，无机纤维有玻璃纤维、玄武岩纤维、碳纤维、金属纤维等[62]。

2. 几种高温防护面料基布

本文拟采用以下几种纤维织造的高织物密度和紧度的面料作为基布。

（1）芳纶。芳纶 1313 是一种优秀的耐高温纺织材料，其热分解温度为 400～430℃。400℃时纤维失重小于 10%，当温度达到 427℃以上时才开始快速分解。并且芳纶 1313 在 100～200℃的环境下长期使用不会熔融。在 200℃以下的环境中，连续工作 2000h 强度仍能保持原来的 90%，在 260℃的热空气中可以连续工作 1000h，能够保持原强度的 65%～70%，在 300℃高温下使用一周，仍能保持原强度的 50%。芳纶 1313 在 250℃时的热收缩率仅为 1%，在 300℃以下为 5%～6%，表现出高温下高度的稳定性。同时，芳纶面料具有高耐磨性能[63]。

（2）芳砜纶。芳砜纶因其特殊的化学结构而具有优异的耐热性、热稳定性与抗热氧化性能，其阻燃性优于间位芳纶。同时，芳砜纶具有良好的高温尺寸稳定性、电绝缘性、染色性、抗辐射性和化学稳定性，是一种性能优异的高性能纤维[64]。芳砜纶在 200℃、250℃和 300℃的高温环境中，强度保持率分别为 83%、70%和 50%，即使当温度高达 350℃时，依然可以保持 38%的强度。芳砜纶在高温下具有一定的尺寸稳定性，在 250℃和 300℃热空气中处理 100h 后纤维强度保持率分别为 90%和 80%。在沸水和 300℃热空气中的收缩率分别为 0.5%～1.0%和 2.0%[65]。

（3）玄武岩纤维。玄武岩纤维价格低，且具有优良的热性能，在高性能纤维中，玄武岩纤维的耐热性非常突出，其工作温度非常宽（-269～900℃）。玄武岩导热系数为 0.031～0.038W/（m·K），属于高效的隔热材料。玄武岩纤维也具有良好的高温尺寸稳定性能，180℃高温处理时，面料尺寸变化率小于 5%；260℃高温处理时，面料尺寸变化率小于 10%[66]。此外，玄武岩纤维制作的织物还具有优异的耐磨性能，其在磨损之后，织物的重量损失率较小[67]。

（4）改性阻燃纤维。因改性阻燃纤维性能优异且价格便宜，被应用到各行各业。改善纤维的阻燃性能有很多种方法，考虑到实用性能和经济效益，这里只讨论经过后整理获得阻燃性能的纤维，如目前使用较多的是改性阻燃涤纶和改性阻燃涤棉混纺织物。

戴姗姗等[68] 采用 SFR 整理棉、涤纶和涤/棉织物的 LOI 值分别高达 47.1%、51.3%和 39.2%，阻燃效果明显。王晓春等[69] 采用阻燃剂 FPK8002 用量 350g/L，焙烘温度 160℃，焙烘时间 4min。改性阻燃整理织物的裂解温度明显降低，阻燃性能符合国家 B1 级标准。可以得出结论，普通的涤纶织物或者涤/棉织物经过后处理后，其耐高温阻燃性能大大提高，并且涤纶拥有良好的力学性能和耐磨性能，符合高性能热防护面料的要求。改性阻燃纤维的不足是：阻燃耐久性能差，使用温度范围有限，耐磨性能不如高性能纤维。

3. 机器人高温防护面料整理

结合所选择的基布和实际性能要求选择合适的整理方式，以提高防护面料的性能。现阶段国外生产的高温环境机器人防护罩，其加工技术主要是基布涂层和基布层压铝箔，以提高面料反射热辐射的能力。

（1）涂层整理。涂层整理作为一种常规的织物后处理方法，在提高织物的热反射能力方面有很大的作用。将高性能热反射微粒添加到黏合剂中，涂覆在织物表面增加其隔热性能。铝银浆是由铝经过研磨和防氧化处理，与 PU 浆按适当比例配合而成的一种涂层胶。由于铝粉的颗粒呈平滑的鳞片状，故其遮盖力非常强，能防止红外线和紫外线的穿透。另外，铝银粉中有极细粉粒存在，能使涂层表面如同镜面，具有反射热辐射的作用[70]。金红石型 TiO_2 也称作金红石钛白粉，其折光系数是目前所用填料中最大的，因而它的反射率很高，是隔热功能填料的首选。光谱仪测试发现，它在可见光区的反射率接近 100%，在近红外可见光区的反射率达 85%以上，在 200~400nm 的近紫外区的吸收率达到了 85%以上[71]。

在涂层之前，需要针对不同的织物的表面状态进行相关的表面处理。例如，在对芳纶进行涂层时，由于芳纶表面亲水性差和黏合剂结合性能差，需要对其进行表面改性。利用化学反应改善纤维表面的组成和结构，或者借助物理作用提高纤维与基体树脂之间的浸润性[72]。芳纶的表面处理技术可以分为物理改性和化学改性。但化学改性芳纶由于反应时间较长，不适合连续制备高温防护面料，只适用于复合材料的理论研究，很难在工业上实现连续化处理。物理处理的等离子体在适当条件下能够在芳纶表面引入极性官能团，增大纤维比表面积，增大表面能，提高润湿能力，从而改善芳纶材料的黏附强度，改善界面[73]。Ai 等[74] 在芳纶分子链上接枝烷氧基硅烷，使得纤维与树脂基体的结合力显著提高，ILSS 值增加约 57%。

（2）层压铝箔整理。铝作为常规的金属在可见光范围内有很好的反射率，铝箔的制造工艺成熟，复合工艺简单，且价格便宜。铝箔具有超强的反射热辐射能力，采用黏合剂将铝箔和基布黏合，再经过层压机加工成层压织物。复合的铝箔和面料在复合界面上分子间存在着相互吸附的物理作用，再加上黏合剂的化学黏合作用，使面料和铝箔牢牢地吸附在一起[75]。整套工序过程为：上料—涂胶—压合—烘干—盘卷。压合时，为了保证面料平整，需要施加一定的预拉伸力。由于铝箔与基布的延伸性不同，铝箔即使复合聚酯膜后延伸率仍然较小，为防止铝箔拉断，所以施加于铝箔和聚酯膜上的预拉伸力较小，但如果预拉伸力过小，将导致复合后铝箔不平整，出现死褶。通过反复尝试，将铝箔和聚酯膜的预拉伸力调整到合适的范围，才能保证二者与基布平整地复合在一起，制成符合要求的外层面料[76]。

（3）磁控溅射镀膜整理。磁控溅射镀膜是物理气相淀积的一种，广泛应用于电子、建筑、汽车等行业中，尤其适用于大面积镀膜。磁控溅射镀膜以其高速、低温、几乎可以溅射任何材料的特点，现在已经成为应用最广泛的薄膜制备方法之一。图 6-7 所示为磁控溅射原理图。

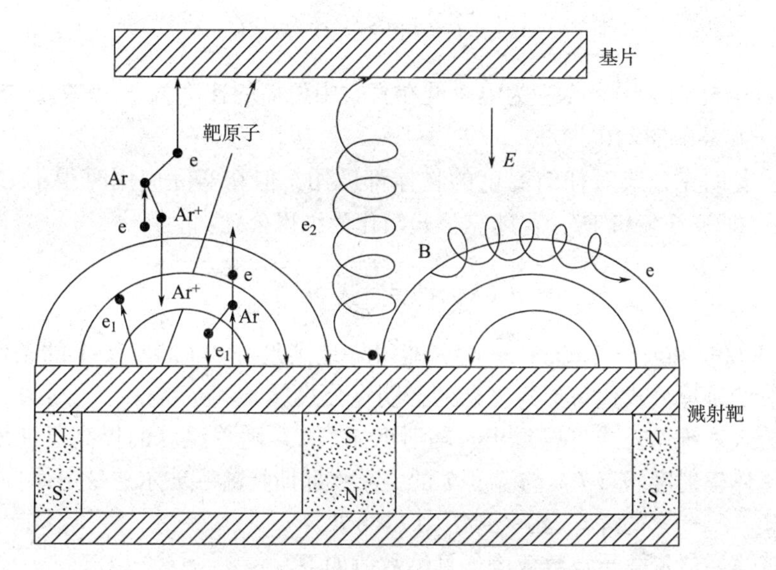

图 6-7　磁控溅射工作原理示意图

目前磁控溅射研究主要集中于半导体材料、金属材料、柔性聚合物基材这几个方面。李颖等[78] 发现，在室温条件下采用磁控溅射对碳纤维表面镀铜时，随着功率的增大，沉积速率变大；纤维表面在经过等离子体处理后能提高纤维与薄膜的结合度。储长流等[79] 用磁控溅射法制备纳米 TiO_2 抗菌 PBT/PET 面料，其金黄色葡萄球菌、大肠杆菌的抑菌圈宽度分别达到 5. 61mm 和 5. 52mm。织物的透气性、舒适性能基本不变，在经 30 次洗涤和 6min 的摩擦后仍能保持较高的性能。

关于磁控溅射技术在纺织中的应用的研究多集中于在面料表面镀上 Cu、Ag、TiO_2 等物质以提高面料的抗菌性能等方面。如 Ehiasarian 等[80] 研究表明，在纺织面料上磁控溅射上一层铜，能有效提高面料的抗菌性能，其抗菌性是不涂层面料的 3 倍。Baghriche 等[81] 采用磁控溅射的方法在聚酯纤维上以 74nm/min 的速率镀上银层，织物能有效抑制大肠杆菌。通过 X 射线光电子能谱测定织物中 Ag、C、N 等元素的含量来衡量织物的抗菌性能。经过磁控溅射处理后，通过接触角的改变可以发现织物的亲水性能和亲油性能发生了改变。Xu 等[82] 研究了在聚酯纤维非织造布上用磁控溅射的方法沉积上一层纳米 TiO_2，发现随着 TiO_2 晶粒尺寸的增加，膜的表面形态变得越来越紧密，但是膜的物质组成是没有发生变化的。将磁控溅射应用于基布面料的镀层中，能在使用最少的材料的情况下，将高热反射的金属材料均匀地覆盖在面料的表面。磁控溅射镀膜技术作为物理气相沉积的一种，加工过程中不会产生污染。

4. 热反射材料

（1）热辐射强度规律对隔热材料性能要求。假设热源物质为绝对黑体，其光谱辐射亮度

M（λ，T）与热力学温度 T 及波长 λ 遵循黑体辐射定律中的普朗克定律，即：

$$M(\lambda,\ T)=\frac{C_1\lambda^{-5}}{\pi}e^{-\left(\frac{C_2}{\lambda T}-1\right)} \tag{6-1}$$

式中：C_1 为第一辐射常数；C_2 为第二辐射常数。具体数值如下：

$$C_1=2\pi hc^2=3.7417749\times10^{-16}\mathrm{W}\cdot\mathrm{m}^2$$

$$C_2=\frac{hc}{k}=1.438769\times10^{-2}\mathrm{m}\cdot\mathrm{K}$$

式中：$h=6.62660755\times10^{-34}\mathrm{J}\cdot\mathrm{s}$；$c$ 为电磁波在真空中传播的速度，$c=299792458\mathrm{m/s}$；k 为玻尔兹曼常数，$k=1.380658\times10^{-34}\mathrm{J/K}$。

理论上讲，普朗克公式对任何温度的物体都适用，但在实际应用时很不方便[83]。当在 $C_2/(\lambda T)\gg1$，即 $hc/k\gg\lambda T$ 时，普朗克公式简化为维恩公式：

$$M_0(\lambda,\ T)=\frac{C_1}{\pi}\lambda^{-5}e^{-\frac{C_2}{\lambda T}} \tag{6-2}$$

当温度 $T<3000\mathrm{K}$ 和波长 $\lambda<0.8\mu\mathrm{m}$ 时，能很好地满足 $C_2/(\lambda T)\gg1$ 的条件，因此，完全可用便于计算的维恩公式代替形式复杂的普朗克公式。

由普朗克公式和维恩公式可以看出，辐射度 M（T）随着温度的提高迅速增加。由热力学理论可推出黑体辐射度 M（T）与温度 T 的关系，即斯特藩—玻尔兹曼定律：

$$M_0(T)=\sigma T^4 \tag{6-3}$$

式中：σ 为斯特藩—玻尔兹曼常数数值。具体数值如下：

$$\sigma=\frac{2\pi k^4}{15h^3c^2}=5.670400\times10^{-34}\mathrm{W}/(\mathrm{m}^2\cdot\mathrm{K}^4)$$

式中常数定义如前所述。

在实际生产应用中有很多情况需要热反射型的高性能面料保护人员的安全或者保持机器的安全运转。以焊接机器人为例：机器人长期处于高温焊点附近，其工作环境温度在200℃以上，焊接点温度在1250℃上下，最高焊接温度达1350℃[84]，热量主要以热辐射的方式传递。再如，消防员使用的防火衣和消防隔热服，在火场中大量的热量以热辐射的形式传递，有时热辐射的温度甚至能达到上千摄氏度[85]。由式（6-3）中的斯特藩—玻尔兹曼定律可以看出，随着温度的升高，物体的辐射度急速上升，高温物体会发射出强烈的热辐射，从而对人体或机械产生损害，这就要求防护服拥有强大的反射热辐射性能。

（2）热辐射波长规律对反射材料性能要求。由维恩位移定律可知，在某一温度下，黑体辐射度最大值所对应的波长 λ_m 与温度 T 的乘积为常数，即：

$$\lambda_m T=2897.9\mu\mathrm{m}\cdot\mathrm{K} \tag{6-4}$$

维恩位移定律可以通过式（6-1）普朗克公式或式（6-2）维恩公式推导出来[86-88]，它表明当黑体温度升高时，峰值波长向短波长方向移动；反之，则向长波长方向移动。

通过对式（6-1）的替换变量、求导、微分以及迭代求解可得拐点位移公式：

$$\lambda_{ml}T=1703.9\mu\mathrm{m}\cdot\mathrm{K} \tag{6-5}$$

$$\lambda_{mr}T=4082.8\mu\mathrm{m}\cdot\mathrm{K} \tag{6-6}$$

式中：λ_{ml} 和 λ_{mr} 分别表示同一温度下辐射能与波长关系曲线上的左边拐点和右边拐点，即划出了黑体所能辐射出的最强电磁波区域的范围。通过式（6-5）和式（6-6）可以求出物体辐射出的主要波长范围，这部分波长的辐射占辐射总量的45%左右。

通过在焊接现场的温度监控采集，焊接温度在1470℃上下震荡，最高焊接温度达到1521℃，最低温度为1250℃，其震荡幅度在300℃左右。焊接温度主要辐射区域的波长范围见表6-1。

表6-1　焊接温度主要辐射区域的波长范围

指标	温度/K	左拐点波长 $\lambda_{ml}/\mu m$	辐射强度最大波长 $\lambda_m/\mu m$	右拐点波长 $\lambda_{mr}/\mu m$
最高温度	1521	0.950	1.615	2.276
稳定温度	1470	0.978	1.662	2.342
最低温度	1250	1.119	1.903	2.680

由表6-1可发现，当温度达到1000℃以上时，热辐射的最强波长向短波方向转移，但是其主要部分还是在红外区域[89]。焊枪在正常工作时，假设辐射点为黑体，则所发出波长在800nm以下的辐射占总辐射量比例不足0.8%[89]。故后整理要赋予面料近红外范围内强反射能力和较强的中远红外辐射能力。

（3）热反射材料选择。金属中的外壳层电子（自由电子）并没有被原子核束缚，当金属被光波照射时，光波的电场使自由电子吸收了光的能量，而产生与光相同频率的振荡，此振荡又放出与原来光线相同频率的光，称为光的反射。这种电子的振荡随着深度的增加而减小，使电子振荡的振幅减小到原来1/e时（e为自然对数）的深度称为穿透深度，此穿透深度决定了金属是透明还是反射，通常大部分金属的穿透深度只有几十或几百纳米，穿透深度δ与金属的基本性质的关系为：

$$\delta = \mathrm{sqrt}\left(\frac{\lambda}{\pi c\mu\sigma}\right) \tag{6-7}$$

式中：λ为真空中光的波长；c为光速；μ为导磁系数；σ为静导电系数[90]。

由式（6-7）可知，光线的波长越长越容易穿透金属，金属的导电系数越高，穿透深度越浅，反射率越高。因此，金属反射膜大都使用高导电率的金、银、铝与铜等材料。从生产成本考虑，用银、铜、铝更经济些。而Ag的红外反射系数最高，同时有较低的可见光吸收率，在可见光和红外光部分为最佳的反射膜材料，所以银是最常用的金属膜材料。图6-8所示为几种金属在不同波长下的反射率。

六、高性能材料的应用

1. 生物医疗

随着人类生活水平的提高以及生活节奏的加快，心血管疾病已经成为人类健康的首要威胁。心电信号（ECG：electrocardiogram）是诊断此类疾病的一项重要依据，快速、准确地分析心电信号变得尤为重要。但由于体积和供电限制，医用监护仪只能在病房等固定区域内使用，限制了患者的活动范围。便携式动态心电图仪（Holter）可以存储患者1~2天的心电数据，用于心律不齐、心肌缺血等病状的诊断，但Holter缺乏实时分析心电信号的能力，需要在测量结束后将心电数据传输到上位机中进行分析诊断[92]。

由美国Biokey公司开发的智能绷带包含多种传感器，可以探测细菌数量、湿度和氧气浓度等，并记录在计算机中，为治疗方案的改进提供依据。由塑料光纤和导电纤维编织而成的

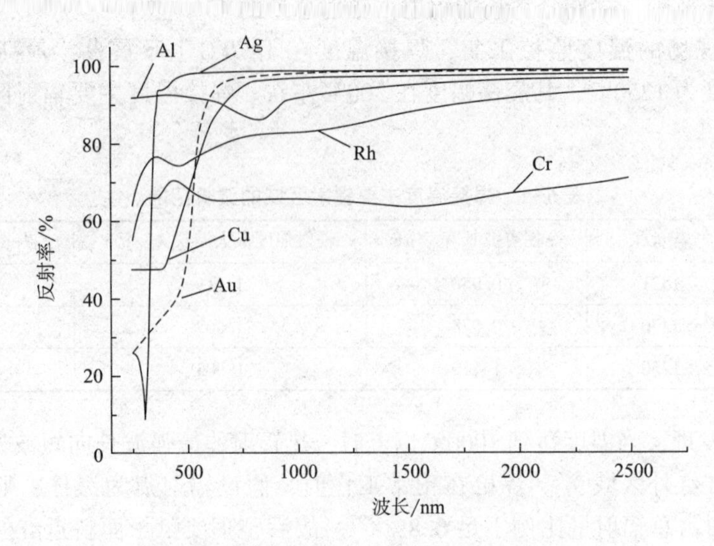

图 6-8 几种金属膜在不同波长下的反射率

“智能T恤”可以协助医务人员监测病人心跳、体温、呼吸等生理指标，也可由监测人员了解和掌握运动员、宇航员、飞行员等的身体情况；如图 6-9 所示，导电复合织物还应用于婴儿睡衣，监测婴儿呼吸，防止婴儿在睡眠时因窒息而死亡[93]。

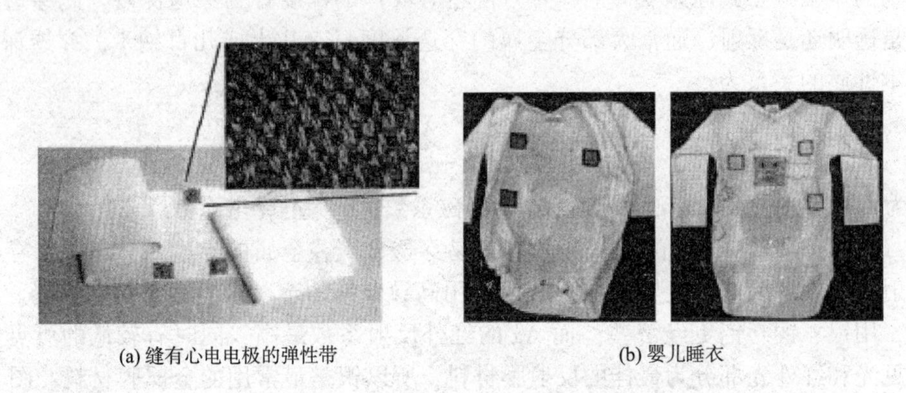

(a) 缝有心电电极的弹性带　(b) 婴儿睡衣

图 6-9 心电信号监测婴儿睡衣产品图

2. 工业检测

通过调节材料表面的粗糙度及其化学结构，实现材料表面的疏水和亲水性乃至超疏水和超亲水性的转变，这种具有可逆的浸润性转变的表面通常称为浸润性开关。金俊平等[94]采用三氟乙酸作为掺杂剂，三氯化铁作为氧化剂，选择多羟基的纤维素棉织物为基底，通过聚苯胺在织物表面的原位聚合，制得了具有超疏水性能的聚苯胺导电复合织物，并发现掺杂/脱掺杂过程可诱导织物的浸润性发生超疏水到超亲水的可逆转变。聚苯胺纳米颗粒与微米级网状棉纤维共同组成的特殊微/纳米结构与低表面自由能 TFA 的掺杂作用是聚苯胺/棉布（PANI/CCT）表面具有超疏水性能的原因。图 6-10 所示为具有超疏水性能的 PANI/CCT 导电复合织物和普通棉布的 SEM 对比。结果表明，PANI/CCT 的超疏水性主要是由于棉纤维的微米结构和吸附在其表面的聚苯胺的纳米结构形成了共存的微/纳米结构，这种粗糙表面空间

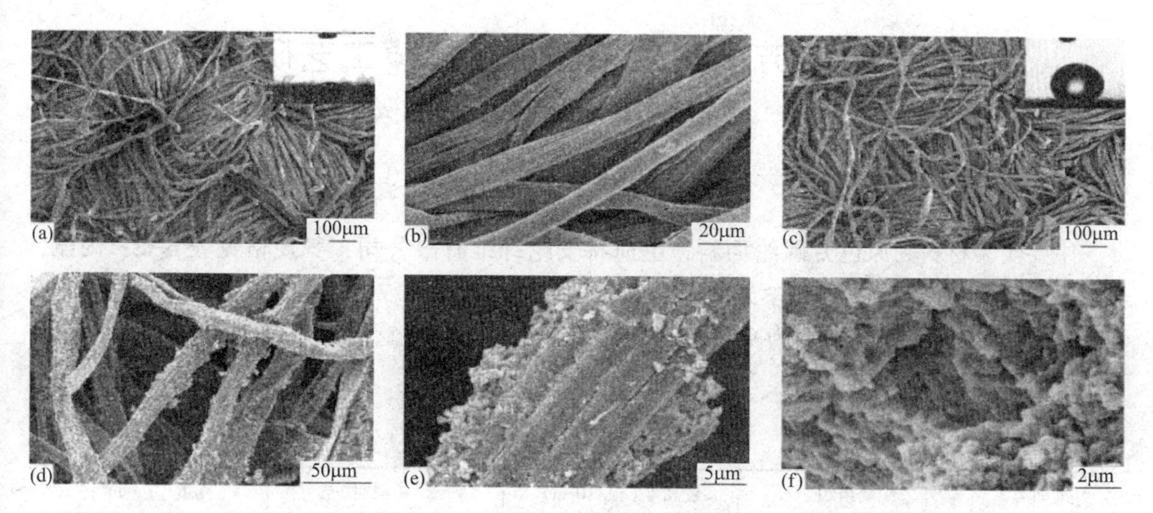

图 6-10　具有超疏水性能的 PANI/CCT 导电复合织物和普通棉布的 SEM 对比：
a~b 普通棉布；c~f 为 PANI/CCT 导电复合织物

所截留的空气有利于超疏水性的形成。

美国 Florida 大学利用聚吡咯分子链上的掺杂物质变化引起纤维导电信号变化的特点，直接用于氨和酸的探测。用聚乙炔和聚苯胺等为包敷层的光纤传感器镶嵌织物，利用聚苯胺吸收酸性或碱性物质后光谱吸收性能的变化来实现物质探测，希望用于战时的化学或生物物质的探测。

3. 智能纺织服装

英国 Durham 大学研制出的导电聚苯胺纤维具有半导体的特性，电导率高达 1900S/em，可以作为传感器使用。意大利 Pisa 大学的 Rossi[96] 将聚吡咯涂层在莱卡纤维表面制成智能手套，手指在弯曲或伸展时，莱卡纤维产生应变，从而聚吡咯的导电性能产生变化，记录和分析电信号的变化，可探测出手指的运动情况。

近年来开发的类似产品还有芬兰的智能服装，原型具有通信、导航、监测环境以及电加热四项功能，第一代夏季产品已在 2001 年夏天推出；比利时 Starlab 的智能服装由多层构成，其中之一是传感器；德国 FAC 服装设计公司推出的智能服装集成了手机、录音机、MP3 和 GPS 系统的功能。音乐夹克衫可以通过缝制在衣服上的导线同步控制移动手机和播放器，如图 6-11 所示。

图 6-11　音乐夹克衫

第二节 芳砜纶磁控溅射镀铝膜工艺研究

一、实验部分

(一) 实验材料和仪器

主要实验材料为原色芳砜纶面料，上海特安纶纤维有限公司，其规格见表6-2；丙酮，纯度≥99.5%，宜兴市第二化学试剂厂；无水乙醇，纯度≥99.7%，宜兴市第二化学试剂厂；Φ80mm×6mm的Al靶（纯度为99.99%），北京来宝利公司；氩气（浓度为99.99%），华元气体化工有限公司。

表6-2 基布规格

纤维种类	织物组织	经密/（根/10cm）	纬密/（根/10cm）	克重/（g/m^2）
芳砜纶	二上一下右斜纹	312	237	173.73

主要实验仪器见表6-3。

表6-3 实验仪器

仪器	型号	生产厂家
全自动型磁控溅射镀膜机	MSP-300C型	北京创世威纳科技有限公司生产
制冷循环机	LC1200型	上海岩征实验仪器有限公司
反热辐射性能测试系统	—	自制
八篮恒温烘箱	Y802N型	常州纺织仪器厂
织物顶破强力机	Y631型	常州第二纺织机械有限公司
电子织物强力机	YG026B型	常州第二纺织机械有限公司
织物耐磨机	Y522型	常州第二纺织机械有限公司
感应式温度计	TM-902C型	南京利鸿普工贸有限责任公司
垂直法织物阻燃性能测试仪	YG815B型	宁波纺织仪器厂
万分之一天平	FA1104A型	上海精天电子仪器有限公司
超声波清洗器	KQ-700B型	昆山市超声仪器有限公司

(二) 实验方案

本章采用单因素实验和正交实验方案对芳砜纶的热反射性能进行探索。通过单因素实验初步确定芳砜纶面料合理镀膜工艺参数范围，再通过正交实验优化实验方案，以热反射率评定芳砜纶面料的最佳镀膜工艺参数，从而制备出新型隔热防护面料。

1. 单因素实验方案

根据已有相关资料，初步确定单因素实验中氩气（Ar）流量、恒定压力、溅射功率、溅射时间和加热温度的取值，其他参数值为实验常数，实验方案见表6-4。

表 6-4　单因素实验方案

实验编号	Ar 流量/sccm	恒定压力/Pa	溅射功率/W	溅射时间/min	加热温度/℃
1	10	0.2	600	20	常温
2	10	0.2	600	20	100
3	10	0.2	600	20	200
4	10	0.2	600	20	300
5	10	0.2	600	10	常温
6	10	0.2	600	30	常温
7	10	0.2	600	40	常温
8	10	0.2	200	20	常温
9	10	0.2	400	20	常温
10	10	0.2	800	20	常温
11	10	0.4	600	20	常温
12	10	0.6	600	20	常温
13	10	0.8	600	20	常温
14	5	0.2	600	20	常温
15	15	0.2	600	20	常温
16	20	0.2	600	20	常温

设计单因素实验，对芳砜纶面料进行磁控溅射沉积纳米级铝膜处理后，利用傅里叶变换红外光谱仪测试其反射率，然后进行分析比较，确定工艺参数。

2. 正交实验方案

根据单因素实验的结果，确定各项工艺参数合理的取值范围，恒定压力确定为 0.2Pa 的定值，其他参数的取值见表 6-5。

表 6-5　正交实验方案

试验编号	溅射功率/W	加热温度/℃	溅射时间/min	Ar 流量/sccm
1	1 (100)	1 (常温)	1 (10)	1 (5)
2	1 (100)	2 (150)	2 (20)	2 (10)
3	1 (100)	3 (300)	3 (30)	3 (15)
4	2 (300)	1 (常温)	2 (20)	3 (15)
5	2 (300)	2 (150)	3 (30)	1 (5)
6	2 (300)	3 (300)	1 (10)	2 (10)
7	3 (500)	1 (常温)	3 (30)	2 (10)
8	3 (500)	2 (150)	1 (10)	3 (15)
9	3 (500)	3 (300)	2 (20)	1 (5)

按照正交实验方案进行实验，测试分析各方案的热反射率，优化确定镀膜工艺参数。根据 MSP-300C 型全自动磁控溅射镀膜机对面料尺寸的要求制作样品。

（三）磁控溅射铝膜的制备

将样品用剪刀沿着经纬纱方向裁剪出 15cm×15cm 大小的芳砜纶织物，将其放在装有一定量可以浸没该织物的丙酮溶液的烧杯中，再将烧杯放入超声波清洗机中，往清洗机中倒入清水，水要没过烧杯中的溶液，清洗 30min。再用去离子水洗涤清洗好的织物 3~5 次，直到织物没有刺激性气味，然后将其放入 80℃烘箱中进行烘干，直至重量不发生变化即可。前处理完毕后的试样固定在磁控溅射镀膜机的工作台上，关闭腔室并确保密封性。抽真空至 5.0×10^{-4}Pa，然后腔室内加热至设定温度，热平衡时间设定为 1800s。温度稳定后，通入一定流量的氩气（浓度为 99.99%），并调节预设气压，采用 200W 直流电源先进行 3min 预溅射，然后移开挡板，对试样溅射一定的时间。此过程中样片始终以 8r/min 速度旋转以保持溅射镀膜的均匀性。

二、芳砜纶镀铝膜面料性能测试

（一）热反射性能

热反射率是指投射到物体的热射线中被物体表面反射的能量与投射到物体的总能量之比，可以直接地表现织物的热反射能力。本实验采用红外傅里叶变换光谱仪对薄膜的热反射性能进行测量，分别得出镀膜织物 2.5~25μm 的红外反射光谱，进而计算出薄膜的反射率。

（二）阻燃性能

按 GB/T 17951—2006《阻燃织物》的要求，将 6cm×15cm 大小的试样条平行放置于试样夹上，点火后调节火焰高度至 40mm±2mm，待火焰稳定后，推动试样夹使试样接触火焰，点火 12s 以后观察试样损毁长度，根据测得的数据评价纺织品的阻燃性能。

（三）耐磨性能

按国家标准 GB/T 21196—2007 测试芳砜纶的耐磨性能。截取 15cm×15cm 大小的试样，摩擦试样，若摩擦至 10000 次还没有破，则停止摩擦，观察织物表面的磨损情况。

（四）拉伸断裂性能

按照现行国家标准 GB/T 3923 的规定，以平行于织物的经向、纬向作为长边分别截取 5cm×15cm 的试样两块，使用电子织物强力机将准备好的经向和纬向的试样按等速伸长方式拉伸至断裂，测其承受的最大力（断裂强力）以及对应产生的长度增量（断裂伸长）等，其值都由机器自动得出。

（五）撕破强力

按国家标准 GB/T 3917.2—2009 的规定测试芳砜纶的撕破强力。以平行于织物的经向、纬向作为长边分别截取 5cm×15cm 的试样两块（不能在距布边 1.5cm 内取样），从试样宽度方向正中切开一条长为 5cm 的平行于长度方向的裂口，条样中间距未切割端 2.5cm 处为撕裂终点，夹持裤型试样的两条腿，使试样切口线在上下夹具之间成直线，试样上初始切口扩展所需的力即为撕破强力。

三、结果与讨论

（一）热学性能测试结果与分析

根据测试所得的傅里叶红外图谱分析，可得各单因素实验制得的金属膜在波数 4000~400cm^{-1}（波长 2.5~25μm）范围内的热辐射反射率。

1. 腔体内气压对热反射率的影响（表 6-6）

由表 6-6 可以明显地看出，在起始阶段，镀膜后的面料的反射率随着溅射过程中压强的增大而增大；在随后的阶段，随着气压的上升反射率趋于稳定甚至呈现了小幅下降的趋势。主要原因是：在磁控溅射的过程中，工作气压的提高意味着腔室内用了更多可供电场加速的原子。气压上升直接导致的结果就是在单位时间内有更多 Ar 原子失去自由电子后变为 Ar^+，在电场力的作用下撞向靶材。单位时间内冲撞靶材的原子数目的提升，导致了溅射过程中产生的金属微速率提高、靶材表面的溅射点增多，溅射速率和溅射点密集度的提高有利于膜精细结构的生长，提高膜的表面平整性，提升了镜面效果，从而反射率上升。

表 6-6　气压与热反射率的关系

气压/Pa	0.2	0.4	0.6	0.8
反射率/%	76.43	78.32	78.19	77.72

但是随着气压的进一步增强，Ar 原子会在腔体内做无规则的自由运动，Ar^+ 在撞向靶材过程中撞击到 Ar 原子概率加大，这不利于溅射效率的提高。所以后一阶段，随着气压的上升反射率基本保持不变，在高气压的状态下甚至出现小幅下滑。

2. Ar 流量对热反射率的影响（表 6-7）

表 6-7　流量与热反射率的关系

流量/sccm	5	10	15	20
反射率/%	77.26	76.43	78.84	78.85

由表 6-7 可以看出，随着 Ar 流量的增加，镀膜处理后面料的反射率总体呈上升趋势，但是在 Ar 流量为 10sccm 时反射率出现了小幅下降。当在一定的溅射功率下，初始阶段的放电载体 Ar 的电离度及撞击靶材的动能一定，随着进气量的增加虽然 Ar^+ 速率基本不变，但由于数量的增加，Ar^+ 受到碰撞的概率增大，不有利于溅射进程的进行。导致在 10sccm 处的反射率有小幅下降。随后随着 Ar 流量的进一步增加，Ar^+ 数量增加带来的溅射效率的增益成为主要影响因素，到了最后阶段，Ar^+ 密度的饱和也导致反射率的值趋于稳定。

3. 溅射功率对热反射率的影响（表 6-8）

表 6-8　功率与热反射率的关系

功率/W	400	600	800
反射率/%	77.18	76.43	78.86

由表 6-8 可以看出，镀膜面料的反射率在 600W 处较低，在 200W 和 800W 处均有较高的反射率。在磁控溅射中溅射功率是一个关键参数，对膜的组织结构和性能都有很大的影响。可能原因：一方面在气压一定的条件下，在一定范围内溅射功率的增加会使放电载体如 Ar 的电离度及撞击靶材的动能提高，使得电离离子撞击出的沉积粒子具有更高的能量，入射离子能量增强，溅射原子逸出后的能量也随之增加，这对溅射过程中薄膜的均一性有一定的影响，进而影响薄膜的反射率。但是另一方面，随着功率的增大，溅射原子的能量增大，部分高能量的溅射原子会使基片表层产生活化点，成为薄膜新相的成核中心；随着薄膜的生长，自由能下降，在基片与薄膜之间形成一层溅射原子与基片原子相互融合的扩散层，这些都有利于

膜和基材更好地接触，有利于薄膜的平整性能和反射性能的提升。

4. 溅射时间对热反射率的影响（表 6-9）

表 6-9 时间与热反射率的关系

时间/min	10	20	30
反射率/%	76.56	76.43	76.90

由表 6-9 可以看出，面料的反射率随着溅射时间的增加变化很小。主要原因是：由于溅射时间选取值较大，面料表面早已形成完整的致密金属反射膜，时间继续增加对反射率影响已变得不明显。

5. 基底温度对热反射的影响（表 6-10）

表 6-10 基底温度与反射率的关系

温度/℃	50	200	300
反射率/%	76.43	79.99	75.56

由表 6-10 可知，织物反射率随基底温度的上升呈现先上升后下降的趋势。随着基底温度从 50℃增加到 200℃，薄膜中的 Al 原子在织物表面的热迁移率较高，薄膜颗粒拥有足够的热能进行迁移合并，从而降低了薄膜的表面粗糙度，使其更加致密均匀，面料反射率得到提高。然而，随着基材温度进一步增加，薄膜晶粒尺寸逐渐增大，薄膜表面变得不均匀，导致反射率降低。

结合以上各图的数据分析，可以初步确定芳砜纶的最佳镀膜工艺参数：Ar 流量为 15sccm、气压为 0.4Pa、溅射功率为 200W、加热温度为 200℃、溅射时间为 40min。

6. 反射率正交实验结果分析

根据测试所得的傅里叶红外图谱分析可得正交因素实验制得的金属膜在波数 4000～400cm^{-1} 范围内的热辐射反射率，见表 6-11。下表中 K_i 表示任意列上水平号为 i 时所对应的反射率之和，R 表示 K_1、K_2、K_3 的极差。

表 6-11 正交分析结果

试验编号	溅射功率/W	加热温度/℃	溅射时间/min	Ar 流量/sccm	反射率/%
1	1（100）	1（常温）	1（10）	1（5）	72.48
2	1（100）	2（150）	2（20）	2（10）	78.24
3	1（100）	3（300）	3（30）	3（15）	75.97
4	2（300）	1（常温）	2（20）	3（15）	75.70
5	2（300）	2（150）	3（30）	1（5）	81.34
6	2（300）	3（300）	1（10）	2（10）	76.98
7	3（500）	1（常温）	3（30）	2（10）	79.95
8	3（500）	2（150）	1（10）	3（15）	78.05
9	3（500）	3（300）	2（20）	1（5）	77.40
K_1	226.70	228.13	227.51	231.22	
K_2	234.02	237.63	236.34	235.17	
K_3	235.41	230.35	237.26	229.72	
R	8.71	9.5	9.72	5.45	

根据单因素实验，确定气压值为 0.4Pa，考察反射率，得到四因子三水平的最佳工艺参数组合为：溅射时间为 30min、加热温度为 150℃、溅射功率为 500W、Ar 流量为 10sccm，且工艺参数的主次顺序是：溅射时间—加热温度—溅射功率—Ar 流量。本章以下测试实验均选用确定的最佳工艺参数条件下制得的面料进行测试。

7. 阻燃性能（表 6-12）

表 6-12　织物平行燃烧实验结果

试样	芳砜纶基布	芳砜纶镀膜布
点火时间/s	12	12
蔓延时间/s	0	0
损毁长度/mm	8	5

由表 6-12 中数据可知，芳砜纶基布和芳砜纶镀膜面料均无法续燃，点火 12s 损毁的长度分别为 8mm 和 5mm，与采用涂层工艺的面料产生的损毁长度 57mm 相比，磁控溅射镀膜工艺面料在阻燃性方面具有显著的优势。芳砜纶磁控溅射镀膜面料较芳砜纶基布的阻燃性能略胜一筹，其损毁长度比芳砜纶基布的损毁长度小，并且经过磁控溅射沉积纳米铝膜整理后和未经处理的芳砜纶面料的阻燃性能都达到 GB 17591—2006《阻燃织物》标准中的最高级别以上。

原因分析：面料表面镀上不可燃的无机金属铝膜后，其表面燃烧性能下降是必然的；另外，镀膜后织物表面形成的致密的金属膜隔绝了空气，也提升了面料的阻燃性能。

（二）物理性能测试结果与分析

1. 耐磨性能

对于织物的耐磨性能，本次实验记录的是当试样布面出现纱线断裂时的摩擦次数，观察其表面的磨损情况，实验中试样的磨损情况如图 6-12、图 6-13 所示。

图 6-12　芳砜纶原布

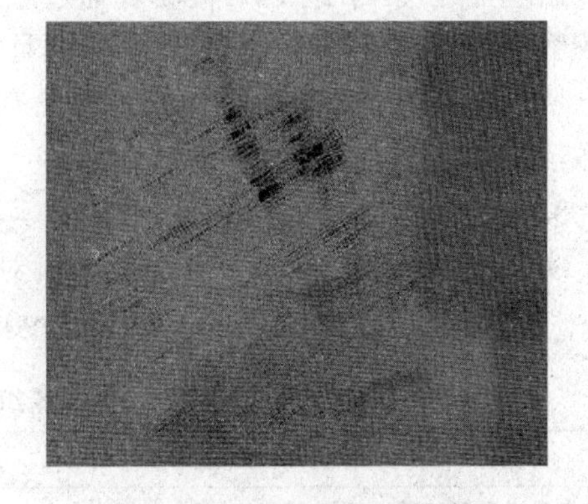

图 6-13　芳砜纶镀铝膜布

实验中，芳砜纶原布在摩擦至 6500 次时，织物表面出现纱线断裂现象。对经过磁控溅射沉积铝膜处理的芳砜纶面料同样摩擦 6500 次，织物表面经向纱线出现纱线断裂现象，但是纬向纱线没有出现断裂现象，只有轻微的磨损。可见，对芳砜纶织物进行磁控溅射沉积铝膜以后，耐磨性有所提高，这是因为：一方面，芳砜纶面料表面镀上铝膜以后，进行摩擦时，仪器先磨损的是表面的铝膜，且金属铝膜和基布之间有较好的结合力，待铝膜磨完后才会摩擦下面的纱线；另一方面，沉积的纳米膜使织物表面平整光滑，摩擦系数降低。

2. 拉伸断裂性能

通过对芳砜纶原布和溅射后的芳砜纶布经纬向各取两块试样进行测试后，统计经向或纬向的两组数据，得出织物的拉伸断裂性能实验数据，见表 6-13。

表 6-13 芳砜纶织物拉伸断裂性能测试结果

指标	原布经向	原布纬向	镀膜布经向	镀膜布纬向
断裂强度/（N/m）	17925	15205	18575	15350
断裂强力/N	896. 25	760. 25	928. 75	767. 5
断裂伸长/mm	31. 45	23. 3	32	26
断裂伸长率/%	31. 45	23. 3	32	26
断裂强力 *CV* 值/%	3. 25	4. 76	4. 99	3. 69

在断裂强力变异系数方面，未经处理和经磁控溅射镀膜处理的芳砜纶面料的经纬向 *CV* 值均小于 5%。可见每次试验的两组数据的变异程度很小，数据可比性比较高。

相对于未经处理的芳砜纶面料，镀膜芳砜纶面料的断裂强力要高一些，均达到 GB 17591—2006《阻燃织物》的标准。经过磁控溅射沉积纳米铝膜处理的芳砜纶面料的经向断裂强力为 928. 75N，是未经处理的芳砜纶面料的 1. 04 倍；其纬向断裂强力为 767. 5N，是未经处理的芳砜纶面料的 1. 01 倍，可见镀膜以后芳砜纶面料的断裂强力没有发生明显的改变，只是略有提高，经向断裂强力上升 3. 63%，纬向断裂强力上升 0. 95%，可以看出磁控溅射镀膜工艺不仅对面料原有的强力没有损失，甚至有微量的上升。经过磁控溅射镀膜整理以后，伸长率没有显著变化，略有上升。芳砜纶面料经、纬向断裂伸长率各增加 0. 55%、2. 7%。与采用传统涂层法制备的芳砜纶面料相比，磁控溅射镀膜工艺制得的面料在拉伸断裂性能上表现出显著优势。

出现上述现象的原因可能是：通过磁控溅射在芳砜纶面料上沉积的纳米级铝膜只是沉积在织物表面，属于物理结合，镀膜很薄且没有黏合剂和其他助剂对面料中纤维或纱线造成损伤，所以对断裂强力和断裂伸长率都没有发生明显的影响。芳砜纶织物本身经密大于纬密，导致经向断裂强力大于纬向断裂强力。

3. 撕破强力

实验中用 YG026B 电子织物强力机对织物进行撕破强力测试时，对试样的夹持长度为 5cm，拉伸速度为 100mm/min，力降为 90%，测试结果见表 6-14。

表 6-14 芳砜纶织物镀膜前后撕破强力测试结果

指标	原布经向	原布纬向	镀膜布经向	镀膜布纬向
最大值/N	71. 59	86. 06	32. 23	53. 63
最小值/N	66. 69	81. 22	29. 93	49. 41
平均值/N	69. 14	83. 64	31. 08	51. 52
CV 值/%	5. 02	4. 09	5. 22	5. 79

如表 6-14 数据所示，无论是未经处理的芳砜纶原布还是经过镀膜处理的芳砜纶布，撕破强力的变异系数均在 5%左右，经、纬向撕破强力均小于 100N，并且经向撕破强力均小于纬

向撕破强力，可见撕破性能比较差。经过磁控溅射镀上铝膜后经、纬向撕破强力分别下降55.05%、38.40%。出现上述现象的原因如下。

（1）芳砜纶织物经向密度大于纬向密度，纬向受力三角区域中的受力纱线根数多于经向，则织物纬向撕破强力就会大于经向撕破强力。

（2）由于镀上铝膜之后，织物中纱线与纱线之间的滑移阻力会增大，撕裂三角区域减小，进而导致面料的撕裂强力下降。

（3）由于芳砜纶织物是二上一下的右斜纹组织，所以露在表面的纱线2/3是经纱，织物经过镀膜处理以后，由于镀上铝膜的经纱数多于镀上铝膜的纬纱数，纬纱数量较少且滑移阻力加大，使得撕裂三角区域更小、受力纱线数量更少，导致经向撕破强力下降比例大于纬向撕破强力下降比例。

四、小结

1. 单因素变量设计磁控溅射的热辐射反射率结果

通用傅里叶红外图谱分析，可得到金属膜在波数4000~400cm^{-1}范围内的热辐射反射率。初步分析得出，高反射率的各项工艺参数为：Ar流量为15sccm，气压为0.4Pa，溅射功率为200W，加热温度为常温，溅射时间为20min。气压与反射率呈先上升后平稳的趋势，流量与反射率呈先下降后上升的趋势，时间与反射率呈正向变化的关系。

2. 多因素正交设计磁控溅射的热辐射反射率结果

根据单因素实验分析确定正交实验中的气压值为常数0.4Pa，以流量、溅射功率、溅射时间和加热温度为因子，考察反射率指标，进行四因子三水平正交实验。得出最佳工艺参数为：溅射时间为30min，加热温度为150℃，溅射功率为500W，Ar流量为10sccm。在此工艺下，芳砜纶沉积纳米铝膜布的反射率最高。其中溅射时间对反射率的影响最大，其次是加热温度、溅射功率、Ar流量。

3. 芳砜纶磁控溅射镀膜面料性能

（1）热性能方面。溅射后的芳砜纶面料较溅射前的芳砜纶面料平行法燃烧以后的损毁长度小，阻燃性能有所提升；通过傅里叶红外测试发现，对波数在4000~400cm^{-1}范围内的热辐射，溅射后的芳砜纶面料具有较好反射能力。

（2）物理性能方面。从耐磨性能上来看，镀膜后的面料较镀膜前耐磨性能有很大程度的提升，这是因为包覆面料表面的金属铝膜具有较好的耐磨性能；在断裂强力方面，溅射铝膜后的芳砜纶面料断裂强力没有显著变化；在撕破强力方面，溅射后的芳砜纶面料由于纱线表面包覆的铝膜导致摩擦系数变大，进而减小撕裂三角区面积，致使经纬向撕破强力均显著下降，由此可见溅射铝膜对芳砜纶面料的撕破强力影响较大。

第三节　磁控溅射镀银/二氧化钛膜结构工艺与测试

本实验以反射率为指标，以芳砜纶为基布，采用磁控溅射进行镀Ag/TiO_2实验研究。通过正交实验，筛选Ag/TiO_2双层膜结构的最佳工艺，并对最佳工艺制得的面料进行热学性能测试和表征。

一、实验部分

（一）实验材料和仪器

主要实验材料为：原色芳砜纶面料，上海特安纶纤维有限公司，其规格见表 6-15；丙酮，纯度≥99.5%，宜兴市第二化学试剂厂；无水乙醇，纯度≥99.7%，宜兴市第二化学试剂厂；Φ80mm×6mm 的 Ag 靶（纯度为 99.99%），北京来宝利公司；Φ80mm×6mm 的 TiO_2 靶（纯度为 99.99%），北京来宝利公司；Ar（浓度为 99.99%），华元气体化工有限公司。

表 6-15　基布规格

纤维种类	织物组织	经密/（根/10cm）	纬密/（根/10cm）	克重/（g/m^2）
芳砜纶	二上一下右斜纹	312	237	173.73

主要实验仪器见表 6-16。

表 6-16　实验仪器

仪器	型号	生产厂家
全自动型磁控溅射镀膜机	MSP-300C 型	北京创世威纳科技有限公司生产
制冷循环机	LC1200 型	上海岩征实验仪器有限公司
隔热性能测试系统	—	自制
数据采集仪	—	HORIZON 公司
温度变送器	SBWR KO-300℃型	上海南浦仪表厂
热电偶	TC-KBB2×0.5L=1500MM 型	上海南浦仪表厂
远红外辐射元件	120mm×120mm	企泰电热机械制造厂
八篮恒温烘箱	Y802N 型	常州纺织仪器厂
感应式温度计	TM-902C 型	南京利鸿普工贸有限责任公司
万分之一天平	FA1104A 型	上海精天电子仪器有限公司
超声波清洗器	KQ-700B 型	昆山市超声仪器有限公司
FTIR 红外分光光度计	AVATAR 370	美国 Thermo Nicolet 公司
X 射线衍射仪	X'Pert POR 型	荷兰 PANalytical 公司
紫外—可见—红外分光光度计	UV-3600 型	日本岛津公司
扫描电子显微镜	S-3400N	日本日立公司

（二）Ag/TiO_2 膜结构设计

银是一种易氧化的金属物质，长期暴露在空气中会被氧化成氧化银，膜的热反射性能削弱。为了保护银不被氧化，可以引入透光性好的介质层，如 TiO_2、ZnO、TiO_2 膜等。这里选择 TiO_2 作为介质层，因为 TiO_2 的价带由氧的 2p 带构成，导带主要是钛的 3d 带，禁带宽度较宽（约为 3eV），对可见光几乎不吸收，可见光能透过 TiO_2 到达银反射层。TiO_2 介质层的引入能保持银反射层长时间有效。多层膜反射原理如图 6-14 所示。

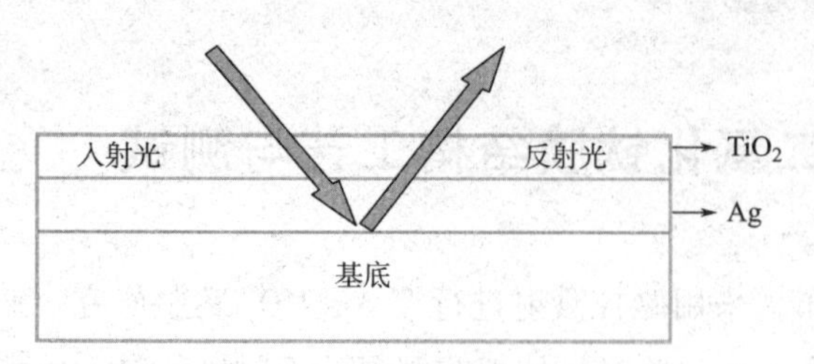

图 6-14　多层膜原理示意图

（三）正交实验方案

本实验选用正交设计方案，其中，影响因素水平的先后顺序为磁控溅射 Ag 膜的气压、时间、功率、流量和温度，以及磁控溅射 TiO_2 膜的气压、时间、功率、流量和温度。上述 10 个影响因素作为因子，设计 L_{27}（3^{13}）正交实验表，见表 6-17 和表 6-18。

表 6-17　因素水平表

序号	Ag					TiO_2				
	气压(A)/Pa	时间(B)/min	功率(C)/W	流量(D)/sccm	温度(E)/℃	气压(F)/Pa	时间(G)/min	功率(H)/W	流量(I)/sccm	温度(J)/℃
1	0.9	30	20	30	100	0.7	20	100	10	300
2	0.7	20	60	10	200	0.9	40	200	20	100
3	0.5	10	40	20	300	0.5	30	300	30	200

表 6-18　正交实验分析表

试验号	A	B	C	D	E	F	G	H	I	J
1	0.9	30	20	30	100	0.7	20	100	10	300
2	0.9	30	20	30	200	0.9	40	200	20	100
3	0.9	30	20	30	300	0.5	30	300	30	200
4	0.9	20	60	10	100	0.7	40	200	20	200
5	0.9	20	60	10	200	0.9	30	300	30	300
6	0.9	20	60	10	300	0.5	20	100	10	100
7	0.9	10	40	20	100	0.7	30	300	30	100
8	0.9	10	40	20	200	0.9	20	100	10	200
9	0.9	10	40	20	300	0.5	40	200	20	300
10	0.7	30	60	20	100	0.9	20	200	30	200
11	0.7	30	60	20	200	0.5	40	300	10	300
12	0.7	30	60	20	300	0.7	30	100	20	100
13	0.7	20	40	30	100	0.9	40	300	10	100
14	0.7	20	40	30	200	0.5	30	100	20	200
15	0.7	20	40	30	300	0.7	20	200	30	300
16	0.7	10	20	10	100	0.9	30	100	20	300
17	0.7	10	20	10	200	0.5	20	200	30	100
18	0.7	10	20	10	300	0.7	40	300	10	200
19	0.5	30	40	10	100	0.5	20	300	20	100
20	0.5	30	40	10	200	0.7	40	100	30	200
21	0.5	30	40	10	300	0.9	30	200	10	300
22	0.5	20	20	20	100	0.5	40	100	30	300
23	0.5	20	20	20	200	0.7	30	200	10	100
24	0.5	20	20	20	300	0.9	20	300	20	200
25	0.5	10	60	30	100	0.5	30	200	10	200
26	0.5	10	60	30	200	0.7	20	300	20	300

续表

试验号	A	B	C	D	E	F	G	H	I	J
27	0.5	10	60	30	300	0.9	40	100	30	100
K_1	717	721	703	709	709	712	711	698	713	704
K_2	705	711	713	712	708	710	713	715	709	711
K_3	709	699	714	710	713	708	707	718	708	715
R	11.8	22.8	11.2	2.8	4.8	4.1	6.0	20.7	5.4	11.2
先后次序	Ag时间—TiO_2功率—Ag气压—TiO_2温度—Ag功率—TiO_2时间—TiO_2流量—Ag温度—TiO_2气压—Ag流量									
最佳水平	Ag：0.9Pa、30min、40W、10sccm、300℃；TiO_2：0.7Pa、40min、300W、10sccm、200℃									

注 K_1、K_2、K_3的下角标数值分别对应表6-17中的序号1、2、3。

二、测试与表征

（一）反射率测试

1. 紫外—可见—红外分光光度计测试

使用UV-3600型紫外—可见—红外分光光度计，对薄膜在0.18~2.5μm波长范围内辐射的反射率进行测试。

2. 傅里叶红外（FTIR）测试

实验采用AVATAR370型傅里叶红外分光光度计，对样品进行波数在4000~400cm^{-1}（波长2.5~25μm）反射率进行测试。测试方法为傅里叶变换衰减全反射红外光谱法，取样器是OMNI-SAMPLER™，扫描次数为32次，数据间隔为1.929cm^{-1}，分辨率为8cm^{-1}。

（二）隔热性能测试

1. 自制隔热系统结构组成

本实验采用自行设计的装置对织物隔热性能进行测试。主要构件有：HORIZON公司数据采集仪、上海南浦仪表厂SBWR KO-300℃型温度变送器、上海南浦仪表厂TC-KBB2×0.5L=1500MM型热电偶、企泰电热机械制造厂120mm×120mm远红外辐射元件、润江五金C507型电子式温控器以及便携式计算机一台。图6-15所示为隔热测试系统，图6-16所示为隔热测试箱体内部结构示意图。

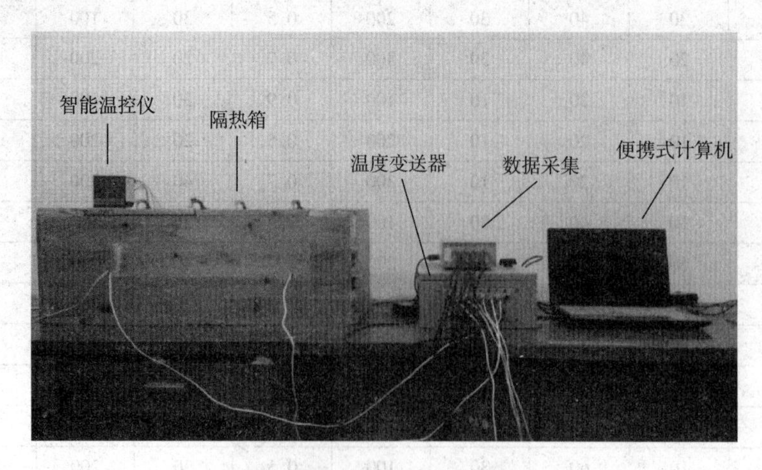

图6-15 隔热测试系统图

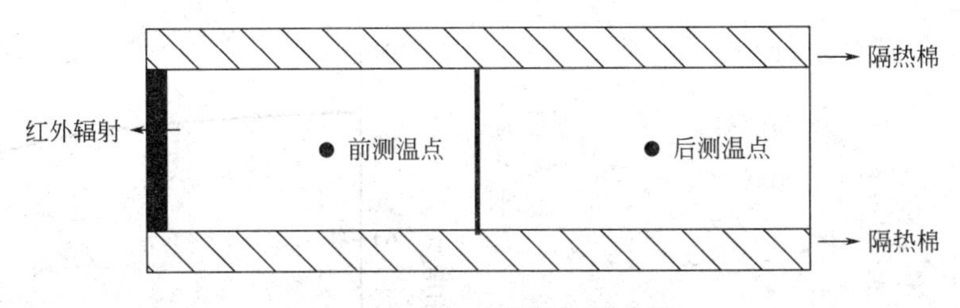

图 6-16　箱体内部结构示意图

2. 隔热系统测试方法

（1）在距红外辐射原 35cm 的地方，将试样镀膜的一面对准辐射源，夹持在隔热棉的缝隙中间。

（2）打开电源使红外辐射源工作，并通过智能温控仪设定箱体内的温度，前、后测温点分别距离热源 17. 5cm 和 60cm。

（3）通过计算机专用软件、数据采集仪、温度变送器将热电偶测得的温度数据实时显示出来，并记录各时间节点的前后温度。

3. SEM 测试

使用中国科学院的喷金设备 E-1010 ION SPUTTER 型离子溅射仪对试样表面进行镀金处理，采用日本 S-3400N SEM 在真空环境下观察膜的表面形态，扫描电镜的分辨率为 4nm，放大倍率可达 30 万倍，加速电压选择 5~15kV。

4. XRD 测试

使用 X'Pert POR 型 X 射线衍射仪对复合纤维的晶体结构进行表征测试。测试条件为：Cu 靶 α 射线，Ni 滤波，管电压 40kV，管电流 40mA，测定波长 $\lambda = 0.15418$nm，扫面范围 2θ（5°~90°），扫描速度为 0. 8s/step。

三、结果与讨论

（一）傅里叶红外反射测试分析

采用傅里叶红外仪测试各种工艺的面料在 4000~400cm^{-1} 范围内热辐射反射率，测试结果如图 6-17 和图 6-18 所示，21 号试验具有最大反射率，为 81. 6%。其工艺参数配置为：镀 Ag 膜时气压为 0. 5Pa，时间为 30min，功率为 40W，流量为 10sccm，温度为 300℃；镀 TiO_2 膜时气压为 0. 9Pa，时间为 30min，功率为 200W，流量为 10ccm，温度为 300℃。观察其傅里叶红外反射图可以发现，在整个测试波长范围内都具有较高的反射率，其中 4000~1000cm^{-1} 波数范围内反射率呈缓慢下降的趋势，但大部分都保持反射率在 80%以上，在 1000~400cm^{-1} 范围内反射率小幅下降。

由上述研究结果可知，21 号试验样品具有较好的反射率，但该结果较难得到磁控溅射的最佳实验参数。为了进一步获得最佳影响因素，本研究基于正交实验结果（表 6-18），计算各影响因素的 K 值和 R 值。K 值越大，表明该因素水平下能得到最佳反射率；而 R 值越大，则表明该因素水平对反射率的影响越大。对于镀覆 Ag 膜所采用的气压而言，$K_1>K_3>K_2$，因此，对于镀覆 Ag 膜的最佳气压为 0. 9Pa（对于其他影响因素的 K 值分析原理可参考气压的分析）。此外，影响反射率的因素先后次序为：Ag 时间—TiO_2 功率—Ag 气压—TiO_2 温度—Ag 功率—TiO_2 时间—TiO_2 流量—Ag 温度—TiO_2 气压—Ag 流量。

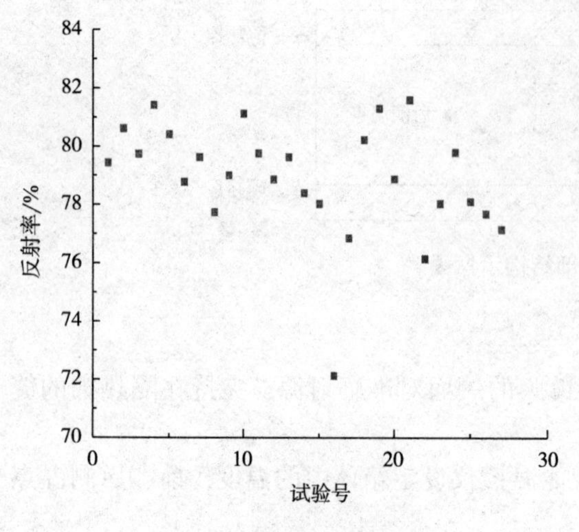

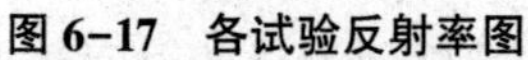
图 6-17 各试验反射率图

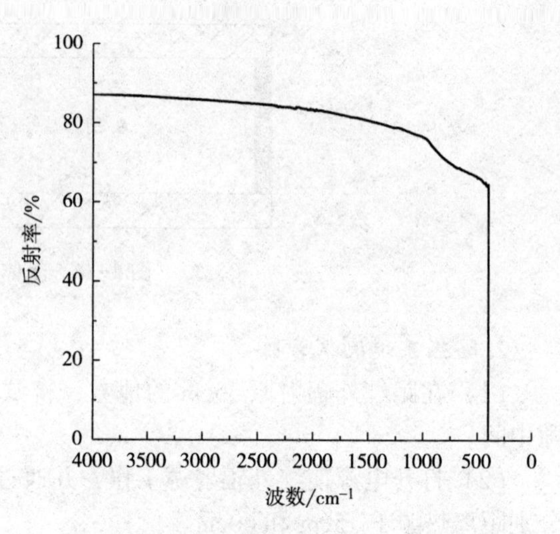

图 6-18 21 号试验傅里叶红外反射图谱

(二) 隔热性能测试分析

利用图 6-14 的隔热系统对各试样进行测量，其测量数据见表 6-19。

表 6-19 隔热系统测温表数据

试验	前测温点电压/V	前测温点温度/℃	后测温点电压/V	后测温点温度/℃	温差/℃
基布	2.93	144.75	1.89	66.75	78
1	2.85	138.75	1.85	63.75	75
2	2.91	143.25	1.89	66.75	76.5
3	2.86	139.5	1.87	65.25	74.25
4	2.88	141	1.86	64.5	76.5
5	2.92	144	1.87	65.25	78.75
6	2.87	140.25	1.85	63.75	76.5
7	2.89	141.75	1.84	63	78.75
8	2.95	146.25	1.83	62.25	84
9	2.97	147.75	1.84	63	84.75
10	2.92	144	1.85	63.75	80.25
11	2.93	144.75	1.83	62.25	82.5
12	2.95	146.25	1.81	60.75	85.5
13	2.9	142.5	1.83	62.25	80.25
14	2.93	144.75	1.81	60.75	84
15	2.93	144.75	1.82	61.5	83.25
16	2.96	147	1.79	59.25	87.75
17	2.96	147	1.8	60	87
18	2.96	147	1.82	61.5	85.5
19	2.98	148.5	1.82	61.5	87

续表

试验	前测温点电压/V	前测温点温度/℃	后测温点电压/V	后测温点温度/℃	温差/℃
20	2.99	149.25	1.82	61.5	87.75
21	2.99	149.25	1.82	61.5	87.75
22	3	150	1.82	61.5	88.5
23	3	150	1.82	61.5	88.5
24	2.99	149.25	1.81	60.75	88.5
25	2.99	149.25	1.81	60.75	88.5
26	2.98	148.5	1.81	60.75	87.75
27	2.99	149.25	1.79	59.25	90

分析表6-19数据可得，基布的前、后测温点最终温度稳定在78℃，而镀双层膜面料前、后测温点温差绝大部分增加，最大的27号试样达到了90℃。少数几个试样的温差值降低，主要原因是：在引入金属反射层增加热反射率的同时，金属薄膜的导热率大、导热性能更好，这在一定程度上降低了其隔热性能。当增加热反射效果大于高导热所带来的影响时，热反射率性能得到提升，反之则下降。其中，21号试样的正、反面温差达到87.75℃，说明其隔热性能和热反射性能均达到较高的水平，故选该工艺参数作为最佳工艺，以下各项测试均选用21号的试验样品。

（三）SEM测试分析

图6-19~图6-23所示为织物表面膜结构不同放大倍数下的SEM图。

图6-19　500倍SEM图

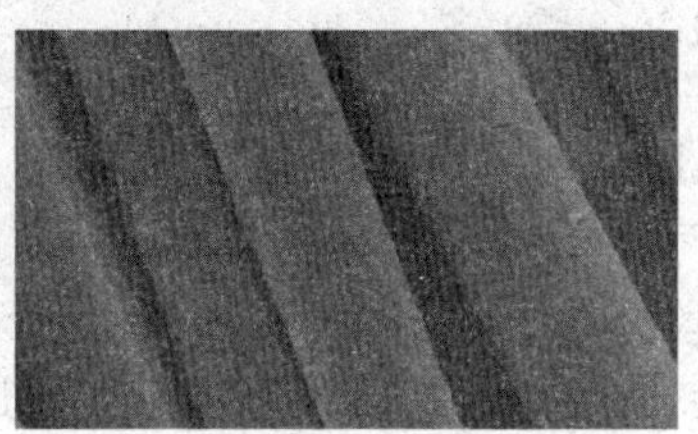

图6-20　2000倍SEM图

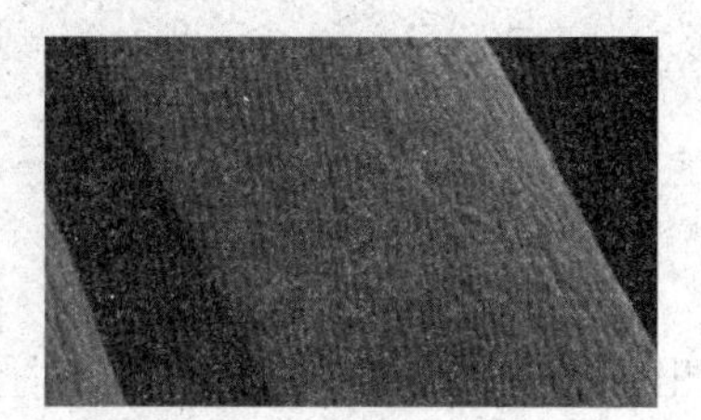

图6-21　5000倍SEM图

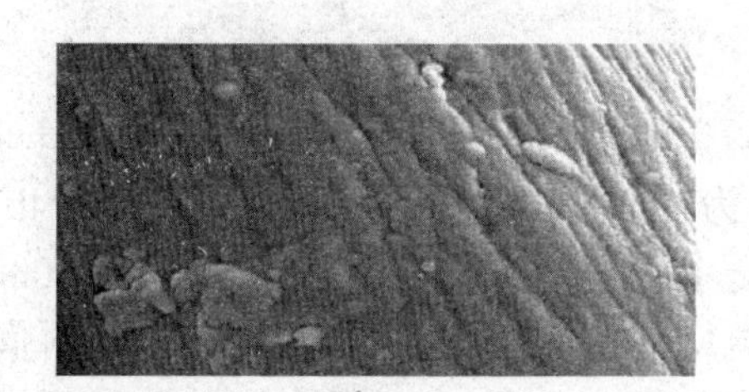

图6-22　10000倍SEM图

图6-23　20000倍SEM图

通过不同倍率的SEM图观察织物表面的膜结构，发现膜在较小倍率下观察呈光滑、平整、连续的结构，但随着观察倍率的增大可以发现，在膜的表面有少数地方出现了团聚的现象，但总的来说达到了形成连续反射膜形成镜面效果的预期。

（四）XRD 测试分析

薄膜 Ag/TiO_2 的 XRD 图像如图 6-24 所示，分别在 2θ 为 38.0°、44.2°、64.3°和 77.5°处出现四个明显的特征衍射峰，经过与单质银的标准（JCPDS cards 04-0783）对照，它们分别对应于面心立方晶系银的（111）、（200）、（220）和（311）四个晶面的衍射峰，说明在玻璃基底上沉积得到了立方晶系的纳米银晶。同样以谢乐公式晶粒的平均直径 D：

$$D = \frac{0.89\lambda}{\beta\cos\theta} \tag{6-8}$$

式中：D 为晶粒的平均直径；λ 为 X 衍射线的波长；β 为最强衍射峰的半高宽，以弧度表示；θ 为衍射角。

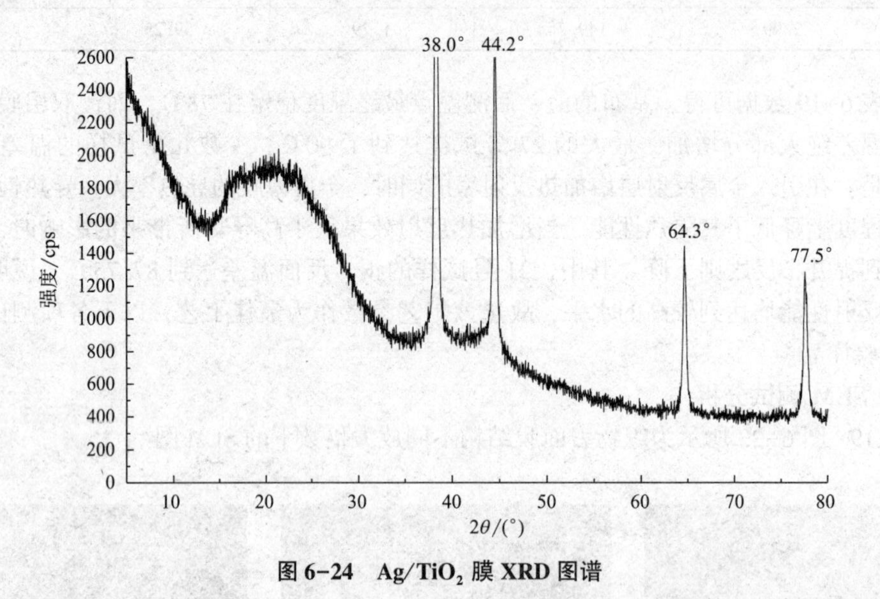

图 6-24　Ag/TiO_2 膜 XRD 图谱

通过计算得到最佳工艺的 Ag/TiO_2 双层膜结构中 Ag 的平均粒径大小约为 25nm。可以看出，在面料表面的 Ag 金属反射层是纳米级别的精细膜结构。这有利于面料表面形成连续致密的金属膜，形成镜面效应提高面料的热反射率。与 Al 膜相比，Ag 膜中的 Ag 粒径更小，故反射率也更高。

四、小结

（1）以芳砜纶面料为基底，采用磁控溅射的方法在面料表面镀 TiO_2/Ag 双层膜。通过正交实验分析得出，镀 Ag 膜的最佳工艺参数：气压为 0.9Pa，时间为 30min，功率为 40W，流量为 10sccm，温度为 300℃；镀 TiO_2 膜的最佳工艺参数为：气压为 0.7Pa，时间为 40min，功率为 300W，流量为 10sccm，温度为 200℃。影响反射率的因素主次顺序为：Ag 时间—TiO_2 功率—Ag 气压—TiO_2 温度—Ag 功率—TiO_2 时间—TiO_2 流量—Ag 温度—TiO_2 气压—Ag 流量。

（2）测试了镀 Ag 面料的反射率和隔热性能。在 4000~400cm^{-1} 的范围内反射率最高可达到 81.6%，隔热实验中前、后测温点温差可达 90℃，较镀 Ag 前温差提高了 12℃。

（3）通过 SEM、XRD 对膜的表征发现，镀膜的表面平整，具有较好的镜面效果，反射层 Ag 的平均粒径为 25nm。表明面料形成了致密、连续的纳米级别的 Ag 反射膜。

第四节　聚吡咯/银导电复合织物的制备与表征

一、实验部分

（一）实验材料和仪器

本实验以白色平纹棉织物为基布（最小断裂力≥50N/5cm，经向或纬向根数多于20根/英寸[1]）由银京医疗科技股份有限公司提供。磁控溅射的银靶由洛阳领势新材料有限公司提供，其他主要实验材料见表6-20。

表6-20　实验材料

药品名称	分子式	规格	生产厂家
丙酮	CH_3COCH_3	分析纯	上海凌峰化学试剂有限公司
吡咯	C_4H_5N	化学纯	国药集团化学试剂有限公司
六水合三氯化铁	$FeCl_3 \cdot 6H_2O$	分析纯	国药集团化学试剂有限公司

主要实验仪器见表6-21。

表6-21　实验仪器

仪器	型号	生产厂家
超声波清洗器	KQ-50B型	昆山市超声仪器有限公司
电热鼓风干燥箱	HG-9075A型	常州第二纺织机械有限公司
天平	LE104E/02型	梅特勒—托利多仪器（上海）有限公司
扫描型电子显微镜	JEOL JSM-840型	日本日立公司
FTIR光谱仪	Spectrum-Two型	美国PerKin Elmer公司
四探针测试仪	SZT-2C型	苏州同创电子有限公司
热重分析仪	TGA4000型	美国PerKin Elmer公司
光学接触角测量仪	KRUSS DSA30型	德国Drop Shape Analyzer公司
电子织物强力机	YG026B型	常州第二纺织机械有限公司
磁控溅射镀膜机	MSP-300C型	北京创世维纳科技有限公司

（二）聚吡咯/银导电复合织物的制备

通过磁控溅射法制备聚吡咯（PPy）/银导电复合织物：选择1.0mol/L吡咯浓度、150min聚合时间反应条件的聚吡咯/棉导电复合织物作为磁控溅射的基布，以金属银为靶材、Ar为保护气体进行磁控溅射实验。实验选用MSP-300C型磁控溅射镀膜机，实验前先利用Ar离子对靶材进行1min预溅射，以去除靶材表面的杂质，保证溅射出的银离子能均匀附着在基材上。在真空镀覆前，将PPy/棉导电复合织物作为镀覆基底固定于磁控溅射真空镀覆设备的基底支撑架上，并抽真空至所需衬底真空度。在镀覆过程中，保持基底与靶材的距离为100mm。为了保证沉积薄膜的均匀性，引入基底旋转仪并保持转速为100r/min。通过控制变

[1] 1英寸=2.54cm。

量法，重复上述实验，探讨不同溅射时间（10min、15min、20min、25min、30min，溅射功率设置为200W）和溅射功率（100W、150W、200W、250W、300W，溅射时间设置为10min）两个因素对Ag/PPy复合导电织物的性能影响。

二、测试与表征

（一）表面形貌分析

如图6-25所示，本实验通过使用扫描电子显微镜（SEM，JEOL JSM-840，日本）研究聚吡咯/棉导电复合织物的表面形貌。

（二）热学性能分析

通过热解重量分析测量样品的热稳定性，图6-26为TGA4000热重分析仪。所有测量均在以下条件下进行：氮气流速20mL/min，测量温度范围30~900℃，升温速度15℃/min。

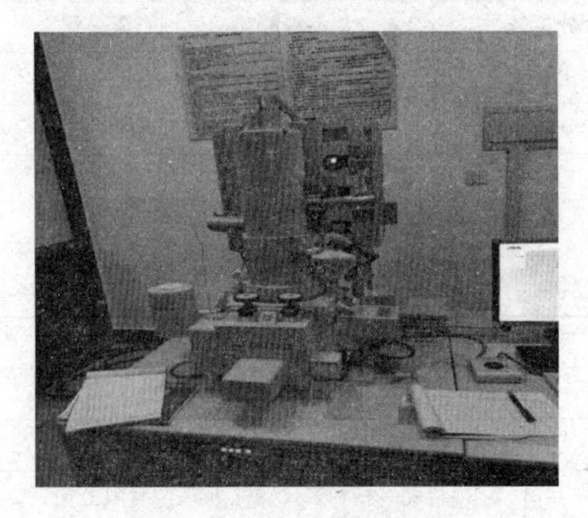

图6-25　扫描电子显微镜

图6-26　热重分析仪

（三）导电性能分析

如图6-27所示，通过使用带有线性探头（SZT-2C）的四点探头系统测量样品的导电性，在每个样品的经、纬向各测试五次，并取平均值。

（四）耐水洗性分析

图6-28所示是Launder耐水洗测试仪，根据国家标准GB/T 3921—2008，在40℃用5g/L非离子表面活性剂将样品在Launder耐水洗测试仪中进行不同洗涤循环（5次、10次、15次和20次），测试样品的耐洗牢度。

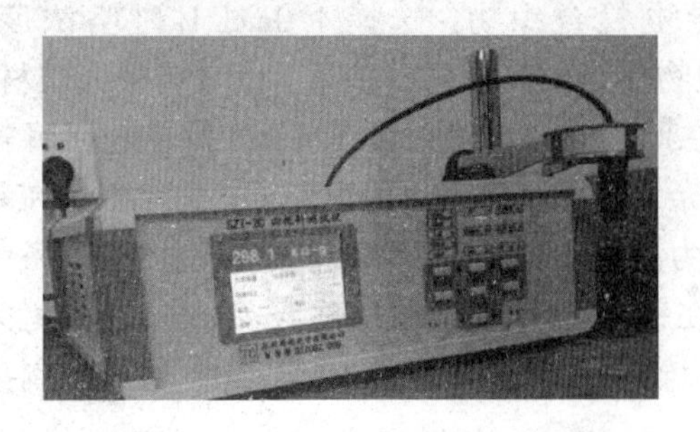

图6-27　SZT-2C四探针测试仪

图6-28　Launder耐水洗测试仪

（五）力学性能分析

纺织材料在使用中受到拉伸、弯曲、压缩和扭转作用，产生不同的变形，但主要受到的外力是拉伸，因此，必须要有一定的强力才有使用价值。本实验采用如图 6-29 所示的 YG026B 电子织物强力机测试拉伸性能。

图 6-29　YG026B 电子织物强力机

（六）电力学性能分析

采用如图 6-30 所示的 YG026B 电子织物强力机和 64461A 万用表来测试拉伸长度与电阻变化的关系。

（七）润湿性能测试

采用光学接触角测量仪（KRUSS DSA30，德国，图 6-31）测量织物的接触角，每个样品的测量进行五次，并取平均值用于评估。

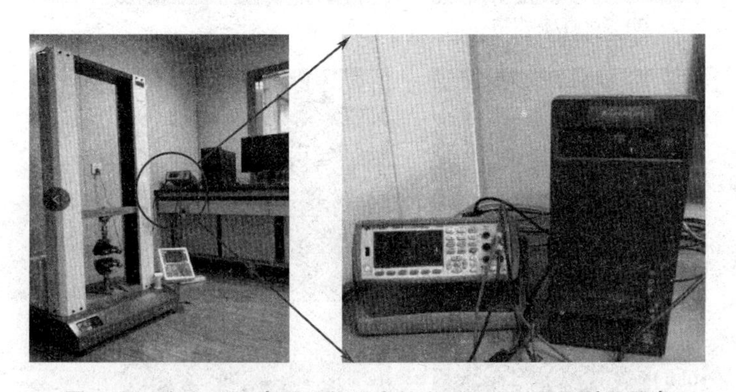

图 6-30　YG026B 电子织物强力机和 64461A 通用型万用表

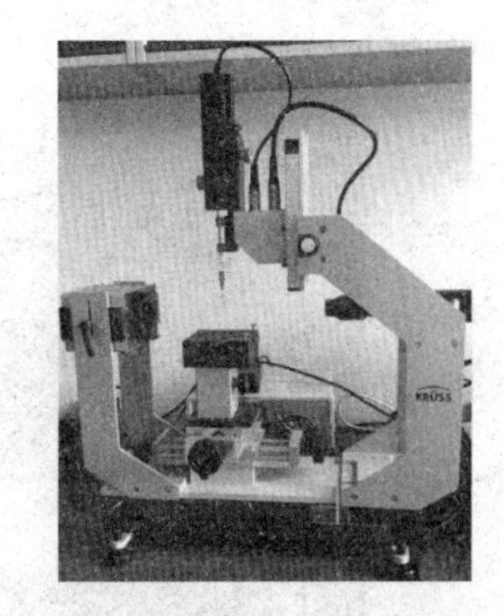

图 6-31　KRUSS DSA30 光学接触角测量仪

三、结果与讨论

（一）表面形貌

Ag/PPy 复合导电织物的 SEM 图如图 6-32 所示。由图所示，织物表面的聚吡咯开始被形成的金属银薄膜所覆盖，从图 6-32（b）可以看出，形成的银薄膜较均匀致密，从图 6-32（c）可以看出，银粒子的大小在 200nm 左右，且尺寸分布比较均匀。

（二）导电性能

图 6-33 所示为 Ag/PPy 复合导电织物导电机理示意图。结合 SEM 图可以看出，聚吡咯的沉积为纳米尺度的颗粒沉积，而银颗粒的沉积为微/纳米尺度的颗粒沉积，两者相互结合得到了相对完善的导电网络，从而得到 Ag/PPy 复合导电织物。

对聚吡咯/棉导电复合织物基布以不同磁控溅射功率镀覆金属银，得到的 Ag/PPy 复合导电织物表面电阻如图 6-34 所示。磁控溅射后，基布的电阻由 200Ω/sq 降至 30~50Ω/sq，聚吡咯表面的金属银薄膜可以有效提高织物的导电性。随着溅射功率的增加，织物表面电阻先逐渐减小，然后在 150W 之后变化趋于平缓，在溅射功率为 300W 时，织物电阻性能较好。当溅射功率较小时，金属银在聚吡咯/棉单根纤维上分布，纤维与纤维之间未形成有效的连续银膜层，织物电阻值较大；随着溅射功率的增加，纤维之间金属膜层聚结密集，电阻逐渐减小。当溅射功率达到 150W 之后，Ag/PPy 复合导电织物的电阻变化较小，是因为金属银在聚

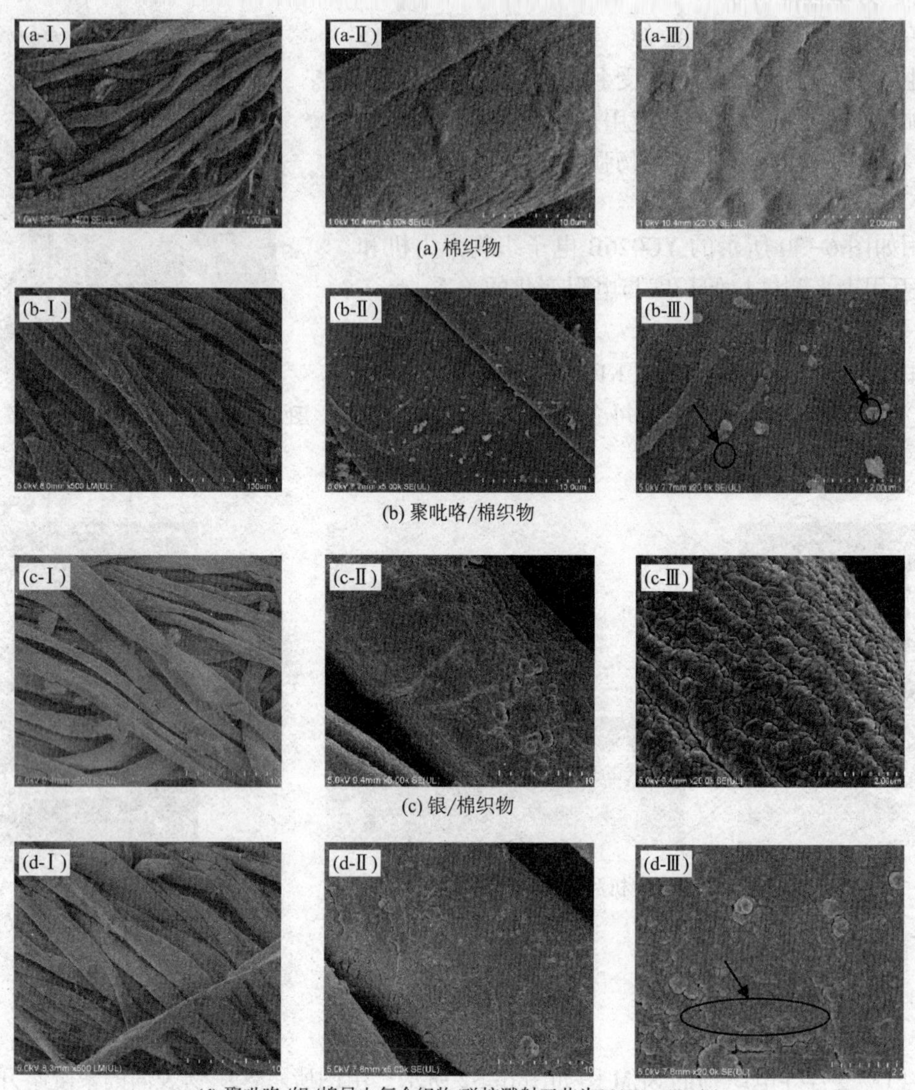

(a) 棉织物

(b) 聚吡咯/棉织物

(c) 银/棉织物

(d) 聚吡咯/银/棉导电复合织物(磁控溅射工艺为200W，10min)

图 6-32　不同倍数下［（Ⅰ）500×，（Ⅱ）5000×，（Ⅲ）20000×］的 SEM 图

吡咯/棉纤维上已经形成了稳定的金属膜层，所以电阻变化不大。

Ag/PPy 复合导电织物表面电阻如图 6-35 所示。对聚吡咯/棉导电复合织物基布以不同的磁控溅射时间镀覆金属银后，基布的电阻由 200Ω/sq 降至 20～50Ω/sq，随着溅射时间的增加，其表面电阻逐渐减小，在溅射时间达到 25min 后，织物的导电性能趋于稳定。当溅射时间较短时，金属银在聚吡咯/棉单根纤维上分布，纤维与纤维之间未形成有效的连续银膜层，织物电阻值较大，随着溅射时间的增加，纤维之间金属膜层聚结密集，电阻逐渐减小。

（三）电学性能

Ag/PPy 复合导电织物的电学性能与磁控溅射功率的关系如图 6-36 所示，织物的电阻变化率与断裂伸长成正比，电阻变化逐渐增大。随着磁控溅射功率增加，电阻变化曲线斜率先增大后减小，在溅射功率达到 250W 时，斜率最大。不同溅射功率下制备的复合导电织物在

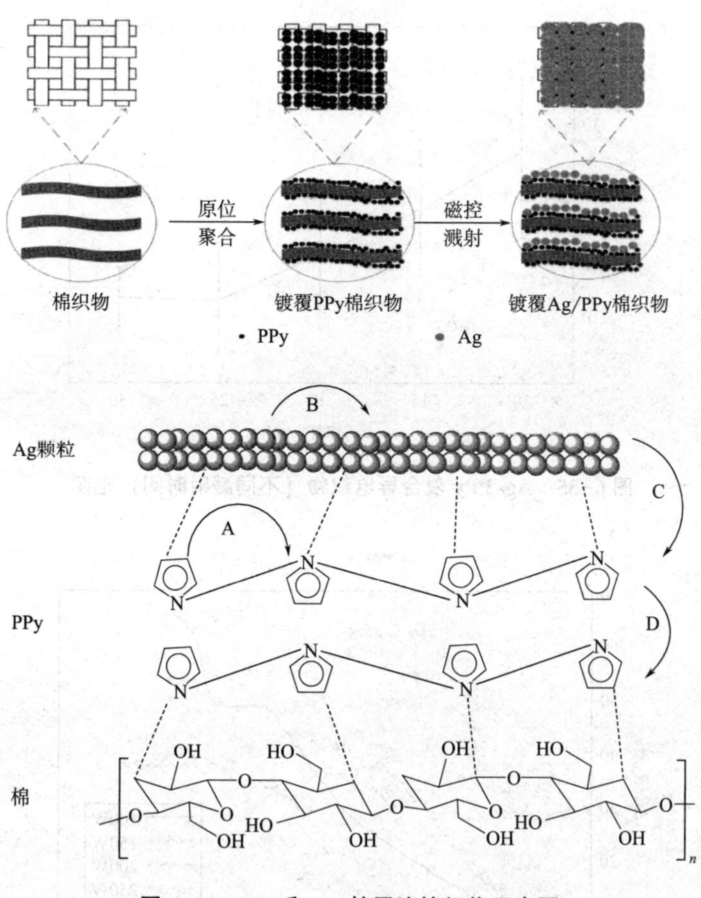

图 6-33　PPy 和 Ag 粒子连接织物示意图

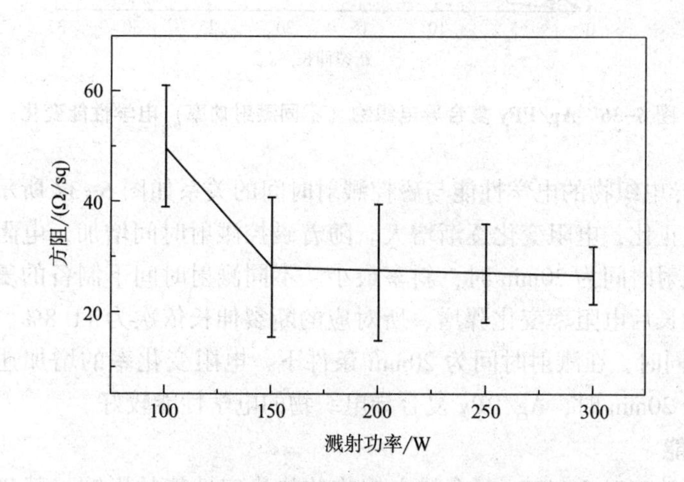

图 6-34　Ag/PPy 复合导电织物（不同溅射功率）电阻

各自达到某一断裂伸长后电阻率变化骤增，其断裂伸长依次为 25.1%、16.0%、13.1%、11%、23.3%。同时，在溅射功率为 300W 条件下，电阻变化率增加趋势较为缓慢。因此，当溅射功率为 300W 时，Ag/PPy 复合导电织物的电学性能较好。

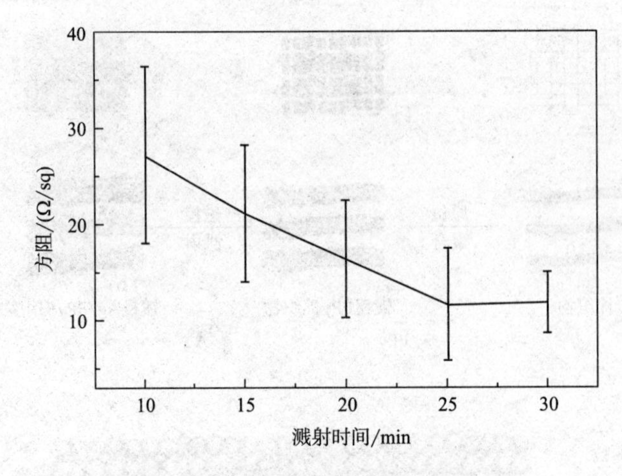

图 6-35 Ag/PPy 复合导电织物（不同溅射时间）电阻

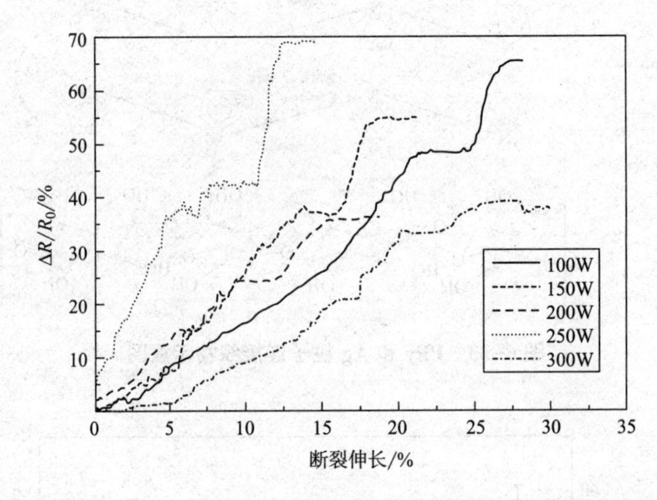

图 6-36 Ag/PPy 复合导电织物（不同溅射功率）电学性能变化

Ag/PPy 复合导电织物的电学性能与磁控溅射时间的关系如图 6-37 所示，织物的电阻变化率与断裂伸长成正比，电阻变化逐渐增大。随着磁控溅射时间增加，电阻变化曲线斜率先减小后增大，在溅射时间为 20min 时，斜率最小。不同溅射时间下制备的复合导电织物在各自达到某一断裂伸长后电阻率变化骤增，所对应的断裂伸长依次为 11.8%、13.6%、19.4%、18.0%、10.5%。同时，在溅射时间为 20min 条件下，电阻变化率的增加速度趋于缓慢。因此，在溅射时间为 20min 时，Ag/PPy 复合导电织物的电学性能较好。

（四）热学性能

测试磁控溅射功率对 Ag/PPy 复合导电织物的热稳定性能的影响，其 TG 和 DTG 曲线如图 6-38 所示。Ag/PPy 复合导电织物的热分解过程主要分为微量失重阶段（30~200℃）、热分解阶段（200~750℃）以及成炭稳定阶段（~750℃）三个阶段。

在微量失重阶段，残余水分、高聚物之间的结合水、各种助剂的挥发以及小分子量低聚物的受热分解造成了重量的减少。在热分解阶段，随着温度逐渐升高，聚吡咯大分子链的运

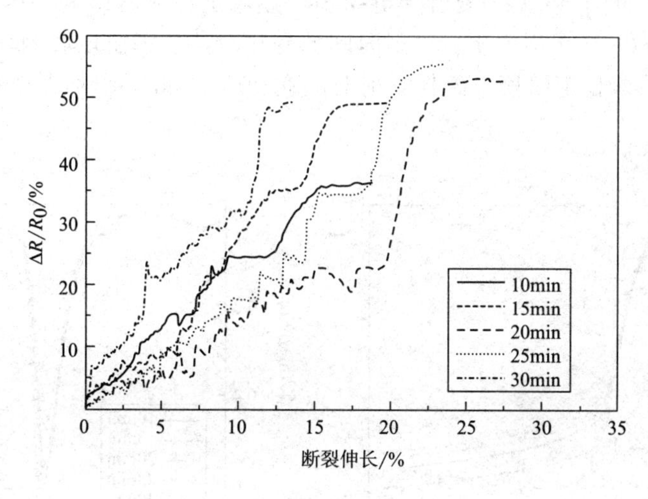

图 6-37　Ag/PPy 复合导电织物（不同溅射时间）电学性能变化图

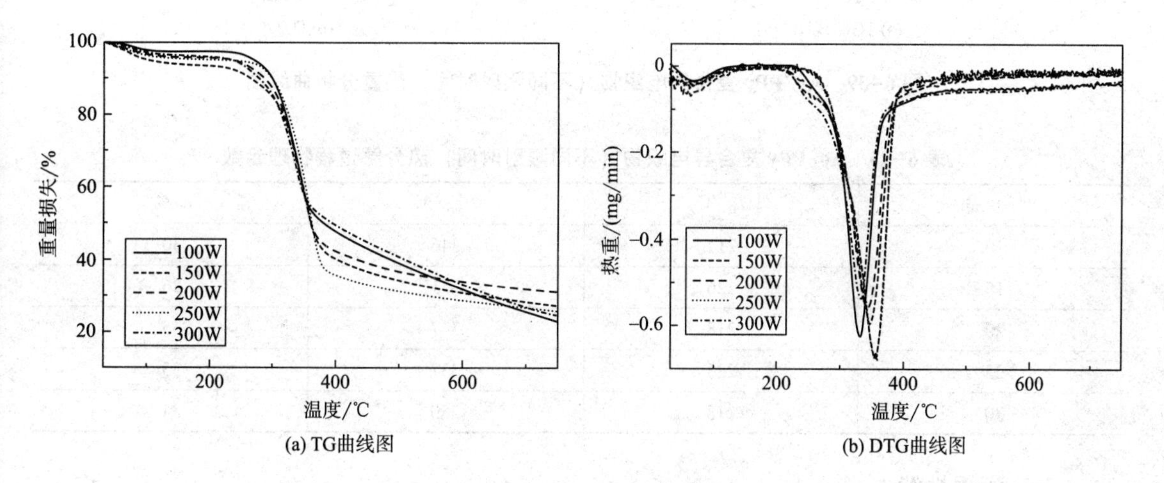

图 6-38　Ag/PPy 复合导电织物（不同溅射功率）热重分析曲线图

动速率逐渐加快，链段发生断裂，形成的小分子物质最终以气体形式被释放，造成失重。从表 6-22 可以看出，溅射功率的变化对热分解阶段影响较小。在成炭稳定阶段，磁控溅射功率为 200W 时，织物在 750℃的残余量较多，热稳定性能较好。

表 6-22　Ag/PPy 复合导电织物（不同溅射功率）热分解过程的物理参数

功率/W	T_0/℃	T_{max}/℃	α/%
100	200	327	22
150	200	350	26
200	200	333	30
250	210	329	27
300	200	331	24

注　T_0 为起始分解温度；T_{max} 为最大分解速率对应的温度；α 为 750℃时的残余率。

测试磁控溅射时间对 Ag/PPy 复合导电织物的热稳定性能的影响，其 TG 和 DTG 曲线如图 6-39 所示。从表 6-23 可以看出，溅射时间的变化对热分解阶段影响较小，织物在 250℃左右开始分解。在成炭稳定阶段，磁控溅射时间在 20~25min，织物在 750℃的残余量较多，热稳定性能较好。

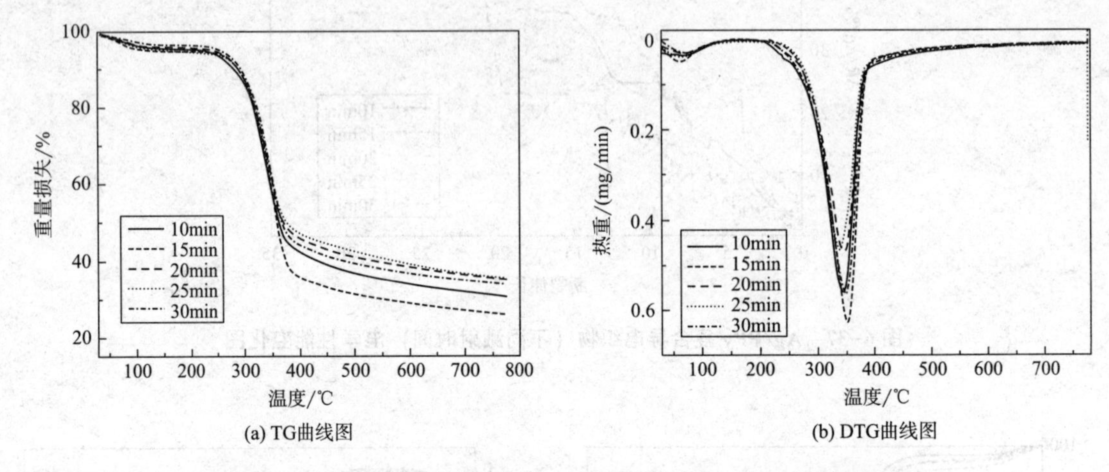

图 6-39　Ag/PPy 复合导电织物（不同溅射时间）热重分析曲线图

表 6-23　Ag/PPy 复合导电织物（不同溅射时间）热分解过程物理参数

时间/min	T_0/℃	T_{max}/℃	α/%
10	217	346	30
15	226	351	26
20	218	347	35
25	225	337	35
30	218	350	34

（五）润湿性能

对聚吡咯/棉导电复合织物基布以不同的磁控溅射功率镀覆金属银，得到的 Ag/PPy 复合导电织物表面接触角如图 6-40 所示。随着镀银织物磁控溅射功率的增加，织物接触角在 105°~145°范围内变化，接触角先逐渐减小，在功率达到 250W 之后又开始变大。磁控溅射功率在 100~150W 内接触角较大，表现出较好的拒水性。

对聚吡咯/棉导电复合织物基布以不同的磁控溅射时间镀覆金属银，得到的 Ag/PPy 复合导电织物接触角如图 6-41 所示。可以看出，织物接触角在 110°~135°范围内变化，表现出良好的拒水性，且随着溅射时间的增加，接触角逐渐趋于稳定。因此，磁控溅射时间控制在 25~30min 范围内，拒水效果较好。

（六）耐水洗性

磁控溅射功率对 Ag/PPy 复合导电织物耐水洗性能的影响见表 6-24，随着水洗次数的增加，不同溅射功率下的电阻值也随之变大，织物导电效果变差；相同水洗次数条件下，随着溅射功率的增加，电阻变小，表明织物耐水洗程度随着磁控溅射功率的增加而逐渐变好。因此，当溅射功率为 300W 时，织物的耐水洗性能较好。

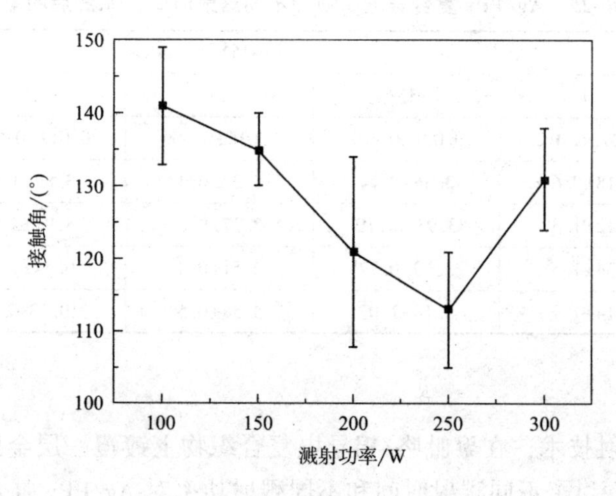

图 6-40　Ag/PPy 复合导电织物（不同溅射功率）接触角

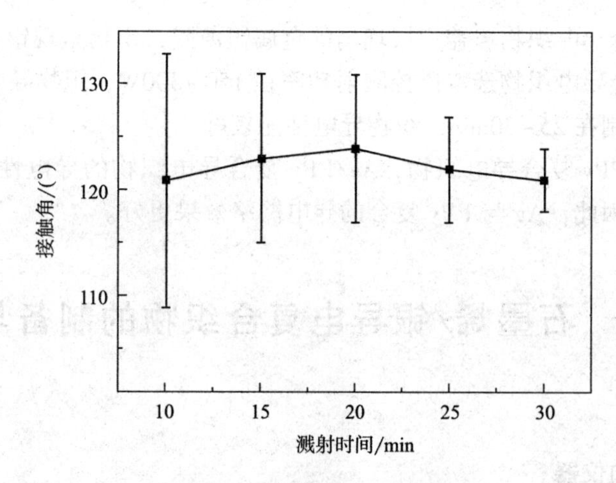

图 6-41　Ag/PPy 复合导电织物（不同溅射时间）接触角

表 6-24　Ag/PPy 复合导电织物（不同溅射功率）水洗后的电阻　　单位：kΩ/sq

水洗次数	溅射功率/W				
	100	150	200	250	300
0	0. 050±0. 011	0. 028±0. 013	0. 027±0. 012	0. 027±0. 009	0. 026±0. 005
5	7. 71±1. 5	5. 52±1. 3	3. 18±0. 6	2. 19±0. 4	1. 16±0. 2
10	8. 93±2. 2	5. 52±1. 3	5. 12±1. 3	2. 69±0. 8	1. 92±0. 3
15	11. 49±2. 2	5. 83±1. 2	7. 34±1. 5	3. 33±0. 8	2. 06±0. 3
20	12. 85±3. 2	6. 01±1. 8	8. 14±1. 9	4. 37±1. 5	2. 21±0. 5

从表 6-25 可以看出，随着水洗次数的增加，不同溅射时间下的电阻值也随之变大，织物导电效果变差；相同水洗次数条件下，随着溅射功率的增加，水洗后电阻先减小后增加，溅射时间 20min 时水洗 5 次、10 次、15 次、20 次数后电阻值均较小，因此，当溅射时间为 20min 时，织物的耐水洗性能较好。

表 6-25 Ag/PPy 复合导电织物（不同溅射时间）水洗后的电阻 单位：kΩ/sq

水洗次数	溅射时间/min				
	10	15	20	25	30
0	0.027±0.012	0.021±0.007	0.016±0.006	0.012±0.005	0.012±0.003
5	3.18±0.6	3.36±0.74	1.22±0.3	3.89±1.4	5.29±1.2
10	5.12±1.3	3.93 ±1.19	2.27±0.8	8.91±2.1	8.23±2.7
15	7.34±1.5	3.99±0.77	2.51±0.4	9.34±1.4	12.31±3.7
20	8.14±1.9	5.18±1.07	3.58±0.5	10.73±2.5	32.85±7.1

四、小结

本节通过磁控溅射技术，在聚吡咯/棉导电复合织物上镀覆一层金属银薄膜，制备 Ag/PPy 复合导电织物。探讨了不同溅射时间和不同溅射功率对 Ag/PPy 复合导电织物性能的影响，得出以下结论。

（1）Ag/PPy 复合导电织物覆盖一层均匀的金属银薄膜，织物呈现银色的金属颜色。

（2）Ag/PPy 复合导电织物选取磁控溅射功率在 150~300W，织物导电性能较好且基本趋于稳定；溅射时间控制在 25~30min，织物导电性能较好。

（3）相比于 Cu/PPy 复合导电织物，Ag/PPy 复合导电织物的导电性更好，这是因为 Ag 的导电性能很优异，因此，Ag 与 PPy 复合的导电网络效果更好。

第五节 石墨烯/银导电复合织物的制备与表征

一、实验部分

（一）实验材料和仪器

主要实验材料和仪器分别见表 6-26 和表 6-27。

表 6-26 实验材料

药品名称	分子式/型号	规格	生产厂家
丙酮	CH_3COCH_3	分析纯	上海凌峰化学试剂有限公司
氧化石墨	SE2430W	化学纯	常州第六元素材料科技股份有限公司
硅烷偶联剂	KH-560	分析纯	国药集团化学试剂有限公司

表 6-27 实验仪器

实验仪器名称	型号	生产厂家
超声波清洗器	KQ-50B 型	昆山市超声仪器有限公司
电热鼓风干燥箱	HG-9075A 型	常州第二纺织机械有限公司
天平	LE104E/02 型	梅特勒—托利多仪器（上海）有限公司
扫描型电子显微镜	JEOL JSM-840 型	日本日立公司
FTIR 光谱仪	Spectrum-Two 型	美国 PerKin Elmer 公司

续表

实验仪器名称	型号	生产厂家
四探针测试仪	SZT-2C 型	苏州同创电子有限公司
热重分析仪	TGA4000 型	美国 PerKin Elmer 公司
光学接触角测量仪	KRUSS DSA30 型	德国 Drop Shape Analyzer 公司
电子织物强力机	YG026B 型	常州第二纺织机械有限公司

（二）实验方法

首先，要对棉织物进行预处理：将裁剪好的棉织物放入适量的丙酮溶液中，用保鲜膜密封烧杯口防止丙酮挥发，用以去除织物表面的杂质；室温静置 15min 后用去离子水清洗织物 3~5 次至织物没有刺激性气味，然后放入 70℃烘箱中干燥 2h，并使布样表面尽可能平整，烘干后装入密封袋待用。然后，通过浸渍法制备氧化石墨烯棉织物：将烘干的棉织物浸渍在装有一定量 KH-560 溶液的烧杯中，并放入 70℃的恒温水浴锅预处理 1h。随后，将预处理后的棉织物取出浸渍在不同质量分数的石墨烯（GO）分散液中（0.2%，0.4%，0.6%，0.8%和 1.0%）并放入 60℃恒温水浴锅浸渍 1h，再经过“一浸一轧”工艺制备得到 GO/棉织物（GO/KH-560/棉织物）。通过导电性的测试选取最优参数进行浸渍时间、浸渍次数及浸渍温度等因素的探讨。

水合肼还原制备石墨烯导电复合织物：将氧化石墨烯/棉织物放入 90℃的水合肼稀释液中进行不同时间的还原（1h，3h，5h，7h，9h），接着放入 80℃烘箱中干燥 5h 得到石墨烯/棉织物（RGO/KH-560/棉织物）。

二、结果与讨论

（一）表面形貌

图 6-42 是棉织物、KH-560/棉织物、GO/KH-560/棉织物和 RGO/KH-560/棉导电复合织物的 SEM 图。如图 6-42（a）所示，原棉纤维表面存在天然卷曲，较粗糙，褶痕明显。经过 KH-560 处理后的棉织物表面变得光滑［图 6-42（b）］，GO 浸渍—还原后的棉织物［图 6-42（d）］，在纤维表面能观察到波浪状起皱结构的石墨烯薄膜[66]，从而使其表面褶痕变得平缓，在一定程度上改善了棉织物的表面粗糙度[67]。这是由于在浸渍 GO 溶液前，采用 KH-560 溶液对织物进行预处理，通过其与棉织物的桥梁作用，在织物表面附着了一层 KH-560 薄膜[68]，使棉纤维更好地与 GO 结合形成均匀连续的薄层［图 6-42（c）］。

（二）导电性能

织物的方阻值小于 $10^7\Omega$/sq，可以称为导电复合织物。如图 6-43 所示，将 GO/KH-560/棉织物和 RGO/KH-560/棉织物作为导线的一部分，一部分搭制 LED 通电装置，电压为 4.5V。由实验可知，GO/KH-560/棉织物不能使 LED 灯变亮，在相同的电压下，RGO/KH-560/棉织物能够使 LED 灯有较高的亮度。该现象说明，氧化石墨烯的还原能够使织物的导电性得到明显的提升。此外，当织物发生弯曲及折叠时，灯泡的亮度不会受影响，该织物能很好地运用到一些实际应用中，如柔性织物电极等。

1. GO 固含量对织物导电性的影响

GO 浸渍时间为 90min，采用不同的 GO 固含量，一浸一轧，浸渍温度为 60℃。采用 GO 浸渍法整理织物后用 16.7%的水合肼还原 7h，GO 固含量对棉织物导电性的影响如图 6-44 所

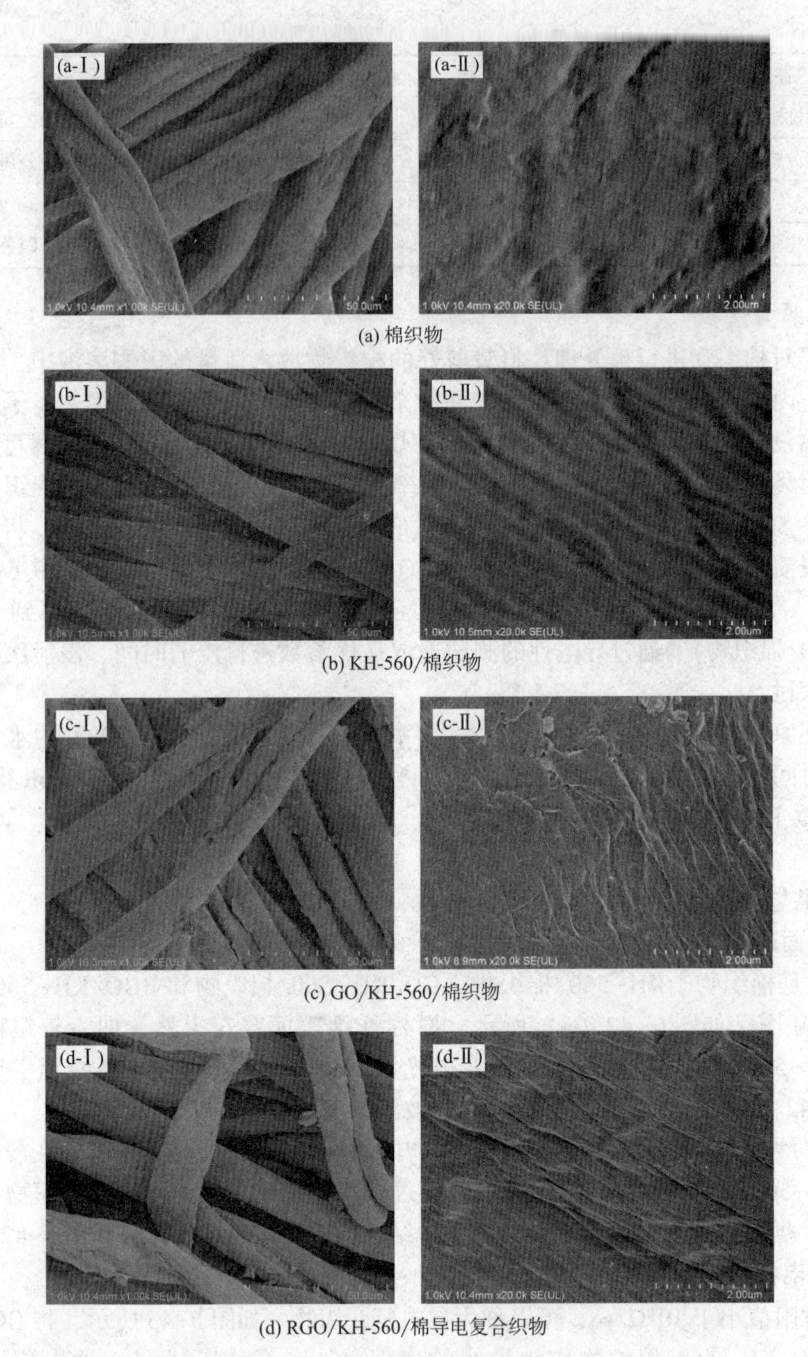

图 6-42　不同倍数下［（Ⅰ）1000×，（Ⅱ）20000×］的 SEM 图
［（c）和（d）中的固含量为 0.8%，浸渍次数均为 1 次］

示。由图可知，随着 GO 固含量的升高，织物表面方阻逐渐降低，导电性能增强，当 GO 固含量达到 0.8%时，再增加 GO 固含量，织物的表面电阻值逐渐增加。这是由于 GO 固含量较大时，GO 片层在水中分散程度低，部分 GO 分子出现团聚，不利于 GO 对织物的吸附，使得还原后织物的导电性降低。GO 浓度过低时，纤维表面的 GO 有效吸附量低，GO 还原后的结构连续性降低，同样会导致织物电阻较大。因此，GO 的固含量可选择 0.8%左右。

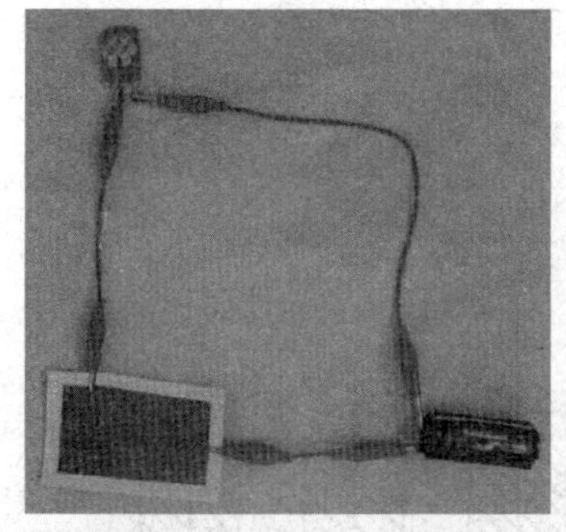

(a) 加入GO/KH-560/棉织物

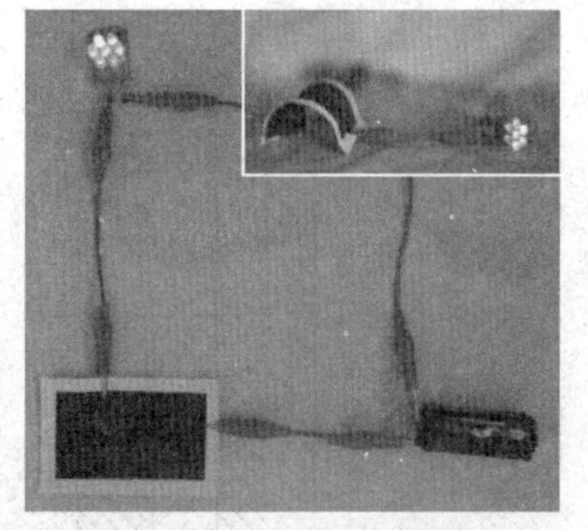

(b) 加入RGO/KH-560/棉织物

图 6-43　使用 LED 装置加入 GO/KH-560/棉织物和 RGO/KH-560/棉织物测试其导电性（棉织物的氧化石墨烯浓度为 0.8%，且一浸一轧）

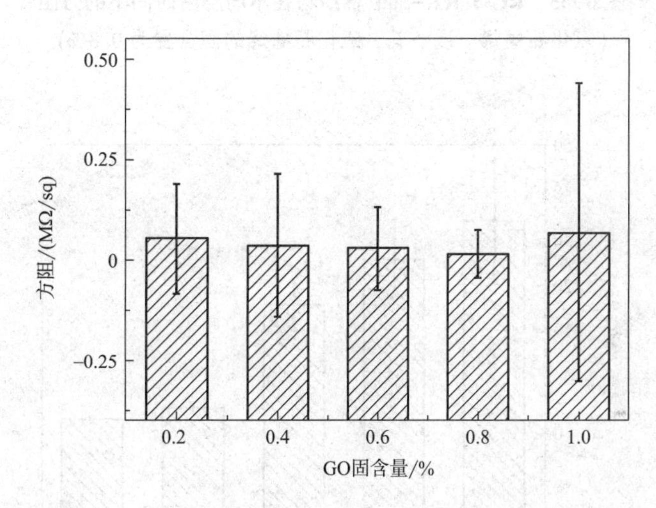

图 6-44　RGO/KH-560/棉织物在不同 GO 固含量的方阻（氧化石墨烯一浸一轧）

2. 氧化石墨烯浸渍时间对织物导电性的影响

GO 固含量为 0.8%，采用不同的浸渍时间，一浸一轧，浸渍温度为 60℃。采用 GO 浸渍法整理织物后用 16.7%的水合肼还原 7h，GO 浸渍时间对棉织物导电性的影响如图 6-45 所示。从图可以看出，随着浸渍时间的增加，织物的导电性变好，在 120~150min 时，织物导电性改善逐渐趋于平缓，这是由于随着浸渍时间增加，GO 在织物表面的附着量趋于饱和且变得均匀，最后还原得到的织物的导电网络也更完善。因此，在制备 RGO 导电复合织物时，浸渍时间可选择在 150min 左右。

3. 氧化石墨烯浸渍次数对织物导电性的影响

GO 浸渍时间为 90min，一浸一轧，浸渍温度为 60℃。采用 GO 浸渍法整理织物后用 16.7%的水合肼还原 7h，图 6-46 所示为 GO 浸渍次数对棉织物导电性的影响。由图可知，随浸渍次数的增加，织物方阻明显降低，当浸渍次数达到四五次时，方阻变化量逐渐趋于平缓。这是由于增加浸渍次数后，织物表面的 GO 均匀性变好，其沉积量增加，还原处理后的电子在织物表面的运动自由度增加，且运动轨迹更加完善，因此导电性能得到提升。当织物表面完全

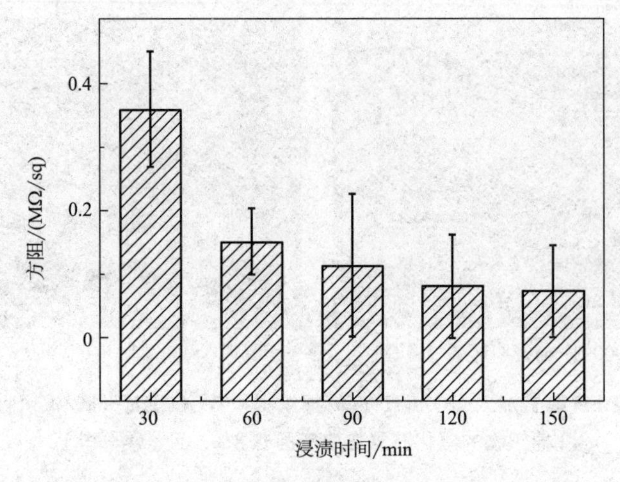

图 6-45 RGO/KH-560/棉织物在不同浸渍时间下的方阻
(氧化石墨烯一浸一轧，氧化石墨烯的固含量为 0.8%)

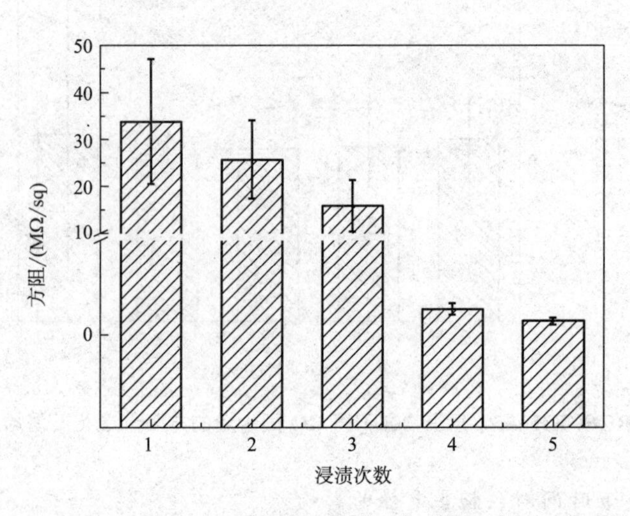

图 6-46 RGO/KH-560/棉织物在不同浸渍次数下的方阻（氧化石墨烯的质量百分数为 0.8%）

被覆盖时，再增加浸渍次数，织物表面方阻变化量逐渐变缓，这主要是因为影响导电性的主要因素是织物表面 GO 覆盖率及导电网络的连续性，当织物表面的 GO 趋向于饱和时，浸渍次数对方阻的变化影响变小。

4. 氧化石墨烯浸渍温度对织物导电性的影响

GO 溶液固含量为 0.8%，浸渍时间为 90min，一浸一轧，浸渍温度选择范围为 20～100℃。采用 GO 浸渍法整理织物后用 16.7%的水合肼还原 7h，浸渍温度对织物导电性能的影响如图 6-47 所示。从图中可知，织物导电性随浸渍温度的升高而降低，这是由于温度升高，可以使 GO 溶液分散得更均匀，提高分子片层的均匀性和稳定性，有利于提高织物上 GO 的吸附量，从而提升织物的导电性。因此，在采用石墨烯材料浸渍织物时，可适当提高织物的浸渍温度。

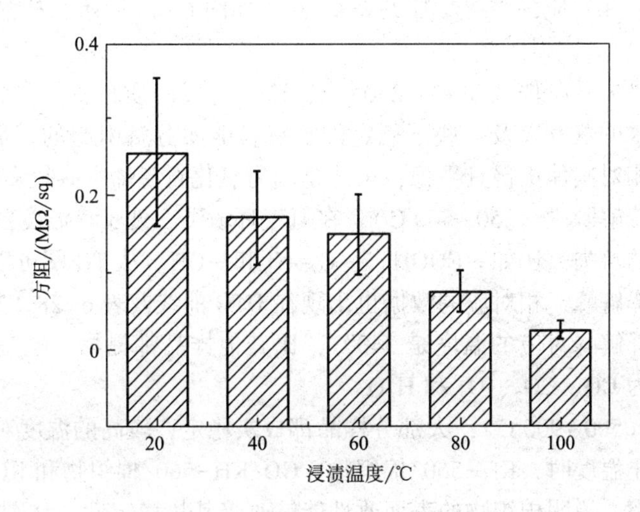

图 6-47 RGO/KH-560/棉织物在不同浸渍温度下的方阻（氧化石墨烯的质量百分数为 0.8%）

5. 氧化石墨烯还原时间对织物导电性的影响

GO 浸渍时间为 90min，一浸一轧，浸渍温度为 60℃，采用 GO 浸渍法整理织物后用 16.7%的水合肼分别还原 1h、3h、5h、7h、9h，图 6-48 为 GO 还原时间对棉织物导电性的影响。如图所示，在 GO 还原时间为 1h 时，还原实验不充分，只有少量的 GO 被还原为石墨烯，此时织物表面的导电材料较少，不足以构建良好的导电网络，导致方阻较大，导电性能不佳。随着还原时间的增加，织物的导电性能较 1h 时有所改善，但实验结果显示，还原时间从 3h 增加至 9h 的过程中，织物的导电性能改善程度不稳定，主要是随着还原时间的增加，GO 表面的含氧官能团经历“氧化—还原—再氧化”的周期循环。因此，还原时间 2h 为 GO 还原成石墨烯的最优参数。

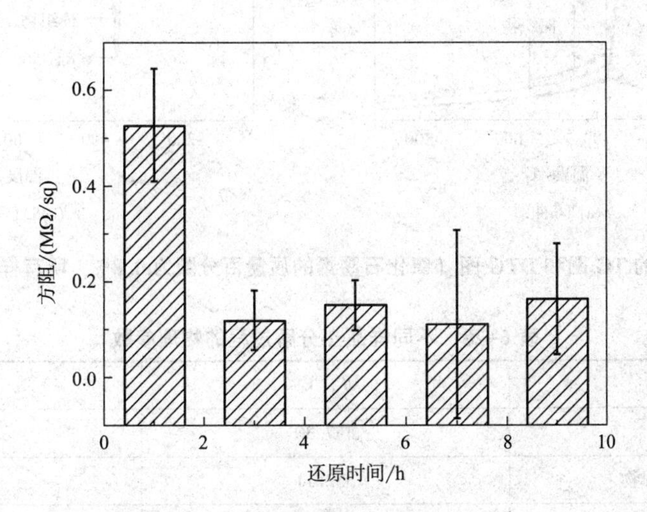

图 6-48 RGO/KH-560/棉织物在不同还原时间下的方阻（氧化石墨烯的质量百分数为 0.8%）

（三）热学性能

图 6-49 所示是棉织物、KH-560/棉织物、GO/KH-560/棉织物及 RGO/KH-560/棉织物

的TG和DTG曲线，相对应的重要参数见表6-28。如图6-48所示，样品的热分解主要可以分为以下三个阶段。

第一阶段为微量失重阶段（室温~250℃），这一阶段的质量损失是由于试样中的水分、分子链之间的结合水的蒸发以及一些不稳定的含氧官能团分解引起的。显然，GO/KH-560/棉织物的分解速率相对其他更慢且平稳，可能是因为氧化石墨烯中有较多稳定的含氧官能团。

第二阶段为热分解阶段（250~500℃），在氮气环境下，处于该温度范围内的热分解主要是由于含氧官能团的流失，比如—COOH，—C=O和—OH。从TG图可以看出，每个样品都出现了一个较大的降解峰，相对应的数据也出现在DTG曲线及表6-28。其中，GO/KH-560/棉织物出现的最大降解峰对应的温度是340℃，比其他样品都提早，这是因为氧化石墨烯中的含氧官能团降解为CO、CO_2、O_2和H_2O。

在第三个阶段（500~900℃），大部分样品都成炭稳定，较高的温度对质量损失的影响较小，当温度接近终止温度时，KH-560/棉织物、GO/KH-560/棉织物和RGO/KH-560/棉织物有更高的质量残余率，说明棉织物的表面改性能够改善其热稳定性。从图6-49及表6-28可以看出，RGO/KH-560/棉织物热分解速率对应的温度最高，且质量残余率更高，这是由于氧化石墨烯在还原后其含氧官能团减少，且石墨烯片层间范德瓦尔斯力的增加。

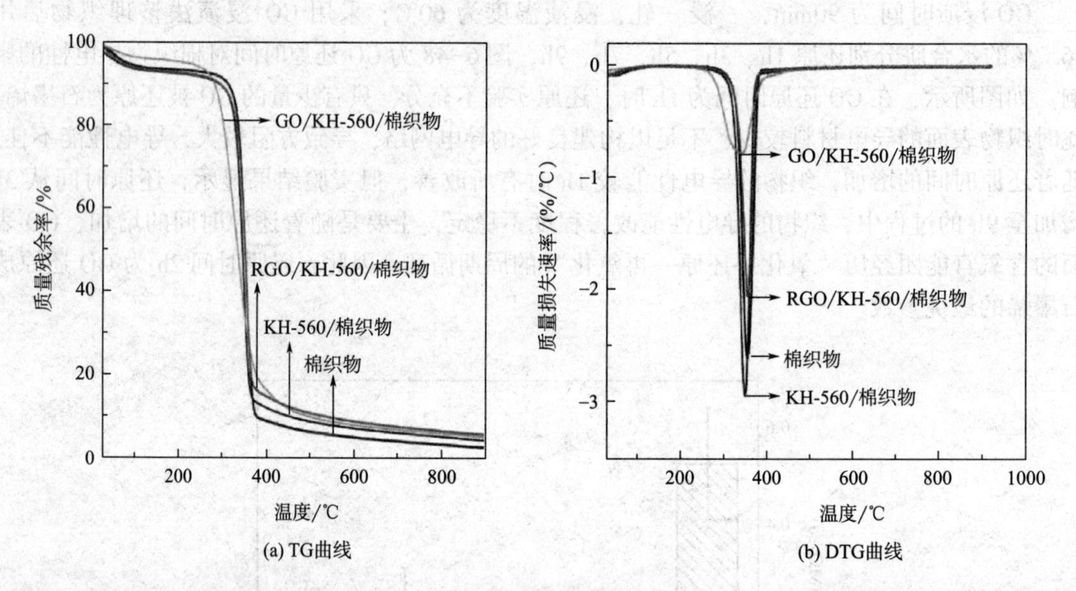

图6-49 不同样品的TG图和DTG图（氧化石墨烯的质量百分数为0.8%，所有样品浸渍次数为1次）

表6-28 不同样品热分解过程的物理参数

样品	T_d/℃	a/%
棉织物	357.30	2.36
KH-560/棉织物	352.11	4.10
GO/KH-560/棉织物	340.28	4.88
RGO/KH-560/棉织物	357.10	5.48

注 T_d为最大分解速率对应的温度；a为900℃时的质量残留率。

（四）润湿性能

石墨烯/棉织物的表面浸润性能可通过测试静态接触角表征，不同样品的水静态接触角测试结果如图6-50所示。水滴一接触棉织物就消失了，说明未处理的棉织物亲水性极好。同时，虽然KH-560及氧化石墨烯填补了棉纤维之间的孔隙，KH-560/棉织物、GO/KH-560/棉织物的亲水性并没有太大的变化，是因为KH-560增加了织物的表面能，同时GO有很多亲水官能团。RGO/KH-560/棉织物的水静态接触角达到121°，表明RGO/KH-560/棉织物表面疏水性能得到提高，这主要由于疏水物质石墨烯薄膜覆盖于棉织物表面并填充了纤维与纤维之间的空隙，阻碍了水分子的渗透、吸收和毛细效应[75]，使得该导电复合织物具有良好的疏水性能。

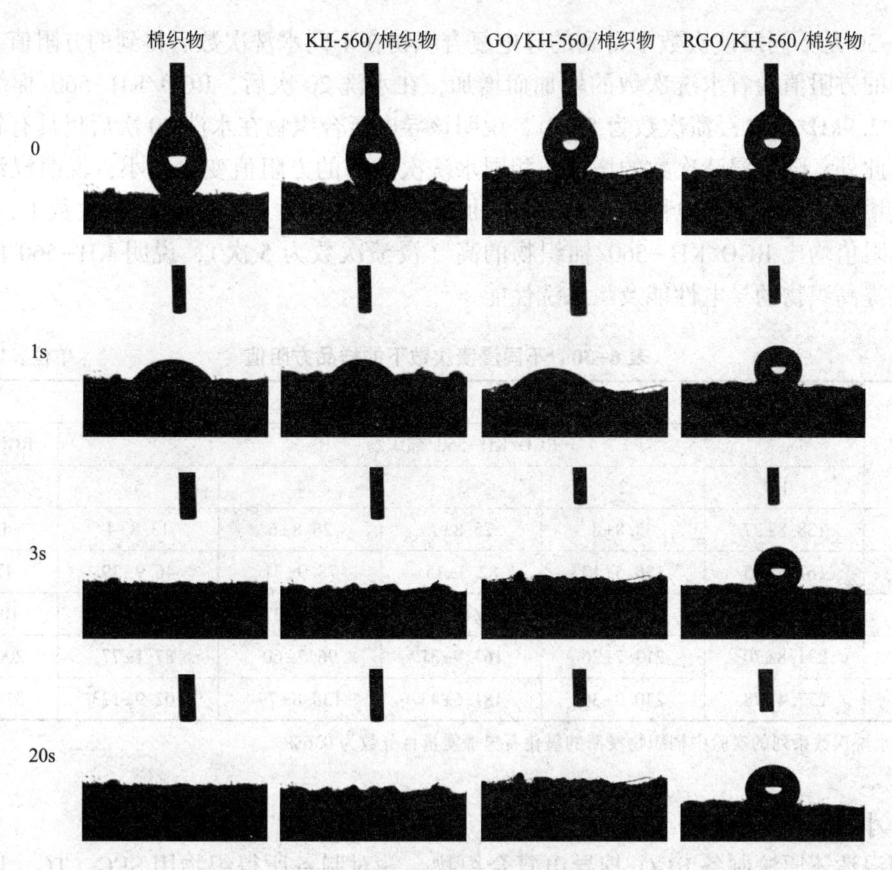

图6-50 不同样品接触角

（五）耐水洗性

表6-29是不同氧化石墨烯浸渍浓度下得到的导电复合织物在不同水洗次数后得到的方阻值。如表所示，方阻随氧化石墨烯质量分数的变化而变化。虽然随着水洗次数的增加，RGO/KH-560/棉织物的方阻值也增加，在水洗20次后，样品的方阻值为277.0kΩ/sq（氧化石墨烯的浓度为0.8%），说明该导电复合织物具有良好的耐水洗性。此外，在相同的水洗次数下，RGO/棉织物的方阻值均比RGO/KH-560/棉织物的高（氧化石墨烯的浓度为0.8%），说明KH-560作为交联剂，加强了GO分子与棉纤维之间的结合力，减少了GO分子在水洗过程中的脱落，从而提高了石墨烯/棉织物的导电耐水洗牢度。

表 6-29 不同固含量的氧化石墨烯的方阻值 单位：kΩ/sq

水洗次数	GO 固含量/%					
	RGO/KH-560/棉织物					RGO/棉织物
	0.2	0.4	0.6	0.8	1.0	0.8
0	150.8±25	145.6±24	138.8±19	65.6±16	300.1±69	76.3±20
5	285.7±31	193.9±35	161.5±33	159.5±32	306.4±100	169.3±75
10	383.8±127	204.5±50	220.3±47	222.8±36	581.0±113	239.1±96
15	405.7±160	290.3±70	271.8±53	231.8±49	$>10^{10}$	297.3±113
20	682.1±175	314.8±131	277.4±92	277.0±57	$>10^{10}$	489.8±130

表 6-30 是不同浸渍次数下得到的导电复合织物在不同水洗次数后得到的方阻值。如表所示，试样的方阻值随着水洗次数的增加而增加，在水洗 20 次后，RGO/KH-560/棉织物的方阻值为 102.9kΩ/sq（浸渍次数为 5 次），说明该导电复合织物在水洗 20 次后仍具有较好的耐水洗性。此外，随着浸渍次数的增加，相同水洗次数下的方阻值变化很小，说明浸渍次数的增加不仅增加了织物的导电性能，同时也增加了耐水洗性能。在相同的水洗次数下，RGO/棉织物的方阻值均比 RGO/KH-560/棉织物的高（浸渍次数为 5 次），说明 KH-560 作为交联剂，能够提高织物的导电性能及耐水洗性能。

表 6-30 不同浸渍次数下的样品方阻值 单位：kΩ/sq

水洗次数	不同水洗次数					
	RGO/KH-560/棉织物					RGO/棉织物
	1	2	3	4	5	5
0	138.8±27	33.8±8	25.8±7	26.8±6	13.8±4	16.6±5
5	161.5±45	136.5±13	82.3±15	78.9±31	46.9±39	47.7±57
10	220.3±60	188.4±20	86.9±25	80.1±32	56.3±41	103.5±90
15	271.8±70	213.7±26	167.9±31	96.7±60	87.1±77	200.2±114
20	277.4±78	240.0±36	181.6±43	138.8±79	102.9±123	314.3±147

注 不同水洗次数系列的实验中棉织物浸渍的氧化石墨烯质量百分数为 0.6%。

三、小结

采用浸渍还原法制备 RGO/棉导电复合织物，并对制备所得织物用 SEG、TG、四探针电阻测试、皂洗测试等手段进行表征。将 GO 配制成不同浓度的分散液，通过“浸渍—还原”GO 法将 GO 应用于棉织物的多功能整理，探究了“浸渍—还原”法中 GO 浸渍次数、浸渍时间、浸渍温度、还原时间对 GO 整理织物导电、强力和拒水性能的影响，并对 GO 整理织物的耐洗性进行了分析，主要结论如下。

（1）由 SEM 可知，RGO 片层表面较为平整；从导电性测试可知，GO 织物不导电，RGO/棉织物的导电性在千欧级别；由 TG 分析可知，GO 中大量含氧基团的存在使 GO/棉织物耐热性远低于 RGO/棉织物；FTIR 光谱证实，GO/棉织物中含有大量的含氧官能团，如羧基，在还原实验后，GO 的含氧官能团被还原，表现为 RGO/棉织物中的含氧官能团特征峰信号减少或变弱。

（2）将硅烷偶联剂用于棉织物的前处理，然后通过“浸渍—还原”法多功能整理，整理后的棉织物具备一定的耐水洗性能、拒水性能和导电性能，其中2次“浸渍—还原”可使棉织物获得方阻值为13.8kΩ/sq的导电效果（原棉织物不导电），以及接触角为121°的拒水功能，且该导电织物在水洗20次后的导电性优于简单浸渍得到的棉织物。

参考文献

[1] 庄明宇，刘晓霞，王婷婷. 机器人防护面料研究进展 [J]. 棉纺织技术，2014（5）：78-82.

[2] 杨璨，张皋鹏. 阻燃防护服的功能性与舒适性 [J]. 轻工科技，2012（6）：101-102.

[3] 陈慕英，陈振洲，陶再荣. 用导电纤维开发针织面料及抗静电性能研究 [J]. 针织工业，2002，000（3）：38-41.

[4] 李伟. 导电纤维的发展和应用现状 [J]. 上海丝绸. 2005，000（3）：24-28.

[5] 周小红，练军. 智能纺织品的研究现状及应用 [J]. 上海纺织科技，2002（30）：11-13.

[6] ROSSI D D，SANTA A D，MAZZOLDI A. Dressware：wearable hardware [J]. Materials Science & Engineering C，1999（7）：31-35.

[7] 黄鹤，严灏景. 智能纺织品 [J]. 上海毛麻科技，2005（31）：47-49.

[8] 侯庆华. 白色复合导电纤维DDY-2的研制第3报导电织物及其抗静电性能 [J]. 合成纤维，2005，34：43-45.

[9] 李秋宇. 导电纤维在毛混纺织物中的应用研究 [D]. 北京：北京服装学院. 2014.

[10] 于燕华，陈振洲，王家豪. 导电纤维在汽车织物中的应用 [J]. 针织工业，2006：13-15.

[11] 丁彩玲，王少华，张庆娟，等. 抗静电、防电磁波精纺毛织物的开发 [J]. 毛纺科技，2002：36-37.

[12] MOLINA J，FERNÁNDEZ J，RÍO A I D，et al. Chemical and electrochemical study of fabrics coated with reduced graphene oxide [J]. Applied Surface Science，2013，279：46-54.

[13] SHATERI-KHALILABAD M，YAZDANSHENAS M E. Preparation of superhydrophobic electroconductive graphene-coated cotton cellulose [J]. Cellulose，2013，20：963-972.

[14] 吴越，迟艳波，聂佳相，等. 纳米抗静电织物整理剂的制备和应用 [J]. 功能高分子学报，2002，15：43-47.

[15] PAN C，SHEN L，SHANG S，et al. Preparation of superhydrophobic and UV blocking cotton fabric via sol-gel method and self-assembly [J]. Applied Surface Science，2012，259：110-117.

[16] LOMOV SV，WICKS S，GORBATIKH L，et al. Compressibility of nanofibre-grafted alumina fabric and yarns：Aligned carbon nanotube forests [J]. Composites Science & Technology，2014，90：57-66.

[17] LU Y. Electroless copper plating on 3-mercaptopropyltriethoxysilane modified PET fabric challenged by ultrasonic washing [J]. Applied Surface Science，2009，255：8430-8434.

[18] 徐文龙，熊杰，徐勤，等. 化学镀银涤纶织物的制备及其性能 [J]. 纺织学报，2011，32：42-46.

[19] 丁长坤，程博闻，任元林，等. 导电纺织品研究进展及应用. 功能性纺织品及纳米技术研讨会. 2008.

[20] 李惠芝. 织物结构参数对导电织物导电率的影响研究 [D]. 上海：东华大学，2014.

[21] 李斌斌，陈照峰，何建平. 一种高导电复合碳纤维及其制备方法. CN，2013.

[22] 李立明，甘雪萍，仵亚婷. 化学镀镍—铜—镍导电涤纶织物的性能研究. 沈阳农业大学学报. 2009；40：634-636.

[23] WU H W，YANG R Y，HSIUNG C M，et al. Characterization of aluminum-doped zinc oxide thin films by RF magnetron sputtering at different substrate temperature and sputtering power [J]. Journal of Materials ence Materials in Electronics，2013，24（1）：166-171.

[24] MIAO D，ZHAO H，PENG Q，et al. Fabrication of high infrared reflective ceramic films on polyester fabrics

by RF magnetron sputtering [J]. Ceramics International, 2015, 41: 1595-1601.

[25] XUE C H, WANG R L, ZHANG J, et al. Growth of ZnO nanorod forests and characterization of ZnO-coated nylon fibers [J]. Materials Letters, 2010, 64: 327-330.

[26] VAIDEKI K, JAYAKUMAR S, RAJENDRAN R, et al. Investigation on the effect of RF air plasma and neem leaf extract treatment on the surface modification and antimicrobial activity of cotton fabric [J]. Applied Surface Science, 2008, 254: 2472-2478.

[27] 师艳丽，李娜娜，付元静，等. 用于纺织品表面改性的磁控溅射技术研究进展 [J]. 纺织学报，2016，37：165-169.

[28] 黄新民，孟灵灵. 丙纶基纳米金属薄膜的导电性能 [J]. 印染，2013，39：13-15.

[29] 王磊，郭兴峰. 磁控溅射工艺参数对钛金属镀膜涤纶织物耐磨性的研究 [J]. 产业用纺织品，2011，29：38-41.

[30] SCHOLZ J, NOCKE G, HOLLSTEIN F, et al. Investigations on fabrics coated with precious metals using the magnetron sputter technique with regard to their anti-microbial properties [J]. Surface & Coatings Technology, 2005, 192: 252-256.

[31] 杨震，卿宁. 隔热材料的研究现状及发展 [J]. 化工新型材料，2011，39 (5)：21-24.

[32] 陈金静，于伟东. 轻薄柔性多层隔热材料研究进展 [J]. 材料导报，2008，22 (6)：41-44.

[33] 王玉姣，田明伟，曲丽君. 石墨烯的研究现状与发展趋势 [J]. 成都纺织高等专科学校学报. 2016，33：1-18.

[34] 杨洁，潘争辉，盛雷梅，等. 电弧放法制备石墨烯及其在导电油墨中的应用 [J]. 无机材料学报，2017，32：39-44.

[35] HU X, XU Z, GAO C. Multifunctional, supramolecular, continuous artificial nacre fibres [J]. Scientific Reports. 2012, 2: 767.

[36] XU Z, LIU Z, SUN H, et al. Highly electrically conductive Ag-doped graphene fibers as stretchable conductors [J]. Advanced Materials. 2013, 25: 3249-3253.

[37] 杨建行，欧阳琴，莫高明，等. 一种石墨烯改性的聚丙烯腈基碳纤维的制备方法 [J]. 2012.

[38] LI X, SUN P, FAN L, et al. Multifunctional graphene woven fabrics. Scientific Reports [J]. 2012, 2: 395.

[39] ZHAO J, DENG B, LV M, et al. Graphene oxide-based antibacterial cotton fabrics [J]. Advanced Healthcare Materials. 2013, 2: 1259.

[40] 朱如华，樊理山，王曙东. 抗静电纺织矿服面料及石墨烯在该面料中的应用 [J]. 山东纺织经济，2012：38-39.

[41] 赵兵，祁宁. 石墨烯和氧化石墨烯在纺织印染中的应用 [J]. 印染，2014，40：49-52.

[42] FABBRI P, VALENTINI L, BON S B, et al. In-situ graphene oxide reduction during UV-photopolymerization of graphene oxide/acrylic resins mixtures [J]. Polymer, 2012, 53: 6039-6044.

[43] 王潮霞，卡希福，冒海燕，等. 一种利用紫外光制备氧化石墨烯导电纤维素织物的方法 [P]. 2014.

[44] ZANG X, CHEN Q, LI P, et al. Highly flexible and adaptable, all-solid-state supercapacitors based on graphene woven-fabric film electrodes, Small, 2014, 10: 2583-2588.

[45] 郭金海，吕春祥. 电泳沉积制备氧化石墨烯—碳纤维杂化增强材料 [C]. 全国复合材料学术会议，2012.

[46] YAGHOUBIDOUST F, WICAKSONO D H B, CHANDREN S, et al. Effect of graphene oxide on the structural and electrochemical behavior of polypyrrole deposited on cotton fabric [J]. Journal of Molecular Structure, 2014, 1075: 486-493.

[47] FUGETSU B, SANO E, YU H, et al. Graphene oxide as dyestuffs for the creation of electrically conductive fabrics [J]. Carbon, 2010, 48: 3340-3345.

[48] 甘雪萍，仵亚婷，胡文彬，等. 导电涤纶织物的制备及其性能研究 [J]. 材料工程，2007：12-16.

[49] 凌明花，张辉. 涤纶织物纳米 Fe_3O_4 颗粒化学复合镀铜 [J]. 功能材料，2010，41：455-458.
[50] 郑继业，张辉. 纳米 Fe_3O_4 制备及不同分散剂锦纶织物化学复合镀银 [J]. 电镀与环保，2011：40-44.
[51] 郭志睿，柏婷婷，陆鹏，等. 纳米银液相可控制备的研究进展 [J]. 中国材料进展，2016，35：1-9.
[52] JIANG S Q，NEWTON E，YUEN C W M，et al. Chemical silver plating and its application to textile fabric design [J]. Journal of Applied Polymer Science，2005，96：919-926.
[53] 郑奇标，庄勤亮. 聚吡咯导电织物的制备条件对导电性的影响 [J]. 东华大学学报（自然科学版），2008，34：56-60.
[54] LI Y，LEUNG M Y，TAO X M，et al. Polypyrrole-coated conductive fabrics as a candidate for strain sensors [J]. Journal of Materials Science，2005，40：4093-4095.
[55] LI Y，CHENG X Y，LEUNG M Y，et al. A flexible strain sensor from polypyrrole-coated fabrics [J]. Synthetic Metals，2005，155：89-94.
[56] MIČUŠÍK M，NEDELČEV T，OMASTOVÁ M，et al. Conductive polymer-coated textiles：The role of fabric treatment by pyrrole-functionalized triethoxysilane [J]. Synthetic Metals，2007，157：914-923.
[57] KNITTEL D，SCHOLLMEYER E. Electrically high-conductive textiles [J]. Synthetic Metals，2009，159：1433-1437.
[58] 华涛. 热防护服热防护性能的分析与探讨 [J]. 产业用纺织品，2002，08：28-31.
[59] 李卫东. 耐高温纤维的主要品种及其性能 [J]. 中国纤检，2011，(9)：77-79.
[60] 齐大鹏，胡俊琼，彭松娜，等. 对位芳纶纤维热力学性能研究 [J]. 棉纺织技术，2012，08：4-7.
[61] MIKHAILOVSKAYA A P，DYANKOVA T Y，PEREPELKIN K E. Preparation of Para-Aramide fabrics for finishing operations [J]. Fibre Chemistry，2002，34 (1)：62-65.
[62] 王芳，秦其峰. 芳纶技术的发展及应用 [J]. 合成技术及应用，2013，(1)：21-27.
[63] 陈卓明. 功能性聚砜酰胺复合材料的制备与表征 [D]. 上海工程技术大学，2011.
[64] 雷立丽. 芳砜纶涂层织物防水透湿及阻燃研究 [D]. 东华大学：东华大学，2008.
[65] 王志佳，陈英，李想. 芳砜纶/棉混纺织物的防水透湿涂层工艺 [J]. 印染，2011，37 (24)：34-36.
[66] 吕海荣. 玄武岩阻燃防护服面料服用性能测试与分析 [D]. 天津工业大学：天津工业大学，2010.
[67] 李新娥. 玄武岩纤维和织物的研究进展 [J]. 纺织学报，2010，31 (1)：145-152.
[68] 戴姗姗，赵敏，周翔. 涤棉混纺织物的阻燃整理 [J]. 印染，2006，(11)：1-5.
[69] 王晓春，傅裕. 阻燃涤纶/棉织物的阻燃整理 [J]. 印染，2009，35 (1)：10-12，26.
[70] 蔡永东，张曙光. 银粉涂层织物的生产工艺探讨 [J]. 北京纺织，2002，3：21-24.
[71] 王鑫. 高性能纤维的结构研究及特种纸制备 [D]. 华南理工大学，2010.
[72] 凌新龙，周艳，黄继伟，等. 芳纶纤维表面改性研究进展 [J]. 天津工业大学学报，2011，30 (3)：11-18.
[73] 王海霞，谢光银，陈前维. 芳纶的表面处理方法 [J]. 产业用纺织品，2012，2：32-34.
[74] AI T，WANG R，ZHOU W. Effect of grafting alkoxysilane on the surface properties of Kevlar fiber [J]. Polymer Composites，2010，28 (3)：412-416.
[75] 蒋尊三，林道贤，胡坚. 铝箔复合技术 [J]. 轻合金加工技术，1985，3：34-38.
[76] 曹永强，柳素燕. 新型消防员隔热防护服外层面料结构及加工 [J]. 中国个体防护装备，2011，1：9-10.
[77] 蔡其文. 高反射率太阳能薄膜反射材料的性能研究及膜系设计 [D]. 华南理工大学，2012.
[78] 李颖，王鸿博，高卫东，等. 磁控溅射碳纤维基纳米铜薄膜的结构及其性能 [J]. 纺织学报，2012，33 (9)：10-14.
[79] 储长流，毕松梅，鲍进跃，等. 磁控溅射纳米 TiO_2 抗菌 PBT/PET 面料的制备及性能 [J]. 化工新型材料，2012，40 (5)：31-33.

[80] EHIASARIAN A, PULGARIN C, KIWI J. Inactivation of bacteria under visible light and in the dark by Cu films. Advantages of Cu-HIPIMS-sputtered films [J]. Environmental ence & Pollution Research, 2012, 19 (9): 3791-3797.

[81] BAGHRICHE O, RUALES C, SANJINES R. Ag-surfaces sputtered by DC and pulsed DC-magnetron sputtering effective in bacterial inactivation: Testing and characterization [J]. Surface and Coatings Technology. 2012 (8): 2410-2416.

[82] XU Y, XU W, HUANG F, et al. Preparation and photocatalytic activity of TiO_2 deposited fabrics [J]. International Journal of Photoenergy, 2012.

[83] 冯驰，张崇关，王兆丰. 比色测温的波长选择 [J]. 应用科技，2013，3：45-49.

[84] 林建. 高频焊管焊接温度测控及温度场数值模拟 [D]. 兰州理工大学，2010.

[85] 崔志英. 消防服用织物热防护性能与服用性能的研究 [D]. 东华大学，2009.

[86] 蔡如华，卢文全，丁宣浩. 热辐射波长测温法的理论研究 [J]. 宇航计测技术，2003，4：19-23.

[87] 吴斌. 热辐射温度测量技术研究 [D]. 哈尔滨工程大学，2012.

[88] 陶文铨. 传热学 [M]. 陕西：西北工业大学出版社，2006. 326-327.

[89] 姚月松，樊祥，李菲，等. 金属膜材料后向反射 1.06 微米激光实验测试与分析 [J]. 光电技术应用，2007，1：44-46.

[90] 程丹丹. 脉冲阴极弧放电制备 PI 基低辐射薄膜及其性能研究 [D]. 东华大学，2012.

[91] 郭继鸿. 动态心电图学 [J]. 人民卫生出版社，2003.

[92] ÅHLFELDT H, NILSSON G, BANDH S, et al. Deduction of biphasic phase response curves from ventricular parasystole [J]. Pacing & Clinical Electrophysiology Pace, 1989, 12: 1104-1114.

[93] VIGO TL. Intelligent fibrous materials. Journal of the Textile Institute, 1999, 90: 1-13.

[94] 金俊平，李昕，张德权，赵莉. 掺杂/脱掺杂诱导的聚苯胺织物浸润性开关 [J]. 高分子学，2010，1 (2)：192-8.

[95] 黄志雄，秦岩，梅启林. 智能复合材料发展综述 [J]. 建材世界，2002，23 (1)：13-15.

[96] ROSSI D, SANTA A D, MAZZOLDI A. Dressware: wearable hardware. Materials Science & Engineering C. 1999, 7: 31-35.